土木學會の100年

提供：羽田再拡張D滑走路JV

山口県惣郷川橋梁（大村拓也撮影）

北海道小樽港（大村拓也撮影）

JSCE One Hundred Years

November, 2014
Japan Society of Civil Engineers

序

　1879年11月18日に，工学会は工部大学校（帝国大学工科大学校の前身）の7学科第1期卒業生23名により創立された．7学科とは，土木科，機械科，電信科，造家科，鉱山科，化学科，冶金科である．土木科の卒業生は，南清，石橋絢彦，杉山輯吉の3名であった．南は，在学中に京都－大津間の線路工事に従事し，卒業後は英国グラスゴー大学に留学のかたわら築港工事，鉄道工事等の実地研修に努め，帰国後は民間の鉄道技術者，経営者として手腕を発揮した．石橋は，灯台学の権威として名を残した．1915年6月発行の「土木学会誌」第1巻第3号に「海中工事ニ於ケル鐵筋混凝土」と題する討議原稿を提出している．杉山は，工学会の幹事としてその運営に参画，「工学叢誌」の編纂委員を務め，日本工学会の育ての親と言われる．工部大学校の10年にも満たない歴史の中で，後に土木学会第17代会長を務めた田辺朔郎や，英国留学時に当時世界一と称せられたフォース橋の建設監督を務めた渡辺嘉一，皇居二重橋を設計した久米民之助などを輩出している．

　土木学会は1914年11月に工学会から独立し，本年をもって創立100周年を迎えた．工学会創立から数えると135年もの長い歴史をもつ学会である．他の学会が工学会から次々と分離・独立を果たす中で，土木関係者が主流をなすに至り，古市公威を初代会長に選出して独立した．なお，古市公威は会長退任後，1917年から1934年まで工学会の理事長を務めている．

　土木学会の創立100周年を記念して編纂された『土木学会の100年』と題する本書は，「工学の総合化」を強く主張した古市公威の時代から100年間の土木学会の活動を取りまとめたものである．土木学会ではすでに創立80周年にそれまでの周年誌を踏まえて『土木学会の80年』を上梓し，創立90周年には『土木学会略史 1994-2004』を発刊している．この『土木学会の100年』はそれらに続く土木学会の正史である．

　本書は，「第1部 総論」，「第2部 活動記録編」，「第3部 資料編」の3部で構成されている．「第2部 活動記録編」と「第3部 資料編」は過去の周年誌との接続性に配慮したスタイルを採用している．一方，「第1部 総論」は本書の最大の特徴と言える．100年間の歩みを「土木学会の役割の変遷」や「主題の変遷」，「学会の構成の変遷」などの視点から取りまとめている．土木工学と社会との関係性や，学会の運営・組織改編などの歴史を俯瞰することができる．大よそのページ数はA4判でそれぞれ270，950，790ページとなり，総ページ数は2,000ページを超える．多くの方々に学会活動の歴史を読み解いていただきたいと考えているが，これだけの大部の内容を書籍として発行することは必ずしも得策ではない．そこで，「第1部 総論」は書籍に，第2部以降は電子媒体に収めた．100周年の創立記念日の発行に照準を合わせて編集作業が行われたため，2014年度の活動については必ずしも十分に紙面を割いていないが，ご容赦願いたい．

　本書をひもとくことにより，土木学会が社会に果たしてきた役割や活動の多様性を再認識していただくとともに，揺籃期から日本有数の工学系学会としての今日を築いてこられた多くの方々の不断の努力に思いを馳せていただければ幸いである．次の100年のスタートにあたり現代を生きる我々が果たすべき責務も大きい．

　最後に，『土木学会の100年』編集特別委員会の尽力により，本書が完成した．改めて感謝を申し上げたい．

2014年11月
公益社団法人 土木学会
会長　磯部　雅彦

刊行にあたって
－これまでの略史と本書の位置づけ

　土木学会は1914年11月に工学会（1930年に日本工学会に改称）から独立し，本年をもって創立100周年を迎える．日本工学会であった時期を含めると135年もの長い歴史をもつ学会である．

　1879年に創設された工学会においては土木工学こそ工学の中枢であるとの自負があり，土木技術者は学会活動に大きく貢献してきた．しかし，工業および工学の発展とともに各専門分野が成長して会員が増加し，会員の間に専門分野別独立団体創設の機運が高まり，1885年以降，鉱業，建築，電気，造船，機械，工業化学の各専門分野が相次いで学会を創設し，日本工学会から独立していった．

　こうした状況にあっても当時の土木技術者は1914年まで日本工学会から独立することなく，工学全般の向上のために努力していた．その背景には，土木工学は人間の生活を豊かにするための工学であり，極端な専門分化を避け，一切の技術を統括すべきものであるという，先輩諸兄の信念があったからに他ならない．

　これまで，土木学会はその歴史について，創立20周年，25周年，40周年，50周年，60周年，70周年，80周年，90周年と過去8回にわたって記録を編集してきた．今回の『土木学会の100年』は，学会創立100周年記念出版として前回の『土木学会略史 1994-2004』（『90年略史』と呼称）に続くものとして計画した．編集は，理事会のもとに組織した編集特別委員会が行った．

　『土木学会の100年』は，その内容を土木学会創立（1914年）から2014年までの100年間を対象とした．全体を「総論」，「活動記録編」，「資料編」の3部構成とした．

　章立ては『土木学会の80年』（1914～1994年を対象）のものを踏襲した．すでに『土木学会の80年』にて章立てされている記述に，『90年略史』（1994～2004年を対象）の該当部分を加えたものに，今回2004～2014年（2013年度末）の分を加筆することを基本とした．編集の度に創立からの歴史を一括して記述し直すことは事実上不可能であると判断したからである．今後も，10年間を一区切りとして，それ以前とは独立した歴史記述スタイルとすることで，各時代の記録や資料とすることを意図した．

　一方，今回新たに章立てした「主題の変遷」，「運営方針の変遷」，「組織の変遷」に関する章は，学会創立以来の通史とした．これらは，将来にデータの追加があっても新たな章立ては必要なく，図表と本文の追加で通史としての記述が可能なスタイルと言える．

　この『土木学会の100年』が土木学会の100年の足跡を明示するとともに，これからの土木学会の発展に寄与することを祈念する次第である．

　終りに，本書の編集，刊行にご協力いただいた多くの方々に心からのお礼を申し上げる．

2014年11月
「土木学会の100年」編集特別委員会
委員長　依田　照彦

この100年の土木学会の10大エポック プラス ワン －編集特別委員会選定－

1 土木学会第1回総会（1915）

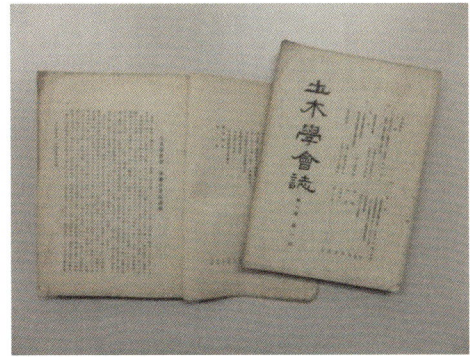

　土木学会は文部大臣から受領した「社団法人土木学会設立の許可書」の日付，すなわち1914年11月24日を創立の日としている．創立より2か月余り前，1914年9月15日に発起人総会が築地精養軒において開催され，9月22日には役員会が工学会事務所において開催された．この役員会では議題として「会誌ノ形式及原稿依頼ノ件」が取り上げられ，委員長を含む編集委員の推選も行われた．

　第1回総会は1915年1月30日築地精養軒で開催された．会長講演は「土木学会規則」第29条（総会ニ於テハ会長講演ヲ為ス）で定められた．初代会長古市公威の講演は長く歴史に遺るものとなり，土木界のみならず汎く引用されている．曰く，"余ハ極端ナル専門分業ニ反対スル者ナリ"，"本会ノ会員ハ指揮者ナリ，故ニ第一ニ指揮者タルノ素養ナカルヘカラス"と喝破し，土木工学の総合性と土木技術者の自覚を強く訴えた．この講演の理想はその後土木学会が転機に立つごとに会員が想起する拠り所となっている．（土木学会誌第1巻第1号に古市会長講演の全文が掲載された．）

2 「土木賞」の創設（1920）

　1920年1月の総会において「本会会誌所載の論説，報告等にして優秀なるものに対し役員会の議決を経て賞牌を贈ること」が定められた．第1回受賞者は物部長穂である．

　廣井　勇第6代会長が土木賞の創設を熱心に主張し，賞牌の原案作成も行っている．賞牌の原型作成者は，日本サッカー協会のマークでも知られる日名子実三である．

　土木学会賞は当初は一つであったが，第二次世界大戦後の中断期を経て，1949年に「土木学会賞」と「土木学会奨励賞」の二本立てで再開した．その後，改名や創設を繰り返し，現在では「論文賞」，「論文奨励賞」，「吉田賞」，「功績賞」，「技術賞」，「田中賞」，「技術開発賞」，「出版文化賞」，「国際貢献賞」，「技術功労賞」，「環境賞」，「国際活動奨励賞」，「研究業績賞」，「国際活動協力賞」（創設順）の14の賞で構成されている．

3 学会初の図書「大正12年関東大地震震害調査報告書第一巻」の発行（1926）

　1923年9月1日の関東大震災に対し，帝都復興調査委員会は東京・横浜および周辺の鉄道，道路，公園・広場，運河・港湾等の調査および審議を行い意見書を作成，関係当局に提出した．続いて土木学会，東京市政調査会，工政会，都市研究会，建築学会から各3名以内の代表者を選出，帝都復興聯合協議会を組織し意見書を作成，実行方法を関係当局に建議した．さらに1925年2月，復興局長官から調査費1万5,000円をもって災害調査書作成の委嘱があり，本会の会員への頒布許可を条件に3巻にわたる報告書を出版した．第一巻は1926年8月に，第二巻は1927年1月に，第三巻は1927年12月に発行され，震災後3年余で全巻の出版を完了した．

　発足後10年たらずの若い土木学会の存在を内外に強く印象づけた．

4 「コンクリート標準示方書」の発行（1931）

1931年版の序（大河戸委員長）

1931年版解説編

　1928年9月に混凝土調査会が設立された．1935年にコンクリート調査会と改名した．「鐵筋コンクリート標準示方書」は1931年に発行されたが，学会誌に原案全文を発表し会員の意見を聞いた上で出版物として発売された．1928年から1936年までは大河戸宗治，1939年から1960年まで吉田徳次郎が委員長を務めた．1931年10月31日，11月1日の両日に開催された混凝土調査会総会には，大河戸宗治（前列左から3人目），その横に吉田徳次郎，その他，田中　豊，宮本武之輔，物部長穂，八田嘉明などが出席した．昭和24年版から「コンクリート標準示方書」に改名されたが，コンクリート標準示方書は「トンネル標準示方書」など学会発行の示方書の嚆矢であり，新しい知見を取り入れ改定・制定を繰り返し，最新の情報を提供し続けている．

5 「土木技術者の信条」「土木技術者の実践要綱」制定（1938）

1936年5月，わが国にはどの工学系学会にも会員である技術者の倫理綱領の無いことは遺憾であるとして土木技術者相互規約調査委員会（委員長：青山　士）が設置された．倫理規定制定の背景に，当時，学会において学術団体から職業団体への転換などを含む学会改造の動きがあり，その中心的人物は宮本武之輔であったとされる．同委員会では，「我が国に於いては未だ技術者相互の規約例えば「エンジニヤリングエシックス」の如きものなきを遺憾とし之が作成に関し調査研究せんとす．」との基本的考えに立ち，主として米国土木学会（ASCE）の「Code of Ethics」（1914年）を参考にしつつ検討し，3項目の「土木技術者の信条」と11項目の「土木技術者の実践要綱」を取りまとめた．これらは，土木学会誌1938年5月号（第24巻第5号）に掲載された．

その後，土木学会では，1938年版を改定し1999年に「土木技術者の倫理規定」を制定し，2014年には新たに「倫理綱領」と9条からなる「行動規範」で構成される「土木技術者の倫理規定」を制定した．

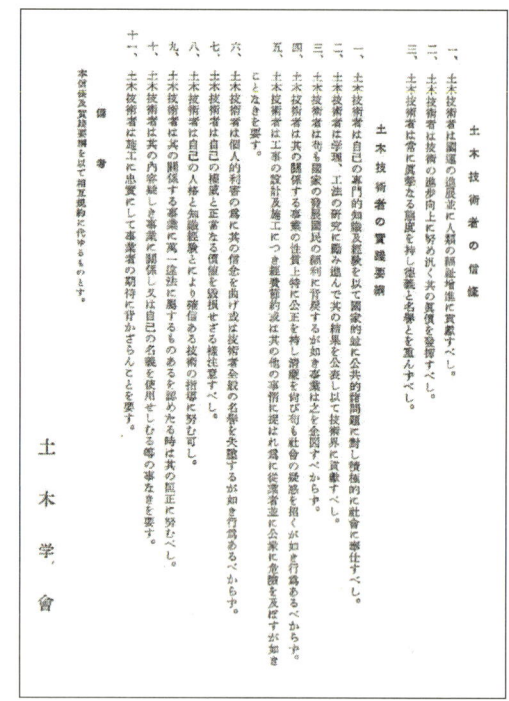

6 「土木学会論文集」創刊（1944）

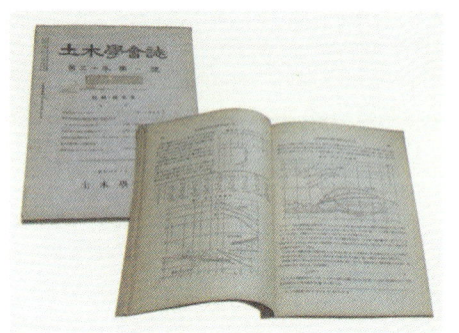

「土木学会論文集」は，1944年3月に土木学会誌の臨時増刊号として第1号が発行された．第二次世界大戦の影響により一時中断したが，1947年に復刊し，学会創立80周年の年（1994年）の10月に500号に達した．

土木学会論文集は長いこと7部門体制で出版部門の土木学会論文集編集委員会が担当していたが，2010年度から19分冊体制に変更になり，担当も調査研究部門に移行した．また，2010年度に新しい投稿査読電子システムが稼働し，既存の土木学会論文集と基準を満たす各種委員会論文集を合わせて再編した土木学会論文集19分冊を2011年1月からJ-STAGE（独立行政法人科学技術振興機構（JST）が運営する総合学術電子ジャーナルサイト）上で公開している．

7 土木会館竣工（1957）・土木図書館竣工（1964）

1954年の創立40周年を記念して土木会館の建設が計画され，会館建設委員会を組織し敷地選定に入ったが，難航した．しかし，旧国鉄関係者の尽力により事務所用地を現在の四谷（新宿区四谷1丁目無番地）に確保，440m²の平屋建て会館を新築し1957年3月に大手町国電ガード下から移転した．

その後，1962年9月から準備を進め，1964年の創立50周年を記念し，延べ床面積634 m²（2階建て）の土木図書館を新築した．図書館のほか，会議室，講堂等を整備した．

土木図書館完成後，拡大する委員会業務に比例して会議室の不足が深刻化し，創立60周年記念事業として図書館書庫の自動化，2階講堂の間仕切りによる会議室の増加などを図った．一方で，度重なる改修・補修にもかかわらず旧館の老朽化が目立ち，倉庫の様相を呈してきたため建替えの検討が行われた．

そして，1984年の創立70周年記念事業の柱として旧会館を撤去し，跡地に新会館を建設することを決定した．新会館建設にあたっては土木図書館建設時をはるかに上回る厳しい制約があったが，国鉄，東京都，新宿区，文化庁などの好意と関係者の努力が結実し，旧会館の2.16倍にあたる2階建て953.94 m²の建物が1984年9月に竣工した．

1994年の創立80周年記念事業として土木学術資料館を川崎の浮島地区に建設する予定で検討を進めたが，当該地区の整備が予定より大幅に遅れ，建設の目途が立たなくなった．そのため，改めて80周年事業として会員用の施設について検討を行った結果，図書館の老朽化が進んでいること，蔵書数の増加により書庫が手狭になっていること，会議室が不足していることなどが判明した．そこで，理事会に土木図書館の建替えと土木会館の全館リニューアルを上申し，21世紀の土木学会の拠点として再整備することが決まった．2001年5月に起工式を行い，2002年5月に竣工した．これが現在の土木図書館と土木会館である．

現在の様子：
土木図書館（左）と
土木会館（右）

8 土木の日（11月18日）の制定（1987）

「土木の日」開始式（1989年）

2013年度土木の日記念行事シンポジウム

土木コレクション 2014（松山市大街道会場）

　土木の2文字を分解すると十一と十八になることと，土木学会の前身である「工学会」の創立が1879年11月18日であることから，11月18日を「土木の日」とした．続く土木学会の創立記念日である11月24日までの1週間を「くらしと土木の週間」とし，本部および支部では関係団体の協賛も得て，一般の方々を対象としたイベントを展開している．

　創設年度は本部において「土木の日」の提唱式や記念講演会・シンポジウムなどを開催した．翌1988年度から1998年度までは全国ネットでの展開を旨として，各支部で関連行事を実施した．1989年度から「開始式」を設けた．本部を皮切りに支部持ち回りで開催し，一巡した1997年度にこのセレモニーを終えた．1999年度からは本部において土木の日実行委員会が中心となって特別行事や記念行事を企画し，多彩な行事を実施している．特に，2009年度からは，土木界が保有する歴史資料，図面，写真など普段目にすることができない各種コレクションを展示，公開する「土木コレクション HANDS＋EYES」が始まった．また，2010年度からは，「土木偉人映像展」として青山　士や宮本武之輔，廣井　勇などに関わる映画の上映とともに，高橋　裕（東京大学名誉教授）による講演が行われ好評を博している．

9 フェロー制度の創設（1994）

土木会館入口に掲示されたフェロー会員名簿

　会員制度の中にフェロー会員を設けるための検討は，1990年6月頃から始まった．「フェロー制度」は1994年3月の理事会で承認され，同年の通常総会での定款改正に盛り込まれ，翌1995年3月31日から施行された．土木学会がフェロー制度を導入した目的の一つは，海外の関連学協会との連携を一層深め，今後の国際社会で発展を続けていくための基盤づくりにある．

　当初は「称号」であったが，「フェロー会員」を独立した会員として位置づけるため，1998年5月の通常総会において，新たに「フェロー会員」を定款改正に盛り込んだが，文部省からは定款上新たな会員種別を設けることは認められなかった．そのため，土木学会細則で「フェローの称号を贈られた正会員を「フェロー会員」とする」旨を定めた．したがって，「フェロー会員」は「名誉会員」と同様に，称号である．なお，「フェロー会員」の会費は正会員の1.5倍である．

10　技術推進機構の設立（1999）

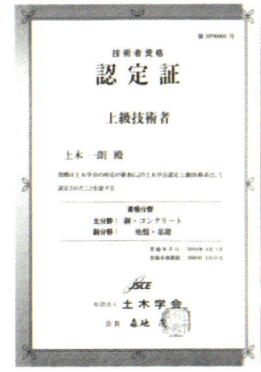 

　土木学会は従来，学術・技術の振興に関する企画，調査研究，各種行事の活動を主体としてきた．しかし，急速に進む国際化の流れの中で，土木学会が事業的要素をもった諸課題に適切に対応していくため，有効かつ組織的に対応できる体制づくりを検討する必要が生じた．そのため，1997年4月，松尾　稔会長の発議のもと設置された「土木技術研究推進機構創設検討準備会」で検討を開始し，同機構の基本的枠組みを固め，1999年5月の通常総会にて「土木学会技術推進機構」の設立を諮った．「技術開発にインセンティブを与え，わが国の技術者が活躍でき，かつ，わが国の技術が国内外で活用される環境を整備することは，工学系学会の重要な役割である．この役割を果たすために，国際規格，技術者資格の国際的相互承認，などに適切に対応できる枠組みを構築することが緊要となっている．また，国際的に受け入れ可能な技術評価システムのあり方を検討する必要がある．」これが設立の理念・目的であり，これに沿って，「継続教育制度」，「土木技術者資格制度」，「技術評価制度」などがスタートした．

11 公益社団法人に移行（2011）

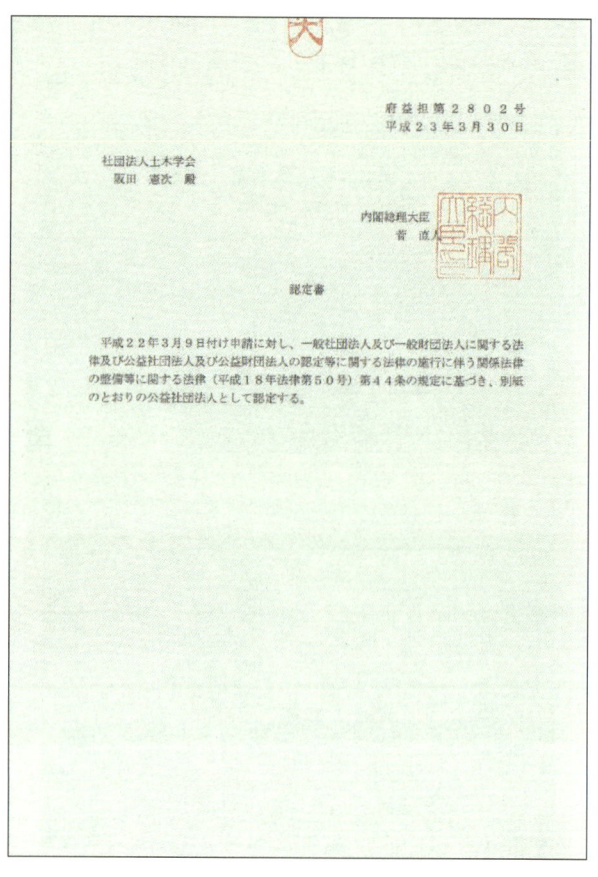

　民間非営利部門の活動の健全な発展を促進し，旧来の公益法人制度に見られた主務官庁の裁量権に基づく許可の不明瞭性など，さまざまな問題に対応するため，新たな法人制度が導入されることとなった．2006年5月に公益法人制度改革関連3法が成立し2008年12月に施行されて，従来の公益法人は特例民法法人となり5年間の移行期間に入った．
　土木学会は，2008年6月理事会において，学会活動は公益社団法人としての活動がふさわしいこと，また，定款改正などの移行準備にあたっては公益性をより重視するものの，現在の学会の活動内容，組織運営を基本的に維持することが承認された．準備にあたっては事務局内に事務局長を長とするタスクフォースを編成して詳細な検討を進めた．さらに全体の方針の確認と公益社団法人移行の課題などを検討するため，「公益法人移行準備会議」（座長：稲村　肇（政策研究大学院））を設置し，土木学会の公益活動に関する検討を行った．2009年の総会では公益社団法人としての要件を満たすように改めた定款が承認され，さらに細則，関連規程の整備，会計諸システムの再構築を行ったうえで，2010年3月に正式に公益社団法人への移行認定の申請を行った．定款案に関しては，移行後最初の代表理事の明記など公益認定等委員会事務局の指導による修正が2010年5月の総会で承認された．その後同事務局との調整を経て，2011年3月30日に認定証の交付を受け，4月1日には登記を終えて新しい公益社団法人としてスタートを切った．未曾有の大震災の直後であったが，力強い復興に大きな貢献が求められる時期に意義ある移行であった．
　実際に公益認定を受けるためのハードルとしては，①法人法で求められている内部統治の一層の明確化，②公益事業比率の確認のための事業体系および会計システムの整理，③各種基金などに関する公益目的財産としての整理などが大きなものであった．
　移行後初の定時総会（2011年5月27日）において，公益法人移行準備会議が取りまとめた「宣言：公益社団法人への移行にあたって」を発表した．この宣言は，学会の活動の社会への貢献を拡充し，社会からの評価・期待が高まることで，その構成員の社会からの評価も高まり，多くの土木技術者が学会活動に積極的に参画する動機となるであろうし，寄附の拡大など財政の強化にもつながるといった好ましいスパイラルの発現を期待したものである．

執筆者一覧（五十音順）

　本書の原稿は，記名原稿以外は以下の方々によって作成された．なお，本書は『土木学会の 80 年』および『土木学会略史 1994-2004』の多くを利活用していることから，両書の原稿を作成された方々の氏名も再掲した．

　なお，『土木学会略史 1994-2004』の第 2 章 10 年の主な出来事のうち，2. 社会の成熟化と多様化する価値観，および 3. 社会資本を巡る議論の節については，土木史として扱われる内容と考えられることから，本書には載せていないことを断わっておきたい．

相澤賢一	青山俊介	麻生稔彦	阿部貴弘	有村幹治	池田駿介	池田　学	砂金伸治
石井一英	石郷岡　猛	磯島茂男	伊藤文夫	井上啓一	井上直洋	岩波光保	岩橋康子
上原義和	内田裕一	内村　好	遠藤　桂	大内雅博	大倉一郎	大島一哉	大島義信
大幡勝利	大友敬三	大西有三	大野俊夫	大野博久	小笠原常資	岡野法之	岡村未対
奥村文直	小澤一雅	小澤良夫	落合英俊	小野武彦	小野田　滋	笠原　覚	片谷教孝
片山功三	勝地　弘	加藤　隆	加藤正進	鎌田敏郎	河原能久	木ノ村幸士	木村吉郎
草柳俊二	工藤修裕	国枝　稔	小池健生	纐纈育子	後藤洋三	小長井一男	小林一郎
五明美智男	齋藤　貴	酒井喜市郎	阪田憲次	坂本真至	酒向信一	佐々木　淳	佐々木寿朗
佐々木　葉	佐藤馨一	佐藤浩一	佐藤愼司	澤本正樹	椎野佐昌	篠原　修	柴崎亮介
柴山知也	鈴木勝芳	鈴木森昌	髙野　昇	高野美和子	高橋　裕	髙松正伸	高山知司
寶　馨	滝沢　智	田﨑忠行	多々納裕一	田中逸雄	田中邦夫	田中直樹	田中　仁
谷澤清治	谷　ちとせ	田宮芳彦	為国孝敏	千田喜美	知野泰明	津野　洋	当麻純一
田中宏幸	富田俊行	友広　勲	土門　剛	豊田康嗣	中田雅博	中村秀明	津野　究
仲山貴司	沼田淳紀	萩原由美子	橋口誠之	橋本剛志	花安繁郎	羽二生　望	馬場俊介
濱田政則	林　美和子	林　良嗣	日紫喜剛啓	姫野賢治	福田　敦	福本勝司	藤野陽三
藤原章正	古木守靖	堀田昌英	堀　宗朗	前川宏一	真下英人	増田光男	増村浩子
町田　聡	町田めぐみ	松尾全士	三木千壽	水口　優	溝上章志	道浦　真	道奥康治
味埜　俊	村田秀一	森口祐一	森杉壽芳	森　猛	森光康夫	安田　進	矢富盟祥
柳川博之	矢吹信喜	山口隆司	山口宏樹	山下清明	山田　優	山本幸司	山本卓朗
横町信也	吉川正嗣	吉城秀治	吉田陽一	依田照彦	渡辺真人	渡邊政広	渡部保雄

土木学会 80 年史編集委員会構成

顧問	高橋　裕				
委員長	新谷洋二				
委員	伊東　孝	石塚　健	大熊　孝	岡本義喬	川越達雄
	菊岡倶也	越沢　明	島崎武雄		
事務局	五老海正和	藤井肇男			

創立 90 周年記念事業実行委員会略史編集委員会構成

委員長	篠原　修				
幹事長	髙松正伸				
委員	磯岩和夫	門松　武	栗田敏寿	佐藤愼司	昌子住江
	古木守靖				
幹事	柏倉志乃	岡本直久	北河大次郎	鈴木伸治	高橋恵子
	為国孝敏	玉川伸久	南郷健太郎	畠中　仁	堀江雅直
アドバイザー	松尾全士	五老海正和	岡本義喬	藤井肇男	

「土木学会の 100 年」編集特別委員会構成

顧問	篠原　修	高橋　裕	古木守靖		
委員長	依田照彦				
幹事長	大内雅博				
委員	今井政人	大西博文	北河大次郎	佐々木　葉	髙松正伸
	土屋正彦	深澤淳志			
委員兼幹事	齋藤　貴	末武義崇	田中宏幸	橋本和記[※]	三浦基弘
	吉田陽一				
アドバイザー	五老海正和	岡本義喬	河村忠男	坂本真至	
事務局	片山功三	富田俊行			

※は，前委員兼幹事

序
刊行にあたって－これまでの略史と本書の位置づけ
この100年の土木学会の10大エポック プラス ワン －編集特別委員会選定－
執筆者一覧

目 次 i

土木学会歴代会長紹介（1914～2014） 1

第1部 総論－土木学会が果たしてきた役割－ 19

はじめに 19

第1章　土木および土木工学 19
1.1　「土木」の由来 19
1.2　土木工学とは 21
1.3　土木改名に係る議論 29

第2章　学会創立の意義と活動内容の変遷 32
2.1　土木学会独立の経緯 32
2.2　活動内容の変遷 34
　2.2.1　大正時代［1914（創立年）～1926］の活動概要 34
　2.2.2　昭和時代前期（1927～1945）の活動概要 35
　　(1)　支部設立 35
　　(2)　示方書作成 35
　　(3)　用語調査 36
　　(4)　国際対応の先駆 36
　　(5)　土木史編纂 36
　　(6)　土木技術者の信条・土木技術者の実践要綱 37
　　(7)　災害調査報告 38
　　(8)　幻の東京オリンピックから戦時体制へ 38
　2.2.3　第二次世界大戦後（1945～1994）の活動概要 38
　　(1)　学会の顔としての学会誌 38
　　(2)　旺盛な出版活動 39
　　(3)　新しい学問の育成 40
　　(4)　国際化への積極姿勢 41
　　(5)　開かれた土木学会 41
　　(6)　80周年記念－21世紀へ向けて－ 42
　2.2.4　創立80周年以降（1995～2014）の活動概要 43
　　(1)　改革策に基づく活動 43
　　(2)　調査研究活動の拡充 43
　　(3)　土木学会論文集改革 44

土木学会の100年

(4)	緊急災害調査	45
(5)	社会とのコミュニケーション	46
(6)	国際戦略に基づく活動	47
(7)	土木技術者の資質向上	48
(8)	会員増強・確保・サービス向上	49
(9)	公益社団法人への移行	51
(10)	100周年記念事業"豊かなくらしの礎をこれまでも，これからも"	52

第3章　土木学会の役割　　54
3.1　土木学会とは　　54
3.1.1　構成と特徴　　54
3.1.2　土木学会の役割　　54
(1)　学術・技術の進歩への貢献　　55
(2)　国内・国際社会に対する責任・活動　　55
(3)　技術者資質と顧客満足度の向上：Societyとしての機能　　55
3.2　土木学会のテーマの変遷　　55
3.2.1　会長講演　　55
3.2.2　全国大会における会長特別講演　　57
3.2.3　総会での特別講演　　59
3.2.4　会長提言特別委員会　　60
3.2.5　学会誌の特集テーマ　　61

第4章　学会の運営方針・組織の変遷　　72
4.1　学会運営の基本方針の変遷　　72
4.1.1　定款等の基本規程の変遷　　72
4.1.2　「定款」に見る活動目的・事業の変遷　　75
(1)　目的の変遷　　77
(2)　事業の変遷　　77
4.1.3　運営組織の変遷　　78
4.1.4　委員会数の変遷　　82
4.1.5　年次学術講演会の講演部門区分の変遷　　84
4.1.6　土木技術者の倫理規定　　85
4.1.7　土木図書館と技術推進機構　　88
(1)　土木図書館　　88
(2)　技術推進機構　　89
4.1.8　公益社団法人化　　90
(1)　公益法人改革と学会活動　　90
(2)　新法人移行のための準備　　91
(3)　公益認定申請　　92
(4)　宣言：公益社団法人への移行にあたって　　92
4.2　役員選任方法の変遷　　98
4.2.1　現行の役員候補者選出の手順　　98

(1) 理事候補者	100
(2) 監事候補者	100
(3) 会長候補者・次期会長候補者	100
(4) 副会長候補者・専務理事候補者	101
4.2.2 選任選出手続きの変遷	101
4.3 事業計画の策定と予算管理	104
4.3.1 事業計画・予算編成の流れ	104
4.3.2 予算管理の流れ	105
4.3.3 事業報告の流れ	105
4.4 会費・会員構成の変遷	106
4.4.1 会員種別の変遷	106
4.4.2 会費の変遷	108
4.4.3 会員数の推移	109
4.4.4 名誉会員の定義の変遷	110
4.4.5 フェロー制度の創設	112
4.5 事業規模の推移	113
4.5.1 会計の推移	113
(1) 創立から1995年度までの推移	113
(2) 総資産, 総収入, 収支差で見る創立以来の推移	115
4.5.2 会費収入の推移	116
4.5.3 主な収入源の推移	117

第5章 これからの土木学会 … 120

5.1 土木学会の現状と課題	120
(1) 土木学会の現状	120
(2) 土木学会の課題	120
5.2 土木学会のこれから	121
(1) 土木学会の役割と特徴	121
(2) 土木学会の今後の活動	122

第6章 歴代会長の証言 … 129

第66代	仁杉 巖	土木学会への提言	130
第76代	内田隆滋	一鉄道土木屋の回想	132
第77代	堀川清司	昭和の終りから平成の初期に土木学会の役員を務めて	135
第82代	中村英夫	80周年記念事業, そして阪神・淡路大震災発生. 調査団団長として現地入りし, 報告会開催へ	138
第83代	小坂 忠	日本建築学会と合同の震災調査報告書づくりと, 海外交流・支部活動の活性化	141
第84代	松尾 稔	災害緊急対応部門, 企画運営連絡会議, 技術推進機構の発足, JSCE2000の策定など, 一連の学会改革を通じ, 組織に進化性を加える	143
第86代	岡田 宏	プロジェクト評価による信頼の回復と, 国際化への対応により, 土木の存在感を高める	146

土木学会の100年

第87代	岡村　甫	土木技術者の技術レベルを高め，評価し，活用する仕組みとしての技術者認定制度の創設に取り組む	148
第88代	鈴木道雄	21世紀の日本における社会資本整備と技術開発の方向性を2000年レポートに結実	150
第89代	丹保憲仁	地球環境問題が国際的な課題となるなかでシビルエンジニアとしての役割を考える	153
第90代	岸　清	土木技術者個人の顔が市民に見えるように－インターネットで一般の人と議論できる，双方向コミュニケーションのシステムを立ち上げる－	156
第91代	御巫清泰	土木技術者の気概の向上と，社会とのコミュニケーションの改善に努める	158
第92代	森地　茂	JSCE2000の策定，そして会長施策の長期計画を通じて，技術力の維持と土木技術の社会的評価の向上を目指す	160
第93代	三谷　浩	土木学会への期待	163
第94代	濱田政則	社会への発信，組織と活動の活性化，そして土木技術者の未来	166
第95代	石井弓夫	土木学会会長としての5つの目標	169
第96代	栢原英郎	「社会からの謙虚な受信」と「土木の無名性からの脱却」	172
第97代	近藤　徹	経営の安定化と次世代の土木への展望	174
第98代	阪田憲次	東日本大震災	177
第99代	山本卓朗	土木界をリードできるパワフルな学会組織の構築を	180
第100代	小野武彦	土木界のガラパゴス化を防ぐために	183
第101代	橋本鋼太郎	社会に貢献する土木学会を目指して～産学官および市民の連携から新しい公共の創造へ～	187

第7章　土木学会と私 ……… 193

青山俊樹	若人への期待	193
天野玲子	土木技術者女性の会と土木学会誌編集委員会	194
家田　仁	土木学会の気質（かたぎ）～非常時／変革期に現れる組織の真価～	195
池田駿介	土木学会の私の回想録	196
五老海正和	JR中央線の車窓から土木会館を目にして思うこと	197
石橋忠良	学会示方書とのかかわり	198
石塚　健	土木学会と共に歩んだ39年間	199
石原研而	土木学会の思い出	200
磯部雅彦	「人を育て，人に支えられる土木学会」	201
井上啓一	土木学会との約50年のつながり	202
岩熊まき	土木学会の先見性を思う	203
魚本健人	コンクリート標準示方書の重要性	204
大石久和	土木の日・実行委員長の思い出	205
大垣眞一郎	拡大から縮小の処方箋そして対話する環境工学	206
大島一哉	企画委員会2000年レポートの作成	207
大西博文	技術の総合性を具現する土木学会	208
岡村美好	出会いに導かれて	209
岡本義喬	感謝とともに	210
落合英俊	学会の活動理念の再構築と学会改革策に関わって	211

角田與史雄	初のPRC橋の設計の経験から	212
片山功三	13年余の学会事務局勤務を振り返る	213
金井 誠	42年の技術者人生を振り返り，後輩に送るエール	215
嘉門雅史	関西支部に育てられ	216
川島一彦	学術的バックボーンであった土木学会	217
河田惠昭	私の学会活動の総括	218
河村忠男	「KUROKO」失格のはみ出し事務局員の記	219
木村 亮	長く関わった2つの仕事	220
日下部 治	ACECC誕生への3年半	221
草柳俊二	土木学会に生きる技術者の精神	222
楠田哲也	土木学会における環境分野の展開	223
河野 宏	津 波	224
小長井一男	土木学会の地震被害調査	225
小林潔司	土木学会のこれからの100年をみつめて	226
小松 淳	デジタルメディアと「土木」	228
小松登志子	女性会員50％の時代へ	229
佐々木 葉	私と土木学会	230
佐藤厚子	私にとってのこれまでの土木学会とこれからの土木学会	231
佐藤恒夫	頼れるパートナー，土木学会	232
佐藤直良	土木の飛躍に向けて	233
篠原 修	学会ですか協会ですか	234
鈴木幹啓	土木技術者の集う学会に 乾杯	235
住吉幸彦	ACECCとともに	236
高橋 薫	土木学会に感謝をこめて。	237
高橋 裕	編集委員会などとの付き合い	238
高松正伸	出版委員会奮戦記	240
竹村公太郎	近世から近代，そしてポスト近代へ －低炭素の流域社会の構築－	241
田﨑忠行	2000年仙台宣言	242
谷口博昭	土木学会の活動を通して想うこと	243
玉木 明	切手デザイン雑感 ～ 国造りに触れて ～	244
冨岡征一郎	土木学会の広報活動と［土木の日］の制定	246
長瀧重義	ISOと土木学会	247
西川和廣	国の研究職員と土木学会	248
西脇芳文	新しいニーズに対応して	249
橋口誠之	広報活動の大切さ	250
葉山莞児	託 す	251
廣瀬典昭	コンサルタント委員会での活動	252
廣谷彰彦	家族が集える学会活動とは	253
藤野陽三	人を育てる場	254
藤本貴也	「土木工学科」への再統一による「土木」の復権と土木学会の役割	255
古木守靖	土木学会と私	256
堀 正幸	土木学会と私の関わり	259

正木啓子	土木学会女性会員として	260
松浦茂樹	図書館からの発信	261
松本香澄	縁の下の力持ちとして	262
丸山久一	学会での調査研究活動を通して得たもの	263
三木千壽	土木学会誌	264
道奥康治	土木学会から賜った様々な初体験	265
宮川豊章	学園紛争の後遺症と技術者	266
三好逸二	土木学会の改革策（JSCE2000）	267
村尾公一	土木コレクション更なる発展を祈念して	268
村田　進	土木学会と市民参加	269
山川朝生	建設マネジメントから国際センターへ	270
山田郁夫	日々研鑽あるのみ	271
山田　正	土木学会事務局と私	272

第2部　活動記録編　（第2部および第3部は詳細目次を含めCD-ROM版に所収）

第1編　本会創立の背景 ... 273
- 第1章　工部省と工部大学校 ... 273
- 第2章　主要学協会の創立 ... 274
- 第3章　工学会の創立と工学系学協会の独立 ... 274
- 第4章　本会の創立 ... 275
- 第5章　明治期の土木教育－会員の有資格者を探って－ ... 275

第2編　創立から第二次世界大戦終了までの活動－1914～1945－ ... 279
- 第1章　創立の経過と組織の流れ ... 279
- 第2章　戦前の事業 ... 291
- 第3章　各支部の設置状況 ... 302

第3編　昭和20年から50年間の活動－1945～1994－ ... 305
- 第1章　再建に向けて ... 305
- 第2章　学会活動の基礎がため ... 306
- 第3章　組織の移り変わり ... 314
- 第4章　事業の概要 ... 338
- 第5章　周年記念事業 ... 366

第4編　平成期の活動（Ⅰ）－1995～2004－ ... 375
- 第1章　1995年からの10年間の主な出来事 ... 375
- 第2章　学会と社会とのかかわり ... 381
- 第3章　学会の動き ... 387
- 第4章　創立90周年記念事業 ... 411

第5編　平成期の活動（Ⅱ）－2005〜2014－　　415
第1章　2005年からの10年間の主な出来事　　415
第2章　学会と社会とのかかわり　　428
第3章　学会の動き　　459
第4章　創立100周年記念事業　　491

第6編　委員会　　503
第1章　企画部門　　504
第2章　コミュニケーション部門　　517
第3章　国際部門　　529
第4章　教育企画部門　　549
第5章　社会支援部門（旧災害緊急対応部門）　　562
第6章　調査研究部門　　565
第7章　出版部門　　913
第8章　情報資料部門　　942
第9章　総務部門　　962
第10章　財務・経理部門　　983
第11章　会員・支部部門　　987
第12章　技術推進機構　　992

第7編　支部および事務局　　1019
第1章　各支部　　1019
第2章　本部事務局　　1160

第8編　本会と関係機関および学協会との交流　　1175
第1章　国内諸機関との関係　　1175
第2章　海外との交流　　1194

第3部　資料編

第1編　土木学会と私　　1225
第2編　コラム集　　1251
第3編　土木学会の歩み　　1283
1. 名誉会員推挙者一覧　　1283
2. 功績賞受賞者略歴　　1285
3. 土木学会役員一覧　　1306
4. 関係機関の要職経験者　　1343
5. 土木学会賞受賞者一覧　　1350
6. 土木学会映画コンクール入賞作品一覧　　1444
7. 選奨土木遺産一覧　　1449
8. 災害緊急調査団　　1471

9.	土木学会総会における講演一覧	1477
10.	行事一覧	1479
11.	土木学会出版物一覧	1566
12.	土木学会の改革策	1649
13.	仙台宣言	1697
14.	倫理規定	1699
15.	公益法人移行宣言	1703
16.	土木年表・学会年表	1708

編集を終えて

土木学会歴代会長紹介（1914～2014）　敬称略

1. **古市公威**（ふるいちこうい）（1854～1934）　工博　名誉会員　勲一等　男爵　大学南校から開成学校に進み1875年第1回文部省留学生として渡仏，エコールモンジュを経て翌年エコール・サントラル諸芸学科に入学．1879年同校卒後パリ大学理学部入学，翌年同校卒．帰国後内務省土木局に入り1890年土木局長，1886～96年帝国大学工科大学教授兼学長，1894年土木技監，1898年逓信次官，1903年鉄道作業局長官，1909年帝国学士院第二部長，1917年工学会会長，理化学研究所長，1922年日本工学会理事長，1924年枢密顧問官．世界各国より勲章多数をうけたほかASCE，ICE名誉会員など．

1914～1916

2. **沖野忠雄**（おきのただお）（1854～1921）　工博　勲一等　大学南校から1876年第2回文部省留学生として渡仏，1879年エコール・サントラル諸芸学科卒．2年間の実技を経て帰国後東京職工学校雇を経て内務省へ入り1897年土木監督署技監，大阪築港工事長，1905年大阪土木出張所長兼土木局工務課長，1911年内務技監，1918年退官．各種の調査会委員を歴任．治水，港湾事業に35年にわたり尽力，特に大阪築港，大阪水道，淀川治水工事などに功績が大きい．

1916～1917

3. **野村龍太郎**（のむらりゅうたろう）（1859～1943）　工博　名誉会員　勲二等　1881年東大土木卒，東京府を経て1886年鉄道局へ移り技師，1894年福島出張所長，1896年欧米出張後1898年逓信技監，1909年鉄道院技監，1913年副総裁兼運輸局長に就任，同年満鉄総裁となり1914年辞任，1919年再任され1921年に辞任．のち，東京地下鉄道，湘南電気鉄道，南武鉄道の社長を歴任．帝国鉄道協会会長，朝鮮鉄道協会名誉会員，鉄道会議議員，工政会会長．

1917～1918

4. **石黒五十二**（いしぐろいそじ）（1855～1922）　工博　勲二等　1878年東大土木卒．神奈川県へ入り1879年退職，実務修得のため英国の会社に入社，英，仏，エジプトで実務に従事し1883年帰国後内務省入省，東大講師を兼任（衛生工学）．1897年土木監督署技監から初代海軍工務監に転任し1906年退官．1907年貴族院議員．横浜港第一期工事の監督指導をはじめ，宇治川電気技師長として宇治川第一発電所の監督指導，三井鉱山会社顧問として三池築港の指導にあたるなど，直轄河川工事，軍港・港湾整備，水力電気などに功績が大きい．

1918～1919

5. **白石直治**（しらいしなおじ）（1857～1919）　工博　勲四等　1881年東大土木卒．農商務省，東京府を経て1883年文部省留学生として米国へ留学，大学，鉄道会社，橋梁会社などで実務を経験後，ベルリン工大などで学び1887年帰国，東大教授となるが1890年退官．民間に転じ関西鉄道，猪苗代水力電気，若松築港などに社長もしくは役員として関与，高知県より衆議院議員に3回当選，ASCE，ICE会員，土木学会長就任後3か月で死亡．多士良～俊多と続く家系．

1919

6. **廣井勇**（ひろいいさみ）（1862～1928）　工博　勲二等　1881年札幌農学校卒，開拓使勤務を経て工部省へ転じたが渡米のため退職，1887年札幌農学校助教授に任ぜられ米，独へ留学．1889年札幌農学校教授となり，1893年北海道庁技師，小樽築港事務所長兼任．1897年東大教授兼道庁技師，1919年退官（名誉教授）．港湾，河川，鉄道，水力発電，橋梁設計などに功績が大きい．多数の論文著書のうち，特に「Plate Girder Construction」（1888年），「日本築港史」（1927年）は著名．

1919～1920

土木学会の100年

7 仙石　貢（せんごくみつぐ）（1857～1931）　工博　勲一等　1878年東大土木卒，東京府を経て東北鉄道の創立に参画，1884年工部省鉄道局勤務，日本鉄道，甲武鉄道工事を担当，1894年鉄道局運輸課長，1896年逓信省鉄道技監を最後に退官．筑豊鉄道，九州鉄道の社長，1906年満鉄設立委員，1908年衆議院議員，1914年鉄道院総裁，1924年鉄道大臣，1929年満鉄総裁に就任．帝国鉄道協会名誉会長．

1920～1921

8 原田貞介（はらだていすけ）（1865～1937）　工博　勲二等　1883年東大理学部に入り1886年退学しドイツに留学，1891年シャロッテンブルグ高等工芸学校卒，1892年内務省土木監督署技師，1898年第4区（名古屋）土木監督所長，1905年名古屋土木出張所長，1911年下関土木出張所長を経て1918年内務技監となり1924年退官．この間何回か中国へ出張し漢口の護岸工事等を指導．港湾調査会委員，臨時治水調査会委員，帝都復興院参与などのほか各地の工事顧問を多数歴任．

1921～1922

9 古川阪次郎（ふるかわさかじろう）（1858～1941）　工博　名誉会員　勲一等　1884年工部大学校土木卒．工部省に入り1894年鉄道技師兼陸軍省御用係，1896年笹子隧道工事に尽力．1903～4年欧米出張後鉄道隊技長として日露戦争に従軍．1913年鉄道院技監兼技術部長を経て副総裁となり1917年退官．のち九州鉄道，金剛山電気鉄道の役員，鉄道会議議員，帝国鉄道協会会長はじめ各種委員会委員長を多数歴任．ロシアおよびスペイン皇帝より勲章をうける．

1922～1923

10 中原貞三郎（なかはらていさぶろう）（1859～1927）　工博　勲三等　1882年東大土木卒，陸軍省御用掛，参謀本部測量課に配属．1886年陸軍5等技師，1888年東大講師を併任，戦前の陸測地図の基礎を固める．のち熊本県技師を経て1898年1月内務省第7区（熊本，4月福岡に移転）土木監督署長，1906年総監府技師として朝鮮各地で道路整備に活躍，1911年大阪土木出張所長，1913年欧米出張後東京土木出張所に転じ利根川，渡良瀬川，荒川改修工事に尽力し1924年退官．

1923～1924

11 中山秀三郎（なかやまひでさぶろう）（1864～1936）　工博　勲二等　1888年東大土木卒，関西鉄道会社を経て1890年東大助教授，1896年河海工学研究のため欧米へ留学し1898年教授．この間，帝国経済会議，学術研究会議，土木会議等会員を歴任，内務技師，逓信技師等を兼務し港湾，発電水力，河川，砂防植林などに貢献し，1926年退官（名誉教授）．1934年帝国学士院会員．土木学会の創立に深くかかわったほか土木用語調査委員会委員長としての功績が大きい．

1924～1925

12 中島鋭治（なかじまえいじ）（1858～1925）　工博　勲二等　1883年東大土木卒，助教授となり1887～90年まで欧米へ留学．東京市下水道創設のため帰国，1899年完成まで尽力，1896年W.K.バルトンの後任として東大教授となり，内務技師，東京市技師長などを併任，1921年退官（名誉教授）．1925年土木学会会長に推されるが1か月後に逝去．我が国近代上下水道の開祖として技術者育成，数十に及ぶ都市の水道に関与．韓国勲二等，米国水道協会名誉会員．

1925

|13| 日下部辨二郎(くさかべべんじろう)（1861～1934）　工博　勲二等　1880年東大土木卒，内務省に入り1891年第5区（広島）土木監督署長，1896年第7区（熊本）を経て1898年第1区（東京）土木監督署長となる．北上川，淀川，吉野川，利根川改修，浦戸港，高松港，宇野築港等に関与，1905年東京土木出張所長となり翌年退官，東京市技師長兼土木局長を兼務し1914年退官．工学院院長，東京市区改正臨時委員，鉱害調査委員などを歴任（旧姓　巖谷：養父は明治の書家　日下部鳴鶴）

1925～1926

|14| 吉村長策(よしむらちょうさく)（1860～1928）　工博　勲二等　1885年工部大学校土木卒，母校の助教授を経て長崎，大阪，広島，神戸，岡山各市の水道計画に参画，特に長崎の土堰堤，石造堰堤は我が国貯水池堰堤の先駆をなした．1899年海軍技師に任官，佐世保鎮守府建築科長，1911年臨時海軍建築部工務監，1920年海軍建築本部長，1923年海軍中将で退官．海軍施設のほか，門司，小倉，福岡，佐世保，長野等各市の水道拡張工事の顧問として水道界に功績が大きい．

1926～1927

|15| 市瀬恭次郎(いちのせきょうじろう)（1867～1928）　工博　勲二等　1890年東大土木卒．内務省へ入り1893年土木監督署技師，1905年内務技師，1906～7年欧米に出張，土木局調査課，1913年仙台土木出張所長，1919年神戸土木出張所長，1924年内務技監，1928年死亡・退官．児島湾理築工事，神戸港拡張工事，北上川改修工事などに功績が大きい．港湾調査会委員，道路会議議員等の委員を歴任．

1927～1928

|16| 岡野昇(おかののぼる)（1876～1949）　工博　名誉会員　勲三等　1899年東大土木卒，日本鉄道へ入り1905年欧米諸国へ出張，帰国後は同社解散のため1906年鉄道作業局に転じ1910～11年欧米主としてベルリンに学び帰国，1919年鉄道省工務局長，1924年鉄道次官となり退官．1925年西武鉄道副社長，1926年社長に就任，秩父鉄道，理研工作機械など各社の役員を兼務，鉄道会議議員，大阪市顧問，信号協会会長などを歴任．

1928～1929

|17| 田辺朔郎(たなべさくろう)（1861～1944）　工博　名誉会員　勲一等　1883年工部大学校土木卒，京都府に奉職し琵琶湖疏水の設計施工の最高責任者となり同工事を1890年に完成（当時28歳）．同年帝国大学工科大学教授，1896年北海道庁鉄道部長，1900年京都帝国大学教授，1916年京都帝国大学工科大学長，1923年退官（名誉教授）．疏水工事のほか全国各地の運河，水力発電，北海道の鉄道事業などに功績，明治工業史，明治以前日本土木史編集委員長のほか論文，著書多数（号：石斎）．

1929～1930

|18| 中川吉造(なかがわきちぞう)（1871～1942）　工博　勲二等　1894年東大土木卒，内務省第1区土木監督署に入り1897年土木監督署技師，1898年関宿工営所主任として利根川治水工事に関与．1905年内務省技師，1910～11年欧米へ出張，1919年東京第二土木出張所長，1923年東京土木出張所長，1928年内務技監，1934年退官．大堰堤国際委員会日本国内委員会委員長，朝鮮総督府治水調査委員会委員等のほか港湾協会，河川協会，道路改良会などの副会長，土木学会用語調査委員長ほか委員歴多数

1930～1931

土木学会の100年

19 那波光雄(なはみつお)（1869～1960）　工博　名誉会員　勲三等　1893年東大土木卒，関西鉄道に入り1898年建設課長，1899年京大助教授へ転じ1900～02年ベルリン工大に留学，帰国後教授となり鉄道工学を担当，1906年京大を辞し九州鉄道へ転じ，のち鉄道院の中津，大分事務所長を経て1915年工務局設計課長，1917年東大教授を兼任，1919年鉄道院総裁官房研究所長，1926年退官．1936年まで東大講師．交通文化賞受賞，第二代学会誌編集委員長ほか委員歴多数．

1931～1932

20 名井九介(みょういきゅうすけ)（1869～1944）　工博　名誉会員　勲三等　1892年東大土木卒，内務省に入り1894年土木監督署技師，1905年内務技師，1908年欧米各国へ出張，帰国後名古屋，東京両土木出張所に勤務，1918年北海道庁技師，1920年石狩治水所長を経て1927年退官．北海道開発に功績が多い．1929年東京高等工学校（現芝浦工大）校長，1936年名誉校長，1942年校長再任，雨竜電力顧問，土木学会初代主事ほか委員歴多数．

1932～1933

21 真田秀吉(さなだひできち)（1873～1960）　工博　名誉会員　勲二等　1898年東大土木卒，内務省に入り淀川改修工事に従事，1911年東京土木出張所に転じ利根川改修第三期工事を担当，1914年欧米出張を経て1924年大阪土木出張所長，1928年東京土木出張所長，1934年退官．利根川治水協会，河川協会，港湾協会などの委員，顧問等多数「明治以前日本土木史」，「本邦土木と外人」，「内務省直轄土木工事略史・沖野博士伝」等の編纂に深く関与，著書「日本水制工論」（1932）．

1933～1934

22 久保田敬一(くぼたけいいち)（1881～1976）　工博　名誉会員　勲一等　男爵　1905年東大土木卒，米国へ3年間留学後1908年鉄道院に入る．東京建設事務所長，建設局工事課長，名古屋，東京両鉄道局長，鉄道省運輸局長を経て1931年鉄道次官，1934年退官．1938年貴族院議員，1943年日本通運社長，1946年退社，各種団体の役員，会長等を歴任．都市対抗野球の創設に尽力，相模，厚木国際などゴルフ倶楽部理事長および会長．交通文化賞受賞．

1934～1935

23 青山 士(あおやま あきら)（1880～1963）　名誉会員　勲三等　1903年東大土木卒，渡米してニューヨークの鉄道会社で測量に従事，1904年から12年までパナマ運河の測量設計に7年半携わり1910年帰国，内務技師となり荒川放水路工事，事故続出で難航した信濃川大河津分水路工事を1931年ついに完成させる．1936年内務技監を退官，のち東京市，兵庫県，満州国等の嘱託として行政，治水事業などを指導，キリスト教徒として廣井 勇，内村鑑三の影響を強く受ける．

1935～1936

24 井上秀二(いのうえひでじ)（1875～1943）　1900年京大土木第1回卒，母校の助教授を経て1902年京都市土木課長，1907～8年水道事業視察のため欧米各国およびエジプトへ出張，帰朝後京都市臨時事業部技術長兼水道課長，1919年猪苗代水力電気会社土木課長，1923年東京電燈会社理事建設部長を歴任．水道研究会理事長，水道協会理事，函館水道，富山電気，名古屋市顧問等をつとめる．著書に「鉄筋コンクリート」（丸善，1906）．井上成美海軍大将の実兄．

1936～1937

25 大河戸宗治（おおかわどそうじ）（1877～1960）　工博　1902年東大土木卒，鉄道に入り1907年より2年間欧米留学，1918年東京改良事務所長として現在の通勤交通網の基礎を整備，1929年鉄道省工務局長をつとめ1931年退官．1932年から1938年まで東大教授のかたわら攻玉社理事，校長を歴任．1950年以降短大教授．この間多くの委員会委員を兼務．2期にわたり土木学会コンクリート調査委員会委員長として示方書制定に尽力．1925年土木学会賞受賞．

1937～1938

26 辰馬鎌藏（たつまけんぞう）（1882～1959）　名誉会員　勲二等　1907年京大土木卒，内務省に入り淀川，遠賀川，利根川，多摩川等の改修工事に従事，1928年名古屋，1934年東京の両土木出張所長を経て1936年内務技監となり1939年退官．退官後は土木会議，国土審議会，河川審議会の議員等のほか広島工業港，東京都水道，鳥取市，兵庫県等の顧問として指導にあたったほか1951年共栄興業会社を創立し社長として実業界で活躍．

1938～1939

27 八田嘉明（はったよしあき）（1879～1964）　名誉会員　勲一等　1903年東大土木卒．岡山鉄道鉄道会社に入り1906年国有鉄道移管とともに逓信省鉄道作業局岡山保線事務所，翌年帝国鉄道庁技師，1921年鉄道省建設局線路調査課長，1923年建設局長，1926年鉄道次官，1929年退官．貴族院議員となり1932年満鉄副総裁，1937年東北興業総裁．政界では1938年拓務大臣，1939年商工兼拓務大臣，東京および日本商工会議所会頭，1941年鉄道大臣（1943年官制改正により運輸通信大臣，1944年2月辞任）を歴任．戦後は拓大総長，日本科学振興財団会長などのほか広く実業界で活躍．

1939～1940

28 中村謙一（なかむらけんいち）（1881～1943）　勲三等　男爵　1905年東大土木卒，鉄道作業局に入り1908年鉄道院技師，1913～15年欧米留学，鉄道省新庄，秋田両事務所長を経て1923年建設局線路調査課長，1924年建設局計画課長，1926年鉄道省建設局長．1929年貴族院議員となる．鉄道会議議員，鉄道工事統制協会会長，災害予防調査会委員，発電調査会委員などを歴任．著書に「近世橋梁学，上中巻」（1920，1913）あり．

1940～1941

29 谷口三郎（たにぐちさぶろう）（1885～1957）　名誉会員　勲二等　1909年東大土木卒，北海道庁に入り1915年内務技師，1918年大阪土木出張所で淀川改修を担当．1929年内務省土木局第一技術課長，東京土木出張所長を経て1939年内務技監，1942年退官．のち外地治水工事を指導し中国政府より厚い信頼をうけ現地へ残留し1948年帰国．日本建設機械化協会初代会長のほか各府県の顧問，建設省専門委員などを歴任．日中親善に功績が大きい．

1941～1942

30 草間　偉（さくまいさむ）（1881～1972）　工博　名誉会員　勲二等　1906年東大土木卒，九州鉄道を経て1909年東大助教授，1918年から欧米へ2年間留学，逝去した中島鋭治教授の後任として1921年教授，1942年退官（名誉教授）．早大教授，高岡市，前橋市，名古屋市，満鉄，福井市等の上下水道顧問などを歴任．日本水道協会功労章，保健文化章，1926年度土木学会賞および1967年度功績賞受賞．

1942～1943

土木学会の100年

31 黒河内四郎（1882～1960）　工博　名誉会員　勲三等　1907年東大土木卒，鉄道に入り1921年信濃川電気事務所長，建設局長，工務局長等を歴任し1934年退官．東京地下鉄道技師として現銀座線の全通に尽力，京浜鉄道，湘南電気鉄道等の取締役，顧問などとして技術指導にあたった．日本保線協会会長，芝浦工大教授，各種団体の役員，学会誌編集委員長ほか委員歴多数．

1943～1944

32 鈴木雅次（1889～1987）　工博　名誉会員　勲一等　1914年九大土木卒，内務省へ入り東京，横浜土木出張所等を経て，1930年日大教授兼任，1934年土木局第二技術課長，1939年東京土木出張所長，1942年内務技監，1945年退官．戦後は日大教授のほか政府の各種審議会委員などを歴任，日大名誉教授．河川，港湾，水力発電，上下水道などに業績．1965年度土木学会功績賞，交通文化賞，藍綬褒章，松本市名誉市民などのほか1968年土木界初の文化勲章を受章．

1944～1945

33 田中　豊（1888～1964）　工博　名誉会員　勲二等　1913年東大土木卒，鉄道院へ入り欧米留学後，1923年復興院橋梁設計課長，1925年東大教授を兼任，1934年東大教授専任，1948年退官（名誉教授）．横河橋梁製作所相談役として各地の橋梁設計を指導．日本学術会議会員，日本学士院会員，溶接学会会長，土木学会本四連絡橋技術調査委員長などを歴任．1929年度土木学会賞，紫綬褒章受章．没後その功績を記念し「土木学会田中賞」を設立．

1945～1946

34 鹿島精一（1875～1947）　1899年東大土木卒，逓信省鉄道作業局に勤務後，鹿島岩蔵鹿島組組長の養嗣子（旧姓：葛西）となり1912年組長に就任，1930年株式会社改組に伴い社長，1938年会長となる．この間，東京商工会議所議員，東京土木建築業組合会長，土木工業協会理事長などを歴任し，1946年貴族院議員．国内，海外工事を数多く施工し民間請負企業の地位向上に功績が大きい．請負業者からの土木学会会長は最初，1943年度緑綬褒章受章．

1946～1947

35 岡田信次（1898～1986）　工博　名誉会員　勲三等　1937年京大土木卒，鉄道省に奉職し1932年欧米各国へ留学，1945年鉄道防衛事務局長，運輸省鉄道総局長，1950年参議院議員となり東京高速道路会社取締役，東京交通興業会社社長を歴任，1954年運輸省政務次官．1956年日本自動車会議所理事，1962年攻玉社短大学長，1963年国際技術協力開発会社社長．1971年度土木学会功績賞受賞．岡田竹五郎，信次，宏と続く土木の家系．

1947～1948

36 岩沢忠恭（1891～1965）　工博　名誉会員　勲二等　1918年京大土木卒，内務省に入り1942年国土局道路課長，1945年関東土木出張所長を経て内務技監兼国土局長（古市土木局長につぎ二人目），1948年建設次官兼建設技監．1949年建設事務次官，1950年退官．同年参議院議員（全国区2期，広島地方区1期）．日本測量協会会長，日本道路協会会長，全国測量業協会会長などを歴任．1965年第13回国際道路会議（東京）日本実行委員会委員長．

1948～1949

- 6 -

土木学会歴代会長紹介

37 吉田徳次郎(1888～1960)　工博　名誉会員　勲一等　1912年東大土木卒，九大教授，東大教授を経て1949年退官．この間イリノイ大へ2年間留学．我が国コンクリート界の父と呼ばれ教育，研究のほか現場の施工指導に果たした役割は大きい．特にコンクリート委員会の委員長として25年間示方書制定に尽力しPCの普及にも貢献．九大名誉教授，日本学士院会員，藍綬褒章，1940年度土木学会賞受賞．没後その功績を記念して「土木学会吉田賞」を設立．

1949～1950

38 三浦義男(1895～1965)　工博　名誉会員　勲二等　1920年東大土木卒，鉄道省に入り新潟鉄道局工務部長，工務局改良・計画各課長，戦時中は運輸通信省工務局長，施設局長を歴任し1945年退官．内閣技監戦災復興院勤務，特別調達庁監事，復興建設技術協会副会長，交通協力会会長を経て1953年参議院議員に当選，1959年宮城県知事に当選して6年間東北振興に尽力したが現職のまま死亡（宮城県県民葬）．

1950～1951

39 大西英一(1889～1955)　工博　勲四等　1912年名古屋高工土木卒，鉄道院に入るが電力界へ転じ，1914年神通川電力会社へ入社，神通川建設所長としてこれを完成，1932年矢作水力会社へ移り中部地区の電源開発に従事，1940年取締役となるが1942年設立間近い日本発送電会社へ入社，1945年理事，1947年総裁に就任，1950年退任し1951年電力技術研究所初代理事長，日大教授，1953年電力中央研究所理事長代理の現職のまま死亡．藍綬褒章受章．

1951～1952

40 稲浦鹿蔵(1894～1978)　名誉会員　勲二等　1924年京大土木卒，内務省神戸土木出張所に入り1935年大阪府土木部河港課長，1942年青島埠頭常務取締役，1946年兵庫県土木部長，1949年建設技監，1952年建設事務次官を経て1955年退官．1956年より1968年まで参議院議員，建設常任委員長などを歴任，河川協会．海岸協会，港湾協会等の副会長，会長等をつとめる．日本道路協会名誉会員，1971年度土木学会功績賞受賞．

1952～1953

41 平井喜久松(1885～1971)　工博　名誉会員　勲三等　1910年東大土木卒，鉄道院に入り1915年から2年間米国へ留学，1927年工務局改良課長，1934年工務局長となり1939年退官．華北交通理事，満鉄副総裁となる．戦後は鉄道建設興業（現鉄建建設），興和コンクリート，日本構造橋梁研究所などの社長，鉄道施設協会会長，日本交通協会副会長等を歴任．1960年度交通文化賞受賞．平井晴二郎氏の三男．

1953～1954

42 青木楠男(1893～1987)　工博　名誉会員　勲二等　1918年東大土木卒，内務省土木局に入り欧米出張を経て1930年東大講師を併任，1942年内務省土木試験所長，1946年退官し早大土木科の基礎を確立，1954年第一理工学部長，1965年国士館大学教授，同年早大名誉教授．文化財保護委員会委員，溶接学会，日本道路協会名誉会員，1966年日本学士院会員，1960年藍綬褒章，1966年度土木学会功績賞受賞．日本土木史，本四連絡橋技術調査委員会など委員長歴多数．

1954～1955

土木学会の100年

43 菊池　明（きくち　あきら）（1899〜1973）　名誉会員　勲二等　1925年東大土木卒，内務省に入り土木局，下関土木出張所，国土局，興亜院等を経て1945年国土局土木課長，近畿土木出張所長を経て1948年道路局長，1952年建設技監，1956年退官．日本道路公団理事となり1960年辞任．地崎組副社長，地崎道路会長，橋梁コンサルタント社長等を歴任．日本道路協会会長，道路緑化協会会長，第13回国際道路会議（東京）議長等をつとめる．

1955〜1956

44 平山復二郎（ひらやま　ふくじろう）（1888〜1962）　名誉会員　勲三等　1912年東大土木卒，鉄道院に入り欧米各国へ留学後，1924年復興局道路課長，工務課長を兼務．1931年鉄道省熱海建設事務所長，仙鉄局長経て1937年建設局長をつとめ退官．満鉄理事，満洲電業理事，満洲土木学会会長などを歴任．戦後はピーエスコンクリート，パシフィックコンサルタント社長，日本技術士会会長などをつとめる，1953年度交通文化賞受賞．著書「トンネル」（岩波書店）ほか．

1956〜1957

45 内海清温（うつみ　きよはる）（1890〜1984）　工博　名誉会員　勲二等　1915年東大土木卒，内務省から電力界に転じ電気化学工業，黒部川電力等を経て1937年富士川電力土木部長，日本軽金属取締役，日発理事等を歴任．戦後は建設技術研究所理事長，攻玉社短大学長等を経て1956年から1958年まで電源開発総裁に就任．この間各種審議会，委員会委員長などを多数兼任．1942年度土木学会賞，1955年度藍綬褒章受章．1965年度土木学会功績賞受賞．

1957〜1958

46 米田正文（よねだ　まさふみ）（1904〜1984）　工博　名誉会員　勲一等　1928年九大土木卒，内務省に入り満州国国道局技正，奉天省交通庁長を経て1948年建設院水政局治水課長，1950年近畿地建局長，1952年河川局長，1956年建設技監，1958年建設事務次官，1959年参議院議員，1963年運輸常任委員長，1967年大蔵政務次官，この間，河川，道路，国土総合開発等審議会委員，全国治水同盟会連合会会長などを歴任．1974年度土木学会功績賞受賞．

1958〜1959

47 田中茂美（たなか　しげみ）（1903〜1997）　工博　名誉会員　1926年九大土木卒．鉄道省に入り1943年門鉄施設部長，1945年鉄道総局施設局計画課長，1948年施設局長，1949年国鉄理事施設局長を経て理事・初代技師長，1952年退職．同年極東鋼弦コンクリート振興，1955年興和化成，1958年興和コンクリート各社の社長を歴任．1966年プレストレストコンクリート工業協会会長，1971年度交通文化賞，1971年度土木学会功績賞受賞．

1959〜1960

48 沼田政矩（ぬまた　まさのり）（1895〜1979）　工博　名誉会員　勲二等　1919東大土木卒，鉄道院総裁官房研究所に入り神戸改良事務所を経て1928年米独へ出張．1933年大臣官房研究所第四科長，1942年鉄道技術研究所第二部長兼東大教授，1945年鉄道技術研究所長となり同年退任，東大教授専任となり1955年退官，1956年早大教授，1965年国士舘大学教授．この間，文化財審議会専門委員などを含め多くの委員会に関与，1964年度交通文化賞，1967年度土木学会功績賞受賞．

1960〜1961

- 8 -

土木学会歴代会長紹介

49 永田　年（ながた　すすむ）（1897〜1981）　工博　名誉会員　勲二等　1922年東大土木卒．台湾総督府，内務省を経て電力界へ転じ東北振興電力から1942年日本発送電へ．1951年北海道電力副社長，1952年電発理事，1953年佐久間発電所建設所長を兼務し1957年土木部長，1960年電発顧問を経て東京電力技術最高顧問．国際大ダム会議副総裁，日本大ダム会議会長，日本ACI会長，1956年藍綬褒章，1957年度電気学会電力賞，1962年度土木学会賞，1969年度功績賞受賞．

1961〜1962

50 藤井松太郎（ふじい　まつたろう）（1903〜1988）　工博　名誉会員　勲一等　1929年東大土木卒，鉄道省に入り1947年運輸省鉄道総局施設局線路課長，1949年国鉄信濃川工事事務所長，1952年技師長兼建設部長，1955年常務理事，1958年日本交通技術社長，1963年理事・国鉄技師長，1969年再び日本交通技術社長となり1973年国鉄総裁，1975年退任．土質工学会会長，日本鉄道施設協会会長などを歴任．トンネル工学委員会委員長はじめ学会歴多数，1958年度土木学会賞，1973年度功績賞受賞．

1962〜1963

51 山本三郎（やまもと　さぶろう）（1909〜1997）　工博　名誉会員　勲一等　1933年東大土木卒，内務省東京土木出張所で利根川等の工事に従事，1937年内務技師，1950年建設省利水課長，1952年治水課長，1956年河川局長，1960年建設技監，1961年建設事務次官，1963年退官．同年三井港湾開発社長を経て1974年水資源開発公団総裁，1982年退任．1983年日本ダム技術センター理事長，1984年退任．各種の審議会委員，日本河川協会会長などを歴任．1977年度土木学会功績賞受賞．1996年文化功労者推挙．

1963〜1964

52 福田武雄（ふくだ　たけお）（1902〜1981）　工博　名誉会員　勲二等　1925年東大土木卒，1926年東大助教授，1927年欧米各国へ出張．1942年教授となり第二工学部の創設に尽力．1958年東大生研所長，1961年名大教授併任，1963年退官（名誉教授），構造計画コンサルタント社長と千葉工大教授を兼務．1975年千葉工大学長．日本学術会議会員，日本工学会会長，国語審議会専門委員，学会の各種委員長を多数歴任．1933年度土木学会賞，1973年度功績賞受賞．

1964〜1965

53 岡部三郎（おかべ　さぶろう）（1892〜1978）　工博　名誉会員　勲二等　1916年東大土木卒，内務省に入り新潟，横浜土木出張所，土木研究所等を経て1927年東京市橋梁課長，1929年退官．尼崎築港，東京湾埋立（現東亜建設工業）などの役員を歴任，戦後，長期にわたり代表取締役社長をつとめる．この間，東大講師（1940〜54年），関係協会，日建連，経団連等の役員，運輸省，東京都，横浜市，神戸市等の港湾審議会委員などを歴任，1959年藍綬褒章，1969年度土木学会功績賞受賞．

1965〜1966

54 篠原武司（しのはら　たけし）（1906〜2001）　工博　名誉会員　1930年東大土木卒，鉄道省に入り兵役を経て1949年運輸省広島鉄道局施設部長，国鉄施設局停車場課長，四国鉄道管理局長，西部総支配人兼門司鉄道管理局長を経て1957年鉄道技術研究所長，1961年退官．1964年日本鉄道建設公団副総裁，1970年総裁，1980年退任．日本トンネル技術協会会長，国際トンネル協会副会長，学習院評議員，1964年・1972年に銀盃授与．1975年度土木学会功績賞，1976年交通文化賞受賞．

1966〜1967

- 9 -

土木学会の100年

55 富樫凱一（とがしがいいち）（1905～1993）　名誉会員　勲一等　1929年北大土木卒，内務省に入り1945年関門国道建設事務所長，1948年九州地建工務部長，1949年道路局建設課長，1952年道路局長，1954年東大講師を兼任，1958年建設技監，1960年退官，三菱地所顧問を経て1962年日本道路公団副総裁，1966年より1970年まで総裁．同年本州四国連絡橋公団総裁となり1976年退官．1972年度土木学会功績賞および1988年度特別表彰，鈴木雅次氏につぎ1988年度文化功労者．

1967～1968

56 石原藤次郎（いしはらとうじろう）（1908～1979）　工博　名誉会員　勲二等　1930年京大土木卒，講師，助教授を経て1943年教授となり河海工学講座を担任，1973年定年退官（名誉教授）．この間，工学部長，防災研究所長，大型計算機センター長などを歴任，日本学術会議第五部会員を6期18年つとめ第五部長となる．各種委員会や審議会委員を多数歴任，京大はじめ土木関連学科の増設，土木学会関西支部の発展に貢献，1973年度土木学会功績賞受賞．

1968～1969

57 柳沢米吉（やなぎさわよねきち）（1903～1995）　工博　名誉会員　勲二等　1927年東大土木卒，内務省に入り1943年運輸通信省港湾建設課長，1946年港湾局計画課長，1948年中国海運局長兼広島海上保安本部長，1951年海上保安庁長官を経て195年退官，同年アジア航測社長，1965年三井共同コンサルタント社長，この間，国際建設技術協会理事長，国際港湾協会理事，日本港湾協会副会長，日中土木技術交流協会理事長などを歴任，1975年度土木学会功績賞受賞．

1969～1970

58 大石重成（おおいししげなり）（1906～1984）　工博　名誉会員　1930年東大土木卒．鉄道省建設局計画課，1952年国鉄東鉄管理局長，1954年建設部長，1957年北海道支社長，幹線調査室長，1958年常務理事，1960年新幹線総局長となり1963年退官，1964年鉄道建設興業（のちの鉄建建設）副社長を経て1967年代表取締役社長に就任．日本鉄道建設業協会会長はじめ各種団体の役員を兼務．1961年度土木学会賞，1981年度功績賞受賞．

1970～1971

59 高野　務（たかの つとむ）（1909～1981）　名誉会員　勲二等　1934年東大土木卒，内務省に入り富山県，新潟県勤務を経て1940年内務技師，1943年防空総本部技師を兼任，1949年京浜工事事務所長，1952年道路局国道課長，1956年企画課長，1958年技術参事官，1959年中部地建局長，1960年道路局長，建設技監を経て1962年退官，三菱地所顧問．この間，東大，早大講師，日本道路協会会長（名誉会員），多数の委員会，審議会等に関与，1980年度土木学会功績賞受賞．

1971～1972

60 岡本舜三（おかもとしゅんぞう）（1909～2004）　工博　名誉会員　勲二等　1932年東大土木卒，1942年東大助教授，1947年教授，1964～67年生産技術研究所長（併任）．1970年名誉教授，同年埼玉大学教授，1973年理工学部長，1974年埼玉大学学長，1980年退任（名誉教授）．1986年（財）震災予防協会理事長，1990年退任．1949年度土木学会賞，1960年度著作賞，1978年度功績賞を受賞，1979年紫綬褒章．1982年藤原賞，1987年12月日本学士院会員，1990年度文化功労者．

1972～1973

- 10 -

土木学会歴代会長紹介

61 飯田房太郎（いいだふさたろう）（1906〜1975）　工博　勲二等　1930年東大土木卒，間組に入社，1949年取締役，常務および専務を経て1967年副社長，1969年社長に就任，この間，国内の代表的土木工事，特にダムを多数完成させ，東南アジアでも活躍，土木技術の向上に貢献．日本土木工業協会，日建連，経団連，海建協などの理事，日本建設機械化協会副会長などを歴任．建設大臣表彰，藍綬褒章受章，鹿島精一氏に続き業界から二人目の学会会長．

1973〜1974

62 瀧山　養（たきやままもる）（1910〜2009）　工博　名誉会員　勲二等　1932年東大土木卒，鉄道省入省，東京改良事務所，新潟鉄道局，建設局停車場課，華北交通，軍需省出向を経て1945年運輸省鳥栖管理部長，1949年輸送局設備課長，1952年審議室調査役，1955年広島鉄道管理局長，審議室長を経て1960年常務理事，1963年退職，鹿島建設常務を経て1967年専務取締役．退職して1973年国鉄技師長，1979年国鉄顧問，1980年海外鉄道技術協力協会理事長，1963年度土木学会賞，1980年度功績賞受賞．

1974〜1975

63 尾之内由起夫（おのうちゆきお）（1915〜2009）　名誉会員　勲一等　1939年東大土木卒．内務省に入り東京土木出張所，関東地建を経て1949年から1954年まで人事院に出向，給与部職階課長，職階部長となる．1954年建設省へ戻り1958年道路局企画課長，1963年道路局長，1966年建設技監，1967年建設事務次官，1970年日本道路公団副総裁，1976年本州四国連絡橋公団総裁，1982年退官．1983年三菱地所顧問，1980年日本道路協会会長，1981年日本トンネル技術協会会長，1983年度土木学会功績賞受賞．

1975〜1976

64 最上武雄（もがみたけお）（1911〜1987）　工博　名誉会員　勲二等　1934年東大土木卒，1935年講師，1936年助教授，1947年教授，1968年工学部長，1971年定年退官（名誉教授）．同年日大理工学部教授，1981年顧問，日本学術会議会員，土質工学会会長（名誉会員）．国際土質基礎工学会議副会長，日本建設機械化協会会長（名誉会員），1943年度土木学会賞，1983年度功績賞受賞，土質工学会1967年度論文賞，1969年度功績賞受賞，論文，著書多数．

1976〜1977

65 水越達雄（みずこしたつお）（1911〜1994）　工博　名誉会員　1936年東大土木卒，大日本電力入社，戦時電力統合により日本発送電へ，さらに電力再編成に伴い1951年東京電力に移る．建設部長，常務取締役を経て常盤共同火力社長兼東京電力最高顧問．この間，東電土木技術陣のリーダーとして活躍，特に梓川，高瀬川両水力再開発計画を指揮した功績は大きい．土木学会関東支部長，岩盤力学委員会委員長などのほか委員歴多数．1985年度土木学会功績賞受賞．

1977〜1978

66 仁杉　巖（にすぎいわお）（1915〜）　工博　名誉会員　勲一等　1938年東大土木卒，鉄道省に入り技術研究所，技師長室長，施設局土木課長，管理課長を経て1959年名古屋，1962年東京の両幹線工事局長として新幹線工事を指揮し1964年建設局長，1965年常務理事，1968年退任．1971年西武鉄道に入り専務取締役，副社長．1979年退任して日本鉄道建設公団総裁，1983年国鉄総裁，1985年辞任．1989年西武鉄道社長，1996年退任．1966年紫綬褒章，1955年度土木学会賞，1986年度功績賞受賞，副会長，初代企画委員会委員長ほか学会歴多数．

1978〜1979

- 11 -

土木学会の100年

67 國分正胤（1913〜2004）　工博　名誉会員　勲二等　1936年東大土木卒，東京府，兵役後1943年東大助教授，1950年教授，1974年定年退官（名誉教授）．武蔵工大教授・足利工業大学顧問教授・ACI*名誉会員，日本学術会議会員，IABSE**副会長，日本コンクリート工学協会（現日本コンクリート工学会）会長等を歴任．1961年以来，コンクリート委員会委員長を20年間つとめ示方書改訂に尽力．1950年度土木学会賞，1985年度功績賞，1986年IABSE**功績賞受賞，1991年日本学士院賞を受賞．（*米国コンクリート学会，**国際構造工学会）

1979〜1980

68 髙橋国一郎（1921〜2013）　名誉会員　勲一等瑞宝章　1944年東大土木卒，内務省入省，1945年秋に復員し関東土木出張所に勤務，1950年五十里ダム出張所長，1956年関東地建4号国道，1958年東京国道の両工事事務所長，1964年高速道路課高速道路調査室長，1966年地方道課長，国道第一課長，1970年道路局長，1972年建設技監，1974年建設事務次官，1976年日本道路公団副総裁，1978年総裁，1986年辞任．同年日本道路協会会長，1988年道路審議会会長，1992年度土木学会功績賞受賞．

1980〜1981

69 八十島義之助（1919〜1998）　工博　名誉会員　勲二等　1941年東大土木卒，1942年講師，兵役従事後1947年助教授，1955年教授，1980年定年退官（名誉教授）．埼玉大学教授となり1981年より工学部長．1978年より日本学術会議会員を3期，第五部長・副会長を歴任．1986年帝京技術科学大学長，1988年国土審議会会長のほか各種審議会委員長および学会委員長歴多数，1985年紫綬褒章，1989年度土木学会功績賞受賞．1987年の講書始の儀に東京地下鉄について昭和天皇に進講．

1981〜1982

70 野瀬正儀（1911〜2002）　工博　名誉会員　勲二等　1936年東大土木卒，富士電力，日本発送電，関西電力へ引継入社，水力計画課長，建設部次長をつとめ1954年電源開発土木部次長，1959年関西電力へ移り黒四建設事務所長，支配人，常務，専務取締役を経て1975年電発副総裁，1983年退任．日本大ダム会議会長，国際大ダム会議副総裁等を歴任．黒四発電所建設に関し1962年度朝日賞を代表受賞，1973年度藍綬褒章受章，1986年度土木学会功績賞受賞．

1982〜1983

71 髙橋浩二（1923〜2009）　工博　名誉会員　1945年東大第二工学部土木卒，運輸省に入り盛岡地方鉄道部に配属され建設線調査，青函トンネル調査などに従事，1959年から1964年の間，東海道新幹線建設工事に参画，1968年門司鉄道管理局長，1972年建設局長，1975年常務理事，1979年技師長，1984年退任．この間，大都市通勤対策，鉄道の高速化，超電導マグレブの推進に尽力．同年鉄建建設に入社，副社長を経て代表取締役社長に就任．1992年度土木学会功績賞受賞．

1983〜1984

72 岡部　保（1922〜2006）　名誉会員　勲二等　1944年東大第二工学部土木卒．運輸通信省入省．兵役を経て港湾局計画課，第二港建，運輸技研勤務，1961年港湾局建設課長，1963年計画課長，1967年技術参事官，1970年経企庁総合開発局長，1972年運輸省港湾局長，1973年退官．1974年（社）日本港湾協会理事長，（財）港湾運送近代化基金理事・会長，1975年全国浚渫業協会理事・会長，1984年より日本港湾協会会長，1987年港湾審議会会長，1991年度土木学会功績賞受賞．

1984〜1985

土木学会歴代会長紹介

|73| きくち みつお
菊池三男（1920～）　名誉会員　勲二等　1945年東大第二工学部土木卒．1947年内務省入省，1955年建設省道路局，1967年有料道路課長，1968年国道第一課長，1972年関東地建局長，同年道路局長，1974年建設技監を歴任し1976年退官．1977年首都高速道路公団副理事長，1981年から1984年まで理事長．退職後は日本高速通信（株）代表取締役社長に就任，1989年退職．1976年度土木学会副会長，1990年度（財）立体道路推進機構理事長．矢直，英彦，三男と続く土木の家系，1995年度土木学会功績賞受賞

1985～1986

|74| くぼ けいざぶろう
久保慶三郎（1922～1995）　工博　名誉会員　紫綬褒章　1945年東大第二工学部土木卒．講師を経て1948年第二工学部助教授，1963年東大生産技術研究所教授，1982年退官（名誉教授）．埼玉大学へ転じ1985年工学部長，1987年退官，東海大学教授，1993年退職，1952年度土木学会奨励賞，1979年度論文賞，1989年度著作賞，1993年度功績賞受賞．1989年紫綬褒章．理事，副会長のほか学術講演連絡，論文賞選考，耐震工学，土木工学用語等の委員長および委員歴多数

1986～1987

|75| いしかわ ろくろう
石川六郎（1925～2005）　工博　名誉会員　紫綬褒章　1948年東大第二工学部土木卒．運輸省，国鉄を経て1955年鹿島建設（株）取締役，1978年代表取締役社長，1984年代表取締役会長，1994年名誉会長．1982年（社）日本土木工業協会会長，1983年東大工学部非常勤講師，1985年（社）日建連会長，1987年日本および東京商工会議所会頭，1993年退任．1991年（社）日本工学会会長，業界代表としては三人目の土木学会長．各種経済団体顧問のほか多数の公職を歴任．1995年土木学会功績賞受賞．

1987～1988

|76| うちだ たかしげ
内田隆滋（1919～）　工博　名誉会員　勲二等旭日重光章　1943年東大土木卒，海軍技術将校として兵学校で教育にあたる．戦後鉄道省施設局に入り1963年建設局計画課長．1968年幹線調査室長，1970年建設局長，1972年常務理事，1975年退職，1976年東武鉄道（株）常務，専務を経て1983年日本鉄道建設公団総裁．1987年退任し東武鉄道へ復職，1988年取締役副社長，1994年6月社長．土木学会においては編集嘱託（主任），各種委員，理事，副会長などを歴任．1990年度土木学会功績賞受賞．

1988～1989

|77| ほりかわ きよし
堀川清司（1927～）　工博　名誉会員　瑞宝重光章　1952年東大土木卒．大学院を経て1954年東京大学講師，1955年助教授，1957～59年米国California大学客員助教授兼研究員，1967年東京大学教授，1984～86年工学部長，1988年退官（名誉教授），埼玉大学教授．1992年より埼玉大学学長，1998年より武蔵工業大学学長，論文集編集委員会，海岸工学委員会などの委員長，副会長などを歴任．1968年度土木学会論文賞，1981年度ASCE国際海岸工学賞，1993年紫綬褒章，1997年日本学士院賞を受賞，1998年土木学会功績賞受賞，1999年度文化功労者，2007年12月日本学士院会員．

1989～1990

|78| あさい しんいちろう
浅井新一郎（1924～2012）　名誉会員　勲二等旭日重光章　1948年東大土木卒．建設院採用後1965年建設省関東地建技術管理官，1966年日本道路公団高速道路計画課長，1970年建設省道路局高速国道課長，1972年企画課長，1976年道路局長，1978年建設技監を経て退官．1983年日本道路公団副総裁をつとめた後1984年首都高速道路公団理事長となり1990年退官．1991年より新日本製鐵（株）顧問に就任．1992年（社）日本道路協会会長．学会歴として1979年度副会長，表彰委員会技術賞主査など．1997年度土木学会功績賞受賞．

1990～1991

- 13 -

土木学会の 100 年

79 岩佐義朗（いわさよしあき）（1928～2013）　工博　名誉会員　瑞宝中綬章　1951 年京大土木卒．建設省河川局治水課，土木研究所を経て 1953 年京都大学助手，1954 年講師，1955 年助教授，1964 年教授に昇任．1992 年退官，地球工学研究会会長．1965 年～66 年米国 MIT 客員教授．1979 年水理委員会委員長，国際水資源学会副会長，国際水理学会（IAHR）副会長（名誉会員），日本学術会議第 13，14 期会員，土木学会関西支部長等を歴任．1958 年度土木学会奨励賞，1968 年度論文賞，1996 年度土木学会功績賞を受賞．

1991～1992

80 藤井敏夫（ふじいとしお）（1926～1999）　工博　名誉会員　1949 年東大土木卒．日本発送電力技研，1951 年東京電力（株）箱島，奥利根，梓川の各現場に勤務，原子力建設部部長，1981 年理事建設部長，1983 年取締役を経て 1986 年常務取締役，1991 年最高顧問兼常磐共同火力（株）取締役社長に就任．1973 年度吉田賞受賞．関東支部幹事長，理事，副会長，定款調査，コンクリート，企画，岩盤力学，エネルギー土木，広報，吉田賞など委員，委員長歴多数．1997 年度土木学会功績賞受賞．

1992～1993

81 竹内良夫（たけうちよしお）（1922～2011）　工博　名誉会員　勲二等　1946 年東大第二工学部土木卒，運輸省へ入り 1969 年大臣官房参事官，第三港建局長を経て 1973 年港湾局長，1976 年退官．（財）国際臨海開発研究センター理事長，1984 年関西国際空港代表取締役社長，1991 年退任．同社相談役のほか（社）日本港湾協会副会長，（社）海外運輸コンサルタンツ協会会長，港湾審議会会長，（株）竹内良夫事務所社長など．理事，関西支部長，1991 年度全国大会実行委員長など学会歴多数．1995 年度土木学会功績賞受賞．

1993～1994

82 中村英夫（なかむらひでお）（1935～）　工博　名誉会員　瑞宝中綬章　1958 年東大土木卒．交通営団を経て 1961 年東大助手，1966 年助教授，1967～69 年 Stuttgart 大学客員教授，1970 年東京工大助教授，1974～76 年経企庁経済研究所システム分析研究室長を兼任，1975 年東大助教授，1977 年教授（工学部土木工学科），測量学・社会基盤計画学を専攻．1997 年武蔵工業大学教授，2004 年武蔵工業大学（現東京都市大学）学長．各種委員長，副会長を歴任，1965 年度土木学会奨励賞，1981 年度論文賞のほかフォンシーボルト賞，リヨン・ルミエール大名誉博士など．各種審議会委員など歴任．2004 年度土木学会功績賞受賞．

1994～1995

83 小坂　忠（こさかただし）（1926～2010）　工博　名誉会員　勲二等瑞宝章　1951 年東大第二工学部土木卒，建設省へ入り 1978 年関東地方建設局長，1980 年河川局長，1981 年建設技監，1983 年退官．（株）首都圏建設資源高度化センター代表取締役社長，（財）国土開発技術研究センター副会長，（社）関東建設弘済会理事長，全国建設弘済協議会会長など．2000 年度土木学会功績賞受賞．

1995～1996

84 松尾　稔（まつおみのる）（1936～）　工博　名誉会員　瑞宝大綬章　1962 年京大大学院卒，1962 年京都大学助手，1964 年京都大学講師，1965 年京都大学助教授，1972 年名古屋大学助教授，1978 年名古屋大学教授，1987 年名古屋大学評議員，1989 年名古屋大学工学部長，1991 年日本学術会議第 15 期会員，1992 年名古屋大学学長事務取扱，1992 年日本工学アカデミー理事，1994 年日本学術会議第 16 期会員・第 5 部幹事，1995 年名古屋大学理工科学総合研究センター長，1998 年名古屋大学総長．地盤工学会副会長，（財）名古屋産業科学研究所理事，（財）科学技術交流財団理事などを歴任．1979 年土木学会論文賞，1984 年著作賞受賞．2003 年功績賞受賞．

1996～1997

85 宮崎　明（1923〜2003）　名誉会員　1946年東大第二工学部土木卒．内務省入省後建設省各部局，大臣官房技術参事官，国土庁水資源局長などを経て，1976年鹿島建設(株)常任顧問に就任．1976年常務取締役，1982年専務取締役・営業本部長，1988年代表取締役副社長・営業本部長，1990年代表取締役社長，1996年取締役相談役．建設業労働災害防止協会理事，国際技術協力協会常任理事，日本タンザニア協会会長など．その他各種団体の委員など歴任．1985年建設大臣功労賞等受賞．1998年度土木学会功績賞受賞．

1997〜1998

86 岡田　宏（1930〜）　工博　名誉会員　勲二等瑞宝章　1953年東大第一工学部土木卒．日本国有鉄道入社　建設局各課，外務部等を歴任，1980年新潟鉄道管理局長，1983年建設局長，常務理事，1986年技師長．1987年日本鉄道建設公団副総裁，1989年総裁．1993年海外鉄道技術協力協会理事長．中央建設業審議会専門委員，中央公害対策審議会専門委員，中央環境審議会特別委員，(社)日本トンネル協会会長．その他各種団体の委員等歴任．1978年鉄道功績賞，1994年交通文化賞等受賞．2000年度土木学会功績賞受賞．

1998〜1999

87 岡村　甫（1938〜）　工博　名誉会員　紫綬褒章　1961年東大土木卒，1968年東京大学助教授，1982年東京大学教授，1996年東京大学大学院工学系研究科長兼工学部長，1999年高知工科大学副学長，2001年高知工科大学学長，2009年高知工科大学理事長．通商産業省原子力発電技術顧問，日本学術会議第17期会員などを歴任．1967年土木学会吉田賞，1981年土木学会論文賞の他，多数の土木学会賞を受賞．2006年度土木学会功績賞受賞．

1999〜2000

88 鈴木道雄（1933〜）　名誉会員　瑞宝重光章　1956年東大土木卒．建設技官に採用，1988年建設技監，1989年建設事務次官を経て退官．日本道路公団総裁をつとめた後，1999年(財)道路環境研究所理事長に就任．学会歴として，1988年副会長など．2002年度土木学会功績賞受賞．

2000〜2001

89 丹保憲仁（1933〜）　工博　名誉会員　瑞宝大綬章　1957年北海道大学卒，1958年北海道大学助教授，1969年北海道大学教授，1993年北海道大学工学部長，1995年北海道大学学長，2001年放送大学学長，2010年北海道立総合研究機構理事長．日本学術会議第17・18期会員などを歴任．1987年土木学会環境工学委員会委員長を歴任，1991年土木学会著作賞受賞．2003年土木学会功績賞受賞．

2001〜2002

90 岸　清（1937〜）　工博　名誉会員　1960年東大土木卒．東京電力(株)入社，1989年原子力建設部長，1992年原子力本部副本部長，1995年同フェロー（理事待遇），2001年顧問．1989年土木学会技術開発賞受賞．2004年度土木学会功績賞受賞．

2002〜2003

91 御巫清泰（1934〜2012）　名誉会員　瑞宝中綬章　1958年東大土木卒．運輸省入省，港湾局環境整備課長，港湾局計画課長，港湾局技術参事官，港湾局長などを歴任．1998年関西国際空港(株)代表取締役社長．2003年日本港湾協会会長に就任．学会歴として，理事，関西支部長などを歴任．2005年度土木学会功績賞受賞．

2003〜2004

92 森地 茂（1943～）　工博　名誉会員　1966 年東大土木卒．東京工業大学教授，東京大学教授を歴任．2004 年政策研究大学院大学教授．学会歴として副会長，土木計画学研究委員会委員長，企画委員会委員長などを歴任．2010 年度土木学会功績賞受賞．

2004～2005

93 三谷 浩（1934～）　工博　名誉会員　瑞宝重光章　1958 年東大土木卒．建設省入省，建設省事務次官，首都高速道路公団理事長などを歴任．2001 年（財）先端建設技術センター理事長に就任．学会歴として副会長，表彰委員会功績賞主査などを歴任．2006 年度土木学会功績賞受賞．

2005～2006

94 濱田政則（1943～）　工博　名誉会員　1968 年東京大学大学院工学研究科修士課程修了．東海大学教授を経て，1994 年早稲田大学理工学部（理工学術院）教授に就任．学会歴として，理事，副会長，創立 90 周年記念事業実行委員会委員長，巨大地震災害への対応特別委員会委員長などを歴任．2009 年度土木学会功績賞受賞．

2006～2007

95 石井弓夫（1935～）　工博　名誉会員　1959 年東大土木卒．（株）建設技術研究所入社，95 年代表取締役社長，2003 年代表取締役会長に就任．2003 年（社）建設コンサルタンツ協会会長に就任．学会歴として理事，国際委員会委員長，コンサルタント委員会委員長，国際貢献賞選考委員会委員長，表彰委員会委員長，倫理・社会規範委員会委員長などを歴任．2012 年度土木学会功績賞受賞．

2007～2008

96 栢原英郎（1940～）　工博　名誉会員　瑞宝中綬章　1964 年北大土木卒．運輸省入省，港湾局長，技術総括審議官等を歴任．1998 年（社）日本港湾協会理事長，2006 年同会長に就任．学会歴として企画調整委員会委員長，理事・副会長，技術者資格委員会特別上級技術者小委員会委員長などを歴任．2010 年度土木学会功績賞受賞．

2008～2009

97 近藤 徹（1936～）　工博　名誉会員　瑞宝重光章　1959 年東大土木卒．建設省入省．河川局長，建設技監などを歴任．1996 年水資源開発公団総裁，2004 年東北電力常任顧問に就任．学会歴として，東北支部幹事長，中国支部長，副会長，定款委員長，論説委員を歴任．2011 年度土木学会功績賞受賞．

2009～2010

98 阪田憲次（1943～）　工博　名誉会員　1969 年京都大学大学院工学研究科土木工学専攻修士課程修了．1977 年岡山大学工学部土木工学科助教授，1988 年同教授，1994 年環境理工学部教授．その後，環境理工学部長，大学院自然科学研究科長．2006～08 年に本会副会長．2009 年土木学会論文賞受賞．日本コンクリート工学協会（現日本コンクリート工学会）会長，ダム工学会会長を歴任．会長在任中に，東日本大震災特別委員会委員長として被害調査を陣頭指揮．2012 年度土木学会功績賞受賞．

2010～2011

|99| 山本卓朗（1941〜）　名誉会員　1964年東大土木卒．日本国有鉄道入社，1987年東日本旅客鉄道株式会社入社仙台工事事務所長，1997年常務取締役事業創造本部副本部長，2000年東京圏駅ビル開発株式会社代表取締役社長，2002年鉄建建設株式会社代表取締役社長兼執行役員社長，2008年同特別顧問．学会歴として評議員，副会長，技術者資格委員会特別上級技術者小委員会委員長などを歴任．会長在任中に，「土木の原点を見つめ市民工学への回帰」を標榜し，有識者会議の発足，国際センターの設置，Facebookへの取り組み，ボランタリー寄付制度の創設など，土木学会の改革を推進．2013年度土木学会功績賞受賞．

2011〜2012

|100| 小野武彦（1944〜）　工博　名誉会員　1968年北大土木卒．清水建設株式会社入社．2000年執行役員北海道支店長，2004年常務執行役員土木事業本部営業本部長，2006年取締役専務執行役員土木事業本部長，2008年代表取締役副社長土木事業本部長，2009年代表取締役副社長，2012年特別顧問．学会歴として吉田賞選考委員会委員，理事，副会長，建設マネジメント委員会副委員長などを歴任．会長在任中に，「100周年事業実行委員会」を設置．学会の財政基盤の強化に努めるとともに，支部訪問，ロータリークラブ等での講演を通じて，本・支部一体となった視野の広い活動を推進．

2012〜2013

|101| 橋本鋼太郎（1940〜）　名誉会員　瑞宝重光章　1964年東大土木卒．建設省入省．1993年近畿地方建設局長，1995年道路局長，1996年建設技監，1998年事務次官を歴任．2002年首都高速道路公団理事長，2005年首都高速道路（株）代表取締役社長に就任．その後，2010年日本道路協会会長，（株）NIPPO顧問．学会歴として1997〜1998年度に副会長，論説委員会委員を歴任．会長在任中に，「社会インフラ維持管理・更新の重点課題検討特別委員会」，「国土強靱化研究委員会」等を設置．創立100周年事業の準備を着実に進めながら，福島第一原子力発電所の汚染水対応を含む東日本大震災からの復興支援ならびに伊豆大島豪雨災害の緊急被害調査において陣頭指揮を執り，土木工学が社会に果たすべき役割・活動を強力に推進．

2013〜2014

|102| 磯部雅彦（1952〜）　工博　1975年東大土木卒．1977年東京大学大学院工学系研究科土木工学専門課程修士課程を経て，1978年東京大学工学部土木工学科助手．1981年横浜国立大学工学部土木工学科講師．1983年同助教授．その後，1985年東京大学工学部土木工学科助教授．1992年同教授．1999年東京大学大学院新領域創成科学研究科環境学専攻教授．2005年新領域創成科学研究科長．2009年東京大学副学長．2013年から高知工科大学副学長．学会歴として2006〜2007年度に理事，2008〜2009年度に関東支部長，2009〜2010年度に副会長，2007〜2008年度に海岸工学委員会委員長，2010〜2011年度に論文集編集委員会委員長を歴任．

2014〜2015

第1部　総論－土木学会が果たしてきた役割－

はじめに

2014年11月24日は，1914年に土木学会が創立されてからちょうど100年にあたる．これを記念して100周年記念史を編むことにした．この間に土木学会が果たしてきた役割を，**第1部 総論**では，七つの章構成で紹介する．

第1章では，「土木」の由来や「土木工学」という言葉について見解のいくつかを紹介する．

第2章では，土木学会が日本工学会から独立した経緯や創立以降の活動概要を略述する．

第3章では，土木学会の活動内容について，学術・技術への貢献，社会への直接的貢献，会員の交流と啓発の三つの観点から整理し，土木学会が扱ってきたテーマの変遷を会長講演や総会時の特別講演，学会誌の特集テーマなどをもとに概観する．

第4章では，学会組織・運営や会員構成，役員選任方法，事業規模などの推移，運営方針やその管理に係る事項などを紹介する．

第5章では，これからの土木学会について，土木学会将来ビジョン策定特別委員会が検討した「社会と土木の100年ビジョン－あらゆる境界をひらき，持続可能な社会の礎を築く－」や既往の土木学会改革策を踏まえて述べる．

第6章では歴代会長の証言を取りまとめた．歴代会長の言葉を通して学会活動を紹介する．

最後の**第7章**では「土木学会と私」と題して，編集委員会で人選した土木学会にゆかりのある方々に執筆いただいた文章を掲載した．

第2部 活動記録編以降についても触れておく．**第1部 総論**に続いて，**第2部**以降をCD-ROM版として作成した（**第1部**も所収）．**第2部**以下は，創立80周年を記念して編纂した土木学会の正史である『土木学会の80年』（1994年）と『土木学会略史 1994-2004』（90周年記念，2004年）の内容を最大限活用し，さらにその後の10年を含めて，土木学会の100年の活動を編纂したものである．これらは，**第1部 総論**の原資料でもある．それ以前，土木学会では創立20周年（1934年），25周年（1939年），40周年（1954年），50周年（1964年），60周年（1974年），70周年（1984年）に「土木学会略史」を発行している．これらの多くは当時の事務局が中心となって取りまとめたものであり，土木学会のホームページで見ることができるので，併せて参照いただきたい．なお，今回の編纂にあたり，特に**第2部**以降については，最大限活用した『土木学会の80年』と『土木学会略史 1994-2004』のもともとの記述に誤り，あるいは補足説明が必要な場合は，編集委員会において適宜修正し，補筆したことを記しておく．

第1章　土木および土木工学

1.1　「土木」の由来

「土木」という言葉は中国においてきわめて古くからあり[1]，現代日本の「土木＋建築」あるいは「建設」に近い意味で使われた例が多い．近年の漢和辞典では左丘明（紀元前5世紀ごろの人）の作とされる歴史書「国語，晋語九」にある「今土木勝，臣懼其不安人也」および紀元前5世紀前後に書かれたとされる思想書「列子，天瑞第1，16章」にある「禾稼土木」を「土木」の出典としている[2]が，明治時代後期の漢和辞典には紀元前2世紀に書かれた哲学書『淮南子』（えなんじ）にある「築土構木」を出典としたものがある[3]．

すなわち「淮南子，氾論訓」では，「古者民澤處複穴，冬日則不勝霜雪霧露，夏日則不勝暑蟄蚊虻．聖人乃作，為之築土構木，以為宮室，上棟下宇，以蔽風雨，以避寒暑，而百姓安之．伯余之初作衣也，緂麻索縷，手經指掛，其成猶網羅．後世為之機杼勝複，以便其用，而民得以掩形禦寒．」とある．『淮南子』（楠山春樹，明治書院・新釈漢文大系 55）から引用すれば，「昔，民は湿地に住み，穴ぐらに暮らしていたから，冬は霜雪，雨露に耐えられず，夏は暑さや蚊・アブに耐えられなかった．そこで，聖人（宗教家ではなく，知徳が高き人物の意）が出て，民のために土を盛り材木を組んで室屋をつくり，棟木を高くし軒を低くして雨風をしのぎ，寒暑を避け得た．かくして人びとは安心して暮らせるようになった」ということである．この「土を盛り材木を組んで」という部分の原文が「築土構木」という言葉であり，明治時代後期の漢和辞典はこの言葉に「土木」という言葉を結び付けて出典としたのであるが，近年この説は支持を得ている [4]．しかし「土木」という言葉は『淮南子』より 2 世紀以上も前の上記『国語』，『列子』に見られ，諸橋轍次の大漢和辞典など近年の漢和辞典ではこれらを出典としている．かつ『淮南子』でも「築土構木」が「土木」となったとは述べていないことなどから「土木」の語源とすることはないとする異論もある [5], [6]．

「築土構木」が土木の語源であるかどうかははっきりしないとしても，淮南子にある「築土構木」の故事は「土木」の精神と概念を良く表しているといえる．またこの場合「土木」とは現代の土木および建築を合わせた概念であるということになる．そもそも現代の日本においては「土木」と「建築」を明解に区分するがこれは近代以降の行政・学問においてであり，世界的には例外的な区分である [7]．もちろん社会一般にはほとんど区別されていなかった [8] ので歴史資料を扱う場合は土木的な内容も建築的な内容も一体のものとして扱う方が自然であろう．

このほかの説として，中国の古代思想から「木，火，土，金，水」の五行が万物の母体であること，また「土」がもっとも品格の高い行とされていたことを示し，「したがって「土木」の組み合わせは，「ものごとの中心（＝土）と「ものごとの始まり（＝木）」という意味を内在しているとの見方も存在する [9]．

一方日本では，『続日本後記』（833 年），『日本三大実録』（858 年）に「土木」の文字が見える [10], [11]．また，平安時代に出されたわが国最初の国語辞典である『色葉字類抄』には，「土木 伎芸 トボク 工匠分 又造作名也」という解説があることから，「土木」という言葉の出現は古い時代に遡ることが紹介されている [12]．さらに，13 世紀初頭の代表的な随筆である鴨長明『方丈記』の「世の不思議三（福原遷都）」のくだりには，「（前略）日々にこぼち，川もせ（狭）に，運びくだす家，いづくに作れるにかあらん．なほ空しき地は多く，作れる家は少なし．故郷は既に荒れて，新都はいまだ成らず．ありとしある人は，みな浮雲の思いをなせり．もとよりこの處に居たるものは，地を失ひて愁う．今うつり住む人は，土木の煩ひあることを嘆く．（後略）」とあり，長明は，旧都の荒廃と新都の落ち着きのなさを指摘し，家を建てたり，土地を造成する都づくりのさまを「土木」と表現している [13]．さらに，1729（享保 14）年の太宰春台著『経済録』では，「土木」が「普請」と同じ説明とされており，江戸期には少ないながら今日の意味での「土木」の用例があったと考えられる．

明治維新後，政府は 1869 年に設置した民部官の中に土木司をおくが，その後 1871 年には「土木寮」，1877 年には「土木局」へ改名されている [14]．このことから，「土木」は明治維新時早々に「市民権」を得ていたといえる．また大学教育にあっても，東京大学の前身である工部大学校の「工学寮学科並諸規則」において 1874 年 12 月には、従来「シビルインジェニール」とあったものが「土木学」に改められているので [15]，「土木」は専門分野にあっても明治の早い時期に概念の確立もなされたようである．

このように「土木」は，古代中国のみならず [16] 日本の古い時代の書物にも見ることができる古い言葉である．そして現代の土木・建築を包含する広い意味で使われて来た，起源もはっきりしないほど基本的な言葉であるとともに，時代の要請のもとで発展を遂げてきたものだ．土木学会が大正時代に創立されて以降，「土木」という言葉については，学会誌上においてもいくたびか議論が繰り返されている [17]．学会創設以来 100 年，土木が大きな役割を果たした工学会創設以来 135 年を迎えた土木学会ならびに土木技術者に課せられた課題はこれからの「土木」を再定義してゆくことである．これまでみたような言葉の由来も，将来を見据えて「土木」の存在意義を更新・確立してゆくにあたって一つの重要な視座となろう．

1.2 土木工学とは

「土木工学」と訳される"Civil Engineering"の語義および日本語訳の歴史的経過に関する論文[18]には，「西欧では18世紀中ごろから公共事業を意味するCivil Engineeringが使われ始めたが、日本では奈良・平安の頃から「普請」という言葉があった」とある．「土木」という言葉も『続日本後記』(833年)，『日本三大実録』(858年)に見られ，建設といった意味で使われてきている．明治以降では，1869年に組織として民部官の中に「土木司」を置いたのが「土木」が使われた最初とされる．日本語訳としてCivil Engineerが「土木方」と訳されるのは1873年（『英和辞彙』）だが，軍事的色彩が強く，1888年になってようやくCivil Engineeringが「土木学」（『ウエブスター氏新刊大辞書和訳辞彙』），1902年にCivil Engineerが「土木工師」、Civil Engineeringが「土木工学」と訳された（『新訳 英和辞典』）ことが記されている．

また，土木史の観点から「土木工学」を扱った論文[19]では，「土木工学」という言葉が最初に用いられたのは，1877年の東京大学開設により設置された理学部工学科，第四学年の学科課程に「土木工学（改行）橋梁構造 測地術 海上測量 水機工学 造営学 和漢文学 卒業論文」と記載されたときであるが，工部大学校では1871年の工部省工学寮時代から1886年東京大学に合併されるまで「土木学」（1874年まではシビルインジェニール）で通されていたことを紹介している．

土木技術と土木工学を扱った論文[20]では，「土木技術の歴史は古い．それは，文明とほぼ等しい長さを持ち，それぞれの国の地形，風土，社会に合わせて発展してきた．日本においてもその地形，風土に適合した土木技術は存在した．」しかし，「明治政府によって導入された技術は，土木工学に裏付けられた「体系ある西欧の土木技術」であった．」また「一般には自然科学の基本体系が明確になり，同時に産業革命と教育制度の確立した18世紀後半に工学が成立したと考えられる」が，「特に工学が研究と教育において果たしてきた役割は重要」であり，「明治政府は近代土木技術のみならず，近代土木工学そのものを，すなわち高等教育機関の導入をはかった」とある．同論文では，土木技術を定義して「したがって「土木技術」という言葉の中には「土」と「(広義の) 木」を用い，「大地」を対象に構造物を作り，「現実の世界」に貢献する技術という意味がこめられている」と述べ，また「普請」が「土木」と類似しているとして，「普請」を定義し「「普請」は今日でいう公共事業そのものであり，普請と土木工事とがほぼ同義に用いられていることは注目に値する」としている．さらに「Civil Engineering」についても説明を加え，「Civil Engineeringという言葉には「公共事業」という語感があり，これをそのまま和訳すると「普請」が最も適切な訳語となる．しかし我々の先人はCivil Engineeringを「土木技術」と邦訳し，用いる材料，技術の対象，そして目的（公共性）までをその言葉の中に含めたのである．」と述べている．

一方，西欧における"Civil Engineering"の歴史に言及した事典[21]では，「civil engineerという言葉は，元来軍事兵器enginの建設者を意味したengineer/ingénieurに対し，上記の対象（道路や取水ダム，水道施設など）を専門的に扱う民生的（非軍事的，非宗教的）技術者を指し，その意味においてcivil engineeringの歴史は少なくとも2つの源流に遡ることができる．1つは18世紀フランスである．従来，地域で別々に行われていた道路の整備と管理を，国家が所轄し国富の増大に結びつけようと考えたコルベールの意思を受け継ぎ，財務総監シャミアールとデマレは1716年に土木技師団corps des ponts et chaussées（直訳すると橋梁および道路技師団）を設立する．そこに属する技術者は，(civilという語は付かないものの) 要塞建設を担当する軍当局でなく，国の財務当局が所轄し（後に内務省，公共事業省，施設省と変遷），橋梁，道路に留まらず港湾，運河，公共建築等の広範な技術を扱うという意味でcivil engineeringを専門としていた．(中略) 一方イギリスでは，イギリス学士院Royal Societyの推薦によりエディ灯台の再建を任されたスミートン（彼自身その会員だった）が，1760年頃から仲間とともに自身をcivil engineerと呼び始めたと伝わる．彼は，この建設において，基礎や接合（ポルトランドセメントや鉄材を使用）に工夫を凝らし，力学的原理に適った形状をもつ近代灯台の原型を示し（1759年竣工），その後もカルダー川改修計画をはじめとする多くの計画・建設に携わる．そして，それらの成果を計約200冊にのぼる報告書にまとめて出版したほか，工事主任resident engineerという概念をつくり施工管理の近代化を図るなど，市民革命を経たイギリス

社会が必要とする土木技術のあり方を多角的に提示した．また 1771 年には世界で最初の技術者協会，土木技術者協会 society of civil engineers という一種のクラブ組織を創設し，土木技術のリーダーの人的ネットワークを構築した．また，テルフォードを初代会長として 1818 年に設立された土木学会 institution of civil engineers は，土木技術という概念を規定し，学術雑誌を出版するなどして研究の推進と技術の普及を図り，専門技術教育機関の設立に遅れたイギリスにおいて貴重な役割を果たした．早くから技術者養成学校を設立したにもかかわらず産業の近代化に遅れたフランスは，こうしたイギリスの影響を受け，民間技術者を育成するエコール・サントラルを 1829 年に設立し，創意工夫の精神に富み，建設・機械・冶金・化学という技術全般に通じた総合的能力をもつ ingénieur civil という新たな地位の確立に努めた．（以下略）」とある．

　また，日本土木史を扱った文献[22]では，その冒頭に，「ローマの技術者ヴィトルヴィウス Vitruvius は紀元零年頃 De architectura libri decem という本を著した．これは普通「建築十書」と訳されているが，正しくは「建設十書」または「大技術全書」とよぶべきであろう．それはラテン語の architectura には現在の「建築」，明治時代の「造家」にあたる言葉よりははるかに広い大技術の意味があり，またその内容から見ても今日でいう土木・建築・材料・機械・天文等万般にわたっているからである．（以下略）」と述べており，これは，既にローマ時代に engineering の概念があったことの傍証と考えられる．

　以上のように，土木史研究家が多くの内外の文献を渉猟し，土木あるいは土木工学のアイデンティティを確固たるものにする努力を営々と続けてきている．

　ここで，科学哲学者の村上陽一郎が著した『工学の歴史と技術の倫理』（2006 年に刊行）[23]を紹介する．同書のまえがきには，「社会の近代化のなかで，技術がどのように工学へと性格を変えていったか，という点に焦点を合わせ，その過程が，文化圏の違いによって，それぞれどのような特徴を示してきたか，ということを描き出そうとして」と記されており，また，「工学」という概念の検討に比重を置いている本でもある．"civil engineering" や「土木工学」，「土木技術者」が随所に出てくるが，ここでは，先述の土木史研究家の諸論にも関係するいくつかの事柄を引用して紹介するにとどめたい．

　「ヨーロッパの近代の歴史のなかで，日本語の「工学」に当る概念は，最初から明確に存在したわけではなく，時代の推移と共に次第に析出してくるような趣きで明確になってくると考えてよい．例えば 17 世紀から 18 世紀にかけてのヨーロッパで，社会における中心的な技術として，あるいはそれに携わる「技術者」として，最初に明確な存在となったのは「土木技術（者）」であった．」と記されている．また，「日本語では「土木工学」と訳される英語の "civil engineering"（他のヨーロッパ語でもほぼ同じ表現が使われる）が，最も早い時期に制度的に立ち上がる．多くの場合，それに「機械工学」（英語での "mechanical engineering"）が続くことになり，やがて「電気工学」（英語の "electric engineering"）などが姿を現す．この場合の "engineering" もまた日本語では「工学」に違いない．つまりヨーロッパにおいても，最初から，今日，日本語で「工学」と表現されるものが，統一した概念として意図的に登場したわけではなく，むしろ個々の状況の進展のなかから，「工学」と呼べる概念が立ち上がってきたことになるだろう．」と記している．

　土木技術者については，「第一には「土木技術者」という概念は，ここでは取り敢えずは単なる「職人」とは区別される．土木工事には当然，石工や大工といった純粋の職人が必要だったが，「土木技術者」は，全体の設計をし，その設計の下で，そうした職人を監督・管理しながら，事業を進めることのできるような，総合的な仕事に携わる人々を指す．あのレオナルド・ダ・ヴィンチ（Leonardo da Vinci, 1452-1519）は，まさにそのような人物としての自分を売り込むための自己推薦状を書いて，貴族たちに送っている．ただ，時期的には早いこのレオナルドの例でも判る通り，こうした能力を持った「土木技術者」を特別に養成する学校が普及していたわけではなく，そうした（職人とは区別される）「土木技術者」も，結局は職人として親方・徒弟制度のなかで生まれてきた人々のなかから，とくに優れた者が自然にそうした社会的存在として認められるようになった，と言うべきであろう」と，レオナルド・ダ・ヴィンチを引き合いに出し，「土木技術者」の特質を「総合的な仕事に携わる人々」と表現している．まさに，現在，土木の総合性への回帰が言われているが，もともとの土木技術者の存在の意義を示唆するも

のである．

　また同書では，1771 年に土木技術者の同業者組合である「土木技術者協会」（The Society of Civil Engineers）が誕生したが，1818 年にはこの協会は枢密院から勅許を受けて，"The Royal Institution of Civil Engineers" となり，その後，その団体に，機械技術者（1847 年），ガス取り扱い技術者（1863 年），さらに電気技術者（1871 年）などが，次々に加盟していったことが紹介されている．付け加えて言うと，1771 年創設の「土木技術者協会」は今日の「英国土木学会」（The Institution of Civil Engineers : ICE）の起源であり，この協会はスミートン（John Smeaton, 1724-92）により結成されたもので，彼の死後，スミートニアン協会と名称変更された．当時は，イギリスの技術業（engineering）は公式には military engineers of the Corps of Royal Engineers に限定されており，揺籃期にある "civilian engineers" に世の中の耳目を集めるため，世界初の専門的技術業の団体である ICE が創設された．

　欧米，アジア主要国の Civil Engineering と比較した日本の「土木」の特徴として，建築物の構造にかかる分野が欠落していることである．これは，日本の「造家」（今の建築）分野の確立の過程で，耐震設計の重要性が意識されて，建築分野における構造専門家が育っていったことによると考えられる[24]．他の土木学会，例えば米国，英国，中国，韓国など，いずれの国においても建築物の構造設計は Civil Engineering の範疇であることに注意しておく必要がある．

　さて，本会の第 23 代会長である青山　士（1880～1963）は，1936 年 2 月に開催された第 22 回総会において「社会の進歩発展と文化技術」と題する会長講演を行っている．以下はその全文である．

　青山は，大学卒業後パナマ運河工事に従事し，帰国後は荒川放水路工事や信濃川放水路の大河津分水工事に従事したことで知られている．この青山会長の会長講演を紹介した文献[25]において，著者の高橋　裕は，青山会長が 土木技術を文化発展の原動力として捉え，"Civil Engineering" を文化技術と訳していることを紹介している．特に，以下の全文の下線部分を紹介し，「土木界が転機に立っているいま，われわれは現代日本土木史がどのような歴史的経過をたどってきたかを顧みると同時に，その史的観点に立って土木技術の役割について原点に立ち返り深思すべき時である．」と結んでいる．

社会の進歩発展と文化技術

　　　　　　　　　　　　　　　　　　　　　　　　　　　　　　　　　　　　　　　青山　　士

要旨
　本文は文化技術（Civil Engineering）と社会国家の進歩発展との関係を歴史に徴して明かにし，社会をして文化技術が社会国家の発展に対しどれだけの役目を為して来，どの程度に重要なるかを明確に認識せしめ，以て均等を得たる平和社会の構成に努力すべき事を強調したものである．

　我等生を此世に享け文化技術（Civil Engineering Versus Military Engineering）を以て此世に立ち，因て以て人類及び国家に貢献せんとする者は須らく己の天職とする文化技術が社会の構成及び其の文化の進歩発達に就てどの程度に重要であるか，即ち宗教，軍事，外交，政治等国家社会の構成及び其の文化の進歩発達に必要なる他の諸部門に伍して其の重要性からして何の辺に位するか，又位すべきであるかを自覚すると同時に，社会及び国家をして充分に之を認識せしむる必要があると思ふのであります．
　其所で私は「社会の進歩発展と文化技術」と言う題に就て簡単に卑見を述べて，皆様の御批判と御叱正とを乞はんとするのであります．人類が此世界に出現したのはエヂプトのナイル河の辺であるか，小アジアのチグリス，ユーフラテス河の辺であるか，或は又印度のガンヂス河の辺であるか，何処であったとしても此地球上に霊性を持ったる人間が出現すると同時に先づ第一に宗教が現れたのであります．次に人類は其の種族保存の為に他の動

物と戦ふことを余儀なくせられて軍事が始まり，続いて種族と種族との対立より軍事の外に外交の必要を生じ，又自然力と戦い又之を利用して人類社会の進歩発達を計らんが為に文化技術学術が応用せらるるに至り而して人間が繁殖し社会が複雑になるに従って政治が形造られ，夫れに伴って追々文化も発達して来たのであります．之が人類発達史上の通則であり，而して又其の社会には栄枯があり其の文化には盛衰があった．古代アッシリア，カルデア，エヂプト，古代支那の時代からギリシャ，ローマ時代に至る迄文化技術の盛衰は社会国家の栄枯のバロメーターであった．

即ち文化技術の盛衰は覿は社会の盛衰，国家の興敗を予断し得るの材料となるのであります．民族対民族，国家対国家の戦争に於て互に其の建設，生産の全力を挙げて破壊消費に費す事は人類の最大なる不幸でありますが，一朝平和克復の晨に於て，又震災，水災其の他の災厄の後に於て社会の再建，産業の復興の為に先づ第一に必要とせらるるものは文化技術であって，夫れは将に人類が社会を組織し，国家を建設するに至った当初，或は又 pioneer が新しき地に入り込んだ時と同じである．即ち西暦紀元前 2000 年より 4000 年に於てもカルデア即ち昔のバビロンの地方及びエヂプトのナイル河の沿岸に於て其の民族が栄えたる時代には確に今の hydraulic works 其の他の文化技術が大規模に施行せられて居ったことは此頃の同地方の古跡の発掘より推定せらるるのであります．又其の時代に於てはエチオピアから地中海に至るナイル河の谷は灌漑の工事によって豊饒の土地となり，従って住民も増殖し，貿易交通も頻繁となり，フィニシア人の航通も繁く，小規模ながらも多くの港が施設せられたことは確である．又ポルトガルのバスコダガマが西暦 1500 年頃にアフリカ洲の南端を迂回した時より遡ること約 2100 年即ち西暦紀元前 600 年頃にはフィニシア人は紅海地方に港を築造したり，アフリカ洲を一週したことはエヂプトの古代史の探究に依って発見せられたと言ふことであります．其の他同地方に於けるピラミッド，オベリスク等の建設は其の時代の文化技術が著しく進歩して居ったことを証明するものであります．又エヂプト人はナイル河を灌漑の為に大に利用したものであって，即ち古代エヂプトの最盛期であった第 12 dynasty の西暦紀元前 2000 年頃，Amenemhe III（アメネメー第 3 世）王朝の時代に一技術者の勧めに従ってナイル河岸の旱魃に備ふる為，其の時分の大都市メンフィスの上流約 160km の地点の左岸のリビアン丘の奥に在った $1500km^2 \sim 1800km^2$ の窪地（今の Birket Keroum 及び Moeris 湖のある所謂 Fayoum 窪地）を利用して貯水池となし，ナイル河の洪水を貯溜したと言ふことで，是は非常に優れた文化技術の具現せられた偉大なる土木工事である．以上はアフリカ洲の北部及び中央アジアに於ける有史以前の文化を推定するに足る文化技術の実績であるが，降ってローマ帝国が栄えつつあった時代即ち Appius, Claudius, Caecus の時，即ち西暦紀元前 310 年頃より其の領土の主要都市を連絡せんが為に数百粁の舗装道路即ち有名なる Roman Road が築造せられ，夫れは 500 年以上も完全に維持せられたと言ふことであります．其の他上下水道工事及び国防の目的に造られたる有名な Roman Walls に現れたる masonry works 及びローマの本国及び其の領土内各地の主なる都市への給水の為に西暦紀元前 310 年頃より紀元 230 年頃迄に Appia, Anio Vetus, Marcia, Tepula, Julia, Virgo, Alsietina, Augusta, Claudia, Anio Novus, Triana 及び Alexandrina の有名なる aquaduct, 其の延長合計約 550km，夫れに付随せる沈澱池給水設備が築造せられたのであって今猶其の跡は当時の燦然たる文化技術を忍ばしむるに足るのであります．

近代の欧米に於て西暦 1914 年欧州大戦突発以前の興隆独逸に於てはキール運河を始めドトムンド・エムス運河，ハンブルグ又はブレメンの港を作った土木技術の外，冶金，電気，機械，化学其の他の文化技術の発達は隆々たるものがあった．又凡ての方面に於て世界の雄たらんとしつつある北米合衆国の今世紀に於ける文化技術の発達は冶金，電気，機械等の部門の外，土木技術に於ては道路，橋梁，建築，鉄道，上下水道及びパナマ運河開鑿等誠に偉大なるものがあり，又革命に依って疲れたロシアが所謂復興 5 箇年計画を実施し凡ゆる文化技術を動員して其の航空網を整へ，又黒海へ注ぐドニエプル河の河水を制御して一気に 756000HP の発電をなす等，其の他文化技術の施行によりソヴイエツト ロシアの経済状態は大に改善せられ第 2 次復興 5 箇年計画の実施に依って益々国力の充実，国民の幸福増進が実現せらるることを確実に予想し得ると言ふことを聞くのであります．

翻って我邦の過去を顧るに其の建国の精神は侵略に非ずして和平にありまして文化を害う族を討ち従へられ帰

順したるものには直ちに農工の業を教へられたる事は古代史に明なる事であります．即ち神武天皇が天業を創め給ふに際しての詔に"地を大和の橿原にトし大いに土木を興し天富命を以って役を董さしめ云々"とあるのを見ましても我国開闢の始めから土木事業が国家建設上に離るべからざる関係にあったことを知るのであります．

爾来何れの天皇も常に土木事業を興し庶民の福利増進を図られたのでありますが，中でも綏靖天皇が山陽道を開鑿させ給ふたこと，孝元天皇が東海道，南海道を開鑿させ給ふたこと，崇神天皇が依網，友折池等を作らせ給ふたこと，垂仁天皇が河内，大和其の他の諸国に800余個の池溝を開き農民の富を致させ給ふたこと，仁徳天皇が難波堀江の水利を治めさせられたこと，推古天皇が三河，遠江，甲斐其の他の諸国に180有余橋を架けさせ給ふたこと等は諸天皇が御仁政の一端として土木事業を社会国家の発展に就て如何に重要視せられたかを窺ふことが出来るのであります．又孝徳天皇の大化新政と言ふ国家文化の興隆時期には難波京造営の工事が起って居り，其の後を承けて和銅年間には平城京造営の大工事が起ってをります．又桓武天皇が明治維新迄の帝都となった平安京を造営させ給うた頃は我国の国威大に揚り，国勢大に振い，遠く蝦夷地をも従へた時代であったのであります．

文武天皇が大宝元年に大宝律令を制定させ給ふた時には特に土木寮の職制を定め土工及び採伐の事を掌らしめ給ふたのでありまして，之は天皇が国家文化の進展に土木に関する事項を特に重視させ給ふた結果と拝察致す次第であります．

其後政治が武人の手に移りましてからも，天下を治むる政策として何れも国利民福の基礎を為す土木事業を施行することを重要政策の一つとして居ったのであります．即ち平清盛が権勢を握りました当時，彼が注目したのは日宋貿易でありまして其の為に先づ摂津の経ケ島の港を修築し，音戸の瀬戸を切り開いて水運に便じました外，今の神戸の地に福原の都を建設する土木工事を為したのであります．又源頼朝が鎌倉に幕府を開いた際，当時の紘巻田と言われた沼田を埋立て和賀江に港を築きそこに幕府を建設したのであります．織田信長もやはり土木工事には特別の注意を払って居りました．即ち信長は技術を奨励する為特に技術抜群の者に対して恩賞を与える方法を採って居りました．当時交通の不便は意想外に甚しかったので，領内の道路の幅員を3間と定め沿道の部落に修築を命じ工事至難の所は隣郷にも助力せしめ，又両郷間に橋を架ける場合には一郷は材木，他郷は人夫を提供せしむる等，此等は道路法の歴史に於ても特筆大書すべき事柄であると思ふのであります．斯くの如く天下に覇を称へた者は何れも土木工事を治国平天下の重要政策として居ったのでありますが，秀吉に至っては其の政策を更に一層強調して，彼が信長の一周忌を大徳寺で行った後大阪を新なる根拠地と定めた時には関西30余国の大小名に課して此所に大土木工事を起し，大阪城を築き大阪市街を構築すると同時に又加藤清正等をして諸国に土木事業を起し庶民を賑はしめたのであります．

徳川幕府に至って家康が戦国乱離の後を受けよく江戸300年の泰平の基を築くに就ては鎖国政策及び諸候統御の為に参勤交代制を採ると同時に又一面諸大小名に命じて盛に土木事業を起さしめ，以て兵備を整へる余力を殺ぐに努めたと言ふ事でありますが，其の結果として諸大小名に課して江戸開拓事業を施行した外東海，東山，中山道等の街道の改修，富士利根の河川改修，上水道の施設が行はれました．又三代将軍家光の時代には荒川の改修，江戸川の開鑿が行はれました．以上の如く国勢上に一時代を劃した時には何れも文化技術が盛であって大土木工事が起って居り又土木工事の興隆が国勢上の一時代を劃して居るのであります．

若しも戦国時代から降って徳川時代の初期に於て為されたる military engineering works 即ち当時の築城兵備に使用せられたる努力と材料を以てすれば少くとも東海道及び山陽道の幹線道路は Roman Road の夫れの如くに舗装せられて利用せられて居ったであらうと存じます．

斯くの如く過去に於ける文化技術史と社会国家の盛衰の跡を顧るる時は軍備は一つの社会国家の他の社会国家に対する時の鎧であって外冦及び内乱に備へ，外交工作は之に依って民族対民族，国家対国家の交を敦くし其の争を平和裏に解決してその共存共栄を計るにあるのであります．而して文化技術の一部門なる土木技術は人類社会の自然力に対する戦術であって自然力に抗する鎧を提供するのみならず，文化技術の他の部門と共に社会国家の

> 文化経済の発展充実の基礎を作るものであると言ふことが識らるるのであります．而して政治の奥義は政治なしに治まって行く様にすることであり，道徳を徹底せしむることは道徳律なしに道を行ふにある，又軍備を確にするは平和を来らさんが為であると云ふ世人が皆誠に平和を熱望し又平和になれば軍備は殆んど不要になるであらう．此等は大なる逆説の如くであるが真理であります．然れども幾くら政治なしで，軍備なしで又道徳律に拘束せらるることなき平和泰平の理想国でも人間が生存し自然力が荒れ狂う世界には文化技術は一日も欠くべからざるものであります．茲に於てか始めて土木技術が社会文化の発展の役割の何の辺に在るかが了解せらるるのであって，社会はその進歩発展に対する土木技術の重要性を正当に而して明確に認識せなければならない．然らざれば其の社会国家は古来変ることなき因果の律に因ってバビロンの都のニネベが今日考古学者を喜ばしむる塚と化し，ローマの廃墟が坐ろに観光客の憐を催すものとして残る如くに成り果つるであらう事を憂ふるのであります．而しながら吾々は夫れを其の成行に任せて放置すべきではない．吾々は吾々の出来る丈の努力に依って社会の認識を指導し是正して吾々の社会国家をして衰運に向はしむることなきは勿論，歩一歩之を改善向上せしむる義務がある事を確信するものであります．
>
> 繰返して言へば吾々の従事する土木技術が吾々の生を享けて居る此社会，国家の存在，発展に対して如何なる位置にあるかを自覚すると同時に社会をして之を明確に認識せしめて其の置かるべき所に置かしめ，以て政治機構を整備し社会の平衡を保たしめ均等を得たる社会を構成する事に努力しなければならない．夫れは吾々の国家社会に対する義務である．私は吾々の愛する此社会国家をしてニネベ，ローマの跡を辿らしめない事を希って止まないものであります．

本稿では，土木工学という言葉の歴史の一端を紹介するとともに，ヨーロッパに見られるように，「土木工学」は工学の親元であって，他の工学領域の拡がりにつれて「土木工学」からの離脱が図られたこと，また，もともと総合性を有する「土木工学」の真意をとらえ，70年近く前に「文化技術」と表現した会長がいたことを紹介した．

最後に，土木技術者の思想と生き方の一例として，小樽港の築港工事で知られる第6代会長廣井 勇（1862〜1928）の告別式（1928年10月4日）において，札幌農学校での同級生であった内村鑑三（1861〜1930）の弔辞[26]を全文紹介する．（下線部は，文献[25]において紹介された箇所を示している．）

> 旧友廣井勇君を葬るの辞
>
> 　　　　　　　　　　　　　　　　　　　　　　　　　　　内村 鑑三
>
> 　ここに私の同窓同級の友廣井勇君は永き眠りに就かれました．私は君の遺骸に対し感慨無量であります．君はその妻に対し真実なる夫でありました．その子に対して慈愛深き父でありました．早くその父を失われて，その老いたる母に対して優しき従順なる子でありました．その友に対して信頼すべき友でありました．そしてその上にその職務に対して最も忠実なる人でありました．君は明治大正の日本が生んだ大土木工学者中の一人でありまして，殊に築港の学と術とにおいては世界的権威でありました．君はいずれの方面より見ても偉大なる人でありました．私は君のごとき人を私の同窓同級の友として持ちし事を誇りとし，また君と浅からぬ友誼的関係を一生涯を通して続け得し事を感謝します．
>
> 　私どもは今の日本に人物欠乏せる事を常に云い聞かせらるるのであります．まことに私どもの周囲を見て，私どもは詩人と共に歎ぜざるを得ないのであります．
>
> 　神よ助け給え，そは神を敬う人は絶え，誠ある者は人の子の中より消失せたり．
>
> 　と．（詩十二篇）しかしながらすべてが暗黒または失望ではないのであります．神はいずれの時代においても真

理の証明者を世に残し給います．そして廣井君のごときがその顕著なる一人であります．廣井君は大なる建築家でありましたが単の建築家ではありませんでした．工学と言えば今の世にありては，最も割の好い，富を作るに最も便宜なる技術と思われますが，我が廣井君にとりては，君の専門はかかる浅ましき目的を達するためのものではありませんでした．君はその生涯において大工事を数多成就されましたが，それがために君自身のために得しところは算うるに足りませんでした．君のこの住宅その物がこの事の善き証拠であります．この質素なる家は，小樽，釧路，函館，留萌，その他の大築港を施されし大土木学者の住家とは思われません．自家の産を作るに最も好き機会を持たれた君は，その機会を自分のために用いませんでした．廣井君ありて明治大正の日本は清きエンジニアーを持ちました．日本はまだ全体に腐敗せりと云う事はできません．日本の工業界に廣井勇君ありと聞いて，私どもはその将来につき大なる希望を懐いて可なりと信じます．

　清廉にして寡慾なりし君はその仕事に忠実なりしは云うまでもありません．君が札幌農学校を卒業して後，間もない事でありました．君は君の先輩の指揮の下に，北海道鉄道の線路に当るある小なる橋梁の建設を担任させられました．君は君の当時の工学的知識の全部を絞りてその任に当りました．そして漸くにして橋はなりて，列車の試運転が行われんとせし時，君は顔色蒼ざめ，四肢震いて，憂慮に堪えざるものがあり，列車の無事通過を見て安心して胸を撫下したと聞きました．私はその当時，君と宿所を同うし，君より直にその実験を聞きまして，君の技術の最初の成功を祝したのであります．すなわち廣井君にはその事業の始めより鋭い工学的良心があったのであります．そしてその良心が君の全生涯を通うして強く働いたのであります．『我が作りし橋，我が築きし防波堤がすべての抵抗に堪え得るや』との深い心配があったのであります．そしてその良心その心配が君の工学をして世の多くの工学の上に一頭地を抽んでしめたのであります．君の工学は君自身を益せずして国家と社会と民衆とを永久に益したのであります．廣井君の工学は基督教的紳士の工学でありました．君の生涯の事業はそれが故に殊に貴いのであります．

　私は廣井君と同時に基督信者となりし名誉を有します．今より丁度五十年前，明治の十年六月二日北海道札幌において，私ども青年六人は米国宣教師エム・シー・ハリス氏よりバプテスマを受けました．廣井君はその当時殊に信仰に燃えまして，日曜日毎の我等の小なる集会において君の教理研究の結果を我等に供して我等の信仰を助けられました．まことに一時は君自身が伝道師になられて，不肖私が今日居るべく余儀なくせられし地位に君が立たるるのではあるまいかと思われた位でありました．しかし君に降りし神の命は他にあったのであります．君は伝道師に成られずして土木学者になられました．そして君は一日正直にその理由を私に語られました．『この貧乏国にありて民に食物を供せずして宗教を教うるも益少し，僕は今より伝道を断念して工学に入る』と．私は白状します．君のこの告白は私の若き心に強き感動を起しました事を．私はその時思いました．『もし廣井が伝道を止めるならば我等の仲間の中より誰かが起ってその任に当らなければならない．自分は嫌である，さて如何したならばよかろう』と．そして後に至りて種々の止むを得ざる事情よりして，私が廣井君に代りてキリストの福音を我国に唱えざるを得ざるに至り，その困難の多きを味うて，時には旧友を怨まざるを得ませんでした．しかしながら神はすべてを知り給いました．廣井君が工学に入りしは君にとりて最善の事でありまして，そしてまた私が伝道に入りしは私にとり最善の事でありました．竟る所，廣井君も私も青年時代に相互に対し誓いし誓約を守る事ができたのでありまして，感謝この上なしであります．

　かくして廣井君は伝道を断念して宗教については沈黙の人となられました．君は滅多に教会にも出席せず，また人に対して信仰を説かれませんでした．あるいは君の同僚にして君のクリスチャンたる事を知らない人もあるかも知れません．しかしながらです，一度は自身伝道師たらんとまで決心せられし廣井君は終生信仰を棄つる事はできませんでした．宗教は君の霊魂の深い処に堅い地位を占めました．君は常に人生の最大問題について考えられました．そして常に神とその独子イエスキリストとを敬われました．かくして廣井君はその心の奥底において工学博士であるよりもむしろ堅実なるクリスチャンでありました．私ども君の友人は克くこの事を知っていました．そして君の生涯の友なる妻は誰よりも善くこの事を知っていました．君は私どもと一緒に五十年前に学び

し祈祷の習慣を死ぬまで忘れませんでした．君は毎朝毎夜，戸を閉じて，夜は灯を消して祈祷に従事しました．そして幾度となく祈祷の跡に涙の雫の残るのを見たと主婦の方は語られました．そしてこの隠れたる信仰，一時は福音の戦士たらんとまで決心せしこの神に対する信仰が，君が成し遂げしすべての大事業を聖めたのであります．君は言葉を以てする伝道を断念して事業を以てする伝道を行われたのであります，小樽の港に出入する船舶は，かの堅固なる防波堤によって永久に君の信仰を見るのであります．廣井勇君の信仰は私の信仰の如くに書物には現れませんでしたが，それにも遥かに勝りて，多くの強固なる橋梁，安全なる港に現れています．君は実に恵まれたる人であります．

しかしながら人は事業でありません，性格であります．人が何を為したかは神より賜わりし才能に由るのでありまして，彼自身でこれを定るのではありません．西洋の諺に『詩人は生る』と云うのがありますが，詩人に限りません，工学者も伝道師も天然学者も政治家もすべて『生る』であります．廣井君が工学に成功したのは君が天与の才能を利用したにすぎません．しかしながら如何なる精神を以て才能を利用せしか，人の価値はこれによって定まるのであります．世の人は事業によって人を評しますが，神と神に依る人とは人によって事業を評します．廣井君の事業よりも廣井君自身が偉かったのであります．日本の土木学界における君の地位はこれがために貴かったのであります．廣井君は君の人となりを君の天与の才能なる工学を以って現したのであります．工学は君にとり付帯性（アクシデンタル）のものでありまして，君自身は君の工学以上でありました．そして我等君の友人にとりては君の性格，君の人となり，すなわち君自身が君の工学または工業よりも遥かに貴かったのであります．そして今や君が君の肉体の衣を脱棄て，君の単純なる霊魂を以て神の聖前に立ちて，君は工学博士としてにあらず，単純謙遜なる基督信者として立ったのであります．君の貴きはここにあるとして，君の事業の貴き所以もまたここにあるのであります．事業のための事業にあらず，勿論名を挙げ利を漁るための事業にあらず『この貧乏国の民に教を伝うる前に先づ食物を与えん』との精神の下に始められた事業でありました．それがゆえに異彩を放ち，一種独特の永久性のある事業であったのであります．

廣井勇君は今その意義ある生涯を終りて世を去られました．君の同級同信の友にして，藤田九三郎君第一に逝き，足立元太郎君と髙木玉太郎君とこれに次ぎ，今また君がその後を逐うて逝かれました．残るは宮部金吾君と新渡戸稲造君と私との三人であります．これを思うて淋しさに堪えません．私ども五十年前に高貴（ノーブル）なる生涯を誓いて共に学窓を出でました．そして神の御導きの下にそれぞれその誓約に叛かざりし事を感謝します．なした事業の多少上下には差はありましたが，その賤しからざりし点においては当代の日本人中，何人にも譲らない積りであります．そしてそれには理由があったのであります．私どもは聖書を以てイエスキリストの御父なる真の神を知るを得ました．これが私どもの性格の根底を築いてくれました．そしてこれに根ざされて私どもは世と共に移らざるを得たのであります．教育の基礎はここにあります．その意味において私どもは新日本が施し得る最善の教育を受けたのであります．基督教のバイブルと人の手に触れざりし北海の天然と，それが廣井君と私ども君の友人とを育ててくれたのであります．

【棺に向いて】

廣井君の霊に告げます．僕はここに君の依嘱に従い君の葬儀を行います．君は僕よりも一年の年少者でありて僕の葬儀に列すべきであって僕に葬儀を行わしむべきではありませんでした．しかし神の命です，僕は謹んで約束を履行します．ここに五十年間の友誼を謝します．しかし僕等の友誼はこれで終るのではないと信じます．Over there であります．河の彼方において継続せらるるのであります．我等は勿論再会を期します．その時まで暫時サヨナラ．君の霊魂の我等の父なる神にありて永久に安らかならん事を祈ります．

（昭和三年十月四日告別式において朗読されしもの）

（出典：故廣井工学博士記念事業会編　『工学博士廣井勇伝』　昭和5年発行）

1.3 土木改名に係る議論

　土木学会では，創立直後から「土木」という名称に関する議論が土木学会誌上で繰り返されてきた．特に改名論議は創立以来の難題であり，近年では，土木に対する社会の見方や評価が厳しさを増していた昭和末期から平成にかけて，土木を復権させようとの機運が高まり，その一環として本会でも大議論になった．この期の議論の端緒は，石川六郎会長就任時の会長招待によるマスコミとの懇談会に遡る．1987年6月8日，東京丸の内・日本工業倶楽部において開催した懇談会の席上，「最近，土木の名称を変えるというような動きがあるがどうか」との発言があり，石川会長が長い検討史を有するこの間の事情を説明したのち，「たいへん重要なことであるので学会として急ぎ検討をし，結論が得られ次第公表する」と答えたことが事の発端とのこと[27]である．

　1987年の全国大会（北海道大学）では，「土木改名論を考える」と題する研究討論会を開催した．議論の詳細は土木学会誌1987年12月号[28]に譲るが，白熱の議論が行われている．この全国大会以後，理事会の場で検討の方法が審議され，企画調整委員会に「土木改名に関する調査・検討専門部会」（部会長：椎貝博美（筑波大学））を設置し，「いわゆる'土木改名に関する諸問題に対する今後の本会としての行動指針を得る'ための考え方の提示」の検討を行うこととなった．同専門部会は，主として30代の若手会員を地域・職域を勘案して選任し，1988年4月から検討に入った．「変えるか，変えないか」，「変えるとしたら適切な名称は何か」の二点について議論を行い，結論をまとめて企画調整委員会に提出した．

　企画調整委員会（委員長：鈴木道雄（建設省））では，専門部会の意図するところを尊重しつつ具体的な検討を加え，「答申書」[1]としてとりまとめ，理事会へ提出した．以下は1989年5月12日開催の理事会に答申し了承された答申書である．ここでは，「土木工学という名称は，今後ともますますの発展を期して，これを将来にわたって使用することが適当である．」と提言した．

土木改名に関する答申　土木学会・企画調整委員会　平成元年5月12日

　1988年は，本四連絡橋および青函トンネルの完成のために一般的に土木工学に関する認識と期待が高まった年であった．また，「土木の日」をはじめとして学会主導のもとに活発な広報活動が各地で行われ，土木工学に関するより正しい理解の普及がなされたことも特筆される．最も重要なことは，こうした活動を通じて会員，非会員であることを問わず，土木関係者の間に危機感と，それに対処するためのより強い連帯感が生まれたことである．このことは，日本の土木史上画期的なことであった．

　このように考えると，過去において繰り返された土木改名の論議における先人の努力が今回の「土木改名論」によって結実し，多大な成果を収めたと言うことができる．

　しかしながら，これで問題のすべてが解決したわけではない．

　土木技術は，社会の根幹を形成し，伝統から先端にまたがる科学技術を駆使して人類の生活の向上と文化の形成を計り，環境を保全するための壮大な技術体系である．

　それだけに，いろいろな技術の中で，精神的・肉体的な負担の大きい部類に属するものであることは確かである．さらに，社会の安全性確保の見地から土木技術全体の保守化傾向も否定できない．この意味で，このままでは，将来，若い優秀な人材を他の先端的な技術分野に十分競合して引き付けうるものであるかと言えば，それは疑問である．

　このような状況は，土木という言葉の持つ印象が，土木技術の性格について社会に対して誤った印象を与えていることによって一層拡大されているのではないか，と言う指摘がなされる一方，単なる呼称変更によって問題点が解消できるものではない，と言う反論が生まれ，さらに，土木と言う分野の持つ優れた伝統性の継承，そし

> て，何よりもわれわれの持つ土木と言う言葉に対する限りない愛着の存在とが「土木改名論」についての問題点であった．
>
> 　この意味で，「土木改名論」は困難な問題であっても，複雑な問題ではない．
> 　また，細部にわたる議論についてはすでに『土木学会誌』等によって論じられているのでここに再録することはしない．
> 　この問題の解決の鍵は，われわれが選択した土木工学に対する正しい認識を保持しつつ社会の一層の理解を深め，かつ，新しい時代に対応した技術体系を開発していくことにある．
> 　上記を踏まえ，当委員会はつぎのような提言を行う．
>
> 〔提　言〕
> 　土木工学界は，今後とも，現在までに築き上げた輝かしい基盤・伝統を尊重するとともに，包容力をもって，主導・先駆的に学際的分野を開拓すべく鋭意努力すべきである．
> 　土木工学という名称は，今後ともますますの発展を期して，これを将来にわたって使用することが適当である．
>
> 〔付　言〕
> 　土木改名に関する諸問題に対する答申の作成にあたり，当委員会は提言を補足する意味で，以下のような付言をする．
>
> 　土木工学は，人類の生活の向上と文明の発展に貢献することを第一義とする専門分野である．したがって，そのよりどころとなる土木学会は，主導的な立場にたって土木工学分野が今日までに築き上げてきた輝かしい基盤を更に確固たるものにすべく，より包括的なかつ最先端領域を含む領域へと発展させるべきである．
> 　その意味で，従来の土木工学の諸分野のほかに，種々の魅力的な新分野を加えることができるように努力すべきである．
> 　この意味において，たとえば，つぎのような新しい領域が考えられよう．
> 　（1）地球計画工学　　（2）地球環境工学　　（3）経済工学　　（4）宇宙開発工学　　（5）その他

　その後「土木改名」に関する議論は土木学会では終焉した観があるが，高等教育機関での学科名称には少なからぬ影響を与えた．この20年あまりで，多くの学科で「土木工学科」の名称が消えた．現在，大学で土木工学科を名乗っているのは，信州大学（工学部），鳥取大学（工学部），芝浦工業大学（工学部），東海大学（工学部），東京理科大学（理工学部），日本大学（理工学部，工学部，生産工学部）の6大学8学部である．なお，東京工業大学は工学部に土木・環境工学科，鹿児島大学は工学部に海洋土木工学科を，金沢工業大学は環境・建築学部に環境土木工学科を擁している．したがって，土木・環境系の約170学科のうち，名称に「土木工学科」を含む学科名を擁するのは上記11学部に留まる．また，2013年現在，わが国の47都道府県および20政令指定都市にて土木を所管する部局中，33の都府県市において名称に「土木」を冠していない．シンプルに「土木部」を名乗っているのは28道府県市に過ぎない．

　2014年現在，「土木」を名乗るにせよ名乗らないにせよ，土木学会および各機関においては「土木」という名称が議論になるよりはむしろ，土木の再定義，社会的意義の再認識や新たな役割の模索，そしてそれを社会に周知する活動が主となっている．

注釈および参考文献

1) 藤田龍之：中国における「土木」の語義と歴史的変遷について，土木史研究，vol.10, pp.137-142, 1990
2) 諸橋轍次：『漢和大辞典』，大修館書店　あるいは戸川芳郎：『全訳漢辞海』，三省堂，2004年他
3) 重野安繹ほか：『漢和大字典』，三省堂，1903，および浜野知三郎：『新訳漢和大辞典』，六合館，1912，土木学会コミュニケーション委員会土木広報アクションプラン小委員会調査資料「近代以降の主たる辞書における土木関連語義の変遷」2014.5 による．
4) 2014年時点で，「土木」の「築土構木」起源説を記した最も古い土木関係者の文章は，近藤泰夫の「土木工学の変遷と将来」，土木学会関西支部だより，1975.10 であるが，伝聞であるとしている．また『土木工学ハンドブック』，土木学会，1989 の第1章1.1 においても一説として紹介している．
5) 小泉純一：『しびるえんじにありんぐえっせい』，山海堂，pp.29-34, 1988.5
6) 藤田龍之は「わが国および中国における「土木」の語義の歴史的変遷に関する研究，土木学会論文集 IV, 458, p.152」において，「築土構木」語源説にふれ，「淮南子」以前に「国語」や「列子」に「土木」の用例がある以上は「・・無理に『築土構木』を「土木」の語源とすることはない・・」としている．
7) 欧米，中国，韓国等の Civil Engineer 協会・学会や大学における Civil Engineering の学科には，日本で言う土木分野のほか建築の構造分野が含まれている．
8) 例えば土方久元：『言海』（明治37年版）によると，「土木」＝（普請．作事．）とあり，一方「建築」＝（キヅキタツルコト．家屋，橋梁，城壁等ヲ作ルコト．普請．作事．）とある．また落合直文：『ことばの泉』（明治38年版）でも，「土木」＝（家屋，橋梁，堤防などの工事．作事．普請．）とあり土木，建築の一体的用例が多い．
9) 『土木工学ハンドブック』土木学会，第1章1.1, p.5, 1989
10) 藤田龍之：「土木の語義」の歴史的経緯についての再検討，土木史研究，vol.20, pp.399-400, 2000
11) 藤田龍之：わが国および中国における「土木」の語義の歴史的変遷に関する研究，土木学会論文集 IV, 458, pp.147-156, 1993
12) 『土木工学ハンドブック』，土木学会，1989
13) 成岡昌夫：『新体系土木工学』別巻「土木資料百科」，1990
14) 真田秀吉：土木と云う語，土木学会誌44-6, 1959.6，および藤田龍之：わが国における「土木」の語議と歴史的経過について，日本土木史研究発表会論文集，vol.9, pp.27-32, 1989
15) 公田　藏：明治初期の工部大学校における数学教育，数理解析研究所講究録1444, 2005, p.45
16) 中国版ウィキペディアの一つである百度百科では，「土木」は土木工学，建築工学を指し，出典として我が国同様「国語 晋語九」を引用している（2014年6月現在）．
17) ちょうど100年前の土木学会誌で，佐藤四郎（「『土木』是非」，土木学会誌1915（大正4）年4月）および石橋絢彦（「土木学なる文字の詮義」，土木学会誌1916（大正5）年12月）両氏が土木改名論を論じていることも興味深い．
18) 藤田龍之："Civil Engineering" の語義および日本語訳の歴史的経過について，日本土木史研究発表会論文集，vol.8, pp.9-12, 1988
19) 藤田龍之・知野泰明：土木史から見た我国における「土木工学」，土木学会年次学術講演会講演概要集共通セッション，Vol.54, pp.150-151, 1999
20) 『土木技術の発展と社会資本に関する研究』第4編，1.1 土木技術と土木工学，総合研究開発機構，1985
21) 北河大次郎：土木技術（ヨーロッパの），『歴史学事典』【第14巻　ものとわざ】，pp.453-454, 弘文堂，2006.6
22) 小川博三：『日本土木史概説』，共立出版，p.1, 1975
23) 村上陽一郎：『工学の歴史と技術の倫理』，岩波書店，2006
24) 越澤　明：何故，日本の「土木」と「建築」は分かれているのか，土木学会誌 Vol.86, pp.13-16, 2001.10
25) 高橋　裕：『現代日本土木史 第二版』，彰国社，pp.194-195, 2007.8
26) 故廣井工学博士記念事業会編：『工学博士廣井勇伝』，1930
27) 土木学会企画調整委員会：委員会報告，「土木」という名称を継続使用へ 土木改名論についての答申と審議経過，土木学会誌，1989年9月号，pp.62-63
28) 中瀬明男・小林三樹：⑥土木改名論を考える，土木学会誌，1987年12月号

土木学会の100年

第2章　学会創立の意義と活動内容の変遷

2.1　土木学会独立の経緯

本会の前身は，1879年11月18日に工部大学校第1回卒業生23名（土木・電信・機械・造家・化学・鉱山・冶金，のち造船が加わるが，当時は7学科）の親睦と情報交換による工学発展を目指して創立された工学会である（1930年5月より日本工学会と改称）．工学会創設以来，土木技術者はここを技術および工学活動の場として活躍していたが，他の専門分野は次々と工学会を離れていった．すなわち，日本鉱業会（1885年），造家学会（後の日本建築学会，1886年），電気学会（1888年），造船協会（後の日本造船学会，1897年），機械学会（1897年），工業化学会（後の日本化学会，1898年）などが相次いで独立し，工学会は土木技術者の比率がますます高くなり，土木の色彩が濃厚となっていた．土木工学や土木技術に関する論文や報告も主としてその機関誌である「工学叢誌」（後に「工学会誌」）に発表されていた．

大正時代に入るや，他の学会が活発に動くのにも刺激され，土木学会創立の気運が高まってきた．その設立に当たっては，実質的に土木学会に近い働きをしていた工学会はどうなるかとの問題点はあったが，工学会は工学全般の総合的進歩に尽くすとの合意に達して両立させることとし，やがて個人会員制から現在のような団体会員制に移行することとなる[1]．

時あたかも土木界の重鎮，1854（安政元）年生まれの古市公威と沖野忠雄が還暦を迎えようとしており，後輩たちが還暦記念資金募集を計画していた．中島鋭治，廣井勇，中山秀三郎の三教授は古市を訪ねたが，募金については承諾を得られなかった．当時幾多の記念事業と称する醵金勧誘を古市は苦々しく考えていたようである．そこで三教授は，その資金を土木学会創設に充てることとし，古市もやむを得ずとして承諾したという[2,3]．こうして，古市・沖野両博士還暦のための寄附金から雑費を除く1万5,550円が学会設立の基金となった．

1915年1月，古市公威初代会長の講演[4]は長く歴史に遺るものとなり，土木界のみならず汎く引用されている．

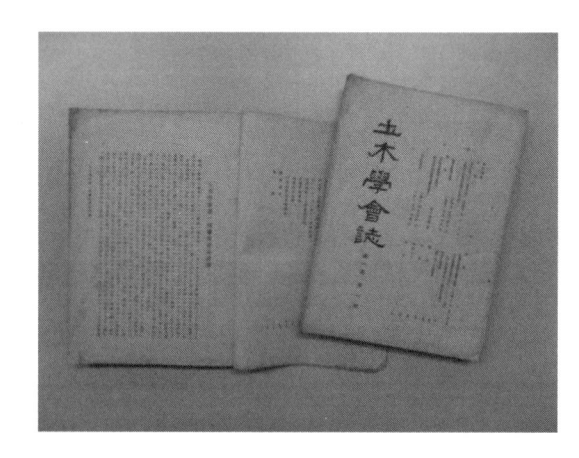

図2.1.1　学会誌第1巻第1号，会長講演の一節と表紙

曰く，"余ハ極端ナル専門分業ニ反対スル者ナリ"，"本会ノ会員ハ指揮者ナリ，故ニ第一ニ指揮者タルノ素養ナカルヘカラス"と喝破し，土木工学の総合性と土木技術者の自覚を強く訴えたのである．この講演の理想はその後土木学会が転機に立つごとに会員が想起する拠り所となっているが，その時代背景を考慮して理解を深めるべきであろう．以下に，土木学会誌創刊号（1915年2月発行）に片仮名による仮名交じり文で掲載されたものを平仮名による仮名交じり文に書き改めたものを掲載する．（文中の下線部は上記に引用した2個所の当該部分を示したものである．）

［古市公威初代会長の講演］

専門の学会において会長であることは学者の最も名誉とするところである。このたび土木学会の創立にあたり、はからずも自分がその第一回会長に当選したことは、自分にとって無上の光栄である。ここに謹んで会員諸君に感謝する。

本会規則第二十九条に会長は一月の総会に講演をなす、と規定している。演題に何の制限もないことはもちろんであるが、先例となる場合でもあるので、多少考えるところがあった。前年における土木の重要事項を報告してその批評を試みるということは、適当なる題目であろう。昨年十一月三日ロンドンの土木学会の発会において、

会長は過去五十年間におけるスコットランドの工業の振興及び技術の進歩と題して、鉄道を始め港湾、水道、道路、運河について講述し、終わりに市街発展の状態を説いて結んだという。この類もまた好い題目である。しかし、自分は右の例によらず土木学会の方針について、いささか所見を述べ、諸君の考慮を煩わすこととしたい。これは今日に相応しい問題であると考える。

去年六月一日有志の発表した土木学会設立の趣意書は、諸君の熟知するところであろう。文明の進歩に伴い、専門分業いわゆるスペシャリゼーションの必要を感じるのは一般的な法則であり、土木学会もまた大体においてこの法則により生まれたるものである。ここで工学に関する学会の来歴を見ると、明治十三年工学会設立の際においては、工学に関するすべての学科をここに包容して他に専門の学会を設ける必要は感じなかった。工学専門の者が、いまだ少数であった当時においては、それは当然のことであった。我が邦の文明がいまだなお幼稚であった結果と言えよう。

明治十八年日本鉱業会が成立したが、これはまさに工学所属の学会に関する専門分業の嚆矢である。翌十九年に造家学会即ち今の建築学会及び二十一年に電気学会の創立を見、更に数年を経て造船協会及び機械学会は明治三十年に、工業化学会は翌三十一年に設立したのであった。工学所属の専門を大別して七科とすれば、右に掲げた六学会の外に土木学会があるのみであるが、その設立が遅れたのには種々の理由がある。三十一年に鉄道協会が設立し、土木の一部をここに収容したるごときは、その主なものにひとつである。今や土木学会は成立したが、専門分業の趨勢はこれに止まらず、更に歩みを進めつつある。工科大学において数年前に鉄冶金学専修科を置き、これに対しても近日日本鉄鋼協会が創立しようとしていることはその一証である。

右に述べるごとく本会は他の学会と同じく、専門分業の必要により設立したのであるから、今後本会々員は専門の研究に全力を傾注すべきことは勿論であるが、このことについては少々議論が存在する。専門分業の方法及び程度は場合により大いに取捨すべきものありと言うことが、それである。次に一例をあげて自分の言わんとするところを明らかにする便に供するものとしたい。

自分は仏国に留学していた。仏国の教育は大体において総括的である。いわゆるエンサイクロペディカル エデュケーションである。とりわけ自分の学んだエコール サントラルでは 1829 年の創立にあたりその当初において「工学は一なり。工業家たる者はその全般について知識を有せねばならぬ」と宣言し、以来この主義を守りて変わらず、機械、土木、冶金、化学の四専門を設けたが学生は一般に各学科の講義を全て聴聞しなければならず、分科により課業の差別があったのは、実験設計の類のみであった。この制度は学校創立の時代にあってはともかく、今日においては一見無理があり時勢に適さないように見える。仏国においても反対の議論は少なからず数年前に学校評議員の組織に一大改革を加えたのも、これらの点について調査するためであったようで、反対論者は幾分か期待するところがあったようだが、今日に至るもなお成案を得ていない。やはり仏国の現状における技師の位置、職務、その需要供給の情況等を考察すると容易に決し難きもののようである。同校の一教授は曰く「本校の卒業生は卒業証書とともに一束の鍵を得て、相当の地位を得るために数箇所の門扉を開き得ることを必要とする」と。この言にて大体の事情を推察することができる。そしてまた本校の卒業生を始めとして仏国において高等の工学教育を受けた者の専攻機関はどのようなものかと言うと、ソシエテ デ エンジェニュール シビルと言って、我が工学会の如く工学の各専門を網羅しているものである。

仏国の工学界の情況は右のごとく、やや時勢に遅れているような観もあるが、自分はこれがために仏国の工学が他の文明国に比して劣るところありとは思わない。この点においても仏国は文明の一等国であることは疑問の余地がない。

仏国の制度は国情の然らしむるところとして、これを尊重するものであるが、自分が例をあげたのはこれを模範とすべきという意図ではないことは言をまたない。ただ専門分業の方法及び程度において、なお講究の余地あるを証せんがためである。そして<u>自分は極端なる専門分業には反対するものである</u>、専門分業の文字に束縛されて萎縮してしまうことは、大いに戒めるべきことである。特に本会の方針について自分はこの説を主張する者で

ある。

　本会の会員は技師である。技手ではない。将校である。兵卒ではない。すなわち<u>指揮者である。故に第一に指揮者であることの素養がなくてはならない</u>。そして工学所属の各学科を比較しまた各学科の相互の関係を考えるに、指揮者を指揮する人すなわち、いわゆる将に将たる人を必要とする場合は、土木において最も多いのである。土木は概して他の学科を利用する。故に土木の技師は他の専門の技師を使用する能力を有しなければならない。且つ又、土木は機械、電気、建築と密接な関係あるのみならず、その他の学科についても、例えば特種船舶のような用具において、あるいはセメント・鋼鉄のような用材において、絶えず相互に交渉することが必要である。ここにおいて「工学は一なり。工業家たる者はその全般について知識を有していなければならない」の宣言も全く無意味ではないと言うことが出来よう。そしてまた、このように論じてくれば、工学全体を網羅し、しかも土木専門の者が会員の過半数を占めたる工学会を以って、あたかも土木の専攻機関のようにみなし、そのままの姿で歳月を送ってきたのも幾分か許すべきところがあるだろう。

　故に本会の研究事項はこれを土木に限らず、工学全般に広めることが必要である。ただ本会が工学会と異なるところは、工学会の研究は各学科間において軽重がないが、本会の研究は全て土木に帰着しなければならない、即ち換言すれば本会の研究は土木を中心として八方に発展する事が必要である。この事は自分が本会のために主張するところの、専門分業の方法及び程度である。

　右の主意は本会の定款においてもその一端を窺うことができる。工学所属の学会の内、土木を除きたる六学会は会員の資格をその専門の者に限っている。しかし本会の定款第四条の一号には、工学専門と掲げて土木工学専門とは言っていない。これは土木以外の専門事項を研究するために他の専門の者が本会に入会することを歓迎するためである。また他の専門の者もその専門を土木に応用する意志のある者は、本会に入会することで本会に益することになるためである。

　なお本会の研究事項は工学の範囲に止まらず現に工科大学の土木工学科の課程には工学に属していない工芸経済学があり、土木行政法がある。土木専門の者は人に接すること即ち人と交渉することが最も多い。右の科目に関する研究の必要を感ずること切実なるものがある。また工科大学の課程に工業衛生学がないが、土木に関する衛生問題ははなはだ重要である。そして大学の課程にないものはますます本会の研究を要求するものである。これらは数え上げれば、なお外にどのくらいあるかわからない。

　人格の高き者を得るためには総括的教育を必要とするという説は、しばしば耳にするところである。西洋においてラテン語に偉大な効果があることを認める学者が少なくないが、同様に我が邦においては漢学を以って人物を養成すべきであると説く者が多い。皆相応の理由がある。これらは本問題に直接の関係はないが、参考に値するものであると認識している。

　会員諸君、願わくば、本会のために研究の範囲を縦横に拡張せられんことを。しかしてその中心に土木あることを忘れられざらんことを。

2.2 活動内容の変遷
2.2.1 大正時代 [1914 (創立年) ～1926] の活動概要

　1923年9月1日の関東大震災は日本の社会経済はもとより土木界を震撼させた．学会は帝都復興調査委員会を設け，災害調査と審議を経て意見書を作成して内閣総理大臣および関係大臣，東京府と神奈川県知事，東京，横浜両市長に提出した．一方，翌年1月，学会は震災調査会を設け，各種土木構造物および施設に関する災害調査と関連資料の収集に当たり，廣井 勇を委員長（以下，委員長は初代のみ記す）とする70名の委員により，その成果を1926年8月に第1巻[5]，1927年1月に第2巻[6]，同年12月に第3巻[7]を公表した．その内容は詳細緻密を極め，以後のこの種災害調査報告の範となり，関東大震災調査書の中でも最も価値あるものとされ，学会の信用と権威を広く江湖に知らしめることとなった．

大正年間における学会の社会への大きな寄与に，帝国鉄道協会との共同による東京・横浜附近交通調査会による調査がある．その報告書（委員長：古川阪次郎）を1925年9月に提出し，その後，学会誌12巻2号[8]（1926.4）に付録として発表した．元来，この調査は東京市における交通量急増への対応として，1917年に帝国鉄道協会と協力して設置された東京市内外交通調査委員会に端を発し，その調査報告は1919年6月に完了し，学会誌5巻6号付録として公表していたが，この段階ではもっぱら旅客交通を対象としていた．のち，大阪市，東京・横浜附近へと調査は拡大したが，1923年の関東大震災の発生に伴い事情は一変し，その調査を復興局に譲り，貨物停車場配置，鉄道線路および操車場の位置選定，港湾施設などを東京・横浜についてまとめたのが，前述の1925年9月の報告である．

図2.2.1 関東大地震震害調査報告書（1926, 1927）

帝国鉄道協会との共同による，大震災をはさむこれら一連の調査報告は，東京など大都市における大正末期から昭和初期における鉄道を主体とする交通体系の確立に有力な指針となり，学会活動の社会への大きな貢献のひとつに数えられる．1924年1月設置された高速鉄道調査会（委員長：古川阪次郎）もまた，前述調査との関連で東京市内外における高速鉄道に関する調査研究を行い，1928年12月にその調査を完了している．

2.2.2 昭和時代前期（1927～1945）の活動概要
(1) 支部設立
　創設時，会員数443名で発足した学会は昭和初期には3,000人に達し，学会組織も徐々に固まりつつあった．この時期には1927年設置の関西支部を嚆矢として，1937年に東北と北海道，1938年に中部と西部，1939年には朝鮮，1941年に華北，1943年に台湾と次々に支部が誕生し，全国組織としての学会が名実ともに備わってきた．なお，独立機関として満洲土木学会が1940年に創立されている．

(2) 示方書作成
　学術分野では1928年に混凝土（コンクリート）調査会（委員長：大河戸宗治）を設けた．その当時コンクリート利用が急速に拡大し，その工学が発達しつつあったが，実際の施工に当たっては統一した示方書がなく，その基準などを定める必要性が生じていた．調査会ではまずこの問題に取り組み，3年間の審議を経て1931年9月はじめて鉄筋コンクリート標準示方書[9]を，次いで10月同解説[10]を発表した．以後，1935年にはコンクリート調査委員会となり，コンクリート関係の各種示方書が，時代の要請に応じて逐次改訂または新たに制定され今日に至っており，学会の各種委員会の中でも常に重要な役割を果たし続けている．

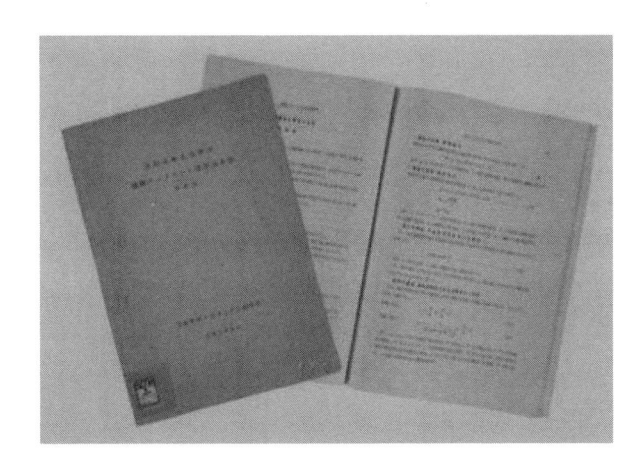

図2.2.2 鉄筋コンクリート標準示方書解説編（1931）

　1940年7月，土木学会誌26巻7号に決定案を発表した「鋼鉄道橋標準示方書」もまた，1936年5月に設置された鋼橋示方書調査委員会（委員長：田中　豊）による調査研究の重要な成果として現在につながっている．

土木学会の100年

(3) 用語調査

1928年に設置された用語調査会（委員長：中山秀三郎）が8年間にわたる調査審議の末，1936年に日，英，独，仏語および定義を付し，約2,170語の「土木工学用語集」[11]を本会から刊行したことは，他の分野では見られない画期的業績であった．土木工学者はつとに明治時代から工学用語について指導的立場にあり，わが国で最初の英和工学辞典は，中島鋭治，廣井　勇らが1908年に「英和工学辞典」[12]として出版している．この原版は1923年の関東大震災によって全部消失し，絶版となってしまった．廣井は1927年11月から旧辞典改訂に着手したが，翌1928

図2.2.3　土木工学用語集（1936）

年10月1日卒然として死去，その遺志を体して廣井工学博士記念事業会が設立され，1929年3月以降，中山秀三郎，那波光雄，草間　偉，永山彌次郎を中心に，さらに31氏を加えて事業が続行された．こうして1930年8月，主として土木工学用語を中心とする約1万7,000語の「英和工学辞典（改訂版）」（丸善刊）[13]を出版し，その版権が土木学会に寄贈された．学会は，1936年12月に，用語調査会の代わりに用語調査常置委員会（委員長：中川吉造，主査：福田武雄）を設け，上記の増補再改訂に着手し，旧辞典に約1万1,000語を追加し合計約2万8,000語の「新英和工学辞典」[14]を1941年6月に編集を完了し，この委員会は解散している．この間，土木学会は工学全体に指導的役割を持ちつつ，英和辞典のみならず工学用語の確立と統一に貢献している．この新辞典の序に曰く，「一国ノ国力ガ其ノ国ノ科学及技術，殊ニ工学ノ進歩ノ如何ニ依テ判定セラルル今日，（中略）工学ノ発達ト共ニ其ノ用語ノ増加近年特ニ著シキモノアリ．然ルニ従来之等ニ対シ統一セラレタルモノ無キヲ為メ（中略）工学ノ発達ヲ阻害スル虞アリ」用語についての同委員会の姿勢と熱意が感じられる．この新辞典の用語の選定は前述の1936年刊行の土木工学用語集，資源局標準用語集，工学会選定用語集，その他各学・協会の用語集を参照し，当時としては3万語に近い充実した英和辞典となり，土木界以外でもこの辞典が権威ある書として重用され高く評価された．

このように，昭和初期において土木学会は英和辞典を含む用語問題に工学界をリードする業績を重ねている．第二次大戦後も学術用語集土木工学編（1954年および1992年）とともに，土木用語辞典（1971年）の監修などの成果を挙げてはいるが，戦前からの学会の輝かしい伝統と一方で現代の用語の氾濫を思うとき，再び新たに常置委員会を設けて常に既解説の検討や新語の採用などを看視し続けるのが在るべき姿勢であろう．

(4) 国際対応の先駆

第一次世界大戦以後，日本の国際的地位もようやく高まり，1929年に日本で初めて工学に関する国際会議，すなわち万国工業会議が工学会主催により東京で開かれ，古市公威は議長となり，同会議の土木部会および鉄道部会の活動には共催学会としての土木学会が全面的に協力している．

1931年には世界動力会議大堰堤国際委員会に日本動力協会，電気協会と三会連合で土木学会が加盟したのも，学会がこの時期において既に積極的に国際化に対応していたことを物語る．

(5) 土木史編纂

昭和初期における出版活動において異彩を放つのは「明治以前日本土木史」（1936年）[15]と「明治以降本邦土木と外人」（1942年）[16]の2冊の土木史書である．

前者は，1932年に維新以前日本土木史編集委員会（委員長：田辺朔郎，副委員長：眞田秀吉）が設けられ，3年余にわたる資料収集ならびに調査・編集の結果，1936年6月，約1,800頁にわたる「明治以前日本土木史」が完成した．資料収集に当たっては，東京帝国大学史料編纂所および帝国図書館などの協力を得て，常務委員23名，地方委員62名によって精力的にまとめあげた画期的大作である．

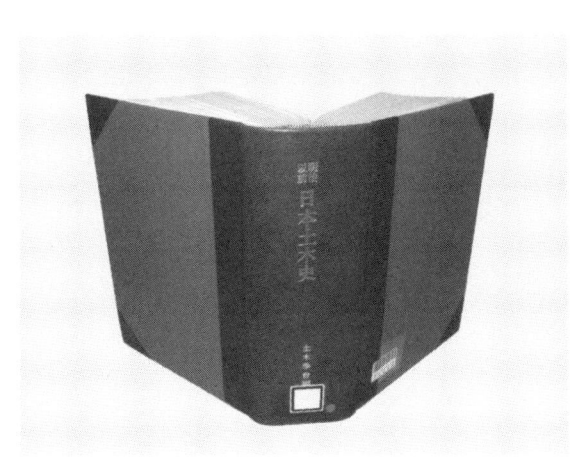

図 2.2.4　明治以前日本土木史（1936）

本書はわが国の有史以来江戸時代末期までを扱った土木総合史であり，単に土木界への貢献にとどまらず，日本の技術史さらには日本史学に対しても大きな貢献であった．第二次世界大戦後，本書は古書の世界において貴重本的存在であった．出版元の岩波書店では 1973 年に復刻版に相当する第 3 刷を定価 2 万円で 2,500 部発売したが，たちまち売り切れ，第 4 刷を 1994 年に定価 4 万 6,000 円で 800 部を発行している．本書は，時代物作家や演劇界などでも，昔の土木工事などの内容を正確に知るための唯一の権威ある文献として高く評価されている．

「明治以降本邦土木と外人」は，1938 年に設置された外人功績調査委員会（委員長：那波光雄，副委員長：眞田秀吉）によって 1942 年に完成した貴重な文献である．この委員会は，明治時代にわが国に招かれた土木工学関係の外国人の功績を調査編纂し，これを後世に伝えるために設置されたが，将来，学会が文明史を編纂する場合に貴重な資料になるとの遠大な目標が秘められていた．

この出版時は，第二次世界大戦の只中であり，本書で多く紹介されているイギリス，オランダ，アメリカは当面の敵国であった．当時の国内では敵国人排斥の機運が激しかった．にもかかわらず本書を出版した編集者と学会が身をもって"土木技術に国境無し"を実践した勇気と姿勢を讃えたい．本書は学会員のみならず，建築はじめ史学者が明治のお雇い外国人を調べる際に最も頼りにしている文献である．

(6) 土木技術者の信条・土木技術者の実践要綱

1938 年 3 月に発表した「土木技術者の信条」と「土木技術者の実践要綱」もまた特筆に値する．1936 年 5 月，わが国にはどの工学系学会にも会員である技術者の倫理綱領の無いことを遺憾として土木技術者相互規約調査委員会（委員長：青山　士）が設置された．欧米諸国の土木学会など諸学会には必ず会員の倫理規定が定められており，会員の在るべき姿勢について自己規制している．この委員会では諸外国の技術者規約などを参照しつつ，土木技術者の品位向上，その矜持と権威の保持の意を体し，技術者への指針として，土木学会が他の学会に先駆けてまとめた，その節度が高く評価されている（**第 2 部活動記録編　第 2 編参照**）．

他学会では試みられたこともない倫理規定の設定の背景として，当時，学会において学術団体から職業団体への転換などを含む学会改造の動きがあったことを指摘したい．その急先鋒は宮本武之輔（1892～1941）であった．大淀昇一[17]によれば宮本は，学会が純学術団体として停滞しているとの認識に立って，「土木学会改造論」[18]を唱えた．その成果の一端として 1933 年の学会新役員に，日本工人倶楽部の指導部から数人の常議員が選出され，宮本は「会の最も重大なる変化，最も有意義な時代的変化が予想される……新役員の顔ぶれを見ても旧套を脱したる観あり……」[19]と述べている．これら新選出の人々が学会に振興委員会（委員長：大河戸宗治）を設け，同年 3 月の第 1 回会合で 23 項目に及ぶ協議事項[20]を提出し，学会誌改良，事務局選任職員の採用，会館の新設，会費の値下げによる会員増加，土木用語調査促進などとともに，土木学会会員相互規約制定の件（engineering ethics 制定）を掲げた．振興委員会は，学会を学術団体から土木技術者という職業人の向上と連帯のための職業団体（professional 団体）への性格転換を求めていたと考えられる．この振興委員会の提案を受け，「土木技術者相互規約調査委員会」を 1936 年 5 月に設置した．当時会長でもあり，このテーマにふさわしいまとめ役として衆目の一致する青山　士が委員長に推挙されたものと思われる．成文化された土木技術者の信条，実践要綱（土木学会誌第 24 巻 5 号）には節々に青山の人生観がにじみ出ているといえよう[21]．

なお，会員数は，振興委員会を設置した 1933 年の約 3,000 人から急増し続け，10 年後の 1943 年に約 1 万 5,000 人に達している．（後掲 4.4.3 会員数の推移を参照のこと）

(7) 災害調査報告

関東大震災報告によって声望を高めた土木学会は，その後も大災害発生ごとに優れた報告書を作成しているが，昭和初期における災害報告の中では「関西地方風水害報告書」[22]が正確な内容によって後世の参考となる点が多い．同報告は，1934年9月21，22日に関西地方を強く襲った室戸台風による大災害に鑑み，同年10月ただちに設けた同調査委員会（委員長：中川吉造，副委員長：青山 士，平井喜久松）が詳細な調査に基づき1936年10月に刊行した．

さらに，1935年4月21日に台湾の新竹，台中両州を襲った大地震は死者3,200人余，家屋の全半壊2万戸以上に達する大被害を与えた．学会ではただちに台湾地方震災調査委員会を設け，翌1936年には詳細な報告書を発表し（委員長：草間 偉），復興の市区計画案を提示している[23]．

(8) 幻の東京オリンピックから戦時体制へ

1937年以降には時節を反映した土木学会の動きが明瞭である．たとえば，1940年開催がいったん定められた東京オリンピックに対応するため，1937年2月，オリンピック大会土木施設調査委員会（委員長：岡野 昇）を設置し，マラソンコースに新京浜国道を採択すべきことなどを建議している．戦時体制に備えるために，防空施設研究委員会（委員長：眞田秀吉）を1937年に，同促進委員会（委員長：辰馬鎌蔵）と対爆調査委員会（委員長：吉田徳次郎）をともに1941年に設け，当時の要請に応えている．戦局が厳しくなるにつれて，1943年6月

図2.2.5　戦前に刊行された最初の論文集（1944.3）

には戦時規格委員会（委員長：青山 士）を，1944年1月には飛行場急速建設論文審査委員会（委員長：鈴木雅次）を設け，懸賞論文によって新構想を募っており，選定10編を学会誌30巻3号（1941.3）に発表した．

なお，当時としては異色であるが，1936年に土木文化映画委員会が設立され，1943年までに文化映画3本（雪のローラー，勝鬨橋，三国峠）を製作している．委員長・金森誠之は内務省で多摩川や荒川の改修を担当し，土木遺産としても価値のある川崎河港水門を設計する一方，極めて多才にして創造力ある粋な人生を送った．カメラや8ミリを駆使し，荒川改修の経験を踏まえて短編映画"荒川の水を治めて"を監修し人気女優を出演させた．川崎河港水門の記録映画に収められた竣工式には松竹スターも特別参加している．

この委員会の委員長は青木楠男が継いでさらに成果を挙げた．当時では必ずしも十分には評価されなかったようではあるが，土木広報の先駆的業績として特筆に値する．

2.2.3　第二次世界大戦後（1945～1994）の活動概要

(1) 学会の顔としての学会誌

戦後の1945～1950年は，空襲による荒廃した国土に自然災害が続き，困難な条件下，国土復興を使命とする土木技術者の苦闘が続いた．

学会創立以来，最も重要な出版であり会員へのサービスの根幹をなすとともに，社会との相互の意思疎通を図るうえで重要な役割を果たしている学会誌の発刊も困難となった．その間，タブロイド版の土木ニュースが1946年11月の第1号から1949年12月の38号まで発刊され，会員へのニュースサービスを欠かさなかった．奥田教朝委員長

図2.2.6　変ぼうする学会誌の表紙

によれば，用紙の配給や印刷所を探すのも容易でなかったという．ようやく1950年から会誌が毎月刊行できるようになり，論文は学会誌とは独立して1956年2月からは隔月刊，1962年からは月刊として学術研究論文を論文集として発刊し，従来ともすれば会誌が固すぎて研究者向きと言われた状況から脱することができたと思われる．なお，論文集を1944年に学会誌の臨時増刊として発刊したことがある．さらに，八十島義之助委員長時代の1962年から1965年にかけて，学会誌編集は一新し，全会員へのサービスを目指す読みやすい会誌となった．時あたかも東京オリンピックへ向けて土木技術の革新，事業の繁栄もあり，このころから学会誌は土木界のみならず，他の工学分野やマスコミの注目を浴びるようになった．さらに岡村 甫委員長時代の1989年から会誌はカラー化を進めるとともに，論文集は保存用，学会誌は読み捨てという考えを貫くこととし，時代に即応した一般会員向けになった．これらの学会誌編集の姿勢は，他の学会誌には見られぬ時代を先取りした積極路線であり，ジャーナリズム界で常に注目されている．なお，土木学会誌は1915年2月の創刊号以来縦組みであったが，1924年（第10巻第1号）に会誌の表紙も横書きとなった．表紙の個性あふれる題字は，明治の大書家・日下部鳴鶴の筆横書きは弟子の近藤雪竹の筆とされている．いずれにせよ，学会の顔としての学会誌に渋い気品と荘重さを醸し出している[24]．

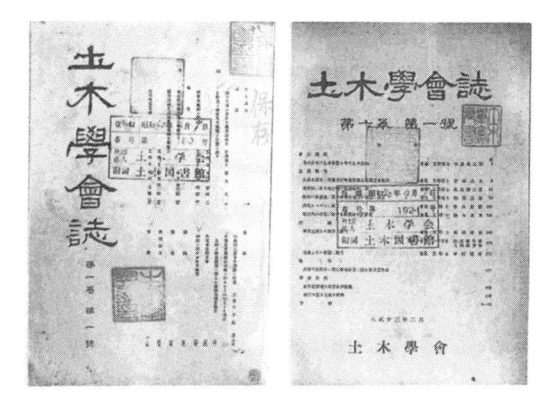

1945年までは土に点がついているが以後は点が消えて現在に至っている．印刷ミスか編集委員が消したのか不明である．

図2.2.7 縦書き（日下部鳴鶴）と横書き（近藤雪竹）による土木学会誌表紙

(2) 旺盛な出版活動

定期刊行物のみならず，学会の出版活動は高度成長期を迎えて極めて活発であった．これらは多様な構造物を容易かつ適正に施工するため，大学や研究機関での最新の研究成果と現場の第一線とを結ぶことを目的としていた．戦前からの伝統を受け継ぐものとしては，コンクリート委員会による標準示方書の制定または改訂が戦後も1949年以来9回，プレストレストコンクリート標準示方書も1978年に制定し示方書の英訳版も完成した．関連の各種小委員会による活動，関連の講習会などは数知れず開催され，斯界の発展と指導に果たした役割は大きい．また，1964年よりトンネル標準示方書を制定したのも大きな業績であろう．1986年には「開削編」「シールド編」「山岳編」の三部作が完成しトンネル大国の技術指針として定着した．

（講師：吉田徳次郎博士）
図2.2.8 夏期講習会風景（1949年）

1940年7月設立された水理公式調査委員会（委員長：鈴木雅次）は水理公式集の成案をまとめたがその印刷中に戦災に見舞われ，戦後になって1946年10月発足の水理委員会（委員長：安藝皎一）によって，1949年9月，水理公式集はようやく刊行に漕ぎつけた．以後，1957，1963，1971年の改訂を経て，1985年1月，全面的に大改訂した第5版を完成している．

戦後出版の大著としては「土木工学ハンドブック」がある．1936年9月，山海堂が「土木工学ポケットブック」全2巻を発行して以来，ハンドブック類を出版しておらず，その必要を痛感した学会は1952年「土木工学ハンドブック編集委員会」（委員長：福田武雄）を設け，創立40周年（1954年）記念出版の一環として，1954年10月，技報堂から出版した．以後，創立50周年（1964年），60周年（1974年）記念出版として新版を発行し，さらに1989

（平成元）年，第4版ハンドブックの出版へと引き継がれた．一方，全105巻より成る「新体系土木工学」を1976年より企画し，1993年度に全巻の刊行を終えた．これらは時代の要請を受けて進歩，拡大する土木工学の学問・技術の専門分野を体系づけ，当時達成しえた水準を整理したものであり，さらなる土木工学の発展に寄与している．

創立50周年記念として，ハンドブックのほか，「日本土木史－大正元年～昭和15年」，「土木用語辞典」（1954年出版の「学術用語集・土木工学篇」を基礎に用語を加え，英仏独語と解説をつけ，1971年に学会監修のもと，コロナ社・技報堂から出版），「日本の土木・建設／創造／技術」（記念写真集・彰国社），「日本の土木技術－100年の発展のあゆみ－」を出版した．創立60周年記念出版としては，新たな「土木工学ハンドブック」，「日本の土木技術－近代土木発展の流れ－」「日本の土木地理」「土木学会誌・論文報告集総索引」および映画「国土を生かす知恵」を製作した．創立70周年記念出版としての「土木図書館図書目録」の完備は，元来一流図書館の資格のひとつといえる．「グラフィックス・くらしと土木」（全8巻・オーム社）は一般向けの土木PR図書である．このほか映画「明日を創る人と技術」を製作した．さらに周年記念出版ごとに学会略史を編集出版した．

なお，50周年記念出版した「日本土木史－大正元年～昭和15年」に引き続き，「日本土木史－昭和16～40年」を1973年に出版し，戦前以来の学会の土木史重視を示している．さらに創立80周年として「日本土木史－1965～90年－」を出版した．1950年には，戦時中の土木工学について，「土木工学の概観（1940～45）」がGHQの指示により学会が編集，日本学術振興会から出版されていることを付記する．

(3) 新しい学問の育成

戦後，土木工学に対する社会的ニーズがいよいよ高まるとともに，間口は一層広くなり，かつ学問自体も著しい進歩を遂げたことはいうまでもない．学会はこの事態に積極的に対応し，新しい学問分野の委員会を設け，多彩な行事を主催するようになった．たとえば，1955年から1970年までに新設された委員会は，1955年に海岸工学委員会（委員長：本間　仁），耐震工学委員会（委員長：沼田政矩），1961年にトンネル工学委員会（委員長：藤井松太郎），1962年に衛生工学委員会（委員長：広瀬孝六郎），1963年に岩盤力学委員会（委員長：岡本舜三），1966年に土木計画学研究委員会（委員長：鈴木雅次），1969年に海洋開発委員会（委員長：本間　仁），1970年に原子力土木委員会（委員長：永田　年）であり，転換期を迎えた土木界への新しい社会的学問的ニーズへの対応を示したといえる．

さらに1970年代から80年に至ると，高度成長から1973年のオイルショックを経て安定成長の時代へと移り，開発と環境をめぐる課題が重視されるに至った．また，この間，土木の調査，計画，設計などの実務における建設コンサルタントの役割がようやく認識されるようになってきた．情報処理やハイテク技術の土木への適用も盛んとなり，土木技術の高度化が進んだ．

このような背景に鑑み，それらを推進するために以下の諸委員会が発足した．すなわち，土木情報システム委員会（1974年），エネルギー土木委員会（1977年），建設用ロボット委員会（1984年）および建設コンサルタント委員会（1970年），建設マネジメント委員会（1984年）である．また，学会における建設業の技術面を充実させるために，土木施工研究委員会（1984年）を設置し，建設業の第一線の会員が施工の先端技術などを相互に協力する基礎づくりとなっていることも，学会活動を幅広くしたといえる．第二次世界大戦前から業績をあげていた土木史研究に関しても，土木史編纂の反省から学問としての土木史研究の重要さが認識され，1974年に日本土木史研究委員会が設けられた．同委員会は，1976年からシンポジウムを開催し，1981年からは研究発表会を盛大に行い，研究者層を厚くした．

さらには，1980年代以降，土木事業の推進をめぐって新たな課題が投げかけられた．開発と環境の調和などをめぐって，社会資本にかかわる公共事業の在り方を新たに攻究する必要に迫られたからである．これへの対応のため社会資本問題研究委員会を1991年に設置した．これは1996年まで続いた．環境問題が地球規模に発展したのを受けて，地球環境委員会が1992年に発足した．

このように，学会の調査研究は社会の大きな変動とともにいよいよ多岐にわたるとともに，学問と現場の関係を

いっそう密接にしていると考えられる．その現れの一端が委託研究の増加である．学会への数々の委託研究の中でも，1962年から1967年にかけて，本州四国連絡橋技術調査委員会（委員長：田中　豊，青木楠男）は，当時どのルートに架橋すべきかが大きな社会問題となっていた折から，地形などの自然条件から児島坂出ルートを優先させるべきとの見解を示して，世の注目を浴びた．さらに，本四連絡橋に関する個々の様々なテーマごとに調査研究の結果を発表した．

受託研究は，建設省，運輸省，厚生省をはじめ東京都など地方公共団体，公社公団（国鉄，電電公社，本四公団，鉄建公団など）が多い．コンクリート，耐震，衛生，土質，構造など土木技術各分野に及んでいる．1980年代以降は東京都からの品川台場，四谷見附橋，玉川上水の歴史的価値を調査する土木史分野の受託研究が始まったのはそれらへの新しき要請が高まってきたことを物語っている．

(4) 国際化への積極姿勢

土木学会は創立以来，海外との交流に努力を重ねており，初期にはICE（英国土木学会, Institution of Civil Engineers）との関係が密接であった．第二次世界大戦後はASCE（米国土木学会, American Society of Civil Engineers）との交流が密となり，ICEとも引続き密接な関係にある．さらに近年は多方面に相互交流が広がり，中国，韓国との近隣諸国はもとより，途上国への技術移転も活発となりつつある．

1918年に，理事会決議に基づき，当時の石黒五十二会長名で，第一次世界大戦におけるICE会員戦死傷者を慰問する書簡を出し，それに対しICEから丁重な礼状が寄せられている．1928年ICE創立100周年記念式典にはロンドン在住の永田民也会員を派遣し，当時としては先駆的交流であったといえよう．1931年にはオランダからのお雇い外国人ファン・ドールン像の猪苗代湖に建立の折，学会が発起人となり，その除幕式に那波光雄会長が列席している．第二次世界大戦後，日本がまだ敗戦による荒廃にあえいでいた折，ASCEのG.A. Hathaway会長が1950年2月に来日し，工業倶楽部にて"米国土木学会の現状について"と題する講演を行い，多大の感銘と希望を日本の学会々員に与え，これが日米の学会交流の端緒となった．翌1951年10月，ASCE名誉会員のJohn L. Savage博士が来日し，"長江などのダム計画"と題して講演し，当時工事中であった小河内ダムなどについて助言し，翌1952年にはダムに関する貴重な多数の文献が東京市政専門図書館に寄附され（1960年以後，この記念文庫を土木学会で管理），ダム技術者に旱天の慈雨のごとく受け入れられた，当時，日本が占領下であった事情を考えると，のちに日本の土木学会名誉会員に推された両博士の好意が，日米土木技術交流を切り開いた功績は大きい．

以後，数々の国際会議への会員派遣，日本での開催，1974年から毎年行われている海外研修旅行など，近年いよいよ盛大になっている国際交流，特にASCE, ICEなどとの協力協定締結などに学会は積極的に対応している．特に，"Civil Engineering in Japan"，"Coastal Engineering in Japan"をそれぞれ，1961年，1958年以来毎年出版し，特に前者は最盛期には107か国へ1,200部送付しており，海外への日本の土木技術の紹介に早い時期から果たしている努力は評価に値するであろう．さらに1969年からはTransaction of JSCEを出版するようになったのをはじめ，各分野で英文出版がさかんになり（Concrete Library International, Journal of Hydroscience and Hydraulic Engineering, など），英文による論文発表も多い．一方1974年以降，ICEの出版物の翻訳を含め，海外建設シリーズを発行し，これら多数の出版が土木技術の国際交流に果たしている役割は，日本語の国際通用性が小さい状況から極めて重要であるといえよう．コンクリート委員会が1982年より行っている一部指針や示方書の英訳版発行の努力は注目すべき業績である．学会が関与した途上国への数々の技術移転の中で，ザイール共和国に1883年5月に架橋されたマタディ橋（モブツ元帥橋）は，日本コンソーシアムからの委託によるもので，特筆すべき成果の一つといえよう．

(5) 開かれた土木学会

1983年には企画委員会が土木学会の活性化の方策を理事会に答申したのを受けて，広報委員会を1986年に設立し，社会一般への土木に関する認識の向上に努めているのも近年の新しい積極策であろう．同委員会では発足直後の1987年7月31日には，翌1988年完成予定の青函トンネルのレール敷設直前のトンネル内を，公募による一般

土木学会の100年

の人々に歩いていただく"青函ウォーク"を実現し，マスコミを通して多大な PR 効果を挙げた．また，同年より 11 月 18 日（数字を漢字で書けば土木となる）を「土木の日」と名づけ，一般の方々に土木現場を案内するなどの行事を毎年実施している．1920 年以来毎年，土木賞をいくつかの部門ごとに功績のあった会員に授与しているが，1983 年には従来とかく大規模な技術開発に多く授賞していた技術賞を補う意味で，規模とは関係なく，創意に満ちた技術開発に対し新たに技術開発賞を設けた．同時に創設した著作賞（1992 年から出版文化賞）においては，一般啓蒙書をも対象とし，作家の田村喜子，曾野綾子，

図 2.2.9　青函ウォーク（1987 年 7 月 31 日）

井上ひさしらに授与されたことは，開かれた学会の姿勢を示したものとして，学会内外から好感をもって迎えられている．今後，時代とともに賞の見直しを行っていくであろう．1990 年度に土木学会が"特定公益増進法人"として文部省から認定されたのも特筆に値しよう．同年，日本化学会，日本建築学会もこの認定を受けたが，これによって学会が受け入れる寄附については，税制上の優遇措置（2 年ごとに見直しが行われるため永久措置ではないが）が適用されることとなった．

(6) 80 周年記念－21 世紀へ向けて－

1994 年 11 月，土木学会は創立 80 周年を迎えた．従来とも 10 年ごとに創立記念事業を行ってきたが，この 80 周年記念事業は特別な意義を持っている．というのは，これが今世紀最後の記念事業であるのみならず，土木界をめぐる諸般の社会情勢が重大な転期に立っていることに鑑み，この記念事業を通して，これからの学会のあるべき方向を考える契機と位置づけたからである．かつ，土木事業の社会への貢献を社会に十分広報する重要度がいよいよ増すとともに，会員もまた土木事業と社会との関係について，より深く認識する必要性が高まってきたからである．

したがって，この記念事業では従来のそれに則りつつも，より広汎に，かつより社会との連帯と国際的観点を深める事業を企画した．たとえば，記念出版の『人は何を築いてきたのか』は，会員自身が先人による成果を土木遺産として位置づけて土木史観を養うとともに，専門外の人々に土木遺産を認識し評価してもらうことを目指した．『ヨーロッパのインフラストラクチャー』は，視野を世界に広げて土木事業の成果を内外の人々に紹介することによって，外国の土木界との連携をより深めることを意図した．

『土木用語大辞典』は 80 周年記念出版として企画され 1999 年に刊行されたが，学会が用語調査に大きな成果を挙げて来た伝統を継承しているといえる．1954 年発行の『学術用語集土木工学編』をもとに，その後の学術用語や技術用語の増加，当用漢字表に代わる常用漢字表の実施などの変化を踏まえて，1991 年に『学術用語集土木工学編（増訂版）』として完成させ，この増訂版および 1989 年に出版した『土木工学ハンドブック第 4 版』の用語などを基本として，新たに本格的な大辞典として編集したものである．

また，従来とも編集されて来た学会略史をこの機会に原資料にさかのぼり一貫してまとめあげた『土木学会の 80 年』も今世紀の学会の歩みを後世に遺す正史として出版した．

同じく記念出版された『風景写真集「TERRA」』も，国づくりを担って来た土木技術者の成果を国土の現状をさまざまな角度から写真によって社会に提示しようとする新しい試みであり，社会と国土の中における土木の役割を客観的に捉えようとする姿勢を示している．

80 周年記念事業の重要なイベントとして国際シンポジウム"都市開発と土木工学－都市土木技術の課題と展望－"を開催したのも，土木の工学と技術を国際的視点から捉え，それを日本から世界へと発信しようとしたものである．土木が抱えている課題を今後世界各地で多発するであろう都市問題に焦点を当てつつ，今世紀，われわれは

この地球上でどんな成果を挙げ，来世紀に向けて何を準備すべきかを，このシンポジウムで世界に共通する認識と地球的規模で議論し，世界に呼びかけようとするものであった．

このように，80周年記念事業で掲げたテーマは，単なるイベントではなく，記念事業のみの出版でもなく，土木界をめぐる新たな困難な課題に，われわれが新しき出発点を設定する契機となることを意図したものである．それは，より国際的視野を重視することであり，これからの土木事業推進に当たって地球文明の将来を考えねばならないとの自覚であり，一般社会に十分な理解を得られる技術の発展でなければならないとの認識である．

以上，学会の80年間の活動を特に土木界内外の日本社会に与えた貢献という面から眺めてきたが，この間の日本社会の激動に応じて，学会もまた多彩にして多難な道を歩んで来たことがひしひしと感じられる．時には社会の波乱に揉まれ，時には時代を先取りし奮闘して来た軌跡は，今後の学会の在り方を検討する場合に，かけがえの無い教訓を与えてくれるに違いない．特に，現代は価値観の多様化，新たなる技術革新，社会的ニーズの複雑化を迎え，学会もまた新たなる発想に基づく意志決定を迫られている．転期に立つ時，人々は冷静に歴史を省みる必要性に馳られる．まさに，学会の輝かしい歴史に描かれた業績を沈思すべき時である．

本稿は，土木学会誌1990年7月号（26～34頁）に掲載された同題目の論文を加筆修正したものである．

2.2.4 創立80周年以降（1995～2014）の活動概要

(1) 改革策に基づく活動

松尾　稔会長の就任を機に始まった本会の活動理念の再構築に関する本格的な議論は，1996年に理事会直下に設置された企画運営連絡会議が取りまとめた「JSCE2000－土木学会の改革策－（1998年版）」（対象期間：1998～2002年）に結実した．この「JSCE2000」は，21世紀に向けた本会の活動の指針となった．その後は5年毎に改革策を取りまとめ公表するサイクルが定着し，2003年5月には，「JSCE2005－土木学会の改革策－社会への貢献と連携機能の充実」（対象期間：2003～2007年）を発表，併せて，事業の実施において全体の戦略的目標を明確にし，それに沿って各部門が具体的目標を設定して実施し，評価して改善するPDCA（Plan, Do, Check, Act）のマネジメントシステムを導入した．さらに，2008年5月には，「JSCE2010－社会と世界に活かそう土木学会の技術力・人間力」（対象期間：2008～2012年）を発表した．次期「JSCE2015」については，2014年11月の創立100周年記念式典での発表を目途に策定中の「土木学会将来ビジョン」と調整し，計画期間を2015年度から2019年度の5年間とした．それまでは「JSCE2010」を延長して運用することになっている．既に策定された三次の改革策では，本会の三つの使命を強く意識して各部門の運営方針を展開しており，財政面での改善策・強化策の立案と相まって，これらの改革策は本会の基本的な中長期的運営方針となっている．

図2.2.10　JSCE2010の表紙（2008年5月）

(2) 調査研究活動の拡充

調査研究部門では，社会の要請に的確に応え学術・技術の発展を支えていくため，多くの委員会がそれぞれの専門領域で土木技術の専門家集団の知恵と経験を活かし，産官学の枠を超えて調査研究活動を進めた．

1995年以降に設置した調査研究部門の委員会としては，1996年11月の景観・デザイン委員会（委員長：中村良夫），2002年4月の舗装工学委員会（委員長：山田　優，地盤工学委員会舗装工学研究小委員会が独立），2005年4月の複合構造委員会（委員長：上田多門，鋼・コンクリート合成構造連合小委員会が独立），2012年6月の木材工学委員会（委員長：濱田政則，木材工学特別委員会が移行）がある．

土木学会の100年

　この間の特徴としては，活動の統合や新しい分野への対応を挙げることができる．景観・デザイン委員会は活動の統合の例である．従来から土木計画学研究委員会や構造工学委員会，土木史研究委員会など個別の分野で行ってきた活動を結びつけ，当該分野の研究や実践の中心的かつ指導的組織として再編した．複合構造委員会は，進展の著しい複合構造を扱う委員会として，鋼構造委員会やコンクリート委員会，構造工学委員会が関わる鋼・コンクリート合成構造連合小委員会を母体としており，複合構造や合成構造という新分野へ積極的に対応している．木材工学委員会もしかりである．日本森林学会，日本木材学会，林野庁の専門家との「土木における木材の利用拡大に関する横断的研究会」（2007年9月開始）が母体であり，本会の建設技術研究委員会・間伐材の利活用技術研究小委員会が受け皿となって活動してきたが，鋼構造委員会などとの部門横断的な委員会体制が必要との判断から，2009に「木材工学特別委員会」（委員長：濱田政則）を設置した．

　調査研究部門では，調査研究費を有効に活用して社会に貢献し得る調査研究を推進するという観点から，委員会の統合と再編や，委員会活動の活性化に取り組んできた．前者については上述のとおりであるが，後者については2003年9月に「調査研究委員会の活動度評価要領」，および適切な基準で委員会の新設・統合・廃止を推進するための「調査研究委員会の継続・新設評価要領」を制定した．また，本会の調査研究の基本方針の策定や時代に即した研究課題の選定などを主な目標として，分野横断的組織である「調査研究企画委員会」（委員長：佐藤馨一）を調査研究部門直属の委員会として新たに設置したことが特筆される．この「調査研究企画委員会」は，その後「研究企画委員会」に名称変更したが，現在も中・長期的視点および社会への貢献に重点を置いた本会の調査研究活動のあり方を提案するとともに，部門会議の諮問を検討しその具体化を図るための活動を続けている．

　2003年度からは，特に，社会との連携強化や横断的調査研究活動の重要性に鑑み，部門内の各委員会を対象として「重点研究課題」の公募を行い，優れた課題に対し調査研究費を助成している．しかし，財政的な制約もあり，研究助成の額や数はきわめて限られていた．この状況を憂慮した川本朓万を発起人代表とする名誉会員から，この「重点研究課題」への研究助成を対象とした寄付制度創設の提案が2006年度にあり，理事会にて審議した結果，学会の一般会計に「重点研究課題事業積立預金」を設け，寄付金を積み立て，必要なときに取り崩して「重点研究課題」への研究助成の原資に充てることとした[25]．2013年度までの11年間に63件の「重点研究課題」が終了した．助成額は，寄付金を原資とするものを含め，総額約4,560万円であった．

(3) 土木学会論文集改革

　情報化時代に即した学術・技術情報の吸引・発信能力の強化，国際競争力の強化，学問・技術領域の拡大・変化への柔軟な編集体制の構築を三本柱にして，漸進的にその姿を変える「土木学会論文集改革の基本方針」が2008年3月に出版部門での審議を経て，理事会で承認された．これは，論文発表によって業績評価される大学人や研究者のみを対象にした改革ではなく，国内外で社会資本整備や建設産業に従事する多数の会員にとって，より充実した最新技術情報を迅速かつ容易に発信・収集できる機会を提供することを主眼とし，人口減少，国内建設投資減少に直面している本会が優秀な次世代人材を吸引しながら真に国際的な組織として継続的に発展していくために必須であるとの理事会の認識を基底としている[26]．土木学会論文集改革の推進は，土木工学自身も，その学問・技術領域を見直し，他の分野との効果的な連携，合同，協力を推進できるように，体制を整えていく必

図2.2.11　J-STAGEに掲載された論文集

要があったことによる．本会における論文集の分野再編と編集組織の改組は，このような方向性を積極的に支援してゆこうとするものであった．

土木学会論文集編集委員会（委員長：日下部　治）では，2007年度に学会の各調査研究委員会に対して土木学会論文集分野再編・英文雑誌の刊行に関するアンケート調査を実施した．その結果を踏まえ，土木学会論文集編集委員会は「土木学会論文集編集体制の改革について（2007.11）」をまとめ，2007年度第4回理事会に提出した．

その骨子は，①部門制による土木学会論文集の区分を廃止し，委員会論文集を土木学会論文集に移行する．調査研究委員会が刊行する委員会論文集の査読基準を統一し，委員会論文集を土木学会論文集の一つとして認める．このとき分野が近接・重複する場合は統合も考慮に入れる．論文集の名前は，適切な分野名を用いる．②土木学会の論文集として，土木学会論文集，シンポジウム論文集の2本立てとする．③土木学会論文集の編集査読は，各分野の論文集に関連する調査研究委員会が行った上で，統括的な調整を論文集編集委員会が行う．④各論文集は，少なくとも年1回定期的にJ-STAGE（独立行政法人科学技術振興機構が運営する科学技術情報発信・流通総合システム）上で刊行する．⑤新たに英文論文集を刊行する．など7項目である．この分野再編により，従来の7部門から19分冊に変更した．

改革は，第1段階（2008年度実施）での「改革の準備」，第2段階（2010年度実施）での「組織改革と論文集再編」，第3段階（2011年度実施）での「英文論文集発行」を経て，第4段階（2012年度実施）として「新編集体制への完全移行」というステップを経て実行に移した．なお，土木学会論文集編集委員会はそれまで出版部門に置かれていたが，この改革によって，2010年4月に調査研究部門に移管された．

(4) 緊急災害調査

土木学会は1995年1月17日に発生した阪神・淡路大震災に際し速やかに対応し，翌日には第1次の学術調査団を派遣して土木構造物の被害調査を実施した．この大震災に対する土木学会としての学術調査団の派遣は合計4次にわたり，関連する調査研究委員会等が調査研究活動を進め，本会独自の提言や報告書を作成するのみならず，関連学会との共同作業により膨大な報告書を取りまとめた．

しかし，このような大規模な緊急災害の発生に際して，誰が，どのような資格（義務，権限）で，どのように学術調査団を組織し，派遣するのか，さらには学術調査団に対してどのような義務や権限を与えるのか等々，学術調査団の緊急派遣に関わる意思決定や事務処理等に関して，本会としての組織体制が確立していなかった．そのため，1996年に理事会に属する部門会議として「災害緊急対応部門会議」を組織し，緊急災害発生時に学術団体としての中立性を保持しつつ，社会に対する責務としていかに即応すべきかについて検討を行い，「土木学会　緊急災害対応マニュアル」と「緊急調査団構成メンバー候補者リスト」を作成した．なお，「災害緊急対応部門」の設置については，1997年5月の「土木学会規則」の改正に盛り込んだ．その後，「災害緊急対応部門」の設置を本会の中長期計画である「JSCE2005」において提案し，2004年度に設置した「社会支援部門」に移行し，現在に至っている．

1998年度以降2013年度までに国内外で発生した自然災害に対して派遣した災害緊急調査団は60を超える．

国内災害では，福島・栃木・茨城水害（1998），広島県土砂災害（1999），有珠山噴火（2000），神津島近海地震被害（2000），東海豪雨災害（2000），平成12年鳥取県西部地震（2000），芸予地震（2001），三陸南沖地震（2003），九州北部・中部豪雨災害（2003），宮城県北部地震（2003），平成15年8月台風10号豪雨災害（2003），北海道胆振・日高地方災害（2003），2003年十勝沖地震被害（2003），平成16年7月北陸豪雨災害（2004），平成16年8月四国豪雨・高潮災害（2004），平成16年9月台風21・22号災害（2004），平成16年10月台風23号災害（2004），平成16年新潟県中越地震災害（2004），福岡県西方沖地震（2005），平成18年7月豪雨災害（2006），平成18年11月北海道佐呂間町竜巻災害（2006），2007年能登半島地震（2007），平成19年新潟県中越沖地震（2007），岩手・宮城内陸地震（2008），都賀川水難事故（2008），山口・防府土砂災害（2009），兵庫県佐用町河川災害（2009），中国地方豪雨災害（2010），広島県庄原市土砂災害（2010），東日本大震災（2010），新潟・福島豪雨災害（2011），平成23年台風第12号による土砂災害（2011），上越市地すべり災害（2011），九州北部豪雨災害（2012）など，多く

の調査団を派遣している．

また，海外での災害調査についても，台湾地震(1999)，トルコ・コジャエリ地震(1999)，メコン河洪水氾濫(2000)，エルサルバドル地震(2001)，インド西部地震(2001)，ペルー地震(2001)，イラン北西部チャングルチ地震(2002)，ヨーロッパ水害(2002)，トルコ地震，アルジェリア地震(2003)，イラン・バム地震(2004)，スマトラ沖地震・津波(2005)，ハリケーン・カトリーナ(2005)，パキスタン地震(2005)，インドネシア・ニアス島地震(2005)，ジャワ島中部地震(2006)，スマトラ島沖地震・津波・ジャワ島南西沖地震・津波(2006)，南スマトラ地震(2007)，バングラデシュ水害(2007)，インドネシア地震(2008)，中国四川地震(2008)，ミャンマー・サイクロン災害(2008)，イタリア・ラクイア地震(2009)，台湾・台風災害(2009)，インドネシアスマトラ沖地震(2009)，フィリピン水害(2009)，チリ地震(2010)，ベトナム中部頻発洪水(2010)，クライストチャーチ地震(2010)，タイ洪水被害(2011)，トルコ東部地震(2011)，ハリケーン・サンディ(2012)，2013年フィリピン台風Haiyan高潮災害(2013)など，主に地震および洪水被害に対して調査団を派遣した．

緊急災害調査団の派遣にあたっては，豪雨災害であれば水工学委員会，土砂災害であれば地盤工学委員会，地震や津波災害であれば地震工学委員会や海岸工学委員会というように，各分野の専門家で構成される調査研究部門の委員会の積極的な支援により実施している．また，場合によっては，他の学会等と緊急合同調査を実施している．なお，その都度，速報会や報告会を開催するとともに，調査団が公表した復旧・復興に関する技術的助言・提言等は，社会基盤に関する技術面や政策面の諸施策に直接的または間接的に反映されている．

これら多くの災害調査団の派遣については，社会支援部門が調査研究部門など関係部門の協力を得て実施している．基本的には，現地でのレンタカー借上げ費等の共通的経費や報告会の経費，報告書印刷費は学会本部が負担するものの，旅費滞在費などの費用は調査団に参加した会員の自己負担に負うている．

(5) 社会とのコミュニケーション

ICT（情報通信技術）の発達とともに，ホームページは社会とのコミュニケーションを図るための基本的な情報発信手段となっている．本会では，1996年8月にホームページの暫定運用を開始し，以降，1997年12月には支部ホームページの開設，1998年3月には英文ホームページの開設，同年4月にはインターネット版土木図書館DB（データベース）検索システムの開設と矢継ぎ早に整備を進めた．また，1998年4月に学会ホームページをリニューアルし，同年8月には緊急災害調査団の派遣速報を掲載するなど，内容の充実に努めた．しかし，これらは主に本会から社会に対して一方的に情報を発信するものであり，インターネットの最大の特徴である即時性を活用するには至っていなかった．

学会として社会からの情報を的確に受信し，また，社会が必要とする情報を的確に発信していくことにより，社会と学会との関わりを緊密にすることの重要性が認識されるにつれ，2002年度の会長提言特別委員会（委員長：岸　清会長）では「社会との情報受発信システムの構築」をテーマに掲げ，活動を展開した．その成果として，インターネットを活用した，社会からの質問・回答，意見交換を目的とする双方向性を有する即時性の高い新たな「情報交流サイト（JSCE.jp）」を構築するとともに，それに対応する学会内の仕組みを構築し，2003年2月に当該サイトの試験運用を開始した．

本会の最重要課題の一つは，国民的議論となっている社会資本整備の必要性や人々の生活の安全安心を保証し維持するための土木技術のあり方を平易に説明し，複数の技術と制度を組み合わせて具体的なソリューションを提供できる学会への転換である．そのためには，究極のカスタマーである社会とのコミュニケーション機能の確立が不可欠であるが，直接的なカスタマーである会員とのコミュニケーションや，学会内部の部門・委員会メンバー相互のコミュニケーションもきわめて不十分な状況にあった．この問題意識に基づき，2003年5月に「JSCE2005－土木学会の改革策－社会への貢献と連携機能の充実」を取りまとめた．この中で，今日の土木工学の目標は，市民の意識や社会の問題を汲み上げ，それに基づいた社会資本サービスおよび空間利用に関する解決策の提供であるとの姿勢を表明し，社会・学会・会員の相互連携を支えるコミュニケーション機能の強化を提案した．

これを受けて，2003年6月に部門の名称変更・再編およびグループ化により，広報部門をコミュニケーション部門に移した際に，「広報委員会」を「社会コミュニケーション委員会」に改称し，会員とのコミュニケーションの主媒体として機能してきた「土木学会誌」の編集に関わる委員会である「土木学会誌編集委員会」を出版部門からコミュニケーション部門に移した．これにより「土木の日実行委員会」とあわせて3委員会体制となった．

　2008年5月には「JSCE2010－社会と世界に活かそう土木学会の技術力・人間力－」を学会と社会との関わりを明確にした改革策として打ち出した．土木学会がとるべき行動の重点課題の一つとして「社会とのコミュニケーションと変化へのダイナミックな対応」を挙げ，土木学会は努めて社会とのコミュニケーションを図り，理事会等のリーダーシップのもと社会の変化にダイナミックかつスピーディに対応していく必要があると明記した．

　社会とのコミュニケーションを図る活動は，社会コミュニケーション委員会をはじめ，企画委員会や土木技術映像委員会などで取り組んでいる．1987年に創設した「土木の日」（11月18日）および「くらしと土木の週間」（土木の日から創立記念日11月24日まで）における本部および支部での行事，「土木の日」にちなんで2009年度から始まった土木界が保有する歴史資料，図面，写真などを展示，公開する「土木コレクション」，2001年からの「イブニングシアター」（土木技術映像委員会），2003年4月からの土木学会の社会化をメインテーマとした「トークサロン」（企画委員会），土木学会誌2006年5月号に同封した『土木という言葉について』というシンプルなパンフレットに始まるパンフレットを用いた活動，2006年6月，濱田政則会長時に設けた「報道機関懇談会」，2007年の全国大会から始まった上映会（土木技術映像委員会）などがある．

　「土木」に対する社会的な批判の中には，誤解や情報不足に起因するものも少なくないとの認識から，全国大会時の研究討論会では，「土木学会」が行うべきコミュニケーション活動のあり方と土木学会の体制整備を議論した．2006年度には「外から見た土木～社会コミュニケーションにおける土木学会の役割～」について，2011年度には「土木の広報戦略－「知らせる」から「共築へ」－」と題して実施した．2013年度には2012年4月に土木広報アクションプラン小委員会が取りまとめた『土木広報アクションプラン「伝える」から「伝わる」へ』に基づき研究討論会を開催した．この報告書は，東日本大震災の教訓や社会資本の役割などを国民に理解してもらうために土木関係者，産学官の総力を挙げて取り組むべき33のアクションプランを示したものである．

(6) 国際戦略に基づく活動

　国際部門では「土木学会の国際化の課題と国際委員会の役割」と題する中間報告を1997年度に取りまとめた．その議論の基本的認識は，「近年科学技術の国際化の質的変化が起っている．すなわち科学技術の国際化では技術移転，技術援助との視点が従来重視されてきたものが，科学技術の競争力の視点が導入され，国際整合性と競争力強化が国際化の今日的テーマとなってきている．それに連れて学術団体の役割も情報発信・評価機能に加えて政策提言をも期待されるようになってきた．」[27]というものである．以後，国際委員会では，2001年度に国際戦略特別検討小委員会（委員長：三木千壽）を設け，わが国の土木工学ならびに本会における国際化に向けての重点課題を検討し，その議論を踏まえて，「海外情報フォーラム」の新設や英文ホームページの充実など，国際化に向けて四つのアクションプランを2002年に提案した[28]．国内マーケットの縮小に伴い海外への展開が選択肢の一つとなっている状況に鑑みて，日本の建設業が国際競争力を持ち得るためには，国内の建設業の仕組みそのものをインターナショナル・スタンダードに変えていく必要があるとの基本的な考えに立っている．この提案の成果と課題を受けて，国際委員会（委員長：高橋　修）ではさらに検討を加え，2007年3月に新しいアクションプランを策定した[29]．「国内外活動のシームレス化を進め，世界の社会資本整備へ貢献しよう」をスローガンに，活動（アクション）の3つの柱を，①JSCEネットワークの拡大（人脈づくり）と国際協働の推進，②日本の土木技術の海外への情報発信と国際的活用，③海外事情の国内への情報発信とした．近未来像として「2020年には，日本の土木技術がより広く利用されるようになり，日本のシビルエンジニアが国際貢献に大きな役割を果たしている」状況を想定し，その実現に向けたアクションプランを作成した．このアクションプランでは，土木学会の貢献のみならず土木界の国際化もテーマとしている．さらに，海外市場参入といった課題に直面する企業の土木技術者が必要とする情報や

人的ネットワークの形成を支援することを目的として,「土木国際化懇談会」(近藤　徹会長をはじめ,主に理事会関係メンバーから構成) を 2009 年 11 月に設けた.講師として専門家を招き,フランス語圏でのコンサルタント業務,PPP (Public Private Partnership), PFI (Private Finance Initiative) 等について懇談し,2010 年 5 月には韓国の PPP の実態を調査するためインチョンとソウルを視察した.2010 年 7 月には,阪田憲次会長のもとで「土木学会国際戦略懇談会」を設け,特に土木界の国際化と土木学会の貢献のあり方について議論を行った.

国際委員会ではこうした懇談会の議論や調査を踏まえ,戦略をもって学会を挙げて土木界を取り巻く国際的な環境変化へ対応しその課題解決に取り組むことが必要と判断し,2011 年 3 月に新たな国際戦略－「産官学の連携強化」と「選択と集中」による国際活動を－を提案した.そこでは,国際活動の戦略目標として,「学術団体かつ技術者団体である土木学会は,日本の土木界が国内外の地域と国が持続的に発展してゆくためのインフラ整備に的確に貢献することの重要性に鑑み,日本の土木界の国際化を戦略的に支援するため,産官学の連携を強め,選択と集中をもとに,国際活動の拡充を図る」ことを謳っている.そして,この戦略目標を達成するための活動項目として,①国際ネットワークの拡充と国際協働の推進,②国内外への情報発信,③人材育成と国内の国際化支援,④産官学各界の参集できる国際センターとして各界の共通課題解決の場を提供の 4 項目を挙げた.この国際戦略では,理事会直属の組織 (特別委員会) として会長等を座長とし,各界の指導的立場にある者を委員とする「土木国際化戦略会議 (仮称)」の設置を提案した.この提案に沿って,2011 年 6 月に「土木国際化戦略会議」(議長：森地　茂元会長) を設け,2012 年 3 月までに 6 回の会議を開催した.本会の調査研究委員会における国際活動の成果や国際委員会への要望,土木に関係する社会人教育のあり方,国際活動のプラットフォーム (共通基盤) づくり等について議論を行った.2012 年 1 月理事会では,従前の議論を踏まえて,山本卓朗会長が学会の事務局 (国際室) を改組強化し,学会内の国際活動を幅広く統括サポートするために「国際センター」として改めて発足させることを提案[30]し,同年 4 月にその設置が承認された.以後,ベトナム等との二国間交流の強化,ACECC (アジア土木学協会連合協議会) の常設事務局の土木学会への招致,海外協定学協会や海外分会とのさらなる交流など,積極的な国際活動を展開している.

(7) 土木技術者の資質向上

1995 年の世界貿易機関 (WTO) 政府調達協定の発効を契機に,モノに続いてサービスの貿易自由化 (人材の流動化) が課題となり,以後,教育や資格の国際的同等性に関する議論が沸き起こった.

土木学会では,1963 年に「学術文化への寄与」を追加して以来,久々に定款の改正を 1999 年に行い,学会の目的に「土木技術者の資質の向上」と「社会の発展への寄与」を加えた.これは,学術研究活動に重点を置いた学会活動に加え,さらに土木技術者個人の能力向上とそれを通して社会における土木技術者集団の役割を明確にしたものである.従来もそれらが土木学会にとって重要な役割であったが,とかく集団の力を強く意識していた土木技術者に,改めて個人としての技術者能力と個性の自覚を促すとともに,社会の発展への寄与が学会の使命であることを謳ったものといえる.

この定款改正を具現化するために技術推進機構を 1999 年に発足させ,学会として有効かつ強力な支援体制を整えた.すなわち,倫理観と技術力を兼ね備えた土木技術者の育成,かつその活躍の場を展開することによって,新たな価値観に基づく社会資本の整備を目指した.「土木学会認定技術者資格制度」(現在は「土木学会認定土木技術者資格制度」と呼称),「継続教育 (CPD) 制度」,「技術者登録制度」,「技術評価制度」の 4 つの制度を 2001 年に創設し,技術推進機構が実施する事業の柱に据えた.その他,国際規格に関連した業務や公益性の高い研究開発業務なども実施するようになった.

土木技術者の資質向上と関連の深い以下の三つの制度について簡単に触れておく.

「土木技術者資格制度」は,土木学会独自の制度である.組織よりも個人の力量が重視され能力主義へと向かう中で,能力に応じた業務と責任を果たす職場環境の構築が要望される時代となりつつあった.この資格制度の創設は,土木技術者を評価し活用する仕組みづくり,土木技術者としてのキャリアパスの提案,土木技術者の継続的な

技術レベルの向上に，土木学会が主体的に取り組むことこそが技術者集団としての学会の社会的責任であるとの自覚に根ざしている．

「継続教育制度」は，土木技術者が倫理観と専門的能力をもって社会に貢献するため，技術者としての継続的な能力向上の支援を目的としている．国際的に通用する技術者の相互承認の重要性に鑑み，技術者の継続的能力開発とその証明が，技術者の必須条件となるからである．

なお，2009年6月に京都で開催されたIEA（International Engineering Alliance）会議では，工学の基礎教育と専門職の国際的な相互認証のためのドキュメント「Graduate Attribute and Professional Competencies」を承認した．従来は，プロフェッショナル・テクニシャン，プロフェッショナル・テクノロジスト，そしてプロフェッショナル・エンジニアの各階層で標準化が進められてきたが，IEA会議におけるこれらの3階層の統合により，専門職の国際的標準化の取り組みが包括的なものとなった．それぞれの資格者にふさわしい能力があることが，国際標準として技術者に求められ，資格とCPDが，世界標準の技術者の能力を品質保証する「車の両輪」となった．

主として中高年技術者を対象とし，その就業機会の増大と技術者の流動化を高めることによって，技術者の活躍の場の増大，企業や自治体での技術者不足への対応と技術力向上に資することを目的に「技術者登録制度」を創設した．登録技術者の斡旋など潜在的な需要を想定し，技術者の直接的な斡旋は「労働者派遣法」に抵触することから，学会のホームページに当該技術者の情報を掲載することが限界との認識もあり，登録更新もなく，登録者は皆無となった．しかし，シニア技術者の社会における活用は今後の重要課題であり，将来的にそのような動きが加速した場合には「技術者登録制度」はその受け皿になりうることから，しばらくは他の団体との連携も視野に入れ，外部状況を静観している．

日本技術者教育認定機構（Japan Accreditation Board for Engineering Education : JABEE）は，大学等の高等教育機関における技術者教育プログラムをわが国独自の統一的基準に基づいて認定・審査する制度を確立するために，技術系学協会を主体として，経済界，関連省庁等の支援のもとで1999年11月に設立された．

土木学会はJABEE設立のための日本工学会を中心とする活動に中心的メンバーとして係わってきた経緯もあり，JABEEとの契約に基づく各年度の技術者教育プログラム認定審査業務に加え，理事会への理事候補者の推薦，認定会議や認定・審査調整委員会，基準委員会，基準総合調整委員会，国際委員会等への委員派遣など，JABEE本体の運営にも関与し，JABEEを通じた高等教育機関における技術者教育プログラムの改善に貢献している．

1997年3月には土木教育委員会にアクレディテーション小委員会を設置して技術者教育認定制度への土木分野への対応を調査，研究してきた．2001年度からは技術推進機構に技術者教育プログラム審査委員会を設置し，認定・審査，審査員養成，高等教育機関への研修などを実施している．2002年度より本格認定が始まり，同年度からは「土木および土木関連分野」のプログラム審査に，翌2003年度からは「環境工学およびその関連分野」におけるプログラム審査にも携わった．2013年度までに「土木および土木関連分野」において新規に累計で64プログラムを，「環境工学およびその関連分野」において同様に7プログラムを審査したほか，継続審査，中間審査も担当し，その結果をJABEEへ報告した．なお，2012年度から，従来の認定基準（旧基準）から新基準として「共通基準」に移行した際に，従来の「分野別要件」は新たに「個別基準」の中で「分野別要件」として定められ，「土木および土木関連分野」および「環境工学およびその関連分野」は，それぞれ「土木及び関連の工学分野」および「環境工学及び関連のエンジニアリグ分野」に名称変更された．したがって，旧基準による場合には従来の分野名称を，新基準による場合には新しい分野名称が用いられている．

(8) 会員増強・確保・サービス向上

団塊の世代（戦後のベビーブーム世代）が60歳代に突入するいわゆる2007年問題に加え，高齢化社会の到来が現実のものとなり，退職を迎える多くの会員がそれを機に退会することが危惧された．身に付けた土木工学分野における豊富な知識や経験を退職後も社会のために活かしていただくことはできないか，また，学会としての活動レベルを維持し増進させるためにも引き続き学会活動に参画していただくことはできないのか，こうした思いを持っ

て，2008年度の会員・支部部門において，退会を抑制し得る会費のあり方について検討を行った．その結果，2009年度に「会費前納制度」を導入した．これは，翌年の4月1日時点で60歳以上となる会員を対象として，例えば，個人の正会員（年会費は12,000円）で60歳であれば12万円，62歳であれば11万円というように年齢に応じて一定額の会費を一括でお支払いいただく制度である．高齢になっても，土木学会や土木界と関わっていたいと考えている方には費用縮減効果のある制度といえる．

個人の正会員は2000年度をピークに年々減少の傾向にあり，学生会員は2004年度から2007年度までは増加の傾向にあったものの，大学の土木系学科の定員数の減少の影響もあり，2008年度は前年度に比べ約600名の減少となった．そこで，会員・支部部門では，会員の減少に歯止めをかけるべく，学生会員が会員を継続しやすい制度の検討を進めた．調査の結果，学生会員が卒業後に正会員として引続き会員を継続（転格）する割合（継続率）が，2割弱程度に留まっていることが判明した．同部門では，この継続率を上げることで会員増強（会員確保）が図られると考え，理事会の承認を得て，2009年度より「卒業継続割引制度」を導入した．この制度は，学生会員が正会員への手続きを行った場合には，1年間に限り学生会員と同額の6,000円に据え置くというものである．

このような会員増強・確保策を講じる一方で，より多くの市民の方々に本会に関心を持ってもらうとともに，学会活動を活性化させるための試みを行った．インターネット上で人々が交流するソーシャル・ネットワーキング・サービス（SNS）であるFacebookを活用した「シビルネット」の試行もその一つである．「シビルネット」の概要は**第2部活動記録編 第5編**を参照いただきたいが，本会の各支部と市民団体等とで「場」（フォーラム）を構築し，Facebookの仕組みを利用して情報交換や交流を図り，市民団体等に参加する市民や本会の会員，一般市民をゆるやかに繋げていくことを目的とするものである．なお，2012年度に西部，関西，北海道の各支部において「シビルネット」の試行を開始した．

会員サービスの向上や魅力ある学会づくりのため，2004年度において正会員（個人），学生会員を対象にインターネットを利用したアンケートを実施した．メールアドレスを本会に登録している方，約17,500名を対象とし，約2,500名から回答があった（有効回答率14.3％）．主な質問項目は，支部活動行事，土木学会誌，土木学会論文集，土木図書館，継続教育制度，技術者資格制度に関するものである．約6割の回答者が支部活動に参加したことがないという実態やその理由が明らかになり，その後の支部活動の議論に大いに裨益することとなった．

会員サービスの一環として，2002年6月からインターネット入会申込みサービスを開始した．また，会員・支部部門では，本会から会員への情報伝達の一手段として導入していた職場班制度を活用し，2002年4月からは毎月末にメールニュースをこの職場班を経由して会員に配信するサービスを開始した．同時に，個人のメールアドレスの登録を勧め，その人数が増えたため，2003年12月からは正会員（個人）・学生会員向けメールニュースの配信を始めた．2004年頃はメールアドレスの登録者数は個人会員全体の半分以下であったが，2013年では約8割に達している．なお，上記の職場班制度を2004年度に廃止した．

2005年5月に会員証を磁気カード化し，会員番号（ID）および会員証送付時に通知するパスワードを用いて，会員登録事項（勤務先，自宅住所など）の確認および変更などが学会のホームページを通じて行えるようにした．同時に継続教育（CPD）システムを構築し，すべての正会員（個人）および学生会員がパソコンからインターネット経由で自身のCPD記録を学会のデータベースに登録できるようにした．

2003年度までは会員名簿を2年毎に発行し会員に販売していたが，2005年4月の個人情報保護法の施行に伴い，会員名簿の印刷・販売を中止した．その代替措置として2007年6月にWeb名簿を導入した．このシステムは，会員が学会のデータベースに「ID」と「パスワード」でアクセスし，個人情報の登録・修正・許容開示範囲の設定を行うものである．

正会員（法人）や特別会員の会員数についても，社会経済情勢による影響に加え，2012年1月に内閣に設置された行政改革実行本部が同年3月に決定した「独立行政法人が支出する会費の見直しについて」の影響もあり減少が続いている．会員・支部部門では，土木学会誌年12回の送本，土木学会論文集オンラインジャーナルのリアルタイムでの閲覧，会員専用ページの閲覧，会員特価による学会行事参加および学会出版物購入等の特典を設け会員

増強に努めているが，会員減の状況を改善すべく，2012 年度からは新たな会員特典として「土木学会年次学術講演会概要集 DVD」の配付を開始した．

(9) 公益社団法人への移行

2008 年 12 月 1 日の「一般社団法人及び一般財団法人に関する法律」（法人法），「公益社団法人及び公益財団法人の認定等に関する法律」（認定法），他 1 法の施行により，公益法人制度は新たな制度に移行した．制度改革の主眼は，「明治 29 年以来続く主務官庁の公益法人に対する裁量権を改めること」と「民による公益の増進」である．そのため「準則主義」（法律上の要件を満たしている限り，主務官庁の関与を経ることなく，設立を認めるという方式）が導入され，公益認定を受けた法人は「特別公益増進法人」として寄附税制の対象となるなど，「民による公益」を支援する内容となっている．そして，2013 年 11 月 30 日までの 5 年間の移行期間内に申請手続きを終え，「一般社団（財団）法人」（一般法人）または「公益社団（財団）法人」（公益法人）に移行しなければ，解散とみなされることになった．

本会も，他の工学系団体と同様に，公益法人制度改革を所管する内閣府の公益認定等委員会事務局が発行した各種の公表資料やガイドライン等の収集，文部科学省などが主催する説明会への参加などにより，情報収集およびその内容の理解に努めた．また，日本工学会に置かれた会員学会の主に事務局長により構成される事務研究委員会を通じて，各学会の動向を把握するとともに，具体的な申請作業における課題や疑問点の解消に努めた．

新法人移行のために，2007 年 3 月に事務局内に事務局長を長とするタスクフォースを設置し検討を始めた．

学会運営の大綱である「定款」については，移行認定に必要とされる「定款の変更の案」に対する学会内部における合意および意思決定手続が重要との認識のもと，2008 年度 7 月理事会に「土木学会の公益法人改革への対応方針(案)」を提示し，8 月の運営会議を経て，9 月の理事会に「定款等の変更作業に関する基本方針(案)」を上程，段階的に基本的な方向付けを確認し，11 月理事会では「公益法人改革への対応」と題する中間報告を行った．9 月理事会以降 11 月理事会までに，タスクフォースを 10 回開催，公益認定等委員会事務局への相談を 3 回行い，公益目的事業の整理，移行後の定款・細則の準備，申請書類の準備等を進めた．また，各部門および各支部には 10 月と 12 月の 2 回，運営会議には 12 月と翌 2009 年 2 月の 2 回，各々意見を聴取し，2009 年 1 月には学会ホームページを通じて会員から意見を聴取し，それらを反映させた．

「定款の変更の案」について，2008 年 12 月に公益認定等委員会事務局に事前照会した．しかし，2009 年 3 月理事会までに回答が得られなかった．理事会では，事務局から指導があった場合には 4 月理事会で了解を得ることを前提に承認された．3 月下旬に公益認定等委員会事務局から回答があり，数回の折衝を経て，指導による一部修正はあったが，申請前段階での事務局への照会を終えることができた．公益法人改革への対応方針および「定款の変更の案」は，2009 年 5 月 29 日に開催した第 95 回通常総会に諮り決議された．「移行認定申請書」の作成を進め，2010 年 3 月 9 日に内閣総理大臣宛に申請書を提出した．しかし，内閣府から指導があり，「定款の変更の案」の改正案を 2010 年 5 月 28 日開催の第 96 回通常総会に諮ることとなった．承認後，その他の修正とともに，内閣府に提出した．その後は，本会は政府系団体と誤解されるなどにより認定作業の停滞があったが，2011 年 3 月 28 日に内閣府公益認定等委員会から答申がなされ，3 月 30 日付にて内閣総理大臣の「認定書」を受領し，4 月 1 日に登記を終え，「公益社団法人土木学会」がスタートした．

この間，2009 年 5 月の通常総会以降，申請書作成への助言を得るとともに，移行にあたり特に社会への貢献と会員にとっての価値の向上について集中的に議論を行うため，同年 11 月に「新公益法人移行準備会議」（議長：稲村　肇前副会長）を設置した．同会議が取りまとめた「公益社団法人への移行にあたっての宣言（案）」を 2011 年 5 月 27 日の移行登記後初の定時総会（通算 97 回）において読み上げた．

新たな公益法人は「特定公益増進法人」として認定されているため，個人の場合は寄附金の所得控除を受けることができ，法人の場合は通常の寄附金損金算入限度額の 2 倍まで一般の寄附金とは別枠で損金算入が認められている．これに加え，2011 年度の税制改正により，租税特別措置法施行令第 26 条の 28 の 2（公益社団法人等に寄附を

した場合の所得税額の特別控除）第1項に規定される要件を満足し「税額控除に係る証明書」を取得した公益法人に対しては，個人からの寄附金について税額控除を選択的に適用できることとなった．そのため，本会では，2012年2月14日付で「税額控除に係る証明申請書」を内閣総理大臣宛に提出し，1週間後の同月21日に「税額控除に係る証明書」を受領した．2012年1月に発足した「土木ボランタリー寄附制度（略称dVd）」にとってタイミングよく強い後ろ盾を得たといえる．

(10) 100周年記念事業 "豊かなくらしの礎をこれまでも、これからも"

土木学会は2014年11月に創立100周年を迎えることから，その準備のための「100周年記念事業準備タスクフォース」（委員長：藤野陽三（東京大学））の設置を2007年9月理事会に諮った．創立80周年記念事業の準備に実質5年を要したため，社会経済状況の違いと100年という節目を考慮して約7年間の準備期間を想定した．このタスクフォースでは，記念事業のコンセプトメーキング，事業内容および予算の検討，次のステップである準備委員会の検討などを行った．その成果を得て，2008年4月理事会に「創立百周年記念事業準備委員会」（委員長：藤野陽三）の設置を提案し翌5月の設置が決まった．準備委員会ではタスクフォースが提示した記念事業のコンセプトを見直すとともに，土木学会創立時の古市公威会長による演説に比するような，土木の原点と，新しい時代と未来を見据えた土木のこれからのあるべき方向を指し示す宣言文を作成し，その演説を含めた記念式典を行うことを提案した．また，展覧会などの記念事業や記念出版，記念切手の発行を検討し，100周年記念ロゴマークを作成した．2009年4月理事会で報告を行い，2010年度には「創立百周年記念事業実行委員会」を立ち上げるべく，2010年9月理事会に実行委員会の設立趣意書を提出した．同理事会では，実行委員会の設立趣意書については，会長，委員長，幹事長を中心に最終案を固め，それを踏まえて2010年度中に理事会に提出し，実行委員会を設立することを確認した．

しかし，2011年3月11日の東日本大震災の発生は土木界や土木技術者へ大きな課題をもたらすことになり，創立百周年記念事業のコンセプトについても再考を余儀なくされた．厳しい経済環境のうえでの国土再建という大きな課題を負った土木学会は，3年後の創立100周年を一つの節目として土木の原点に回帰し，これからの土木の将来のあり方を見つめ直すことにした．そのための組織として，2011年3月18日に「100周年戦略会議」（議長：山本卓朗次期会長）を設置し，100周年事業の全体的な骨格と方針の検討を進めた．同年5月からは小野武彦次期会長が議長を引き継いだ．戦略会議では，①全国の支部を巻き込んで「草の根」的に100周年事業を展開すること，②お祭り的な行事ではなく永続性のある行事とすること，の2点を重視した．このため，支部・委員会に対する事業案や意見の公募，支部を直接訪問しての意見交換，既存の支部・委員会活動の洗い出しなど，できるだけ多くの会員が100周年事業に参加するための活動を行った．

事業の構成については，2011年5月の公益社団法人宣言に示した「土木界の使命と営み」および「土木学会運営の基本方針と事業の目標」を踏まえ，A：土木の原点，総合性への回帰を見つめ直し，社会の安全確保を図る「社会安全」，B：安全に支えられた豊かな環境と暮らし・活力ある社会を実現する「社会貢献」，C：土木に関する国民との対話の促進を図る「市民交流」，D：アジアを中心として世界のインフラ整備に貢献する土木界を目指した「国際貢献」の4つを記念事業の柱に据えて展開することとした．また，100周年事業を「本部事業」「支部事業」「学会員事業」「市民事業」で構成し，このうち学会が主催・共催する「本部事業」「支部事業」のなかで特に重要な事業を「100周年記念事業」と位置づけ，2回にわたる公募により応募のあった60件を超える事業から30事業を選定した．なお，これらに記念式典や記念出版等を含めて，記念事業の全体を構成した．

100周年戦略会議での検討に基づいて，100周年事業の実施期間である2012～2014年度において事業を具体的に推進すること，また，そのための資金の調達および予算管理を行うことを目的とする「土木学会創立100周年事業実行委員会」（委員長：藤野陽三）の設置を2012年9月理事会に諮り，承認された．実行委員会では，100周年事業を本格的に進めるにあたり，会員に対し100周年事業の基本方針と事業のキャッチフレーズの提示が必要と考え，その草案を作成した．最終的に理事会の意見も踏まえ，キャッチフレーズ「豊かなくらしの礎をこれまでも，これ

からも」を定めた．

　実行委員会では，上述の30もの100周年記念事業[31]を事業部会など九つの部会のもとで実施し，各事業の進捗管理は，委員長，幹事長のほか各部会の世話幹事から構成される世話幹事会を中心として行った．年2回開催される実行委員会（全体会議）では世話幹事会における懸案事項も含め報告し全体的な議論を行った．

参考文献
ここでは原則として第二次世界大戦以前の文献のみ記し，特に断わらない限り，いずれも土木学会による編集である．
1) 工学，1巻2号，1914（大正3）年6月
2) 古市公威，故古市男爵記念事業会，1937（昭和12）年，p.280
3) 金関義則：古市公威の偉さ（2），みすず176号，1974年7月，p.17
4) 古市公威，会長講演，土木学会誌1巻1号，1915（大正4）年
5) 大正12年関東大地震震害調査報告書，第1巻，土木学会，1926（大正15）年，B5・188p.＋付図，写真
6) 同上，第2巻，1927（昭和2）年，B5・213p.＋付図，写真
7) 同上，第3巻，1927年，B5・283p.＋付図，写真
8) 東京横浜附近交通調査報告書，土木学会誌12巻2号，1926（大正15）年，B5・38p.付図，付表
9) 土木学会鉄筋コンクリート標準示方書，1931（昭和6）年9月，B5・67p
10) 同解説，1931年10月，B5・67p
11) 土木工学用語集－日英独仏，1936年11月，A6・595p
12) 英和工学辞典，丸善，1908（明治41）年
13) 英和工学辞典（改訂版），廣井工学博士記念事業会，丸善，1930年8月
14) 新英和工学辞典，丸善，1941年6月
15) 明治以前日本土木史，土木学会・岩波書店，1936年
16) 明治以降本邦土木と外人，A5・295p，1942年
17) 大淀昇一：宮本武之輔と科学技術行政，東海大学出版会，1989年7月，pp.195～198
18) 土木学会改造論，土木工学，1巻3号，1932年12月
19) 土木学会誌19巻2号，1933年2月号，「会務」より
20) 土木学会誌19巻4号，1933年4月号，「会務」より
21) 土木学会誌24巻5号，1938年「会告」より
22) 昭和9年関西地方風水害調査報告，1936年10月
23) 台湾地方震災調査報告，土木学会誌22巻8号，1936年8月
24) 岡本義喬・藤井肇男：名筆「土木学会誌」の揮毫者を探って，土木学会誌78巻6号，1993年6月
25) 阪田憲次：「重点研究課題」の研究助成への寄付について，土木学会誌 vol.92, no.11, 2007
26) 日下部 治：出版部門 土木学会論文集改革について，土木学会誌 vol.93, no.5, 2008
27) 土木学会理事会企画運営連絡会議：JSCE2000－土木学会の改革策－1998年版
28) 三木千壽・藤野陽三：土木学会国際委員会「国際化に向けてのアクションプラン」提案，土木学会誌 vol.87, Sept.2002
29) 高橋 修：新しいアクションプランに沿った土木学会の国際活動を！，土木学会誌 vol.92, no.6, 2007
30) 山本卓朗：会長新年挨拶 土木学会国際戦略を本格化する，土木学会誌 vol.97, no.1, 2012
31) 藤野陽三，熊本義寛：土木学会を知ろう－委員会の紹介，土木学会創立100周年事業実行委員会，土木学会誌2014年1月号，pp.62-65, vol.99, no.1, 2014.1

第3章 土木学会の役割

3.1 土木学会とは
3.1.1 構成と特徴

　土木工学は国土の経営を目的とする学問である．自然の脅威から人々の安全を守りそして自然を生かしながら，人々の暮らしや経済活動を成立させるための基盤（社会基盤，社会インフラ）の整備と運用と維持を対象としている．土木工学は目に見える成果物（製品）としての社会基盤施設や土木構造物の建設と維持に関する分野（いわゆるハード技術）に加えて，それらの配置や運用を計画する国土計画や地域計画（ソフト技術）分野の両方から成り立っている．いわゆる製品の設計や製造のみならず，「購入」や「使い方」も対象となる点が他の工学分野には無い土木工学の大きな特徴である．

　土木学会は土木工学の専門家である土木技術者の団体である．土木学会は個人会員と団体会員から構成されている。個人会員は約3万5千人であり，その所属は教育・研究機関，中央官庁，地方自治体，建設業，建設コンサルタント，エネルギー企業，鉄道・道路企業，材料メーカー，そして土木工学を学んでいる学生会員などである．さらに，これらの所属機関が法人会員や特別会員となっていて，その数は約1,000である．土木学会は国内有数の規模の工学系団体である．

　土木工学の特徴を反映して，土木学会はいわゆる発注者と受注者の双方の技術者から構成されていることに大きな特徴がある．各職能の役割と立場に応じた活動を行っている．一般の工業製品の場合，製造・供給（受注）側の技術者が大半を占め，購入（発注）する側は一般人であり専門家ではないことが多い．したがって，学会も主として製造・供給側の技術者から構成されている．一方，製造（受注）する側のみならず，支出・購入（発注）する側の技術者の両方から構成されているが土木学会である．前述のとおり，土木工学には計画も含まれるからである．さらに，土木工事（土木構造物の建設）に際しては構造物の竣工（完成）を見ることなく着工前に建設契約がなされ，完成までのプロセス管理も必要であり，発注者と受注者の双方に土木技術者が必要だからである．

　土木学会の活動を実際に担うのは各委員会の活動である．土木技術自体の発展のための各委員会活動と，土木工学を社会に活かすための各委員会活動に大別される．土木技術自体に関しては，土木工学の各分野に対応して，構造工学，鋼構造，地震工学，応用力学，複合構造，木材工学，水工学，海岸工学，海洋開発，トンネル工学，岩盤力学，地盤工学，土木計画学，土木史，景観・デザイン，コンクリート，舗装工学，土木情報学，建設技術，建設用ロボット，建設マネジメント，コンサルタント，安全問題研究，地下空間，環境工学，環境システム，地球環境，原子力土木，エネルギーの各研究委員会を，そして必要に応じてより具体的なテーマについて小委員会を設け，各分野の専門家がボランティアとして活動を行っている．土木技術に関連して論文集編集，出版や情報資料収集も行われている．土木図書館も併設し，調査研究の便宜に供している．一方，土木工学を社会に活かすための活動として，土木学会には企画部門（企画委員会，論説委員会），コミュニケーション部門（社会コミュニケーション委員会，土木学会誌編集委員会，土木の日実行委員会），国際部門（国際センター等），教育企画部門（教育企画・人材育成委員会），社会支援部門（司法支援特別委員会）の各委員会が活動を行っている．近年では，土木学会が当事者として技術者資格と新技術の認定を行うようになった．この他，特定の目的のために期限付きで設置する特別委員会がある．

　土木学会の本部は東京である．国内には北海道，東北，関東，中部，関西，中国，四国，西部の8支部を設置し，地域に密着した活動を行っている．海外支部として，台湾，韓国，英国，モンゴル，トルコ，インドネシア，タイ，フィリピン，ベトナムに分会を設置し，土木学会と各国との交流の一翼を担っている．

3.1.2 土木学会の役割

　1996年に，松尾 稔が会長就任にあたり，工学系学会が有すべき役割と機能として，①会員相互の交流・連携・協力（Society機能），②学術・技術の進歩への貢献（評価機能），③社会に対する直接的な貢献（社会との双方向

の意思疎通機能)，の三つをあげている．松尾　稔会長の提言を踏まえて 1998 年に出された土木学会の改善策「JSCE2000」では，①Society としての会員相互の交流，②学術・技術の進歩への貢献，③社会に対する直接的な貢献，を三本柱とした．その 5 年後の「JSCE2005」では，①学術・技術進歩への貢献，②会員の資質と顧客満足度 CS (Customers' Satisfaction) の向上，③国内・国際社会に対する責任・活動，となった．そして最新の「JSCE2010」では，①学術・技術の進歩への貢献，②国内・国際社会に対する責任・活動，③技術者資質と顧客満足度（CS）の向上，と改めた．

この 20 年近く，三分類の枠組みが少しずつ変化してきた．学術団体として，学術・技術進歩への貢献は不変であるが，学会の社会貢献の範囲に国際を明記した．そして，Society としての機能が，技術者資質の向上とより積極的なものに変貌してきた．

以下，最新の分類（JSCE2010）に従って，現在の土木学会の役割を述べる．

(1) 学術・技術の進歩への貢献

技術者の集合体としての学術団体の基本をなすものである．土木学会の組織および予算の大半を占めているのが研究委員会である．土木学会自体が研究活動や技術開発を行う訳ではなく，個々の研究者・技術者のそれぞれの成果を持ち寄って学会の研究委員会においてレビューを行い，その成果を委員会報告として公表している．学術論文の査読，編集と出版もこれに当てはまる．

(2) 国内・国際社会に対する責任・活動

学術・技術の進歩が間接的な社会貢献であるならば，本項は土木事業の実務に対する直接的な社会貢献である．技術基準類の制定と改訂，災害調査，受託の調査研究活動，社会に対する提言，技術審査・評価がこの目的に対応する．さらに，専門家集団として，裁判所に対して裁判鑑定人を推薦している．近年，以上の活動は国内にとどまらず，海外にも展開している．アジアを中心とする学協会との交流を行い，土木技術を通じた国際貢献を行っている．災害調査も積極的に行っている．

社会とのコミュニケーションもこの範疇に含まれる．毎年 11 月 18 日を「土木の日」と定め，会員外の土木に対する理解を深めてもらう催しを数多く開催している．

(3) 技術者資質と顧客満足度の向上：Society としての機能

比較的最近になって明記された役割である．学会創立以来，会員全員に送付される土木学会誌がこの役割を担ってきた．また，各研究委員会による報告会にもこの側面がある．さらに，2002 年に本項の目的を積極的に推進するための組織を学会内に設け，土木技術者の評価・資格認定と，各会員の継続教育への取り組みを認定している．専ら技術者資質の向上を目的とした講習会も開催するようになってきた．

3.2　土木学会のテーマの変遷
3.2.1　会長講演

創立時の土木学会規則では，第 29 条に「総会毎年 1 月之ヲ開ク　総会ニ於テハ会長講演ヲ為ス」と定められており，この規定に従って会長講演を行っている．この規定は，1933 年 11 月の土木学会規則の一部改正の際に削除されたが，会長講演は 1950 年 5 月の第 36 回総会まで続いた．

会長講演の題目および講演者は**第 2 部活動記録編（第 2 編 1.2.1 総会および会長講演，第 3 編 3.4 総会と会長講演または特別講演）**に記載しているが，表 3.2.1 にそれらを再掲する．講演内容が掲載された土木学会誌は土木図書館のデジタルアーカイブスで閲覧できるので，ご覧いただきたい．

土木学会の100年

表 3.2.1　総会開催日と会長講演一覧（1915～1968）

回	開催日	会長講演題目	講演者	備　考
1	1915.1.30	第一回総会会長講演	古市公威	土木工学の総合性と土木技術者の自覚について講演．本書32～34頁に掲載
2	1916.1.22	第二回　〃	〃	戦争における技術者の役割について講演
3	1917.1.13	道路港湾並に河川改修事業に就て	沖野忠雄	
4	1918.1.12	第四回総会会長講演	野村龍太郎	本邦の鉄道の沿革の概要と現状と将来について講演
5	1919.1.18	英仏間の海底隧道に就て	石黒五十二	
6	1920.1.18	将来の港湾	廣井　勇	
7	1921.1.15	技術者の職務	仙石　貢	
8	1922.1.14	河川工事特に地方河川工事に就て	原田貞介	
9	1923.1.20	国有鉄道の現在及び将来に就て	古川阪次郎	
10	1924.1.19	昔の日本の土木技術と今の土木技術	中原貞三郎	
11	1925.1.17	河川に就て	中山秀三郎	
12	1926.1.16	余が在職三十余年の回顧	日下部辨二郎	
13	1927.1.15	余が四十年間に於ける技術界の回顧	吉村長策	
14	1928.1.21	不定流の場合に於ける水位の変動に伴う流速の変化	市瀬恭次郎	
15	1929.1.19	土木家の教育養成とその自覚	岡野　昇	
16	1930.1.18	土木工事施工に関する設備に就て	田辺朔郎	
17	1931.1.17	失業救済と土木事業に就て	中川吉造	
18	1932.1.16	会長講演	那波光雄	若き技術者の心掛け，調査の軽視・仮想による事業計画や工事設計の弊害およびその矯正策の提案，研究は産業立国の根底であり，世人の研究振興への後援を要望，科学および工学知識普及方策，広狭軌間の調査研究，交通の大計確立提唱などを講演
19	1933.1.20	北海道の拓殖と土木事業に就て	名井九介	
20	1934.2.15	大久保侯と土木公債（特別講演）	伊藤仁太郎	
21	1935.2.15	土木技術者の社会的地位	久保田敬一	
22	1936.2.14	社会の進歩発展と文化技術	青山　士	本書23～26頁に掲載
23	1937.2.15	土木技術の真相	井上秀二	
24	1938.2.14	戦争と土木	大河戸宗治	
25	1939.2.15	我土木技術者の海外進展に就て	辰馬鎌蔵	
26	1940.2.15	時局と土木	八田嘉明	
27	1941.2.17	東京下関間新幹線鉄道に就て	中村謙一	
28	1942.2.16	大東亜諸国の土木的経営に就て	谷口三郎	
29	1943.2.15	大東亜戦争と土木技術者の責任	草間　偉	
30	1944.2.15	土木建設上の緊急対策に就て	黒河内四郎	
31	1945.2.14	不明		
32	1946.5.18	〃		
33	1947.6.14	〃		
34	1948.5.29	〃		
35	1949.5.21	我国将来の道路の在り方について	岩沢忠恭	
36	1950.5.27	土木学会の進む道	吉田徳次郎	
37	1951.5.26	戦後の土木界と将来への希望	三浦義男	
38	1952.5.24	電源開発について	大西英一	
39	1953.5.23	最近における河川行政の推移について	稲浦鹿蔵	
40	1954.5.29	我が国における請負制度について	平井喜久松	

41	1955.5.28	九州地方の古い石のアーチ橋	青木楠男	
42	1956.5.26	道路の性格と高速自動車道路	菊池 明	
43	1957.6.1	技術の意義について	平山復二郎	
44	1958.5.24	わが国水力の将来と水力技術者の使命	内海清温	
45	1959.6.13	最近の河川計画について	米田正文	
46	1960.5.28	交通問題と土木事業	田中茂美	
47	1961.5.27	土木技術の振興	沼田政矩	
48	1962.5.26	大河川における締切りと排水設備	永田 年	
49	1963.5.24	中南米・エジプトの水力発電その他について	藤井松太郎	
50	1964.5.29	河川と30年	山本三郎	
51	1965.5.28	橋梁事故物語	福田武雄	
52	1966.5.27	日本港湾の特異性と臨海工業地帯造成の推移	岡部三郎	
53	1967.5.26	鉄道の現状と将来	篠原武司	
54	1968.5.28	わが国の高速道路	富樫凱一	

注：1) 各会長の略歴は，土木学会歴代会長紹介の欄を参照のこと．
　　2) 白石直治（5代），中島鋭治（12代）は，在任中に急逝したため会長講演は行わなかった．真田秀吉（第21代）も欠講（伊藤仁太郎代講）した．

3.2.2 全国大会における会長特別講演

1968年5月の第54回総会をもって，総会での会長講演は終了し，以後，会長による講演は全国大会の中で「特別講演」として行うようになった．1968年度は10月に開催した中部支部担当の全国大会（昭和43年度全国大会）から，全国大会での会長による特別講演を行ってきた．同年以降の全国大会における会長講演の題目は表3.2.2のとおりである．

会長の専門性を踏まえつつ，俯瞰的な内容をもった講演をしてきたことがわかる．1987年度以降は大会にテーマを設定したこともあり，大会テーマを強く意識した演題である．詳細については土木学会誌に掲載された講演内容をご覧いただきたい．

表3.2.2 全国大会における会長特別講演者および題目

年度	担当支部	講演題目	講演者
1968	中部	わが国の水問題について	石原藤次郎
1969	関東	土木技術者の使命	柳沢米吉
1970	関西	東海道新幹線が生れるまで	大石重成
1971	東北	道路の歴史と展望	高野 務
1972	西部	耐震工学の現況	岡本舜三
1973	北海道	建設産業の海外進出	飯田房太郎
1974	中国四国	鉄道の社会的使命と土木技術発展への役割	瀧山 養
1975	中部	公共事業の最近の諸問題について	尾之内由紀夫
1976	関東	学校における土木技術者教育	最上武雄
1977	関西	電力の現状と土木技術の課題	水越達雄
1978	東北	鉄道の使命と運営について	仁杉 巖
1979	西部	コンクリート技術における省エネルギーおよび省資源	國分正胤
1980	北海道	わが国の高速道路と地域開発	高橋國一郎
1981	中国四国	日本の総合交通体系	八十島義之助
1982	中部	水力発電と海外技術協力	野瀬正儀
1983	関東	鉄道高速化のゆくえ	高橋浩二
1984	関西	成熟の時代を迎えた港湾	岡部 保
1985	東北	有料道路の歩みと将来の展望	菊池三男

年	支部	テーマ	会長
1986	西部	予測とその信頼性	久保慶三郎
1987	北海道	【大会テーマ：21世紀への飛躍】 世界の中の日本－土木界の役割	石川六郎
1988	中国四国	【大会テーマ：新世紀　土木で拓く夢づくり】 日本の社会資本（とくに交通）の充実について	内田隆滋
1989	中部	【大会テーマ：「土木とデザイン」－デザインと土木がひらく新時代－】 国際化時代における土木学会	堀川清司
1990	関東	【大会テーマ：「土木と地域づくり」－ふれあい土木ゆたかな地域まちづくり－】 日本の道路－土木技術への期待	淺井新一郎
1991	関西	【大会テーマ：「シビルコスモス（土木学）」－地球にやさしいアーティスト】 土木－過去・現在・未来	岩佐義朗
1992	東北	【大会テーマ：「国際化土木」－世界への貢献をめざして－】 新しい時代のシビルエンジニア	藤井敏夫
1993	西部	【大会テーマ：「地球・人間そして土木」－豊かな生活環境をめざして－】 土木学を求めて	竹内良夫
1994	北海道	【大会テーマ：ひと・ゆめ・土木　豊かな社会】 地域格差とその是正への方策	中村英夫
1995	四国	【大会テーマ：自然・人・土木－災害に強い社会の構築をめざして－】 日本における治水の歩みと展望	小坂忠
1996	中部	【大会テーマ：人と地球の共存をめざして】 歴史的転換期の渦中にある工学	松尾稔
1997	関東	【大会テーマ：みつめよう"土木の原点とフロンティア技術"】 安全な生活　強い産業を支える社会資本整備	宮崎明
1998	関西	【大会テーマ：安心と活力あるまち創り・くに創り】 プロジェクトの評価	岡田宏
1999	中国	【大会テーマ："土木の再発見，再構築，新展開"】 次世代の設計技術	岡村甫
2000	東北	【大会テーマ：地域・人・技術】 社会資本整備の課題と土木学会の役割	鈴木道雄
2001	西部	【大会テーマ：21世紀の土木技術を求めて】 地球環境制約の時代をむかえて近代の卒業のために	丹保憲仁
2002	北海道	【大会テーマ：21世紀のクオリティ・オブ・ライフをめざして】 土木界をより知ってもらうために－土木学会の情報発信改革－	岸清
2003	四国	【大会テーマ：安全・安心な生活，個性ある地域社会の実現を目指して】 土木技術者の気概の高揚を目指して！	御巫清泰
2004	中部	【大会テーマ：土木事業への市民参加】 アジアの中の日本と社会資本	森地茂
2005	関東	【大会テーマ：日本の課題－都市の再創造のための提言－】 土木技術者がグローバル社会で活躍するために	三谷浩
2006	関西	【大会テーマ：土木のグローカリゼーション～世界市民になろう～】 自然災害軽減への土木学会の役割	濱田政則
2007	中国	【大会テーマ：人口減少下における地域の活力向上をめざして～土木技術者からの提言～】 わが国における社会資本の現状と評価	石井弓夫
2008	東北	【大会テーマ：地域のみらいのための国土形成】 誰がこれを造ったのか－社会への責任	栢原英郎
2009	西部	【大会テーマ：これからの日本の社会と土木～利他行の土木】 少子高齢化・気候変動に対して土木技術者は何をなすべきか	近藤徹
2010	北海道	【大会テーマ：土木はつなぐ，"地域"を"生命（いのち）"を，そして未来へ】 コンプライアンス推進としての社会基盤整備	阪田憲次
2011	四国	【大会テーマ：今一度，土木の原点に～誇れる日本，住みよいまちへ～】 東日本大震災の教訓と社会安全システム－土木の原点を考えた行動計画を－	山本卓朗
2012	中部	【大会テーマ：地域の復興，日本の再生～土木工学が果たすべき役割～】 人・組織・技術の総合化で巨大災害に立ち向かう－調査・提言から具現化の場へ	小野武彦
2013	関東	【大会テーマ：土木が築いた今日と，切り拓くべき未来】 信頼される土木学会を目指して社会貢献を実践する	橋本鋼太郎

3.2.3 総会での特別講演

土木学会では，1969 年度から会長の特別講演を全国大会時に行うことになった．1969 年 5 月の第 55 回総会からは特別講演として主にその総会を以って退任する副会長の講演を行っている．表 3.2.3 は，第 55 回（1969 年 5 月）から第 100 回（2014 年 6 月）までの総会における特別講演の講演者および題目を示したものである．なお，講演者の講演時の所属については**第 3 部資料編 第 3 編**（9．土木学会総会における講演一覧）を参照いただきたい．講演者の大半は教育機関から選ばれた副会長であり，自身の研究分野についてのものが多い．なお，100 回目に当たる 2014 年度の定時総会ではリニア新幹線計画についてフェロー会員が講演した．

表 3.2.3 総会時の特別講演者および題目

回	講演日	講演題目	講演者
55	1969.5.30	海外進出と土木技術者	久保田 豊
56	1970.5.29	関門架橋について	村上永一
57	1971.5.28	ロスアンジェルス地震震災について	岡本舜三
58	1972.5.29	超高速新幹線について	長浜正雄
59	1973.5.29	国土開発の方向について	坂野重信
60	1974.5.22	エネルギー問題雑感	水越達雄
61	1975.5.22	リモートセンシングと土木	丸安隆和
62	1976.5.26	水に関する総合政策	増岡康治
63	1977.5.25	地下ダムの生立ち	松尾新一郎
64	1978.5.30	石油備蓄の現状と問題点	秋山成興
65	1979.5.29	土木界の長期展望	八十島義之助
66	1980.5.29	エネルギーと土木技術のかかわり合い	三村誠三
67	1981.5.26	わが国の港湾－その現況	岡部 保
68	1982.5.24	わが国の技術協力	中沢弐仁
69	1983.5.24	活力ある土木への道	伊藤富雄
70	1984.5.30	公共土木工事契約の問題点	高秀秀信
71	1985.5.30	青函トンネル 計画，技術，そして将来展望	内田隆滋
72	1986.5.30	二十世紀文化と土木技術者	高橋 裕
73	1987.5.28	建設行政の長期展望	井上章平
74	1988.5.27	関西国際空港建設上の諸問題	竹内良夫
75	1989.5.27	ウォーターフロントと土質工学	中瀬明男
76	1990.5.28	エネルギーと環境の調和	千秋信一
77	1991.5.29	ドイツの国土づくり－日本との比較－	中村英夫
78	1992.5.28	建設マネジメントと国際化	戸田隆志
79	1993.5.31	土木と社会	藤野慎吾
80	1994.5.30	自己充填性をもつコンクリートの開発－大学における基礎研究の意義－	岡村 甫
81	1995.5.30	公共事業の品質について	藤井治芳
82	1996.5.24	コンクリートの高性能化を目指して	長瀧重義
83	1997.5.30	新幹線のインフラコストと建設技術の進展	廣田良輔
84	1998.5.29	日本社会は変わるか．変わらねばならない．	木村 孟
85	1999.5.28	歴史的文化財を地震火災から守るため	土岐憲三
86	2000.5.26	ふる里の川の文化	道上正規
87	2001.5.25	極低温の世界におけるコンクリート構造物	三浦 尚
88	2002.5.31	曲がり角に立つ大学土木教育	彦坂 熙
89	2003.5.30	コンクリート系構造物の設計法の発展と今後への期待	角田與史雄
90	2004.5.28	巨大地震災害への対応	濱田政則
91	2005.5.27	橋梁資産の管理システムの現状と展望	渡邊英一
92	2006.5.26	地盤工学における今日の課題，古典理論・設計法・土の物性の関連	龍岡文夫

93	2007.5.25	ライフライン地震工学の進展と防災対策の課題	髙田至郎
94	2008.5.30	地球温暖化時代のコンクリート技術－荒廃する日本とならないために－	阪田憲次
95	2009.5.29	土木計画学の進化と社会的役割	稲村　肇
96	2010.5.28	橋梁技術半世紀の歩み	大塚久哲
97	2011.5.27	地盤力学の理論から実践へ－進化する災害に直面して－	三浦清一
98	2012.6.14	「責任」と「寛容」－学会活動を通して見た社会の動き－	丸山久一
99	2013.6.14	（話題提供）3.11から3年目：安全の地域づくりを考える	家田　仁
100	2014.6.14	超電導リニアモーターカーによる中央新幹線計画について	宇野　護

3.2.4 会長提言特別委員会

1999年度から岡村　甫会長の発案により「会長提言特別委員会」を設置し，会長が設定したテーマについて，基本的には在任年度に会長を中心として検討し，その成果を報告書等に取りまとめ公表してきた．表3.2.4は1999年度から2009年度までの11年間のテーマおよびその成果（報告書等）を示したものである．なお，2010年度からは，それまでに提言された内容を具体化することが重要との判断で，新規の提言特別委員会の設置を見送っている．

この間のテーマを見ると，(1)社会資本整備に関わる課題，(2)国際貢献，(3)技術力の維持・向上，(4)土木技術者のあり方に大別できよう．

(1)社会資本整備に関わる課題への取り組みの成果としては，「21世紀の社会基盤整備のあり方に関するシンポジウム」の開催（2000.4）や「人口減少下での社会資本整備のあり方－拡大から縮小への処方箋－」（2002.5），「社会資本整備と技術開発の方向に関する検討委員会報告書」（2001.5），「わが国におけるインフラの現状と評価　インフラ国勢調査2007－体力測定と健康診断－」（2008.5）の各報告書が挙げられる．

(2)国際貢献への取り組みについては，土木技術者の国際貢献を取りまとめた「土木技術者がグローバル社会で活躍するために」を単行本（2002.5，丸善刊）として上梓し，「さらなるアジアへの貢献に向けて」と題する報告書を作成した（2008.5）．また，国内のみならずグローバル化する自然災害の軽減に向け，「自然災害軽減への土木学会の役割」を取りまとめた（2007.3）．さらに，気候変動に関する政府間パネル（IPCC）の第4次評価報告書が早急に温暖化対策に取り組む必要性を全世界に認識させ，2008年7月に日本で開催される主要国首脳会議（G8）洞爺湖サミットの最大の議題が地球温暖化であることから，同年3月に「地球温暖化対策特別委員会」を追加し，緩和策，適応策の両面から最新の知見を取りまとめ，シンポジウム「土木工学は地球温暖化問題に如何にして挑むのか？」を開催（2008.7）するとともに，「地球温暖化に挑む土木工学」と題する報告書を作成した（2009.5）．

(3)技術力の維持・向上への取り組みについては，報告書「土木界における技術力の維持と向上のために」（2005.4）や「これからの社会を担う土木技術者に向けて」（2010.5）を公表した．

さらに(4)土木技術者のあり方については，「良質な社会資本整備と土木技術者に関する提言（中間報告）」（2006.5）や「良質な社会資本整備と土木技術者に関する提言（最終報告）～土木学会アクションプログラム～」（2007.6），「誰がこれを造ったのか－社会への責任，そして次世代へのメッセージ－」（2009.5），「土木技術者の気概の高揚を目指して」（2004.5），「社会との情報受発信システムの構築」（2003.5）の各報告書を取りまとめた．

表3.2.4　会長提言特別委員会のテーマおよび成果

年度	会長名	委員会名	テーマ・成果
1999	岡村　甫	21世紀における社会基盤整備ビジョン並びに情報発信に関する特別委員会	「21世紀の社会基盤整備のあり方に関するシンポジウム」を開催（2000.4）
2000	鈴木道雄	社会資本整備と技術開発の方向に関する検討委員会	「社会資本整備と技術開発の方向に関する検討委員会報告書」（2001.5）
2001	丹保憲仁	平成13年度会長提言特別委員会	「人口減少下の社会資本整備のあり方－拡大から縮小への処方箋－」（単行本）（2002.5）
2002	岸　清	平成14年度会長提言特別委員会	「社会との情報受発信システムの構築」（報告書）（2003.5）

2003	御巫清泰	平成15年度会長提言特別委員会	「土木技術者の気概の高揚を目指して」（報告書）(2004.5)
2004	森地 茂	平成16年度会長提言特別委員会，土木界における技術力の維持と向上に関する特別委員会	「土木界における技術力の維持と向上のために」（報告書）(2005.4)
2005	三谷 浩	「良質な社会資本整備と土木技術者に関する提言」特別委員会	「土木技術者がグローバル社会で活躍できるか」（「土木技術者がグローバル社会で活躍するために」（単行本））(2006.5)
2006	濱田政則	平成18年度会長提言特別委員会	「土木の未来・土木技術者の役割」，「自然災害軽減への土木学会の役割」（報告書2件）(2007.3)
2007	石井弓夫	平成19年度会長提言特別委員会 地球温暖化対策特別委員会（追加）	「インフラ国勢調査2007－体力測定と健康診断－」，「さらなるアジアへの貢献に向けて」（報告書2件）(2008.5)
2008	栢原英郎	平成20年度会長提言特別委員会	「誰がこれを造ったのか」副題：土木技術と土木技術者の可視化（報告書）(2009.5)
2009	近藤 徹	平成21年度 土木学会会長重点活動特別委員会	「これからの社会を担う土木技術者に向けて」（報告書）(2010.5)

3.2.5 学会誌の特集テーマ

　土木学会誌は1915年2月に創刊号が発行され，隔月の刊行であった．以後，第二次世界大戦の影響により1944年6月から1946年4月までは休刊，その後は1946年，1947年は年2回，1948年，1949年はほぼ隔月と頻度を上げ，1950年1月号から毎月発行のペースに回復した．創刊以来，土木学会誌は研究者向きの学術的な内容を中心とする誌面構成であったが，1962年から1965年にかけて編集委員長であった八十島義之助は学会誌の編集方針を大きく変え，企画性のある特集を重視し，会員向けの読みやすいものに変貌を遂げた．

　このようにして誕生した学会誌の特集（記事）のテーマがその時代時代，その時々の最大関心事を反映していることは言うまでもない．個々の特集テーマを分類，層別し，その変遷を見ることで，土木工学のテーマの変遷を垣間見ることができる．そこで，1965年以降の土木学会誌特集記事について，「①計画」，「②技術」，「③マネジメント」の三種類に分類し，約50年間の推移を俯瞰してみた．なお，各観点は以下のように定義した．

　①計画：土木事業やプロジェクト，各種計画，土木の新しい役割の追求などに関する内容
　②技術：主にハード技術に関する内容
　③マネジメント：ソフト技術，契約入札制度，教育，人材育成，国際化対応などに関する内容

　表3.2.5に示すこの期間の特集タイトル435件（全国大会案内・報告，総会報告，一年間の動き等を除く）について，各特集を上記の①～③の三つに分類し，それを1960年代から2010年代まで各年代で集計し，当該年代でのそれぞれの出現割合（％）を算定した結果を示したものが**図3.2.1**である．

　同図によれば，「②技術」の割合が1960年代には半分強を占めていたが，1990年代まで漸減し，2010年代では3割弱程度となっている．一方，この「②技術」の割合の減少に対して「①計画」と「③マネジメント」との合計の割合は漸増してきた．1960年代は4割弱だった「①計画」は1990年代に5割弱にまで上昇し，多少の増減を繰り返しながら現在は4割強である．「③マネジメント」は1960年代に1割であったが，以後増減を経て2010年代には3割程度となっている．社会基盤の量的な整備が一段落し1970年代を境とする建設工事量増加が減少に転じ，量的充足が使命であった土木工学の新たな役割への転換が求められたことが，技術から計画・マネジメント重視への変化へのきっかけであろうが，そのテーマが現在に至るまで引き継がれている感がある．

土木学会の100年

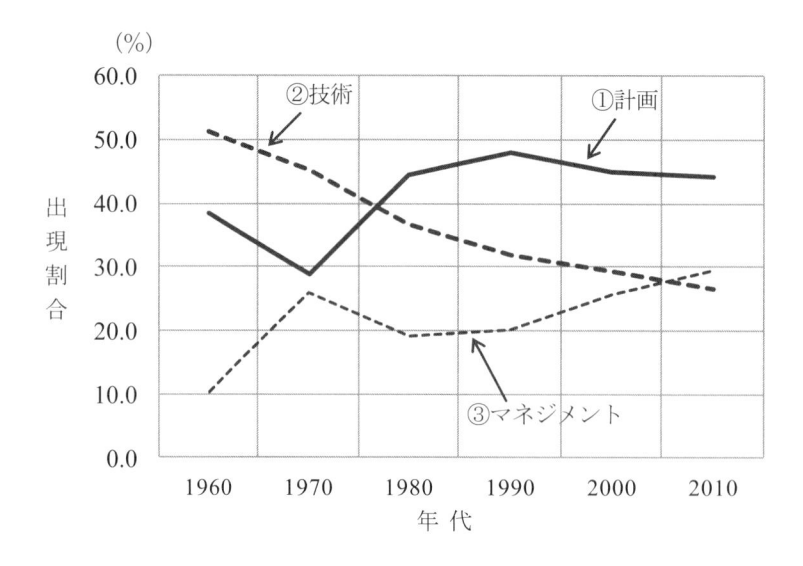

図3.2.1 学会誌特集テーマの変遷（各年代における出現割合（%））

表3.2.5 学会誌特集テーマの変遷

① 計画：土木事業やプロジェクト，各種計画，土木の新しい役割の追求などに関する内容
② 技術：主にハード技術に関する内容
③ マネジメント：ソフト技術，契約入札制度，教育，人材育成，国際化対応などに関する内容

年	巻・号	特集タイトル	①計画	②技術	③マネジメント
1962	47-12	1962年の回顧と展望			
1963	48-5	昭和38年1月豪雪（北陸豪雪）		○	
1963	48-8	北海道総合開発の課題	○		
1963	48-9	九州における土木事業の展望	○		
1963	48-12	1963年の回顧と展望	○		
1964	49-1	東京オリンピックをひかえて	○		
1964	49-2	中国・四国における開発の展望	○		
1964	49-3	中部特集	○		
1964	49-5	東北開発の展望	○		
1964	49-6	近畿の現状と将来	○		
1964	49-8	第2回国際水質汚濁研究会議		○	
1964	49-10	東海道新幹線	○		
1964	49-11	高速道路特集	○		
1964	49-12	1964年の回顧と展望		○	
1965	50-1	土木界－これからの課題（50周年記念特集）	○	○	
1965	50-2	海工特集		○	
1965	50-4	土木デザイン		○	
1965	50-6	最近の技術者問題			○
1965	50-12	1965年の回顧と展望		○	
1966	51-1	開発は社会と自然を変える	○		
1966	51-3	土木系研究機関の現況をさぐる			○
1966	51-12	1966年の回顧と展望		○	
1967	52-1	世界の中のわが土木界	○		
1967	52-2	海岸工学の諸問題 第10回海岸工学国際会議を終えて		○	
1967	52-3	道路設計と写真測量		○	
1967	52-5	骨材－その需給をめぐる問題点		○	
1967	52-11	最近の道路問題	○		
1967	52-12	'67年の土木界		○	
1968	53-1	土木界の動向をさぐる／総合と分化の観点から	○		
1968	53-2	原子力と土木技術		○	
1968	53-5	土木と経済			○

年	号	タイトル			
1968	53-6	建設機械		○	
1968	53-9	大学土木教育			○
1968	53-11	トンネル工学		○	
1969	54-1	土木と海洋工学		○	
1969	54-3	'68 回顧と展望		○	
1969	54-6	公害と土木技術		○	
1969	54-8	土木と安全性		○	
1969	54-10	土木材料		○	
1970	55-1	積算			○
1970	55-2	衛生工学		○	
1970	55-3	本年の土木界'69			
1970	55-8	土木技術者の海外活動			○
1970	55-9	海洋開発シンポジウム	○	○	
1970	55-11	橋梁		○	
1971	56-1	開発と保護	○		
1971	56-3	'70 回顧と展望			
1971	56-6	都市	○		
1971	56-8	土木計画学	○		
1971	56-9	請負制度を考える			○
1971	56-10	都市交通	○		
1972	57-1	土木文化考	○		○
1972	57-2	原子力発電のよりよき理解のために		○	
1972	57-4	JSCE Annual '72			
1972	57-5	建設工事周辺の諸問題			○
1972	57-6	建設コンサルタント－その現状と課題			○
1972	57-7	土木設計法の考え方		○	
1972	57-10	防災問題のとらえ方	○	○	
1972	57-12	新交通システム	○	○	
1973	58-1	地域社会と土木技術	○	○	
1973	58-3	私と土木との出合い			○
1973	58-4	Annual'73（研究・技術開発の展望，主要土木工事の展望，土木年表）			
1973	58-5	海洋工事の近況		○	
1973	58-9	騒音の考え方		○	
1973	58-10	都市再開発	○		
1973	58-11	下水道		○	
1973	58-12	労働力と省力化			○
1974	59-1	明日の土木〈1994〉			
1974	59-3	空港	○	○	
1974	59-4	JSCE Annual '74			
1974	59-6	土のよりよき理解のために		○	
1974	59-7	エネルギー問題のとらえ方	○	○	
1974	59-9	都市廃棄物	○	○	
1974	59-10	みどり	○		
1975	60-1	転換期にたつ土木60年			
1975	60-2	山陽新幹線（岡山－博多間）建設工事	○		
1975	60-4	Annual 1975 研究・技術開発の展望，主要土木工事の展望，土木年表			
1975	60-5	施工技術の近況－その実用化状況と問題点－		○	
1975	60-6	海洋の利用と保全	○	○	
1975	60-9	力学－その成立過程と現代的課題－		○	
1975	60-11	土木技術者と法律			○
1975	60-12	道路－この多難な実態と展望－	○		
1976	61-1	国際化時代と海外協力	○		
1976	61-2	土木製図の近況		○	
1976	61-4	ANNUAL 1976（研究・技術開発の展望，主要土木工事の展望，			

土木学会の 100 年

年	号	タイトル			
		土木年表）			
1976	61-6	現象／数値解析／模型		○	
1976	61-7	職業としての土木技術者			○
1976	61-9	農業土木へのいざない		○	
1976	61-11	誌上図書館	○	○	○
1977	62-1	第四期を迎える日本の土木技術		○	
1977	62-3	振動の考え方		○	
1977	62-4	ANNUAL 1977（研究・技術開発の展望，主要土木工事の展望，土木年表）			
1977	62-5	測量 より精密化する世界		○	
1977	62-7	土木事業と住民参加	○		○
1977	62-9	土木技術者へのみち			○
1977	62-11	土木コミュニケーション論			○
1978	63-1	省資源時代の土木技術		○	
1978	63-4	ANNUAL 1978（研究・技術開発の展望，主要土木工事の展望，土木年表）			
1978	63-5	原子力発電への期待		○	
1978	63-6	国際交流術			○
1978	63-7	土木とスペック		○	○
1978	63-10	土／土質／土質工学		○	
1978	63-11	土木材料への招待		○	
1979	64-1	技術開発のすすめ		○	○
1979	64-3	明日への土木教育			○
1979	64-4	ANNUAL 1979（研究・技術開発の展望，主要土木工事の展望，土木年表）			
1979	64-5	公共性の考え方	○		
1979	64-7	下水道の今日的展望		○	
1979	64-10	日本の土木建設業			○
1979	64-11	土木構造物とメインテナンス		○	
1980	65-1	美の創造－新たな土木の方向	○	○	
1980	65-3	石油備蓄の技法	○	○	
1980	65-4	ANNUAL 1980（研究・技術開発の展望，主要土木工事の展望，土木系学位取得者名簿，土木年表）			
1980	65-6	土木技術者と就職			○
1980	65-9	施工技術開発のフロンティア		○	
1980	65-10	不確定性への接近		○	○
1980	65-11	明日のために何を読むか	○		
1981	66-1	公共投資	○		
1981	66-3	土地問題と土木事業	○		○
1981	66-4	ANNUAL 1981（研究・技術開発の展望，主要土木工事の展望，土木系学位取得者名簿，土木年表）			
1981	66-5	コンサルタントとコンサルティング			○
1981	66-6	現代の水資源	○	○	
1981	66-7	沿岸域利用と土木技術	○	○	
1981	66-9	大阪圏	○		
1981	66-11	建設廃材の処理と処分		○	
1981	66-12	雪／生活／技術	○	○	
1982	67-1	土木技術者へ－明日の日本をどう創るか	○		
1982	67-4	ANNUAL 1982（研究・技術開発の展望，主要土木工事の展望，土木系学位取得者名簿，土木年表）			
1982	67-5	地方の時代を問う	○		
1982	67-6	コンピューターを使う		○	
1982	67-9	東南アジアと土木事業	○		○
1982	67-11	初説人物日本土木史	○		
1982	67-12	日本の風土と土木技術 知的冒険のすすめ		○	
1983	68-1	公共投資のゆくえ	○		

年	号	タイトル			
1983	68-2	青函トンネル－先進導坑 貫通		○	
1983	68-3	技術基準へのアプローチ		○	
1983	68-4	ANNUAL 1983（研究・技術開発の展望，主要土木工事の展望，土木系学位取得者名簿，土木年表）			
1983	68-5	土木技術者の明日の仕事は何か	○		○
1983	68-6	技術開発の今日		○	
1983	68-9	土木と100人	○		○
1983	68-10	変わったか自然災害		○	
1983	68-11	土木構造物の耐用年数と維持管理		○	○
1983	68-12	測定技術の近況		○	
1984	69-1	土木にかける若人の夢			○
1984	69-2	世界の中の日本の土木			○
1984	69-3	関西国際空港の計画と調査	○		
1984	69-5	土木事業の将来	○		
1984	69-6	続土木と100人	○		○
1984	69-9	今日の河川	○	○	
1984	69-10	おもしろいぞ，予測と信頼性		○	
1984	69-11	東京湾の近未来	○		
1985	70-1	日本の土木技術 2001年への飛翔		○	
1985	70-3	海の土木技術14題		○	
1985	70-4	土木と建築－明日をどう描くか	○	○	
1985	70-5	民間活力考	○		○
1985	70-7	契約／積算／土木事業			○
1985	70-8	土木構造物は永遠か－壊す背景と技術		○	
1985	70-10	若き土木技術者への図書案内			○
1985	70-11	土木材料を識る		○	
1986	71-1	新しい土木の出発－文明，文化考	○		
1986	71-2	雪国新時代	○		
1986	71-4	地震－防災と復旧考	○	○	
1986	71-5	土木技術のフロンティア		○	
1986	71-8	学会のあり方＋コンピュータ		○	○
1986	71-9	土木と環境	○	○	
1986	71-10	土木の未来－拡がる領域	○	○	○
1986	71-11	安全性を考える	○		
1986	71-12	輸送と交通	○		
1987	72-1	日本のプロジェクト'87	○		
1987	72-3	地下空間利用の現状	○	○	
1987	72-4	シビルエンジニアの大都市・東京論	○		
1987	72-6	近代土木と外国人 ベルヌーイからティモシェンコまで	○		○
1987	72-8	原点の土木技術		○	
1987	72-9	新分野を拓く土木人物像			○
1987	72-10	新しい鉄道に期待する	○		
1987	72-11	地方新時代を考える	○		
1988	73-1	外国人から見た日本，日本人，日本の土木技術	○	○	○
1988	73-2	高度情報化社会と土木		○	○
1988	73-3	本州四国連絡橋	○	○	
1988	73-4	土地問題と土地政策	○		
1988	73-5	リゾート開発と土木	○		
1988	73-6	国土改造プロジェクトの計画思想・設計思想	○		
1988	73-8	ウォーターフロントの再生	○	○	
1988	73-9	土木とその境界領域	○	○	○
1988	73-10	シビックデザイン－身近な土木のかたち－	○		
1988	73-11	建設分野の国際化			○
1989	74-1	リニアモーターカー	○	○	
1989	74-2	大都市の地下空間	○		
1989	74-7	新しい時代の防災－自然災害に対する新しい挑戦－		○	○

土木学会の 100 年

1989	74-10	土木	○	○	
1989	74-11	スーパーコンピューター		○	
1989	74-12	建設コンサルタントはいま			○
1989	74-14	新しい地域づくりの潮流	○		
1989	74-15	国土計画	○		
1989	74-16	エネルギーは今	○	○	
1990	75-2	建設労働事情			○
1990	75-5	地球環境とシビルエンジニア	○		
1990	75-7	魅力ある土木を目指して	○		
1990	75-8	土木学会を考える Part1	○		○
1990	75-9	難しくなる大都市のインフラ整備	○		
1990	75-12	新たな国際化時代を迎える建設事業の理解のために			○
1990	75-14	近代土木の保存と再生	○		
1991	76-2	有料道路	○		
1991	76-3	アメニティと空間	○		
1991	76-4	21 世紀へむけての土木教育			○
1991	76-5	ごみと土木 Part I	○	○	
1991	76-7	土木学会を考える Part II	○		
1992	77-3	21 世紀社会に向けたエネルギーと土木	○	○	
1992	77-5	構造デザイン		○	
1992	77-7	土木のこだわり－儀式とお祭り－			○
1992	77-8	これからの建設副産物	○	○	
1992	77-9	エコ・シビルエンジニアリング読本	○	○	
1993	78-5	技術開発と評価		○	○
1993	78-7	土木と企画	○		○
1993	78-10	外国人労働者			○
1993	78-11	土木博物館を考える	○		
1993	78-12	人工島	○	○	
1994	79-1	これからの地域づくり	○		
1994	79-5	地球共生時代の土木	○		
1994	79-7	豊かな国をつくる	○		
1994	79-8	数値解析技術の最前線（その 1）		○	
1994	79-9	数値解析技術の最前線（その 2）		○	
1994	79-13	（土木学会創立 80 周年記念特別号）			
1995	80-2	大学改革			○
1995	80-3	80 周年記念イベントを終えて			
1995	80-4	阪神・淡路大震災特集－第 1 回－	○	○	
1995	80-5	土木と労働安全	○		○
1995	80-6	阪神・淡路大震災特集－第 2 回－	○		
1995	80-7	阪神・淡路大震災特集－第 3 回－	○	○	
1995	80-8	津波と土木技術 阪神・淡路大震災特集－第 4 回－	○	○	
1995	80-9	平成 6 年渇水 阪神・淡路大震災特集－第 5 回－	○	○	○
1995	8-10	阪神・淡路大震災特集－第 6 回－	○	○	
1995	8-11	阪神・淡路大震災特集－第 7 回－		○	
1995	8-12	阪神・淡路大震災特集－第 8 回－	○	○	○
1995	8-13	阪神・淡路大震災特集－第 9 回－		○	○
1996	81-1	阪神・淡路大震災特集－第 10 回－	○	○	
1996	81-2	阪神・淡路大震災特集－第 11 回－	○	○	○
1996	81-3	阪神・淡路大震災特集－第 12 回－	○	○	○
1996	81-4	阪神・淡路大震災特集－第 13 回－ （ミニ）高齢社会を迎えて	○	○	○
1996	81-5	阪神・淡路大震災特集－第 14 回－ （ミニ）気象技術の最前線	○	○	○
1996	81-6	阪神・淡路大震災特集－第 15 回－	○	○	○

年	号	タイトル				
1996	81-7	土木博物館めぐり	○			
1996	81-8	（ミニ）情報が生死を分けた	○			
1996	81-11	土木と女性技術者			○	
1997	82-12	（ミニ）土木と国際協力	○			
1998	83-1	シリーズ環境技術 1-土木と環境技術		○		
1998	83-2	インフラ維持管理		○		
1998	83-3	舗装技術の最前線		○		
1998	83-4	BOOK WORLD 広げようシビルエンジニアとしての自分の領域			○	
1998	83-5	シリーズ環境技術 2-河川・湖沼の自然環境保全技術	○	○		
1998	83-9	シリーズ環境技術 3-都市の自然環境保全技術	○	○		
1998	83-12	シリーズ環境技術 4-海岸・港湾の自然環境保全技術	○	○		
1999	84-1	21世紀の社会資本を創る（第1回）	○			
1999	84-2	21世紀の社会資本を創る（第2回）	○			
	84-3	21世紀の社会資本を創る（第3回）	○			
1999	84-4	鋼橋の新たな技術展開／21世紀の社会資本を創る（第4回）	○	○		
1999	84-5	21世紀の社会資本を創る（第5回）	○			
1999	84-6	21世紀の社会資本を創る（第6回）	○			
1999	84-7	21世紀の社会資本を創る（第7回）	○			
1999	84-8	21世紀の社会資本を創る（第8回）	○			
1999	84-9	アジア災害の地域性と変貌 21世紀の社会資本を創る（第9回）	○	○		
1999	84-10	広がる土木デザイン 21世紀の社会資本を創る（第10回）	○	○		
1999	84-11	インフラストラクチャーのデザイン	○	○		
1999	84-12	サスティナブル都市への道	○		○	
2000	85-1	新しい千年紀を迎えるに際して「みち」：文化の交流と伝播 阪神大震災からの教訓 21世紀に何を引き継ぐか はかる！（2）	○	○		
2000	85-2	社会基盤の維持管理と再生を考える	○	○		
2000	85-3	ゴミ処理問題を直視する	○	○	○	
2000	85-4	新世紀のコンクリートを考える		○		
2000	85-5	岐路に立つ大学教育			○	
2000	85-6	土木遺産は世紀を超える	○			
2000	85-7	リスクマネージメント入門		○		
2000	85-8	応用力学の深淵		○		
2000	85-9	土木学会仙台宣言特集 個性豊かな地域づくりビジョン	○		○	
2000	85-10	グローバル時代の建設・エンジニアリング産業			○	
2000	85-11	水資源は大丈夫？	○	○		
2000	85-12	新世紀の都市と交通	○			
2001	86-1	仙台宣言 21世紀未来都市の祖型	○		○	
2001	86-2	土木のベンチャービジネス		○	○	
2001	86-3	ITで土木はどう変わるか？		○	○	
2001	86-4	素晴らしき土木屋たち			○	
2001	86-5	「理論」と「経験」と地盤問題に挑む		○		
2001	86-6	NPOと土木の接点 そこにある将来性と課題			○	
2001	86-7	よみがえれ！日本の水環境	○	○		
2001	86-8	21世紀の都市問題 密集市街地にどう取組むか	○			
2001	86-9	くらしと土木	○			
2001	86-10	土木と建築 コラボレーションとアンビバレント			○	
2001	86-11	土木技術の市場価値を高める		○	○	
2001	86-12	社会基盤メインテナンスの今とこれから		○		
2002	87-1	土木技術の開発途上国への貢献を考える「変わりつつある日本のODA」	○		○	

年	号	タイトル			
2002	87-2	健全なる都市経営を目指したまちづくり技術	○	○	○
2002	87-3	グローバルな視点で水問題に挑む	○		
2002	87-4	新技術を活用した先端建設技術		○	
2002	87-5	海外建設プロジェクト入門			○
2002	87-6	合意形成論 総論賛成・各論反対のジレンマ	○		○
2002	87-7	コンピューターグラフィックス（CG）の活用		○	
2002	87-8	これからの都市の地下利用	○	○	
2002	87-9	自然環境共生インフラ グローバルに考えローカルからの行動を	○		
2002	87-10	土木の景観デザインを考える		○	
2002	87-11	ITSは交通問題を解決できるか？土木にとってのITS技術開発，研究，ビジネスの行方	○	○	
2002	87-12	大地震に備える	○	○	
2003	88-1	「夢」公共投資と財政のバランス これからの公共事業のあり方を考える	○		○
2003	88-2	持続可能な循環型エネルギーの実用化に向けて	○	○	
2003	88-3	都市再生	○		
2003	88-4	自然再生と「環の国」	○		
2003	88-5	本格化する土木分野のグローバルスタンダード時代	○	○	
2003	88-6	福祉のまちづくりと土木	○		
2003	88-7	交通需要予測	○		
2003	88-8	計算力学の最前線		○	
2003	88-9	地震防災と社会基盤整備－安心・安全な社会基盤の構築に向け土木学会は何ができるか，何をなすべきか－	○	○	
2003	88-10	競争力を高める		○	○
2003	88-11	現場施工技術の進歩 土木学会技術賞・田中賞にみる技術開発の系譜と展望		○	
2003	88-12	社会基盤整備と財源 地方自治体のやりくり	○		○
2004	89-1	リモートセンシング最前線		○	
2004	89-2	大学新時代			○
2004	89-3	開発途上国での奮闘			○
2004	89-4	ゲームが変わる，ルールが変わる 土木の地平（こしかた・ゆくすえ）			○
2004	89-5	新規ビジネス分野の開拓		○	○
2004	89-6	動き始める首都圏空港整備	○		
2004	89-7	火山噴火に備えて 富士噴火はいつ	○	○	
2004	89-8	社会資本のアセットマネジメント導入に向けて		○	○
2004	89-9	土木事業への市民参加 市民に理解され，魅力を感じ，信頼される土木事業のために	○		○
2004	89-10	汚染土壌を考える 動き始めた土壌汚染対策		○	
2004	89-12	エコマテリアル 環境を材料から考える		○	
2005	90-1	教訓は十分に生かされているか？ 阪神・淡路大震災10周年に当たっての検証	○	○	
2005	90-2	景観法と土木の仕事	○		
2005	90-3	FCCが行く 関西からの情報発信	○		○
2005	90-4	がんばろう！農山漁村	○		
2005	90-5	拡がる3次元デジタル情報の波		○	
2005	90-6	コードとしての国土学	○		
2005	90-7	土木工学科の変革－土木教育の変遷と発展－			○
2005	90-8	中国が向かうところ	○		
2005	90-9	都市再創造の過去から未来へ－都市再創造のための提言－	○		
2005	90-10	地球持続戦略を支える土木技術	○	○	○
2005	90-11	これからの安全・安心	○	○	
2005	90-12	土木と国際貢献－人間の安全保障－			○
2006	91-1	社会基盤整備の経営学 政策マネジメントの夜明け	○		○

年	号	タイトル				
2006	91-2	（ミニ）えっ？神戸空港 開港したって，本当？－関西3空港時代を迎えて－	○			
2006	91-3	鉄道の安全システムを問い直す	○			
2006	91-4	東京湾を探検する－東京湾の課題と将来の展望－	○			
2006	91-5	技術の継承		○	○	
2006	91-6	亜熱帯化する日本～土木技術のゆくえ～	○	○		
2006	91-7	"スローライフ"と土木	○		○	
2006	91-8	アラビアンナイトは今夜も熱かった！～中東ペルシャ湾岸地域における土木事情～	○			
2006	91-9	関西発グローカリゼーション			○	
2006	91-10	女性技術者が土木を変える！－加速する男女共同参画－			○	
2006	91-11	放射性廃棄物の地層処分における課題と取組み		○		
2006	91-12	成功の秘訣教えます－失敗にみる成功の母－			○	
2007	92-1	北の大地に見る次代の技術－初ものづくし"北海道"－	○			
2007	92-2	土木における学外学習・インターンシップを考える			○	
2007	92-3	土木から学ぶ「歴史」 歴史から学ぶ「土木」	○			
2007	92-4	動き出す！首都圏三環状道路	○			
2007	92-5	学会誌デザインの90年	○			
2007	92-6	みち・まち・商店街 まちづくり・まち育ての方策	○			
2007	92-7	定年退職後の団塊世代			○	
2007	92-8	あなたの子どもを土木技術者にしたいですか，お母さん，お父さん？－（日本における）土木技術者の社会的地位について－			○	
2007	92-9	地方を生きる／活きる／粋る－人口の減少を豊かさへ－	○			
2007	92-10	土木の「もったいない」を考える	○			
2007	92-11	自然豊かで美しい風景を生み出す川を目指して－河川法が変わって10年－	○			
2007	92-12	社会インフラのリニューアル	○	○		
2008	93-1	新しい土木のかたち			○	
2008	93-2	「月面都市」構想	○			
2008	93-3	技術者教育の新しい風 "Engineering Design"		○	○	
2008	93-4	社会資本整備の意義を再考する	○			
2008	93-5	土木と観光－土木が支える観光立国－	○			
2008	93-6	土木と信仰			○	
2008	93-7	地球温暖化 あなたはどこまで知っていますか？	○	○		
2008	93-8	首都東京を支える 大都市圏におけるまちづくりと都市鉄道	○			
2008	93-9	地域づくりの新たな形「東北にっぽん」の試み	○			
2008	93-10	海底を知る		○		
2008	93-11	東海道幹線交通のこれから	○			
2008	93-12	食料問題と土木－食の安定確保に向けた地域づくり－	○			
2009	94-1	産業景観－テクノスケープの可能性－	○			
2009	94-2	トンネル技術の今昔－知られざるトンネルの世界－		○		
2009	94-3	2008年土木と社会を振り返る－ANNUAL 2008－				
2009	94-4	沿岸域の防災－後悔しない防災を目指して－	○	○		
2009	94-5	土木と市民をつなぐサイエンスコミュニケーション－土木のことをもっと伝えよう－	○			
2009	94-6	都市の競争力の強化－都市の魅力を高めるための取組み－	○			
2009	94-7	甦る－つくったものを見直す，自然再生への一歩－	○			
2009	94-8	挑戦する駅	○	○		
2009	94-9	地域資源循環と広域廃棄物処理システムの構築へ－九州地区の挑戦－	○	○		
2009	94-10	都市における土木構造物の長寿命化		○		
2009	94-11	地方"新"時代を切り拓く土木の挑戦	○			
2009	94-12	土木技術者に求められるコミュニケーション能力とは？よりよい社会資本整備をつくるために－			○	
2010	95-1	土木のイノベーション－建設ICTと土木の未来－		○		
2010	95-2	人と国土を愛しむ 土木の心	○			

年	号	タイトル				
2010	95-3	2009年 土木と社会を振り返る ANNUAL 2009	○			
2010	95-4	資格取得を目指そう		○		
2010	95-5	交通網計画にみる東アジア	○			
2010	95-6	土木がつくる"低炭素社会"	○			
2010	95-7	子供たちに「土木」を伝える教育				○
2010	95-8	極端気象に備える	○			
2010	95-9	持続可能な社会づくりに向けた 北海道の取組み	○			
2010	95-10	これからの自転車交通	○			
2010	95-11	地震の予測とその活用	○			
2010	95-12	予防保全維持管理の導入に向けて アセットマネジメントと点検・検査技術の将来展望	○	○		
2011	96-1	人口減少時代の国づくり・まちづくり	○			○
2011	96-2	見えないものを可視化する		○		
2011	96-3	2010年 土木と社会を振り返る ANNUAL 2010	○			
2011	96-4	「3R」における土木の役割		○		
2011	96-5	わが国建設業の国際展開に向けて（その1）－課題認識と将来展望－				○
2011	96-6	震災特集 土木学会東日本大震災特別委員会 総合調査団 調査速報会報告 わが国建設業の国際展開に向けて（その2）－課題認識と将来展望－				○
2011	96-7	震災特集 東日本大震災 初動体制から応急復旧に向けた取組み 上下水道インフラ分野における国際展開に向けて－わが国が水メジャーになるために－				○
2011	96-8	震災特集 東日本大震災 津波と地震動による被害 産官学一体で世界に拡げる 日本のインフラ技術と標準化戦略		○		
2011	96-9	安全・安心・住みよいまちへ－東南海・南海地震に備える－ 震災特集 東日本大震災 津波と地震動による被害	○	○		
2011	96-10	地域継続力向上を目指して 震災特集 東日本大震災① 特別委員会 報告，震災特集 東日本大震災②－災害廃棄物と復旧・復興－	○	○		
2011	96-11	社会基盤設備における地震防災上の課題と展望 震災特集① 東日本大震災－災害時における情報のあり方－，震災特集② 震災を踏まえた技術者への提言	○			○
2011	96-12	防災・減災を支える国内外の連携 震災特集① 東日本大震災－岩手県における復興に向けた取組み－	○			○
2012	97-1	土木再考 土木事業の温故知新 震災特集① 土木学会東日本大震災 特別委員会 報告，震災特集② 東日本大震災－宮城県における復興に向けた取組み－	○			○
2012	97-2	土木再考 技術の粋を集めて－バックエンド事業のいま－ 震災特集① 土木学会東日本大震災 特別委員会 報告，震災特集② 東日本大震災－災害リスクマネジメント－，震災特集③ 震災を踏まえた技術者への提言，震災特集④ 東日本大震災 復旧・復興リポート	○	○		○
2012	97-3	震災特集① 特別企画 東日本大震災－3.11 東日本大震災から1年－，震災特集② 東日本大震災 土木学会東日本大震災 特別委員会 報告，震災特集③ 東日本大震災－福島県における復興に向けた取組み，震災特集④ 震災を踏まえた技術者への提言，震災特集⑤ 東日本大震災 復旧・復興リポート，ANNUAL 2011	○			
2012	97-4	国土を知る－自然からの声を聞き，日本文化に根づいた国づくりを目指して－ 震災特集① 東日本大震災 3.11 東日本大震災から1年－これからどうするのか？ 震災特別シンポジウムの報告を含めて－，震災特集② 東日本大震災 土木学会東日本大震災 特別委員会 報告，震災特集③ 震災を踏まえた技術者への提言	○			

年	号	タイトル			
2012	97-5	土木技術の新成長戦略－進化を続ける土木技術の方向性－ 震災特集① 東日本大震災－東日本大震災から1年を振り返って－，震災特集②震災を踏まえた技術者への提言	○	○	
2012	97-6	ソフト防災－災害時の安全確保－ 震災特集 東日本大震災 3・11 からの復興そしてこれからの土木を考える－震災から1年を迎えて－	○	○	
2012	97-7	くらしと国土を守る 衛星活用技術の確立に向けて		○	
2012	97-8	土木技術者の羅針盤1 土木技術者のアウトリーチ			○
2012	97-9	土木技術者の羅針盤2 新成長戦略から考える土木技術者像			○
2012	97-10	土木技術者の羅針盤3 熱意と知見のスパイラルアップ			○
2012	97-11	社会資本整備を考える－財源やスキームの創意工夫－	○		○
2012	97-12	地域インフラの担い手			○
2013	98-1	巨大都市東京の水問題－世界一のメガシティを水から考える－	○	○	
2013	98-2	超高齢社会を考える－持続可能な社会の実現に向けた土木の役割とは－	○		
2013	98-3	いま，性能設計を考える－国際化と災害激化を受けて－		○	
2013	98-4	海洋国家日本の再生可能エネルギー－洋上風力発電実用化への道－	○		
2013	98-5	消えゆく浜辺をまもる－海岸侵食をめぐる多彩なアプローチ－	○	○	
2013	98-6	研究所の課題と将来展望－土木技術の発展に向けて－			○
2013	98-7	社会インフラの維持管理問題の本質とは？－国民の理解を得るために－	○		○
2013	98-8	グローバル人材が拓く土木の未来			○
2013	98-9	被災から2年 見えてきた問題とこれからの課題－3月の連続シンポジウムを受けて－	○		
2013	98-10	スマート時代の都市交通	○		○
2013	98-11	インフラの状態評価と将来予測の最前線		○	
2013	98-12	ニッポンの離島－知る，守る，活用する－	○		
2014	99-1	社会とのパートナーシップの構築を目指して－土木のメディアを考える－			○
2014	99-2	今こそダイバーシティ推進を！－「違い」を価値に，「多様」を活力に－			○
2014	99-3	震災復興，奮闘し続ける土木技術－土木技術者に求められる創意工夫と応用力－		○	

(注) 全国大会案内・報告，総会報告を除く．
上記特集は土木学会附属土木図書館のデジタルアーカイブス（http://www.jsce.or.jp/library/page/report.shtml）の「土木学会誌」で閲覧することができる．なお，発行後5年間は学会員のみが閲覧できる．

第4章　学会の運営方針・組織の変遷

4.1　学会運営の基本方針の変遷
4.1.1　定款等の基本規程の変遷

　土木学会の目的や事業，運営組織，会員等を規定する基本規程は，創立から1978年5月までは「土木学会定款」と「土木学会規則」の二つであった．1978年5月に「土木学会・定款等の運用等に係る暫定措置に関する規程」を定め，三つになった．1999年5月（施行は1999年11月1日）に「土木学会規則」を「土木学会細則」に名称変更し，「土木学会・定款等の運用等に係る暫定措置に関する規程」についても，1994年4月22日に同規程の最終変更を改正し，「土木学会運営に関する規程」を制定，それを承継する形で1998年9月25日（施行は1999年11月1日）に「土木学会運営規程」を制定した．したがって，1999年11月1日の改正定款施行以降は，「土木学会定款」，「土木学会細則」，「土木学会運営規程」を三つの基本規程をもとに運営している．

　本会では，1970年代に運営改善を主眼とする定款の変更を検討し，その結果を1976年5月26日開催の第62回通常総会の議を経て，文部大臣に申請し，同年8月11日付けをもって認可された．しかし，この変更定款をもって全面的にその後の学会の運営改善を推進するには，専務理事の具体的な職務内容や会務担当理事の具体的な活動方法などの細部を詰める必要があるとの認識から，1976年5月に定款調査委員会（委員長：八十島義之助）を設置して検討にあたった．その結果，「土木学会定款，土木学会規則，その他土木学会の諸規程等の運用等については，定款および規則が変更されるまで，ならびに新たに規程等が制定されるまでの暫定措置として，当分の間，この規程の定めるところによる．」を第1条（総則）とする全11条からなる「土木学会・定款等の運用等に係る暫定措置に関する規程」を1978年5月に定めた．1978年5月時点の基本規程の条文の構成と現在のそれとの対比を**表4.1.1**に示す．前者では全91条により構成されているが，後者では全122条となり，条文の数は約3割増となっている．

表4.1.1　基本規程の構成対比

1978年5月時点	2014年10月時点
【定款】	【定款】
第1章 総則　第1条（名称），第2条（事務所），第3条（支部），	第1章 総則　第1条（名称），第2条（事務所），
第2章 目的および事業　第4条（目的），第5条（事業），	第2章 目的及び事業　第3条（目的），第4条（事業），
第3章 会員　第6条（会員の種別），第7条（入会と会費），第8条（会員の特典），第9条（資格の喪失），第10条（退会），第11条（除名），	第3章 会員　第5条（法人の構成員），第6条（入会），第7条（会費等），第8条（退会），第9条（除名），第10条（会員資格の喪失），
第4章 理事および監事　第12条（理事および監事），第13条（理事，監事の選任），第14条（理事の職務），第15条（監事の職務），第16条（理事及び監事の任期），第17条（理事，監事の報酬），	第4章 総会　第11条（構成），第12条（権限），第13条（開催），第14条（招集），第15条（議長），第16条（議決権），第17条（決議），第18条（議決権の代理行使），第19条（議事録），
第5章 評議員　第18条（評議員），第19条（評議員の選任），第20条（評議員の職務），第21条（評議員の任期），第22条（評議員の報酬），	第5章 役員　第20条（役員の設置），第21条（役員の選任），第22条（理事の職務及び権限），第23条（監事の職務及び権限），第24条（役員の任期），第25条（役員の解任），第26条（報酬等），
第6章 会議　第23条（理事会の組織と招集），第24条（理事会の議決事項），第25条（理事会の定足数および議決），第26条（評議員会の招集），第27条（評議員会の定足数，議長の選任および議決），第28条（評議員会の議決事項），第29条（総会の招集），第30条（総会の招集方法），第31条（総会の定足数および議決），第32条（総会の議決事項），第33条（議事録），第34条（総会の決議事項の通知），	第6章 理事会　第27条（構成），第28条（権限），第29条（招集），第30条（開催），第31条（決議），第32条（議事録），
第7章 資産および会計　第35条（資産の区分），第36条（基本財産の処分に関する制限），第37条（会計年度），	第7章 資産及び会計　第33条（基本財産），第34条（事業年度），第35条（事業計画及び収支予算），第36条（事業報告及び決算），第37条（基金），
第8章 定款の変更ならびに解散　第38条（定款の変更），第39条（解散），第40条（残余財産の処分），	第8章 定款の変更及び解散　第38条（定款の変更），第39条（解散），第40条（公益認定の取消し等に伴う贈与），第41条（残余財産の帰属），
第9章 補則　第41条（定款施行）	第9章 公告の方法　第42条（公告の方法），
	第10章 補則　第43条（保有株式に係る議決権），第44条（事務局及び職員），第45条（細則等の規定）

【規則】	【細則】
第1章 支部 第1条（支部の名称および所在地），第2条（地区の範囲），第3条（支部長），第4条（支部規定）， 第2章 会員 第5条（入会手続），第6条（会員資格の取得），第7条（学生会員から正会員に資格変更），第8条（会員の所属），第9条（特別会員の権利）， 第3章 会費 第10条（納付），第11条（会費），第12条（会費の免除）， 第4章 選挙 第13条（理事および監事の選任方法），第14条（評議員の選任方法），第15条（選挙の告示），第16条（選挙の管理），第17条（理事の被選挙者定数），第18条（評議員の被選挙者定数），第19条（投票），第20条（理事，監事および評議員の補充），第21条（投票の効力），第22条（当選者の決定），第23条（当選後の手続）， 第5章 会務 第24条（理事の担当），第25条（総務部門），第26条（企画部門），第27条（経理部門），第28条（編集出版部門），第29条（調査研究部門），第30条（担当部門），第31条（専務理事の担当），第32条（委員会），第33条（事務局）， 第6章 表彰 第34条（土木学会賞），第35条（表彰）， 第7章 会計 第36条（事業計画および収支予算），第37条（収支決算），第38条（剰余金および欠損金），第39条（予算外の権利と義務）	第1章 支部 第1条（支部の設置，名称及び所在地），第2条（支部の分掌範囲），第3条（支部長等），第4条（支部の規程類），第5条（分会），第6条（職場班），第7条（支部事務局）， 第2章 事業 第8条（事業）， 第3章 会員 第9条（入会手続），第10条（会員資格の取得），第11条（フェロー会員），第12条（名誉会員），第13条（会員の所属支部），第14条（法人会員の業種），第15条（学生会員の個人会員への移行）， 第4章 会費 第16条（会費），第17条（会費の納付），第18条（会費の額等），第19条（会費の免除）， 第5章 総会 第20条（定時総会の開催時期）， 第6章 役員 第21条（次期会長の設置），第22条（役員の選任・改選），第23条（補欠の選任），第24条（次期会長の職務），第25条（会長の任期），第26条（次期会長の任期），第27条（副会長の任期），第28条（専務理事の任期）， 第7章 理事会 第29条（理事会の招集回数）， 第8章 会務 第30条（部門の設置及び理事の担当），第31条（専務理事），第32条（顧問），第33条（委員会），第34条（企画部門），第35条（コミュニケーション部門），第36条（国際部門），第37条（教育企画部門），第38条（社会支援部門），第39条（調査研究部門），第40条（出版部門），第41条（情報資料部門），第42条（総務部門），第43条（財務・経理部門），第44条（会員・支部部門），第45条（技術推進機構）， 第9章 倫理規範 第46条（倫理規範）， 第10章 表彰 第47条（土木学会賞），第48条（表彰）， 第11章 資産及び会計 第49条（資産の構成），第50条（資産の管理），第51条（経費の支弁），第52条（事業計画及び収支予算），第53条（暫定予算），第54条（事業報告及び決算），第55条（公的目的取得財産残額の算定），第56条（長期借入金）， 第12章 補則 第57条（事務局），第58条（運営規程），第59条（細則の変更）
【定款等の運用等に係る暫定措置に関する規程】 第1条（総則），第2条（会員の退会の認定），第3条（専務理事の報酬，海外出張等），第4条（学会誌等の基本事項等），第5条（補助金交付の申請），第6条（海外調査，海外研修等），第7条（行政官庁等に対する建議等），第8条（各種候補者の推薦），第9条（共催，後援，協賛等），第10条（事務局関係），第11条（理事会報告）	【運営規程】 第1条（総則），第2条（海外調査，海外研修等），第3条（行政官庁等に対する建議等），第4条（会員の特典），第5条（総会），第6条（理事会），第7条（土木学会有識者会議），第8条（正副会長会議），第9条（部門幹事），第10条（部門会議），第11条（運営会議），第12条（予算会議等），第13条（支部長会議等），第14条（学会誌等の基本事項等），第15条（災害緊急対応），第16条（各種候補者の推薦），第17条（事務局関係），第18条（規程の変更）

定款，規則（細則）および運営規程の改正履歴は，**表4.1.2**のとおりである．「定款」については，現在までに19回改正を行っているが，1978年5月に「土木学会・定款等の運用等に係る暫定措置に関する規程」を定めるまでの60数年間では15回を数え，全体の約8割を占めている．その多くは，役員の定数や会員の種別に係る変更であり，学会運営の基本の確立が常に懸案事項であったことがうかがえる．なお，「規則」については，当該期間の改正回数は全70回中34回，約半分であり，34回のうち19回は会費の改定に係る改正である．

表 4.1.2　定款・規則（細則）・運営規程の改正履歴

定款 改正日	定款 施行日	規則（1999.5.14から細則）改正日	規則 施行日	運営規程 改正日	運営規程 施行日	備　考
1914.11.24	(1914.11.24)	1914.11.24				制定
		1916.1.22				
		1919.1.18				
		1920.1.17				
		1923.1.20				
1932.11.4	(1932.11.4)	1932.11.4				
1933.10.11	(1933.10.11)	1933.10.11	1933.11.10			
1936.2.14	(1936.2.14)					
		1936.3.14				
		1938.2.14				
1940.2.15	(1940.2.15)					
1941.2.17		1941.2.17				
1946.10.5	(1946.10.5)	1946.10.5				
		1948.3.31				
1948.5.29	(1948.5.29)	1948.5.29				
		1949.3.31				
1949.4.9	(1949.4.9)					
		1950.2.28				
		1951.3.28				
		1952.3.29				
		1956.10.16				
1957.3.31	(1957.3.31)	1957.3.31				
1958.10.16	(1958.10.16)	1958.10.16				
		1960.5.27				
		1960.9.17				
		1961.1.30				
		1962.5.27				
1963.8.1	1963.8.1	1963.8.1	1963.8.1※			※全面改正
		1964.4.1	1964.4.1			
1964.8.8	1964.8.8					
		1965.4.1	（未記載）			
		1965.8.2	1965.8.2			
1965.8.16	(1965.8.16)					
		1965.12.18	（未記載）			
		1971.1.21	（未記載）			
		1971.1.19	（未記載）			
		1972.5.18	（未記載）			
		1973.5.16	1973.7.23			
1973.7.23※	1973.7.23					※1973.5.29 第59回通常総会議決
		1974.5.13	1975.4.1			
		1976.5.19	1976.8.11			
1976.8.11※	1976.8.11					※1976.5.26 第62回通常総会議決
				1978.5.12※	1978.5.12	※「土木学会・定款等の運用等に係る暫定措置に関する規程」制定
				1979.1.26	1979.1.26	
				1979.5.11	1979.5.11	
		1980.1.22	1980.1.22			
				1980.11.25	1980.12.16	
		1981.5.19	1981.5.19			
				1981.6.24	1981.5.19	
		1982.3.30	1982.3.30			
		1983.1.20	1983.4.1			

第 1 部 総論－土木学会が果たしてきた役割

		1983.5.18	1983.7.8※			※定款一部変更許可日（文部省）
1983.7.8※	1983.7.8					※1983.5.24 第69回通常総会議決
		1985.5.22	1985.5.22			
				1985.9.27	1985.9.27	
		1986.3.31	1986.3.31			
		1992.1.30	1992.4.1			
		1994.1.27	1994.4.1			
				1994.4.22※	1994.5.20	※「土木学会運営に関する規程」制定
		1994.5.20	1995.3.31※			※定款一部変更許可日（文部省）
1994.5.30	1995.3.31※					※定款一部変更許可日（文部省）
		1995.5.16	1995.6.1			
				1996.1.26	1996.1.26	
		1997.5.16	1997.6.1			
				1998.9.25[※1]	1999.11.1[※2]	※1 「土木学会運営規程」制定 ※2 改正定款施行日
		1999.5.14	1999.11.1※			※定款一部変更許可日（文部省）
1999.11.1※	1999.11.1					※1999.5.28 第85回通常総会議決
		2000.4.21	2000.4.21			
		2001.1.19	2001.1.19	2001.1.19	2001.1.19	
				2001.5.11	2001.5.11	
		2002.5.10	2002.5.10	2002.5.10	2002.5.10	
		2004.6.18	2004.6.18	2004.6.18	2004.6.18	
				2004.11.16	2004.11.16	
		2005.3.24	2005.3.24			
		2006.1.20	2006.1.20	2006.1.20	2006.1.20	
		2007.3.23	2007.3.23			
		2007.9.7	2007.9.7	2007.9.7	2007.9.7	
		2008.3.19	2008.3.19			
		2008.5.7	2008.5.7			
		2009.3.19	2009.3.19			
		2009.4.22	2009.4.22			
		2009.7.17*	2011.4.1	2009.7.17*	2011.4.1	*公益社団法人移行に伴う改正
		2009.9.11※	2009.9.11	2009.9.11*	2011.4.1	※公益社団法人移行前の改正
		2009.9.11*	2011.4.1			*公益社団法人移行に伴う改正
				2009.11.20※	2009.11.20	※公益社団法人移行前の改正
		2010.1.22*	2011.4.1			*公益社団法人移行に伴う改正
		2010.4.23※	2010.4.23			※公益社団法人移行前の改正
		2010.4.23*	2011.4.1			*公益社団法人移行に伴う改正
2010.5.28※	2011.4.1					※第96回通常総会議決
		2010.6.18*	2011.4.1			*公益社団法人移行に伴う改正
		2011.3.18*	2011.4.1			*公益社団法人移行に伴う改正
						2011.4.1 公益社団法人に移行
		2011.6.17	2011.6.17	2011.6.17	2011.6.17	
				2011.9.16	2011.9.16	
				2012.3.16	2012.3.16	
		2012.5.11	2012.5.11	2012.5.11	2012.4.16	
				2013.1.18	2013.1.18	
		2013.5.10	2013.5.10			

4.1.2 「定款」に見る活動目的・事業の変遷

　「定款」の規定のうち，土木学会の目的や事業に係る規定の改正を，**表4.1.3**に示すように，全19回の改正のうち7回において行っている．

表 4.1.3　定款における目的・事業に係る規定の改正履歴

議決日	目的・事業に係る規定
1914.11.24（大正3年） （臨時総会）	【制定】 第1条　本会ハ土木工学ノ進歩及ヒ土木事業ノ発達ヲ図ルヲ以テ目的トス
1933.10.11（昭和8年） （臨時総会）	【一部改正】 第1条　本会ハ土木工学ノ進歩及土木事業ノ発達ヲ図ルヲ以テ目的トス 第3条　本会ハ第1条ノ目的ヲ達スルタメ左ノ事業ヲ行ウ 　1. 調査及研究 　2. 会誌其他図書印刷物ノ刊行 　3. 講演会講習会ノ開催 　4. 見学視察 　5. 諮問ニ応シ又ハ建議ヲナスコト 　6. 其他本会ノ目的ヲ達スルタメ必要ナリト認メ役員会ニ於テ決議シタル事項
1946.10.5（昭和21年） （臨時総会）	【一部改正】（事業に「新聞」を追加） 第2条　コノ学会ハ土木工学ノ進歩及ヒ土木事業ノ発達ヲ図ルノヲ目的トスル 第3条　コノ学会ハ第2条ノ目的ヲ達スルタメニ次ノ事業ヲ行フ 　1. 調査及ヒ研究 　2. 会誌、新聞ソノ他図書、印刷物ノ刊行 　3. 講演会、講習会ノ開催 　4. 見学視察 　5. 諮問ニ応シ又ハ建議スルコト 　6. 其ノ他コノ学会ノ目的ヲ達スルタメニ必要テアルト認メ常議員会テ決議シタ事項
1963.8.1（昭和38年）	【改正】 第4条　この学会は、土木工学の進歩および土木事業の発達を図りもって学術文化の進展に寄与することを目的とする。 第5条　この学会は、前条の目的を達成するためにつぎの事業を行う。 　1. 土木工学に関する研究発表会、講演会、講習会等の開催および見学視察等の実施 　2. 会誌その他土木工学に関する図書、印刷物の刊行 　3. 土木工学に関する調査、研究ならびに奨励、援助 　4. 土木工学に関する建議ならびに諮問に対する答申 　5. その他目的を達成するために必要なこと
1964.8.8（昭和39年）	【一部改正】（目的の変更なし） 第5条　この学会は、前条の目的を達成するためにつぎの事業を行う。 　1. 土木工学に関する研究発表会、講演会、講習会等の開催および見学視察等の実施 　2. 会誌その他土木工学に関する図書、印刷物の刊行 　3. 土木工学に関する調査、研究ならびに奨励、援助 　4. 土木関係図書その他資料の収集および保管 　5. 土木工学に関する建議ならびに諮問に対する答申 　6. その他目的を達成するために必要なこと
1994.5.30（平成6年）	【一部改正】（目的の変更なし） 第5条　この学会は、前条の目的を達成するためにつぎの事業を行なう。 　(1) 土木工学に関する研究発表会、講演会、講習会等の開催および見学視察等の実施 　(2) 会誌その他土木工学に関する図書、印刷物の刊行 　(3) 土木工学に関する調査、研究ならびに奨励、援助 　(4) 土木関係図書、その他資料の収集、保管および土木図書館の設置と運営 　(5) 土木工学に関する建議ならびに諮問に対する答申 　(6) その他目的を達成するために必要なこと
1999.11.1（平成11年）	【改正】 第4条　この学会は、土木工学の進歩および土木事業の発達ならびに土木技術者の資質の向上を図り、もって学術文化の進展と社会の発展に寄与することを目的とする。 第5条　この学会は、前条の目的を達成するためにつぎの事業を行う。 　(1) 土木工学に関する研究発表会、講演会、講習会等の開催および見学視察等の実施 　(2) 会誌その他土木工学に関する図書、印刷物の刊行 　(3) 土木工学に関する調査、研究ならびに奨励、援助 　(4) 土木工学に関する学術、技術の評価 　(5) 土木工学に関する啓発および広報活動 　(6) 土木工学の発展に資する国際活動

第1部 総論－土木学会が果たしてきた役割

	(7) 土木関係情報、図書、その他資料の収集・保管および社会への情報提供 (8) 土木図書館の運営および管理 (9) 土木工学に関する建議ならびに諮問に対する答申 (10) その他目的を達成するために必要なこと
2010.5.28（平成22年）	【改正】（公益社団法人設立登記日から施行、目的の変更なし） 第4条　学会は、前条の目的を達成するため、次の事業を行う。 (1) 土木工学に関する調査、研究 (2) 土木工学の発展に資する国際活動 (3) 土木工学に関する建議並びに諮問に対する答申 (4) 会誌その他土木工学に関する図書、印刷物の刊行 (5) 土木工学に関する研究発表会、講演会、講習会等の開催及び見学視察等の実施 (6) 土木工学に関する奨励、援助 (7) 土木工学に関する学術、技術の評価 (8) 土木技術者の資格付与と教育 (9) 土木に関する啓発及び広報活動 (10) 土木関係資料の収集・保管・公開及び土木図書館の運営 (11) その他目的を達成するために必要なこと

(1) 目的の変遷

まず「目的」については，図4.1.1に示すように，1914年の創立時は「土木工学の進歩」と「土木事業の発達」を図ることであったが，1963年に「学術文化の進展への寄与」が加わり，さらに1999年には「土木技術者の資質の向上」を図ること，「社会の発展に寄与」することが追加された．特に1999年の改正については，急速に進行したグローバリゼーションの波にさらされ，土木技術者の活躍分野が一挙に拡がり，技術者個人も集団も，国際的評価に堪えなければならなくなり，さらに価値観の多様化，民間の役割の増大といった状況への対応を迫られたという時代背景もあった．従来，もっぱら学術研究活動に重点を置いていた学会活動に加え，さらに土木技術者個人の能力向上と社会における土木技術者集団の役割を明記したものであり，とかく集団の力を強く意識していた土木技術者に，改めて個人としての技術者能力と，個性の自覚を促し，かつ社会への寄与を学会の使命として確認したといえる．この定款改正を具現化するために，1999年に技術推進機構が発足し，「土木学会認定技術者資格制度（現在は，土木学会認定土木技術者資格制度）」，「継続教育制度」，「技術者登録制度」および「技術評価制度」の4制度の運用を2001年度に開始した．1999年の改正については，**第2部活動記録編 第4編**（1.3 定款の改正）以降の記述を参照いただきたい．

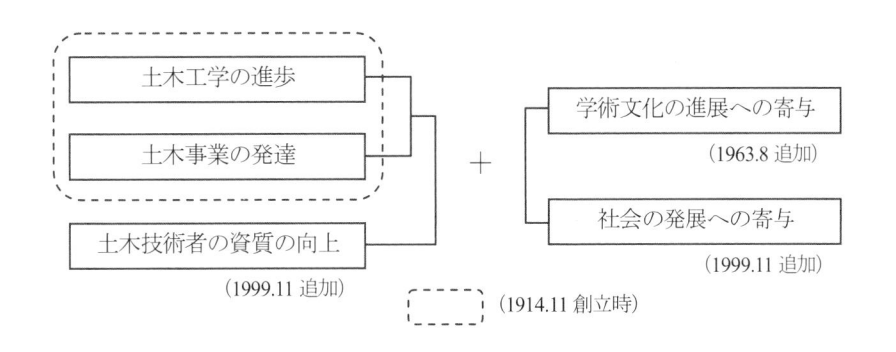

図4.1.1　土木学会定款における「目的」の変遷

(2) 事業の変遷

次に「事業」については，1933年に「調査および研究」，「会誌その他図書印刷物の刊行」，「講演会講習会の開催」，「見学視察」，「諮問に応じ，または建議をなすこと」他と定めた．さらに，終戦直後の1946年には「会誌その他図書印刷物の刊行」に「新聞」を追加した．これは，戦後の印刷事情の極端に悪い中で，1944年に発行中止

となった学会誌の復刊が困難となり，新聞の発行を計画したためである．この新聞発行の経緯については**第2部活動記録編 第3編**（4.1.1 ニュースおよび土木学会誌の発行）に述べているが，1946年11月にタブロイド判の「土木ニュース」第1号の完成をみている．

　定款を1963年に改正し，目的に「学術文化の進展への寄与」を追加した．同時に「事業」についても改正した．この改正は事業の範囲の明確化を主眼としており，「土木工学に関する」ことを各事業に明示した．また，この改正では，学会誌の復刊がかなったことから「新聞」を削除し，土木学会賞の拡充の動きもあり「土木工学に関する奨励，援助」を加えた．さらに，1964年には，会員への特典として追加した「学会保管の土木関係図書その他資料閲覧」に対応できるよう，「土木関係図書その他資料の収集および保管」を加えた．なお，創立50周年を記念した「土木図書館」は1964年12月に完成している．土木図書館については，1985年に会務の一つとして明示し，担当理事を置いた．1994年の改正では「土木図書館の設置と運営」を事業に位置づけ，翌1995年5月には理事の担当部門に「土木図書館部門」を追加した．

　1999年には「目的」の変更を含む改正を行い，「社会の発展への寄与」に適う事業を追加した．しかし，「土木技術者の資質の向上」に係る事業については，「土木工学教育および土木技術者教育への支援」が総会で承認されたが，構想はあるものの，具体的事業として確立していないことを理由に，新たな事業として定款に追加することは見送った．

　公益社団法人への移行準備としての「定款の変更の案」（2010年5月通常総会議決）では，改めて「土木技術者の資格付与と教育」を事業に盛り込み，移行後の定款として現在に至っている．

4.1.3　運営組織の変遷

　土木学会の運営組織の変遷を概観する．**図4.1.2**は，「土木学会定款」および「土木学会規則」（1999.5からは「土木学会細則」に名称変更）に基づき，1914年の創立時から現在までの運営組織の変遷を示したものである．

　大きな流れとしては，1914年の創立時の「役員会」から，1936年の「常議員会」の設置，1963年の「常議員会」から「評議員会」と「理事会」とによる運営への転換，そして，1999年の「評議員会」の廃止による「理事会」単独による運営への転換が挙げられる．

　創立時の役員数は，会長，副会長2名，計3名の理事と8名の常議員の合計で11名であったが，その陣容は拡大の一途をたどり，1932年には15名，翌1933年には17名，1936年の「常議員会」の設置時には23名と，創立時に比べ倍増となった．その後も同様に，事業の拡大とともに組織や陣容の拡充を図り，1946年には役員は53名，理事会は13名となった．そして，1958年には初めて有給の専務理事を置いた．

　1963年には定款を改正し，75名以上100名以内の評議員から構成される「評議員会」を設け，評議員が選任する理事で構成される25名以上30名以内の理事で構成される「理事会」が中心となって学会運営を行うようになった．理事が所掌する組織も，従来の「部」から「部門」に編成した．50年近く続いた「常議員会（一部は理事会）」と「部」で構成される体制に終止符を打ち，「評議員会」，「理事会」および「部門」で構成される体制に転換した．

　その後は，部門の拡充を図り，1996年には部門間の横断的な一般的議題を討議し調整する「企画運営連絡会議」を設けた（1997年5月の土木学会規則の一部改正で正式に規定）．さらに1999年には35年以上続いた「評議員」制を廃止し（施行は2000年度），132名まで増えた役員数は一気に32名（監事2名を含む）まで減少した．2014年現在，理事会のもとに会務担当として11の部門と技術推進機構を置き，「企画運営連絡会議」に代えて，「運営会議」と次年度予算編成に係る「予算会議」を設け，理事会を中心とした運営を行っている．（後掲の**表4.1.4**も参照）

第1部 総論－土木学会が果たしてきた役割

1914年11月（創立時）

【総会】
【役員会】
- 理事
  - 会長
  - 副会長(2)
- 常議員(8)

1936年2月（常議員会設置，6部制）

【総会】
【常議員会】
- 理事会
  - 会長
  - 副会長(2)
  - 理事※
- 常議員(20)

【6部】
（総務部，経理部，編輯部，調査部，法制部，東亜部）

※理事9名の内、3名は会長、副会長、残り6名は常議員の互選

1946年10月（5部制）

【総会】
【常議員会】
- 理事会
  - 会長
  - 副会長(2)
  - 理事※
- 常議員(50以内)

【5部】
（総務部，経理部，編集部，調査部，研究連絡部）

※理事13名以内の内、3名は会長、副会長、残り10名は常議員会で正員から選挙にて選任

1958年10月（専務理事制）

※理事（13名以上15名以内）の内、会長1名、副会長2名、専務理事1名，他の理事は常議員会で正員から選挙にて選任

1963年8月（評議員会設置）

【総会】
【評議員会】
- 評議員(75名以上100名以内)

※定例：毎年3月，5月開催，議長：出席者の中から選挙により選任

【理事会】（評議員が選任）
- 会長
- 監事(2)
- 各部門担当理事
- 副会長(5)
- 専務理事(1)

【5部門】
総務部門，企画部門，経理部門，編集出版部門，調査研究部門

1981年5月（6部門制）

【6部門】
総務部門，企画部門，経理部門，編集出版部門，調査研究部門，会員・支部部門

1985年5月（6部門制＋土木図書館）

1995年5月（9部門制）

【9部門】
総務部門，企画部門，経理部門，編集出版部門，調査研究部門，会員・支部部門，広報部門，国際部門，土木図書館部門

土木学会の100年

1997年5月
(10部門制,企画運営連絡会議設置)

【総会】

【評議員会】
評議員(75名以上100名以内)
※定例：毎年3月,5月開催,議長：出席者の中から選挙により選任

【理事会】(評議員が選任)
会長　　監事(2)
各部門担当理事　副会長(5)　専務理事(1)

【企画運営連絡会議】
(会長を除く理事で構成)

【10部門】
総務部門,企画部門,財務・経理部門,出版部門,
調査研究部門,広報部門,国際部門,会員・支部部門,
災害緊急対応部門,学術資料館・土木図書館部門

1999年5月
(評議員制廃止,次期会長を細則で規定)

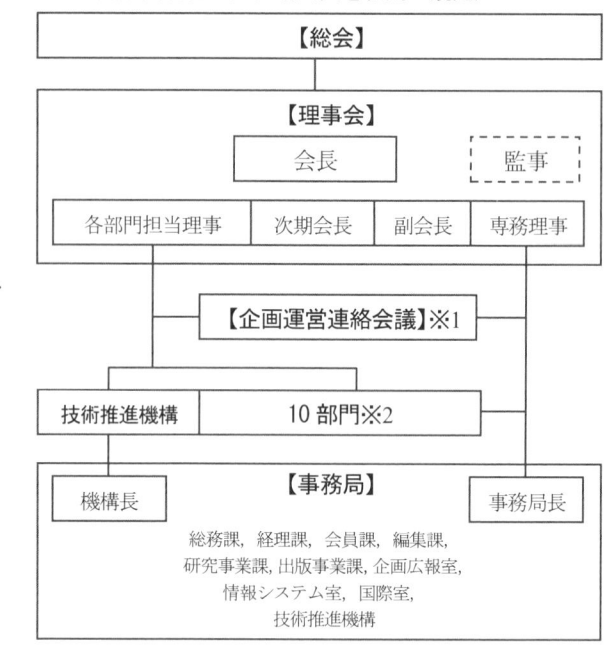

【総会】

【理事会】
会長　　監事
各部門担当理事　次期会長　副会長　専務理事

【企画運営連絡会議】※1

技術推進機構　　10部門※2

機構長　【事務局】　事務局長
総務課,経理課,会員課,編集課,
研究事業課,出版事業課,企画広報室,
情報システム室,国際室,
技術推進機構

※1　2001年1月に,各部門・機構に主査理事を規定,会議の構成員を主査理事と明示
※2　2003年6月に,部門の名称変更・再編およびグループ化により11部門＋機構に移行
企画戦略G：企画,コミュニケーション,国際,教育企画,社会支援
学術研究G：調査研究,出版,情報資料
組織運営G：総務,財務・経理,会員・支部
技術推進機構

2007年9月
(企画運営連絡会議を運営会議と予算会議に再編)

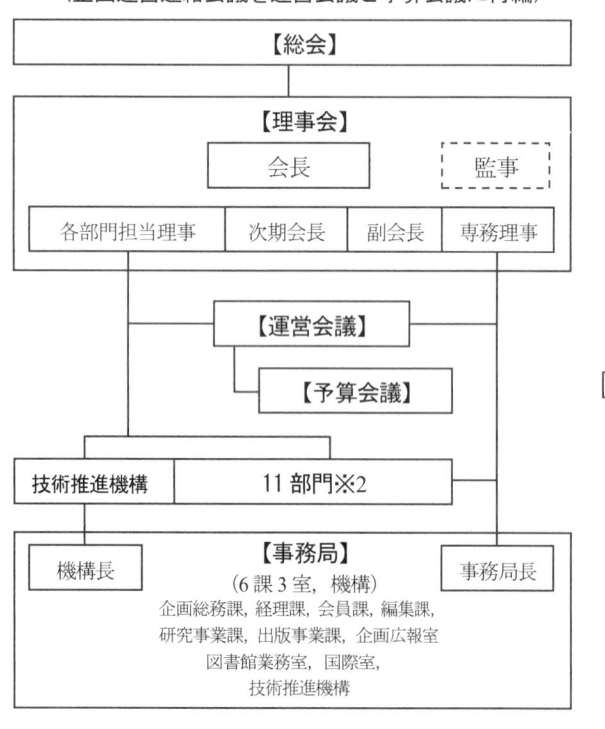

【総会】

【理事会】
会長　　監事
各部門担当理事　次期会長　副会長　専務理事

【運営会議】
【予算会議】

技術推進機構　　11部門※2

機構長　【事務局】　事務局長
(6課3室,機構)
企画総務課,経理課,会員課,編集課,
研究事業課,出版事業課,企画広報室
図書館業務室,国際室,
技術推進機構

2013年4月

【総会】

【理事会】
会長　　監事
各部門担当理事　次期会長　副会長　専務理事

【運営会議】
【予算会議】

技術推進機構　　11部門※2

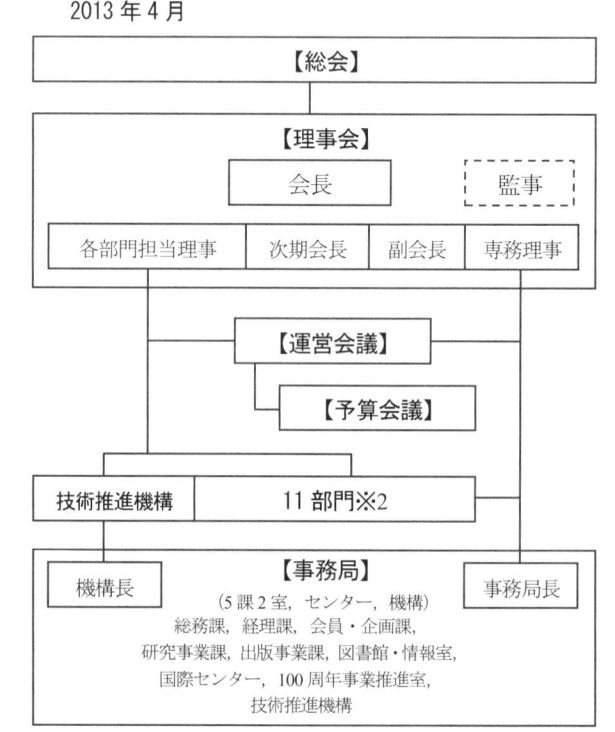

機構長　【事務局】　事務局長
(5課2室,センター,機構)
総務課,経理課,会員・企画課,
研究事業課,出版事業課,図書館・情報室,
国際センター,100周年事業推進室,
技術推進機構

図4.1.2　土木学会の運営組織の変遷

第1部 総論－土木学会が果たしてきた役割

表 4.1.4 役員数の変遷

議決日	役員 人数	役員 内訳（名）	理事 人数	理事 内訳（名）	備 考
1914.11.24	11	会長（1） 副会長（2） 常議員（8）	3	会長（1） 副会長（2）	【定款の制定】
1932.11.4	15	会長（1） 副会長（2） 常議員（12）	3	会長（1） 副会長（2）	（一部改正）
1933.10.11	17	会長（1） 副会長（2） 常議員（14）	3	会長（1） 副会長（2）	（一部改正） 役員は名誉職であることを規定
1936.2.14	23	会長（1） 副会長（2） 常議員（20）	9	会長（1） 副会長（2） 理事（9）	（一部改正） 理事の内3名は会長，副会長とし，残りの6名は常議員の互選による．
1940.2.15	27	会長（1） 副会長（2） 常議員（24）	9	会長（1） 副会長（2） 理事（9）	（一部改正） 理事の内3名は会長，副会長とし，残りの6名は常議員の互選による．
1946.10.5	53	会長（1） 副会長（2）常議員（50以内）	13	会長（1） 副会長（2） 理事（13以内）	定款の改正 理事数には会長，副会長を含む，他の10名は常議員会で正員から選挙
1958.10.16	65	理事（13以上15以内） 常議員（50以内）	15	理事（13以上15以内）	（一部改正） 理事のうち，会長1名，副会長2名，1名を専務理事とすることができる旨を規定，他の理事は常議員会で正員から選挙
1963.8.1	132	理事（25以上30以内） 監事（2） 評議員（75以上100以内）	30	理事（25以上30以内）	【定款の改正】 理事の内，会長1名，副会長5名，専務理事1名． 理事および監事は正会員の中から評議員が選任（評議員も名誉職） 定例評議員会は毎年3月と5月に開催
1964.8.8	132	理事（25以上30以内） 監事（2） 評議員（75以上100以内）	30	理事（25以上30以内）	（一部改正） 理事の内，会長1名，副会長3名，専務理事1名．（副会長減員）
1965.8.16	132	理事（25以上30以内） 監事（2） 評議員（75以上100以内）	30	理事（25以上30以内）	（一部改正） 理事の内，会長1名，副会長4名，専務理事1名．（副会長増員）
1973.7.23	132	理事（25以上30以内） 監事（2） 評議員（75以上100以内）	30	理事（25以上30以内）	（一部改正） 理事の内，会長1名，副会長5名，専務理事1名．（副会長増員）
1976.8.11	132	（変更なし）	30	（変更なし）	（一部改正） 会員の種別が5種から4種に変更
1983.7.8	132	（変更なし）	30	（変更なし）	（一部改正） 正会員を個人と法人に分け，正会員以外で学会の目的，事業に賛同する個人または団体を特別会員とすることにより，会員の種別を4種から3種に変更． 名誉会員（称号）の創設（評議員会において推挙）

1994.5.30	132	（変更なし）	30	（変更なし）	（一部改正） フェロー（称号）の創設（理事会が認定） 名誉会員（称号）は評議会の認定に変更
1999.11.1	32	理事（25以上30以内） 監事（2以内）	30	（変更なし）	（一部改正） 理事，監事は正会員の中から総会で選任 評議員の廃止※
2011.4.1	32	（変更なし）	30	（変更なし）	【公益社団法人への移行に伴う改正】 理事のうち，会長1名（法人法上の代表理事），副会長5名，専務理事1名

※ 評議員の廃止は第84回通常総会（1998年5月29日開催）にて議決されたが，その他の条項に係る変更について文部省の認可が下りなかったため，文部省の指導等の結果を反映させた定款変更案を翌年の第85回通常総会（1999年5月28日開催）に諮り，議決した．この定款変更案については，文部省から1999年11月1日に認可が下りた．その結果を受けて，評議員の廃止は2000年度に実施した．

4.1.4 委員会数の推移

土木学会は文部大臣から受領した「社団法人土木学会設立の許可書」の日付，すなわち1914年11月24日を創立の日としている．（同許可書の受領日は同年11月27日，法人設立登記は1914年12月7日である．）創立より2か月余り前，1914年9月15日に土木学会発起人総会が築地精養軒において開催され，9月22日には役員会が工学会事務所において開催されている．この役員会では議題として「会誌ノ形式及原稿依頼ノ件」が取り上げられ，編集委員（委員長を含む）の推選も行われている[1]．したがって，「土木学会誌編集委員会」が本会における委員会第一号である．

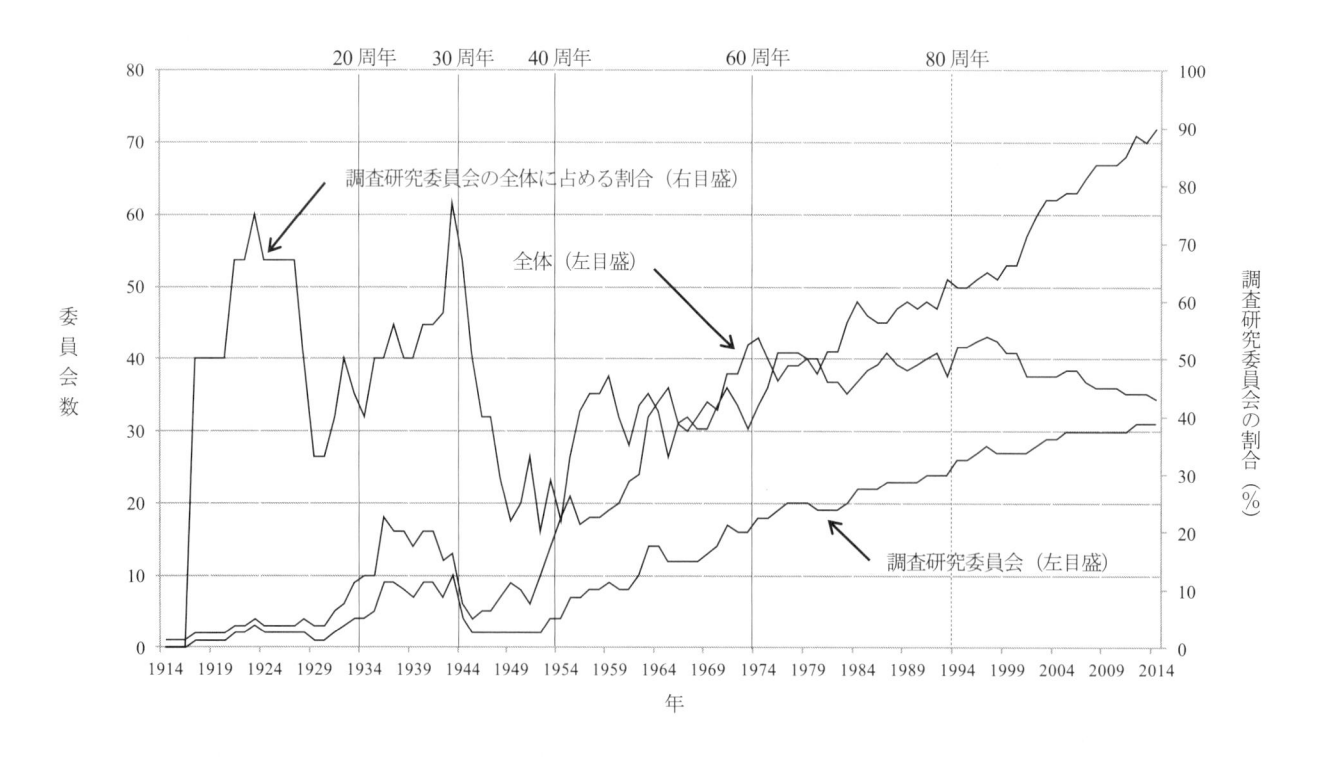

図4.1.3　100年間の委員会数の推移（特別委員会・受託委員会を除く）

図4.1.3は本会100年間の委員会数やその中の調査研究に係る委員会（「調査研究委員会」と略称）数，調査研究委員会の全体に占める割合を示したものである．全体的傾向としては右肩上がりで推移しているものの少し細か

く見ると，①草創期～創立20周年，②20周年～30周年，③30周年～40周年（主に第二次世界大戦後），④高度経済成長期（40周年～60周年），⑤60周年～100周年（現在）と五つの時期に分けることができよう．

　各時代の特徴について簡単に触れる．まず①草創期～創立20周年では，委員会の数は一桁台であり，20周年に二桁台に達した．この期間では，「東京市内外交通調査委員会」や「大阪市内外高速鉄道調査会」，「東京及横浜附近交通調査会」，さらには「東京高速鉄道調査会」といった喫緊の交通計画に係る委員会や1923年9月の関東大震災を契機とする「帝都復興調査会」や「震害調査会」が設置され，これらはその使命を終えて解散した．この時期に後の「土木用語委員会」の前身ともいえる「用語調査会」が設置されている．また，学会活動において中核的な役割を果たしている調査研究委員会の中でも最大規模を有する「コンクリート委員会」の前身である「混凝土調査会」が1928年9月に設置された．

　②20周年～30周年では，委員会数は最大18まで増えた（1936年）．主なところでは「世界動力会議大堰堤国際委員会日本国内委員会」（現在の日本大ダム会議）や「関西地方風水害調査委員会」，「台湾地方震災調査委員会」，「維新以前日本土木史編纂委員会」，「杭ノ支持力公式調査委員会」などに加えて，「土木建築士法案調査会」，「鋼橋示方書調査委員会」，「請負工事標準契約書調査委員会」，「行政機構改正調査委員会」，「文化映画委員会」，「財政調査委員会」，「土木技術者相互規約調査委員会」などが活動した．活動の対象範囲が広がるとともに，技術者倫理や財政など学会の抱える課題への取組みも始まった．1930年代や1940年代に設置された委員会の中には解散時期が不明なものも多いが，「防空土木委員会」や「対爆調査委員会」，「大東亜建設調査委員会」，「戦時規格委員会」，「飛行場急速建設論文審査委員会」など戦時色の濃い委員会が置かれていた．一方で，「昭和17年潮害調査委員会」や「西部地方風水害調査委員会」といった災害調査のための委員会も随時設置された．

　続く③30周年～40周年では終戦前後を境に委員会数は激減したが，「新聞編輯委員会」や「最新土木技術史編集委員会」，「土木用語委員会」，「土木工学ハンドブック編集委員会」，「土木製図委員会」，「海外連絡委員会」，「土木賞委員会」などが立ち上がり，創立40周年（1954年）には戦前のレベルに回復した．なお，40周年時の調査研究委員会は，「コンクリート委員会」，「水理委員会」（前身は1940年7月設立の「水理公式調査委員会」である），「プレストレストコンクリート委員会」，「橋梁構造委員会」の四つの委員会のみである．

　1954年から20年ほど続いた高度経済成長期と重なる④40周年～60周年の期間では，調査研究委員会の充実がめざましい．1954年の4委員会が1974年には18委員会に増え，調査研究委員会の全体に占める割合も40%程度で推移した．この期間では，「土木賞委員会」を「表彰委員会」に改名し，論文賞や吉田賞，田中賞の各選考委員会を設けている．また出版活動も活発であり，『土木工学叢書』，『日本土木史』，『わかり易い土木講座』，『土木年鑑』，『日本の土木地理』，『日本の土木技術』，『土木工学ハンドブック』などの各編集委員会を設け，編集作業にあたった．「企画委員会」や「出版委員会」といった学会運営上の基幹的委員会，現在の「教育企画・人材育成委員会」につながる「大学土木教育委員会」や「高校土木教育研究委員会」が設けられたのも当該期間においてであり，高度経済成長と相まって学会活動の拡充が図られた20年といえる．

　⑤60周年～100周年（現在）では，前述の**4.1.3 運営組織の変遷**に示すように会務遂行のための運営組織として部門制の拡充が段階的に図られ，社会や時代のニーズに的確に対応するための具体的な施策が講じられた．例えば，1984年には新たな調査研究委員会として民間企業に所属する技術者が多く参画する「土木施工研究委員会」（2002年に「建設技術研究委員会」に改名），「建設マネジメント委員会」，「建設用ロボット委員会」が設置された．また，地球環境問題の顕在化とともに「衛生工学委員会」（1994年に「環境工学委員会」に改称）に加え，「環境システム委員会」を1987年に，「地球環境委員会」を1991年に新たに立ち上げた．地盤工学委員会から独立した「舗装工学委員会」（2002年）やコンクリート委員会，構造工学委員会，鋼構造委員会を母体とする「複合構造委員会」（2005年）の設置も特定の技術分野の進展に対応した新たな動きである．本会では1999年に定款改正を行い，目的に「土木技術者の資質の向上」を，事業に「土木工学に関する学術，技術の評価」などを加えた．この定款改正を具現化するため，新組織として技術推進機構を発足させ，新たな制度として技術者資格制度（土木技術者資格制度に改称）や技術評価制度などを立ち上げた．

過去 40 年間では凹凸はあるものの，調査研究委員会の割合は 45～50％程度で推移しているが，特に最近の 10 年を見ると，その漸減傾向が顕著である．これは調査研究委員会の数の微増に対し，土木学会としての"社会への貢献と連携機能の充実"を強く意識した「論説委員会」(2007 年)，「倫理・社会規範委員会」(2008 年)，「公益増進事業運営委員会」(2012 年)，「学術文化事業運営委員会」(2012 年)，「土木広報戦略委員会」(2014 年)，「ダイバーシティ推進委員会」(2014 年)などの設置が続いたためである．

4.1.5　年次学術講演会の講演部門区分の変遷

前節で示したように，調査研究委員会は本会の調査研究活動を担う中核的な委員会であり，その数は 2014 年 6 月時点で 29（調査研究部門に属する「研究企画委員会」および「土木学会論文集編集委員会」を除く）を数える．ここでは，調査研究委員会の多様性を理解するうえで役立つと考えられることから，土木学会最大規模の行事である「年次学術講演会」での講演部門の区分の変遷について紹介する．この講演部門の区分は本会が発行する「土木学会論文集」の部門にならっており，その変遷を知ることは土木工学の体系化の歩みを知ることでもある．なお，「土木学会論文集」の部門の変更と「年次学術講演会」の講演部門区分の変更は連動しているが，タイムラグのあることを断わっておく．

表 4.1.5 は土木学会誌に掲載された年次学術講演会開催報告の記事をもとに 1960 年以降の講演部門の区分の変遷を示したものである．1969 年の第 24 回年次学術講演会までは 4 部門であったが，1970 年の第 25 回からは 5 部門（構造系，水系，土質系，計画系，コンクリート材料系）に再編された．1985 年の第 40 回からは施工技術に係る第Ⅵ部門が追加され，6 部門制となった．さらに 1996 年の第 51 回からは環境系が独立し第Ⅶ部門となり 7 部門制となった．なお，同表において 1960 年の第 15 回年次学術講演会では 5 部門となっているが，第Ⅴ部門は独立した部門ではなく第Ⅰ部門から第Ⅳ部門に包含される内容であり，実質的には 4 部門と考える方が適切であろう．

表 4.1.5　年次学術講演会の講演部門の変遷（1960 年以降）

開催年	部　門	内　容
第 15 回（1960）	第Ⅰ部門	土質および基礎工学
	第Ⅱ部門	橋梁および構造学
	第Ⅲ部門	水理学および水文学・港湾
	第Ⅳ部門	コンクリート・材料・道路・都市計画・鉄道
	第Ⅴ部門	応用力学・発電水力およびダム・衛生工学・河川および砂防
第 17 回（1962）	第Ⅰ部門	応用力学・構造力学・橋梁
	第Ⅱ部門	水理学・水文学・河川・港湾・海岸工学・発電水力・衛生工学
	第Ⅲ部門	土質力学・基礎工学・土木機械・施工
	第Ⅳ部門	鉄道・道路・都市計画・コンクリートおよび鉄筋コンクリート
第 20 回（1965）	第Ⅰ部門	応用力学・構造力学・橋梁等
	第Ⅱ部門	水理学・水文学・河川・港湾・海岸工学・発電水力・衛生工学
	第Ⅲ部門	土質力学・基礎工学・施工
	第Ⅳ部門	鉄道・道路・コンクリートおよび鉄筋コンクリート・土木材料・都市計画・測量
第 21 回（1966）	第Ⅰ部門	応用力学・構造力学・橋梁等
	第Ⅱ部門	水理学・水文学・河川・港湾・海岸工学・発電水力・衛生工学等
	第Ⅲ部門	土質力学・基礎工学・土木機械・施工等
	第Ⅳ部門	鉄道・道路・コンクリートおよび鉄筋コンクリート・土木材料・都市計画・測量等
第 22 回（1967）	第Ⅰ部門	応用力学・構造力学・橋梁等
	第Ⅱ部門	水理学・水文学・河川・港湾・海岸工学・発電水力・衛生工学等
	第Ⅲ部門	土質力学・基礎工学・土木機械・施工等
	第Ⅳ部門	鉄道・トンネル・道路・コンクリートおよび鉄筋コンクリート・土木材料・交通・都市計画・測量等
第 23 回（1968）	第Ⅰ部門	応用力学・構造力学・橋梁など
	第Ⅱ部門	水理学・水文学・河川・港湾・海岸工学・発電水力・衛生工学など
	第Ⅲ部門	土質力学・基礎工学・土木機械・施工
	第Ⅳ部門	鉄道・道路・コンクリートおよび鉄筋コンクリート・土木材料・交通・都市計画・測量

第1部 総論－土木学会が果たしてきた役割

第24回 (1969)	第Ⅰ部門	応用力学・構造力学・橋梁など
	第Ⅱ部門	水理・水文・河川・港湾・海岸・衛生など
	第Ⅲ部門	土質・基礎・土木機械・施工・トンネルなど
	第Ⅳ部門	道路・鉄道・コンクリートおよび鉄筋コンクリート・土木材料・都市計画・交通・測量など
第25回 (1970)	第Ⅰ部門	応用力学・構造力学・橋梁など
	第Ⅱ部門	水理・水文・河川・港湾・海岸・発電水力・衛生など
	第Ⅲ部門	土質・基礎・土木機械・施工・トンネルなど
	第Ⅳ部門	道路・鉄道・都市計画・交通・測量など
	第Ⅴ部門	土木材料・施工法・コンクリートおよび鉄筋コンクリート工学など
第39回 (1984)	第Ⅰ部門	材料力学・構造解析・振動工学・橋梁工学・構造設計・構造一般など
	第Ⅱ部門	水理学・水文学・河川工学・海岸工学・港湾工学・発電工学・衛生工学など
	第Ⅲ部門	土質力学・基礎工学・岩盤力学など
	第Ⅳ部門	道路工学・鉄道工学・測量・交通計画・都市計画・地域計画など
	第Ⅴ部門	土木材料・土木施工法・コンクリート，鉄筋コンクリート工学・舗装など
第40回 (1985)	第Ⅰ部門	材料力学・構造解析・振動工学・橋梁工学・構造設計・構造一般など
	第Ⅱ部門	水理学・水文学・河川工学・海岸工学・港湾工学・発電工学・衛生工学など
	第Ⅲ部門	土質力学・基礎工学・岩盤力学など
	第Ⅳ部門	道路工学・鉄道工学・測量・交通計画・都市計画・地域計画など
	第Ⅴ部門	土木材料・土木施工法・コンクリート，鉄筋コンクリート工学・舗装など
	第Ⅵ部門	土木技術・技術開発・技術情報・建設労務・海外工事など
第51回 (1996)	第Ⅰ部門	材料力学・構造解析・振動工学・橋梁工学・構造設計・構造一般など
	第Ⅱ部門	水理学・水文学・河川工学・海岸工学・港湾工学・発電工学など
	第Ⅲ部門	土質力学・基礎工学・岩盤力学など
	第Ⅳ部門	道路工学・鉄道工学・測量・交通計画・都市計画・地域計画など
	第Ⅴ部門	土木材料・土木施工法・コンクリート，鉄筋コンクリート工学・舗装など
	第Ⅵ部門	土木技術・技術開発・技術情報・建設労務・海外工事など
	第Ⅶ部門	環境システム・環境保全・用排水システム・廃棄物・環境管理など

なお，論文集の7部門制については，2007年度以降の論文集再編（本書44頁を参照）により19分冊に変更された．

調査研究部門では，年次学術講演会の講演部門の区分を準用して7部門制を踏襲しており，先述の29の委員会は表4.1.6に示すように7分野に複数の委員会がグルーピングされている．

表4.1.6 調査研究部門の29委員会の分類

分　野	委員会（委員会数）
Ⅰ 構造	構造工学，鋼構造，地震工学，応用力学，複合構造，木材工学（6）
Ⅱ 水理	水工学，海岸工学，海洋開発（3）
Ⅲ 地盤	トンネル工学，岩盤力学，地盤工学（3）
Ⅳ 計画	土木計画学研究，土木史研究，景観・デザイン（3）
Ⅴ コンクリート	コンクリート，舗装工学（2）
Ⅵ 建設技術マネジメント	土木情報学，建設技術研究，建設用ロボット，建設マネジメント，コンサルタント，安全問題研究，地下空間研究（7）
Ⅶ 環境・エネルギー	環境工学，環境システム，地球環境，原子力土木，エネルギー（5）

4.1.6 土木技術者の倫理規定

土木学会では，1999年5月の理事会において「土木技術者の倫理規定」を定めた．この倫理規定は，1998年6月に本会に設けた倫理規定制定委員会において8回の委員会審議を経て定めたものである．前文，基本認識，15条の倫理規定からなっている．

この規定の前文にも記されているが，土木学会では1938年3月に倫理規定に相当する「土木技術者の信条および実践要綱」を発表している．この「土木技術者の信条および実践要綱」制定の背景については，前出の2.2.2（昭和時代前期（1927～1945年）の活動概要（6）土木技術者の倫理規定）に述べているが，参考文献[2]にも紹介され

ており，1936年5月に土木学会総務部内（当時は経理部，編輯部，調査部など6部制が敷かれていた．）に「技術者相互規約調査委員会」を設置し，青山　士前会長が委員長に就任し，同委員会では，「我が国に於いて未だ技術者相互の規約例えば「エンヂニヤリングエシックス」の如きものなきを遺憾とし之が作成に関し調査研究せんとす．」との基本的考えに立ち，主としてASCE（米国土木学会）の「Code of Ethics」(1914年) を参考にしつつ検討し，3項目の「土木技術者の信条」と11項目の「土木技術者の実践要綱」を取りまとめた[3]．

土木学会が倫理規定を制定した理由については，上記の参考文献[2]でも，技術者の活動を支援する母体としての土木学会を活性化するにあたって，技術者集団としての要件を整えようとの視点から倫理規定が求められたためではないかと指摘している．なお，「土木技術者の信条および実践要綱」の備考には，「本信条及実践要綱を以て相互規約に代ゆるものとす．」と明記されている．

しかし，残念なことにそれから60余年，この「土木技術者の信条および実践要綱」は，会員間に十分に普及周知されなかった．それどころか多くの会員はその存在さえ知らなかったとされる．そこで，1998年6月に，元副会長の高橋　裕（東京大学名誉教授）を委員長とする「土木学会倫理規定制定委員会」を設置し，現代の視点に立った倫理規定の制定に着手した．

この規定制定に至るまでの背景[4]には，1997年夏から秋にかけての政府の行政改革会議においても話題になったと伝えられる技術者不信があったとされる．同年9月に土木学会は宮崎　明会長名で，行政改革会議に，国づくり行政において，企画立案機能と実施機能が一体不可分であるべきことへの理解などを要望するとともに，学会として国民の負託に応えるために，技術と技術者のあるべき姿を自ら明らかにすることを提示した．そして，この直後の記者会見において，会長は学会として早急に倫理規定を定めることを公約した．

1999年5月に発表した「土木技術者の倫理規定」は，このような経緯もあって制定したものである．特に前回の「土木技術者の信条および実践要綱」と以下の点で異なっている．すなわち土木技術者の活動範囲が多岐にわたるようになり，もはや土木部門内のしきたりや約束事のみでは通用しなくなっている．さらには，国際化の進行は，従来の一国内の慣習や制度のみでは十分に対応できない事態を招いている．こうした社会の複雑化と国際化により各種技術者集団における倫理規定の制定を必須なものとしているという日本社会において，土木技術者の役割の変化と再認識を踏まえていることである．また，土木学会は近年米国はじめ世界各国との連携を進めているが，国際的に通用する倫理規定なくしては国際間の円滑な協調体制もとりにくくなっている．政府間，各種法人，建設業，コンサルタントの国際化が急速に進行しつつあるなかで，共通言語としての倫理規定の持つ意義は大きい．さらに，地球環境問題は，科学技術のあり方，土木技術者の責任についても新たな転換を求めている．それぞれの地域，あるいは国土の発展のために土木技術を駆使する必要があるが，それが自然および社会環境，ひいては地球環境に悪影響を与えることは許されなくなっている．いわば土木技術者もまた地球人としての自覚と誇り，それを支える技術の錬磨が今後いっそう強く要求されることになる．倫理規定には，こうした国土や地球に対面する土木技術者のあり方を重要な視点として組み込んだことが特筆される．

「土木技術者の倫理規定」制定以降，土木学会では倫理に関する教材の出版※や技術推進機構（継続教育実施委員会）が主催する講習会などを通じて，技術者倫理の正しい理解と普及を目指している．

※土木学会の技術者倫理に関する本としては，以下の4冊が出版されている（発行順）．
・「土木技術者の倫理－事例分析を中心として－」(2003.5) 土木教育委員会 倫理教育小委員会：編
・「土木技術者倫理問題－考え方と事例解説－」(2005.7) 継続教育実施委員会 継続教育教材作成小委員会
・「技術は人なり－プロフェッショナルと技術者倫理－」(2005.9) 教育企画・人材育成委員会 倫理教育小委員会：編
・「土木技術者倫理問題－考え方と事例解説II－」(2010.6) 継続教育実施委員会 継続教育教材作成小委員会

「土木技術者の倫理規定」は学会として技術と技術者のあるべき姿を自ら明らかにしたものであり，その使命を果たしてきた．一方で，この現行規定に対し，土木技術者の継続的な社会貢献の意義を謳う面で弱い表現となっているといった意見がある．また，2011年3月11日に発生した東北地方太平洋沖地震による東日本大震災は多くの

土木技術者の価値観を問い直す機会ともなった．さらに，国際化の進展や土木学会の公益社団法人への移行（2011年4月）など，現行規定の制定時と状況が異なってきた．これらのことから，創立100周年を機に，土木技術者の考えを明確に表明することが必要ではないかとの意見があり，倫理・社会規範委員会内に倫理規定検討部会を2012年7月に設け，改定の是非を検討した．その結果を受けて「倫理規定検討特別委員会」（委員長：阪田憲次元会長）の設置を理事会に諮り，2013年5月に承認された．倫理規定検討特別委員会では集中審議を経て，「倫理綱領」と9条からなる「行動規範」で構成される改定素案を取りまとめた．その素案に対し，2014年2月に学会ホームページを通じて一か月の意見聴取を行った．同特別委員会では，その結果も踏まえさらに検討を進め，最終案を取りまとめた．最終案は2014年5月9日に開催された理事会で審議され，「土木技術者の倫理規定（2014年制定）」として承認された．

倫 理 綱 領

土木技術者は，
土木が有する社会および自然との深遠な関わりを認識し，
品位と名誉を重んじ，
技術の進歩ならびに知の深化および総合化に努め，
国民および国家の安寧と繁栄，
人類の福利とその持続的発展に，
知徳をもって貢献する．

行 動 規 範

土木技術者は，

1　（社会への貢献）
　　公衆の安寧および社会の発展を常に念頭におき，専門的知識および経験を活用して，総合的見地から公共的諸課題を解決し，社会に貢献する．

2　（自然および文明・文化の尊重）
　　人類の生存と発展に不可欠な自然ならびに多様な文明および文化を尊重する．

3　（社会安全と減災）
　　専門家のみならず公衆としての視点を持ち，技術で実現できる範囲とその限界を社会と共有し，専門を超えた幅広い分野連携のもとに，公衆の生命および財産を守るために尽力する．

4　（職務における責任）
　　自己の職務の社会的意義と役割を認識し，その責任を果たす．

5　（誠実義務および利益相反の回避）
　　公衆，事業の依頼者，自己の属する組織および自身に対して公正，不偏な態度を保ち，誠実に職務を遂行するとともに，利益相反の回避に努める．

6　（情報公開および社会との対話）
　　職務遂行にあたって，専門的知見および公益に資する情報を積極的に公開し，社会との対話を尊重する．

7　（成果の公表）
　　事実に基づく客観性および他者の知的成果を尊重し，信念と良心にしたがって，論文および報告等による新たな知見の公表および政策提言を行い，専門家および公衆との共有に努める．

8　（自己研鑽および人材育成）
　　自己の徳目，教養および専門的能力の向上をはかり，技術の進歩に努めるとともに学理および実理の研究に励み，自己の人格，知識および経験を活用して人材を育成する．

9　（規範の遵守）
　　法律，条例，規則等の拠って立つ理念を十分に理解して職務を行い，清廉を旨とし，率先して社会規範を遵守し，社会や技術等の変化に応じてその改善に努める．

4.1.7 土木図書館と技術推進機構

土木学会の組織として他の工学系学会と比べてユニークなものに，土木図書館と技術推進機構がある．

(1) 土木図書館

土木図書館の運営に係る歴史を概観する．1935年に第二次振興委員会に，倫理綱領の制定を含む土木学会改革案22項目が提出されるが，この第6項に「土木図書館の設置を計画尽力すること」が見える．この提案が現実化したのは創立50周年の1964年であった．これに伴い1964年2月に「土木図書館運営委員会」を設置したが，1968年5月に解散し，同時に改組した「図書館運営小委員会」が草創期の委員会といえる．同小委員会は，1968年6月からは，「会誌抄録委員会」(1953年4月に設置)の中に設置され，土木図書館資料の方向づけや図書館の運営管理を担当した．「蔵書目録」や「図書館利用の手引き」などを刊行し，1987年5月に解散した．同年6月からは委員会に昇格し，現在の「土木図書館委員会」につながっている．

土木学会の会務としての土木図書館の運営については，1981年5月の土木学会規則の改正において，編集出版部門の担当事項に「土木図書館の運営に関すること」を初めて定めた．1985年5月の改正では，編集出版部門が引き続き担当するものの，総務，企画等の部門と同様に，土木図書館の担当理事を定める旨を規定した．1995年5月に土木図書館は一部門として独立した．1997年5月には創立80周年記念事業の関連で企画した土木学術資料館構想に対応するため，学術資料館・土木図書館部門に名称変更し，担当事項に「学術資料館の企画，建設，建設後の運営に関すること」を追加した．2003年6月に従来の10部門を11部門に再編，グループ化する際に，情報資料部門に名称変更し，「学術資料館の企画，建設，建設後の運営に関すること」に代えて「土木技術に関する文献，資料等の調査，収集，保存，公開に関すること」が担当事項となった．

土木図書館は，創立50周年記念事業の一環として1964年6月に着工し，同年11月に完成，翌1965年1月から閲覧業務を開始した．1974年の創立60周年時には電動書架を導入，1984年の70周年時は新土木会館の完成を機に全面的な改装と書庫の増設を行った．さらに，創立80周年記念事業として土木学術資料館を川崎の浮島地区に建設する予定で検討を進めたが，当該地区の整備が予定より大幅に遅れ，建設の目途が立たなくなった．そのため，改めて80周年事業として会員用の施設について検討を行った結果，図書館の老朽化が進んでいること，蔵書数の増加により書庫が手狭になっていること，会議室が不足していることなどが判明した．そこで，理事会に土木図書館の建替えと土木会館の全館リニューアルを上申し，21世紀の土木学会の拠点として再整備することが決まった．2001年5月に起工式を行い，2002年5月に竣工した．

1985年11月に学協会としては数少ない著作権法による文化庁長官の指定※を受けた．複写サービスの向上を図り，1991年からは文部省学術情報センターのオンライン・データベースに参加，1993年11月からは刊行した図書・雑誌目録のデータを入力した「土木図書館目録システム」の供用を開始した．1990年代後期のインターネット黎明期にはWeb検索にもいち早く対応し電子図書館構築を目指したが，OA化費用が次第に図書館予算を圧迫し，諸般の事情もあって土木図書館の情報システムはいったん後退を余儀なくされた．土木図書館委員会では2001年度の図書館の建替えを機に，土木図書館を「土木学術情報センター」，「文化遺産や情報資源の発信地」，「未来の土木電子図書館」の機能を持つものと位置づけた．図書館整備特別予算や外部資金を得て，抜本的な情報環境の再構築を図った．着手から10年を経て，2014年現在「土木デジタルアーカイブス」や「学術論文公開事業」など30万件を超す原文コンテンツをWeb上で提供する，他に類を見ないサイトに成長している．

映像資料については，図書館所蔵分と土木技術映像委員会が所管の「土木技術映像選定制度」に基づく選定作品や映画コンクール受賞作品の寄贈分などを混在した状態で保管し，分類整理や活用の面で遅れていた．土木技術映像委員会が「土木学会イブニングシアター」と題する上映会を2001年に始めたことを機に，映像資料の調査・収集・分類・データベース化し，活用度が飛躍的に高まった．

※著作権法第31条（図書館等における複製等）では，「国立国会図書館及び図書，記録その他の資料を公衆の利用に供する

ことを目的とする図書館その他の施設で政令で定めるものにおいては，その営利を目的としない事業として，図書館等の図書，記録その他の資料を用いて著作物を複製することができる」とあり，土木図書館は著作権法により，文化庁長官の指定を受けた施設である（1985年10月24日指定，11月5日官報告示）．なお，著作権法第31条で「複製が認められる図書館等」は，同法施行令1条の3に規定する国立国会図書館，公共図書館，大学図書館および文化庁長官の指定を受けた図書館などに限定されている．

(2) 技術推進機構

技術推進機構は，社会・経済などの変化を踏まえ，学会が公益法人としての成熟度に見合ったより公益性の高い事業を推進するために設置した新しい組織である．理事会での2年にわたる検討の結果，1999年の通常総会にてその設置が承認され，以後，事業の拡大に対応した組織を整えつつ，活動を展開している．

土木学会は従来，学術・技術の振興に関する企画，調査研究，各種行事を活動の主体としてきた．しかし，急速に進む国際化の流れの中で，土木学会が事業的要素をもった諸課題に適切に対応していくため，有効かつ組織的に対応できる体制づくりを検討する必要が生じた．そのため，1997年4月，松尾　稔会長の発議のもと理事会企画部門が中心となり「土木学会技術研究推進機構設立検討準備会」を設置した．その後，1997年11月の理事会で「土木技術研究推進機構創設検討委員会」の設置が承認され，1998年1月の理事会にて「土木技術推進機構の基本的枠組み」について中間報告を行った．それを受けて，「技術推進部門」の設置が1998年4月の理事会で承認され，1999年5月の第85回通常総会にて「土木学会技術推進機構」の設立が正式に承認された．発足当初は，三好逸二専務理事が機構長を兼務する形で機構の活動を開始した．

1998年3月に取りまとめた「土木学会技術推進機構に関する検討報告」（土木技術研究推進機構創設検討委員会（前出））には，機構設立の理念および目的が次のように書かれている．すなわち，「技術開発にインセンティブを与え，わが国の技術者が活躍でき，かつ，わが国の技術が国内外で活用される環境を整備することは，工学系学会の重要な役割である．この役割を果たすために，国際規格，技術者資格の国際的相互承認，などに適切に対応できる枠組みを構築することが緊要となっている．また，国際的に受け入れ可能な技術評価システムのあり方を検討する必要がある」としている．

発足時の機構での活動には，「ISO対応特別委員会」，「建設技術者資格の国際的相互承認に関する検討特別委員会」，「特別研究プロジェクト委員会」，「規格，基準等策定委員会」および「アジア土木技術国際委員会担当委員会」の既存の5つの委員会を組み込んだ．

2000年4月の理事会において，土木学会技術推進機構の専任の機構長について発議があり，2000年6月から専任の機構長を招請した．機構設立の理念や目的，また，2000年4月に企画委員会が「2000年レポート－土木界の課題と目指すべき方向－」で提唱した重点課題やその方策に沿って，「継続教育制度」，「土木学会認定技術者資格制度」，「技術者登録制度」および「技術評価制度」といった学会独自の制度の具体化を検討し，事業化を進めた．

2001年5月には「土木学会技術推進機構運営規程」が理事会で承認され，同規程に基づき，技術推進機構の組織および運営に関する審議機関として「技術推進機構運営会議」を設置した．同時に，業務の拡充に円滑に対応するため，機構内に「企画部」と「技術推進部」を設置した．

運営資金は，当初一般会計から充当することとしたが，本機構の活動が特定の技術者個人や団体の利益に関わるものであることから，受益者負担による事業収入を主体として展開することとした．機構の運営に参考とした米国土木学会ASCEのCERF（Civil Engineering Research Foundation）では，その運営資金（特に人件費）を会員からのボランタリー寄付と，事業による収益とによっている．土木技術研究推進機構創設検討委員会では，土木学会では正会員1人当たり年間1,000円を寄付していただき，約15千人の方の寄付により15百万円のボランタリー寄付を得ることが妥当であるとの結論を得たが，理事会の承認は得られなかった．

当初は，事業収入を主体として展開し独立採算を目指すことにしていたため，名称を「土木学会技術推進機構」とした．しかし，会員・支部部門が提案した「会員証の磁気カード化」の2005年5月からの実施に合わせ，継続教育制度のすべての会員への普及拡大と利便性向上を図るため，「磁気カード会員証」を活用した継続教育システ

ムの再構築を進め，2005年6月に新システムに移行した．このこともあり，「技術推進機構」とし，土木学会の他部門と同等の位置付けとした．なお，会務として技術推進機構を規定している「土木学会細則」における「土木学会技術推進機構」から「技術推進機構」への名称変更は，公益社団法人への移行に伴う改正（2009年7月）の際に行った．

4.1.8 公益社団法人化
(1) 公益法人改革と学会活動

公益法人制度は，2008年12月1日の「一般社団法人及び一般財団法人に関する法律」（法人法），「公益社団法人及び公益財団法人の認定等に関する法律」（認定法），他1法の施行により新たな制度に移行し，従来の社団（財団）法人は，5年間の移行期間内に「一般社団（財団）法人」（以下，一般法人）または「公益社団（財団）法人」（以下，公益法人）に移行しなければ，解散とみなされることとなった．

一般法人は民間企業並みに課税されるが，事業内容に非営利性以外の制約がなく，法人法の規定を満たし行政庁の許可を受けて移行できる．一方，公益法人は税制優遇が受けられるが，事業に非営利性だけでなく公益性が求められ，法人法に加え厳しい認定法の規定を満たし行政庁から公益認定を受けなければ移行できない．

本会は，この新たな公益法人制度への移行にあたり，学会の事業の公益性，内部統治の重要性，今後の活動に当たって学会の活動が社会的に評価されることの重要性および財政上の税制優遇の必要性などを総合的に勘案して，公益社団法人への早期移行を目標とした．そのため，「土木学会の公益法人改革への対応の基本方針」を2008年度の7月理事会に諮り，「新たな公益法人制度において，土木学会は，その活動目的を継続的かつ一層効果的に達成していくため，2009年度を目途に，公益社団法人への移行を図る．」ことを決議した．

公益法人のメリットとしては，行政庁の厳正な審査により公益性を認定されることから高い社会的信用と評価が得られることにある．一方，会員にとっては，社会的信用度の高い学会の目的に賛同して会員となり，国が公益性を認定した活動に参画していることとなることから，社会的評価が向上すると予想した．また，公益法人は，寄附への税制優遇を受けられる特定公益増進法人（特増法人）に該当することとなり，これを活用して学会活動への支援を得ることは，活動の安定的継続に貢献すると想定した．

公益認定を受けるためには，①法人法で求められている内部統治の一層の明確化，②公益目的事業比率の確認のための事業体系の調整と会計システムの整理の2点が特に重要である．①の内部統治の明確化は，新制度のポイントであり，公益法人であるか一般法人であるかにかかわらず求められる重要な要件である．内部統治に関しては，学会活動そのものはほぼ従来どおり継続するという考えに立って，従来の定款や規程類を法人法の要請に合致するように見直した．これらの定款や規程類の変更に関する基本方針に関しても，「定款の変更の案作成の基本方針」を2008年度9月理事会に諮り，決議した．この基本方針は次に示すとおりである．

定款の変更の案作成の基本方針（平成20年度9月理事会決定）
1. 現在の学会の活動内容，組織運営を基本的に維持しつつ，関係法令の要求及び学会活動発展等の実態をふまえて，新公益法人として求められる活動内容，組織運営を包括的かつ明解に表現する．
2. 法令及び関連する公表資料を参照しつつ，①内部統治，公益認定基準など法令等により求められる事項，②技術者の資質向上に関わる活動など学会の判断に基づく事項を表現する条文で構成する．
3. 作業に当たり，各部門及び支部並びに運営会議の意見を聴きつつ，計画的に進める．

一方，公益性の確認のためには，定款に定める事業を一部組み替えるとともに，現在の会計体系を整理し，収支相償の確認を行いやすくすることとした．会計手続きはすでに大半が電子化してあったため，この会計体系再編作業は比較的小規模な改変で終えることができた．

(2) 新法人移行のための準備

準備に当たっては事務局内に事務局長を長とするタスクフォースを2007年3月に編成して詳細な検討を進め[5]，新公益法人移行の手続き面での準備がほぼ完了したことから，移行にあたり本会のあり方について，特に社会への貢献と会員にとっての価値の向上について議論するため，2009年11月に「新公益法人移行準備会議」（議長：稲村　肇・前副会長）を設置した．

1） 内部統治に関する準備

内部統治に関しては，法人法，認定法などの関連法令の要求を満たし，かつ現在の事業を支障なく継続できるよう，内閣府からの『移行認定のための「定款の変更の案」作成の案内』などの公表資料を参考として定款原案を作成した．作成に当たっては，学会活動は関係法令に照らして十分に公益的であると考えられることから，確実に公益認定を受けることに重点を置いた．併せて，学会の活動目的を継続的かつ一層効果的に達成していくため，学会の活動内容と組織運営に関する基本は維持し，当時の現行定款の規定を引き継ぎつつ，技術者資格制度や継続教育など，前回（1999年）の定款変更以降の学会活動の発展等の実態を踏まえ必要な変更を行った．

また，定款は組織運営の大綱であり，頻繁な変更を行わずに使用できるよう，包括的で明解な表現となるよう配慮した．さらに，法令に手続き等の詳細が定められているものは，必要以上に引用することを避け，煩雑化しないことに心がけるとともに，詳細な運用は細則や規程類に委ねることとし，柔軟に対応できるよう考慮した．ただし，通常の業務における基本的な流れが定款のみで把握できるよう，一部基本的な内容については，法令の定めがあるものも重複して定款に定めた．

2） 意見聴取とその反映

定款の変更の案については，学会内部における合意および意思決定手続が重要である．そのため，前述の2008年度7月理事会に続き，8月の運営会議，9月の理事会で段階的に基本的な方向付けを確認するとともに，9月および11月理事会で報告し意見を聴取したほか，各部門および各支部には10月と12月の2回，運営会議には12月と2009年2月の2回，各々意見を聴取し，2009年1月には学会ホームページを通じて会員にも意見を聴取して，それらを反映させた．当時の現行定款からの変更点は，法人法をはじめとする関連法令への適合のための修正が中心となったが，一部に既存の事業の公益性の説明および内部統治の明確化の観点から従来の事業や手続きを再整理して明示したもの，その他用語の整理等を行ったものなどがある．

また，規程類についても，定款および細則への適合を念頭に実態に合わせて必要な整理を行った．

3） 事業の公益性に関する準備

① 一まとまりとなる事業の分類：公益認定等ガイドラインに照らして学会の事業は21の小事業に分類されるが，これらをその性格，定款との対応，実施部門等を勘案して六つの公益目的事業として再編成し，収支相償算定の際の基本的なまとまりとすることとした．

② 公益事業区分：さらに，内閣府が公表している公益目的事業のチェックポイントに従って，学会の21の小事業が内閣府公表の公益認定等ガイドラインに示された17事業区分のどの事業に相当するかを検討した（表4.1.7参照）．

大部分の事業はそのままで公益性の説明が行えると考えられたが，ごく一部にそのままでは不十分と思われるものも散見されたため，次のような措置を講じた．

① 公益性は有するものの，会員限定的な運用があるものは，一般公開等を徹底する．（一部の支部の講習会など）

② 公益的な事業であると考えられるが，従来から税法上収益事業に分類しているものについては，新たに公益性の定義を明文化する．（出版事業，受託事業）

これらに関しても，定款・細則ともに各部門などの意見を聴取し，必要な修正を行った．

(3) 公益認定申請

公益法人改革への対応方針および「定款の変更の案」については，2009年5月29日に開催された第95回通常総会に諮り決議されたことから，2010年3月9日に内閣総理大臣宛に「移行認定申請書」を提出した．しかし，内閣府から「定款の変更の案」等について指導があり，「定款の変更の案」については15項目にわたる改正案を同年5月28日開催の第96回通常総会に諮り承認を得，その他の修正とともに，内閣府に提出した．

その後は，本会は政府系団体と誤解されるなどにより認定作業の停滞があったが，2011年3月28日に内閣府公益認定等委員会から答申がなされ，3月30日付にて内閣総理大臣の「認定書」を受領し，4月1日に登記を終えた．

表4.1.7 公益目的事業区分と事業の対応

学会の事業名	小事業名	1 検査検定	2 資格付与	3 講座、セミナー、育成	4 体験活動等	5 相談、助言	6 調査、資料収集	7 技術開発、研究開発	8 キャンペーン、○○月間	9 展示会、○○ショー	10 博物館等の展示	11 施設の貸与	12 資金貸付、債務保証等	13 助成	14 表彰、コンクール	15 競技会	16 自主公演	17 主催公演	18 その他	対応する定款の事業（太字は定款上の新規事業）
【公1】調査研究事業	1(1) 調査研究 1(2) 公益受託研究 1(3) 社会支援 1(4) 公益出版 1(5) 会誌発行						1(1) 1(2) 1(3) 1(4) 1(5)													(1) 土木工学に関する調査，研究 (2) 土木工学の発展に資する国際活動 (3) 土木工学に関する建議並びに諮問に対する答申 (4) 会誌その他土木工学に関する図書，印刷物の刊行
【公2】講演会等事業	2(1) 講習会等行事※ 2(2) 学術講演会等※ 2(3) 教育支援等			2(1) 2(2) 2(3)																(5) 土木工学に関する研究発表会，講演会，講習会等の開催及び見学視察等の実施
【公3】表彰・助成事業	3(1) 表彰 3(2) 論文集発行※ 3(3) 吉田博士記念基金※ 3(4) 田中博士記念基金※ 3(5) 土木振興基金※ 3(6) 学術振興基金※ 3(7) 学術文化基金※													3(6) 3(7)	3(1) 3(2) 3(3) 3(4) 3(5)					(6) 土木工学に関する奨励，援助
【公4】評価資格事業	4(1) 技術評価 4(2) 技術者登録 4(3) 技術者資格 4(4) 継続教育	4(1) 4(2)	4(3) 4(4)																	(7) 土木工学に関する学術，技術の評価 (8) 土木技術者の資格付与と教育
【公5】広報・啓発事業	5(1) 土木の日※								5(1)											(9) 土木工学に関する啓発及び広報活動
【公6】図書館事業	6(1) 土木図書館						6(1)													(10) 土木関係情報の収集・保管・公開及び土木図書館の運営

〔備考〕対応小事業名の※印は，従来の会計処理がそのまま対応するもの．

(4) 宣言：公益社団法人への移行にあたって

本会の活動を適切に公益法人移行申請に反映するとともに，学会における公益性への理解を深めつつ新公益法人への移行を適切に進めていくため，内閣府への公益認定申請手続きに入ったのにあわせて，「新公益法人移行準備会議」（議長：稲村　肇・前副会長）を設け，申請手続きと移行準備に万全を期すこととした．準備会議の主たる業務として，①公益目的事業内容のチェックと内閣府審査への対応，新公益法人移行に関する他法人との情報連携，②新公益法人移行に向けた学会の基本課題の抽出・整理を挙げた．ここで基本課題とは，学会が会員，即ち土木の各場面で活躍する研究者や技術者を支援する組織として機能し，土木技術の発展，技術者の資質向上等支援を通じて，社会基盤の整備に貢献していくために必要な，解決すべき課題あるいはあるべき姿に向けた課題という意味である．

②の基本課題に関連して，新公益法人への移行に際し，社会に貢献する団体としての決意と行動を明確にして，

会員をはじめ社会に向けてわかりやすく発信するため，土木界や土木技術者が置かれた状況を踏まえ，本会は「如何なる枠組みの下で如何に行動するか」を，『新公益法人移行にあたっての提言』(仮題)としてまとめることとした．全5回の委員会のうち，4回で集中的議論を行い，『公益社団法人への移行にあたっての宣言（案）』として取りまとめた．2010年11月の理事会で宣言（案）について審議を行い，2011年4月理事会にて最終承認され，2011年5月27日に開催した移行登記後初の定時総会（通算97回）に提出した．鬼頭平三副会長から「土木学会は，4月1日に公益社団法人として新しいスタートを切りました．3月11日にわが国を襲った未曾有の大震災による被災地の復興，さらには安全な国土形成に向けて土木学会も大きく貢献すべきと考えられます．また，土木学会は3年後に創立100周年を迎えます．そこで，公益社団法人への移行を社会に貢献する土木のあり方や，市民のための土木について，原点に立ち返って検討する機会としたいと考えております．この思いを会員のみならず，関心のある方々と共有するために，公益法人移行準備会議において取りまとめました『宣言：公益社団法人への移行にあたって』を本日宣言するものであります．」との説明があり，引き続き，宣言文を読み上げた．以下はその宣言文および解説文である．

宣言：公益社団法人への移行にあたって

　「土木」は，有史以来「人々が暮らし，様々な活動を行うための環境や条件を整えることを通して，よりよい社会へと改善していく営み」を積み重ねてきた．すなわち，「みち」や「みなと」，「まち」や「むら」，そして「やま」や「かわ」や「うみ」等の，私たちの生きるための条件や環境を形作る様々な諸要素を，整え，建設・維持・管理し，運用することを通じて，地域の活力と国力の増進を図り，人々の安全を保障し，文化・芸術の発展を目指す総合的な営みが「土木」である．したがって「土木」という営みは本源的に「公益」に資するものであり，「土木」に従事する技術者や研究者等は，本質的に「利他的・倫理的・公共的」であることが求められている．

　それゆえ，こうした「土木」の営みを担う土木界は，その営みを通じて，公益の増進を図るための不断の努力を続けることを，その使命とするものである．従って土木界は，常に，長期的，大局的な展望を保ちながら，少子化や高齢化，資源・エネルギーの制約や地球環境問題の変化，経済・社会のグローバル化などの移りゆく時代の変化にも敏感に対応し続けていかなければならない．そして公益のさらなる増進を図るためにも，次のような三つの視点からその営みの高度化を志向し続けていくことが求められている．

　（1）人類の生存と営みへの貢献
　（2）人類と自然の共生への貢献
　（3）土木の原点，総合性への回帰

　土木学会はこうした土木界による公益増進の中心的存在として，長期にわたる社会基盤・システムの必要性を洞察し，それに柔軟に対応できる社会基盤・システムのあり方や提供の仕組みに関する調査研究と学術・技術の交流・評価を行うものである．そして，その成果を社会に発信するとともに，それを担う人材の育成とその支援を行うものであり，諸活動を通じて土木界の活動の高度化を図らんとするものである．土木学会は公益社団法人への移行にあたり，こうした土木学会の公的な責務を改めて認識し，土木学会員のための「共益」のみならず，土木界並びに社会に対する「公益」の新たな展開のため，土木学会が貢献できる対象の拡大とその内容の充実を図りつつ，公益社団法人に相応しい形態でその諸活動を全面的に展開していくことを，宣言するものである．

（宣言の解説）
1．土木の定義とその公益性
（土木と土木技術者の定義）
　「土木」とは，「人々が暮らし，様々な活動を行う様々な条件や自然環境，人間環境を整えることを通して，我々の社会を飢餓と貧困に苦しむことなく安心して暮らせる社会へと改善していく総合的な営み」を意味するものであ

るといえよう．とりわけわが国は，厳しい自然条件と平地における人口稠密な国土に，高度の文化的な生活と経済とを展開するため，国土と時に対峙し，時に巧みに協調する必要がある．そして「土木」は，土木技術の開発に努力を傾注しその力を劇的に増大させて，全国各地に防災施設，港湾，鉄道，道路などの交通運輸施設，発電・エネルギー施設，上下水道といった社会基盤・システムを築き，都市や農村などの人間環境と自然の環境を改変してきた．「土木」に従事する技術者や研究者等には，「土木」のみならず「機械」や「電気」等の幅広い技術分野の技術者や研究者等が含まれるが，本宣言の解説においては，これらを総称して「土木技術者」という言葉で代表する．

（土木の公益性）

地球温暖化への対処，近年頻発する地震，水害等自然災害への対策，人口減少下のわが国の国際競争力の維持向上を支える基盤整備，文化的・景観的にも魅力ある国土空間の確保・保全と整備などは，今後の我々及びその子孫のことまで思いを巡らせて中長期的な視点から着実に進めるべき課題であり，土木及び土木技術者として積極的貢献を果たす必要がある．土木技術者は現在までの我が国の発展を支えた社会基盤・システムづくりに大きな貢献をしてきたこと，そして今後も将来にわたる繁栄の礎としてのこれらの社会基盤・システムの整備と国土の保全，自然の保護という公益的事業を担うことを誇りとするものである．

道路，鉄道，港湾，空港，発電・エネルギー施設，上下水道といった社会基盤・システムを考えてみても，これらはこれまで連綿と努力を積み重ねて築かれ，現代の人々の生活を支えるとともに，将来の人々にも多大なる恩恵をもたらす．そうした社会基盤・システムを総合的に運営（調査計画，建設，運用，維持管理，更新）することは土木の使命である以上，土木の活動は，特定の個人や法人の利益を志向するものではなく，広域的・長期的な視野に立って，過去の世代，現代の世代，将来の世代を通じて普遍的に存する価値を志向するものである．それゆえこれら社会基盤・システムの整備，すなわち土木の総合的営みは，本源的に公益性を有する．

さらにこのような公益性のゆえ，社会基盤・システムは官庁等の公的機関ないしは公益企業が中心となって運営されている．そしてその運営は，基本的に民間セクターで完結する工業製品の生産過程と異なり，官庁等の公的機関や公益企業など企業者と，設計や建設に当たってこれを請け負う民間受注者（コンサルタント・施工業者）との適切な役割分担があって初めて的確に遂行される．つまり土木における事業遂行による功績は，官庁等の公的機関のみならずすべての関係者のものであるといえる．それゆえ土木の営みは，発注者のそれであれ，受注者のそれであれ基本的に公益性を有する．

2．土木界の使命と営み

土木の本源的な公益性から，それを担う土木界（個人，組織及びそのネットワーク）には，本質的に「利他的・倫理的・公共的」であることが求められるとともに，中長期的な視点から社会の発展を洞察し，的確な社会基盤・システムを提供することが責務である．それらは以下の3点に集約される．

（1）人類の生存と営みへの貢献

「土木」の重要な任務が，生存にかかわる安全性の確保と我々人類の営み，すなわち，経済活動，社会活動，文化・芸術活動の質的向上であり，その公益性の重大な部分がこの点にこそ求められる．土木学会が公益社団法人へ移行するにあたり，改めてこの点を踏まえつつ，これまでの土木がなしてきたこうした人類への貢献を，さらに質的に高度化するための努力を強めることとする．

もちろん日本の国土とその自然は，2011年の東日本大震災に見るように，時に人知を超えた凶暴な側面を見せる．自然に対して畏敬の念を抱き，土木事業の環境に及ぼす大きなインパクトに細心の注意を払いつつ，技術の限界に対する謙虚さを忘れずにそれを活用するという姿勢を貫く必要がある．

社会基盤・システムがそもそも量的に不足した高度経済成長時代には，土木の公益性を改めて意識するまでもなく，人々は社会基盤・システムの必要性を強く認識していた．しかしながら，社会基盤整備の進展による国民生活の充足感の向上に伴い，日常生活において社会基盤・システムの必要性どころか恩恵についても，社会が積極的に

評価しない風潮となっている．さらに，バブル崩壊後の経済不況に伴う公共事業の経済対策の側面の過度の強調や一部の不祥事などが，その後の土木に対する逆風を助長していたといえよう．

　これらの認識を踏まえつつ，改めて人類への貢献を最終的な目標とするなら，社会の現在から将来にわたるニーズを的確に把握し予測することも，土木の本源的な公益的な視点の一つである．

　以上のような視点から当面の重点強化事項を例示すると；

1）東日本大震災の復旧・復興への貢献
　　被災の実態，これまでの防災対策の検証などを行い，復旧・復興の計画・実施への貢献を行う．

2）国土経営上の災害リスクへの対処
　国民の安全・安心に加えて，国際競争力の向上を抱合した「国土，地域の事業継続計画」の確立，地球温暖化に起因する防災対策を含む災害リスクの低減及び襲来が予測されている巨大地震への備えを確実にすることは，未曾有の災害を経験した我々土木技術者の責務である．

3）国力の増進
　わが国の国民の幸福と安全を持続的に保障し，社会，経済，文化活動の高度化と，グローバルな競争力を確保するための国力増進に資する土木の諸活動を推進する．

4）文化的・景観的に魅力ある国土の形成
　土木が「人々が暮らし，様々な活動を行う環境を整えることを通して，我々の社会をよりよい社会へと改善していく営み」である以上，経済的効率性の追求のみならず，積極的に歴史・文化的，景観的に魅力ある都市や地域社会，そして国土を形成するための土木の諸活動を推進・支援する．

5）国際化支援活動
　海外の社会基盤整備を効果的に進めることが世界ひいては日本の繁栄につながるとの認識から，アジアを中心として世界のインフラ整備に貢献する土木界でなければならない．そのためにも，建設産業の国際競争力の強化，さらに国内大型建設事業の実施体制の合理化など，国内建設市場の条件整備を支援する．

（2）人類と自然の共生への貢献

　「土木」という営みは，我々人類の諸活動の内容の質的向上を図るもののみならず，そうした諸活動に従事する人類が自然環境と共生を図ろうとする点にこそ，その本質的目的が求められる．そもそも，自然界において共生をし損じた種は，その自然の人知を越えた力によって遅かれ早かれ淘汰される憂き目から逃れ得ることができない．しかしその「土木」の営みは多くの場合，自然の改変と時として破壊につながっていた．いわば「土木」の原罪である．さらに，地球温暖化問題をはじめとして，現代における高度に近代化した人類の営みが自然との共生に必ずしも成功しているとは言い難いことが危惧されている．土木はこうした諸点を改めて見据え，高度に近代化した人類の営みが自然全体の営みと調和するために必要な様々な技術開発やそのための基礎研究と実践，そしてそうした調和に貢献する人材の育成のため，いわばコンダクターとして中心的役割を果たしていく必要がある．

　これらの認識を踏まえ，改めて自然との共生への貢献を目標に，当面の重点強化事項を例示すれば；

1）資源・エネルギー問題と地球温暖化への対処
　現在我々は地球温暖化防止のため，二酸化炭素の削減が求められている．そして，資源・エネルギー問題への対処などの大きな課題を抱えている．こうした要請や問題に対して，省資源，循環型社会の実現のために，土木は中心的役割を果たす．

2）生物多様性への対応
　自然の改変に深い関わりを持つ土木は常に生物多様性に配慮し，あらゆる機会を通じて出来るだけ多くの種を次世代に引き継げるよう心がける．

（3）土木の原点，総合性への回帰

（1）及び（2）に述べた，土木界が自ら実践することの他，最近の問題点として，公共事業費の縮小に加え，自然環境の保全意識の高まりなどから，大型の長期にわたるプロジェクトの実施・継続が容易でなくなりつつあり，地球温暖化に伴う計画・設計条件の変化と相まって，単一の手法によって問題を解決しきれない状況となっている．このため，自然環境の変化がもたらす多様な影響に対し，例えば治水対策としての土地利用制限などのように，分野間で連携して総合的に解決を図ることや，対応手法を検討することなどの対策が必要である．

このような環境下で土木が一層の社会貢献を果たすためには，改めて社会の問題をあらゆる手段を講じて，総合的に解決し積極的に社会の発展に貢献するという，土木の原点に立ち返る必要がある．そのための当面の重点強化事項を例示すれば；

1）多様な科学・技術成果の適用

「人々が暮らし，様々な活動を行うための環境や条件を整える」という土木の営みの中で使用する技術に何ら境界を意識しないところは，土木の特異性であり誇りでもある．従って，土木技術に限らず様々な科学・技術を適用し，事業推進の資金を調達し，さらには紛争解決など多岐にわたる他分野の専門家・産業との協働を積極的に進めることが必要である．

2）土木に関する国民対話の促進

高度に情報化の進行した現代の日本においては，「土木」という多くの人々に多大な影響を及ぼし得る公的活動が逆に，「世論」の影響を大きく受けている．しかしながら，土木技術者が世論の背景を十分に斟酌していない例もあるし，他方「土木」の様々な取り組みの目的や影響を的確に理解できないままの「世論」の例もある．それ故，現代社会において土木に関する国民との対話の促進は，土木の質的向上を図るうえで重要な課題である．土木技術者一人ひとりが土木の原点に立ち返り，専門家としての倫理観に則って，人々の声を謙虚に受け止めたうえで，土木が現在のみならず将来の社会に何をすべきかを考えて毅然と提案し，国民との対話を続けつつ実施して行かなければならない．

3．土木学会運営の基本方針と事業の目標

土木学会は，1990年代後半，時代の変化に対応し社会へ貢献する土木を目指して，技術力と倫理観のある技術者の育成・支援及び国際化の支援を眼目とする定款の改訂や技術推進機構の創設などの一連の改革に着手し，現在もその過程にある．さらにこのたびの公益社団法人への移行をチャンスと捕らえて，これに積極的に呼応することとした．

土木界の中心的存在としての土木学会の活動そのものが公益性の体現であって，従来の活動も基本的には公益的であった．しかし新たな法体系では従来の活動の一部に見られた学会会員に限定した事業は「共益事業」と呼ばれ，「公益事業」とは区別されることとなった．また土木学会の公益性は，土木学会が組織として適切に運営されて初めて実現する．そのため内部統治（ガバナンス）と健全な財政を確保し，会員以外にも開かれた「公益事業」活動を展開することが肝要である．

（1）技術者・研究者および社会の役に立つ公益事業の展開

まず土木学会の本来の機能である公益的な活動がどうあるべきかを，原点に立ち返って確認する必要がある．このためには，土木学会が貢献できる対象の（会員，非会員を問わず個人，法人またはその集合体）いわば「顧客」が必要とする情報やサービスの的確な提供及びその質的な向上と範囲の拡大，さらに人材育成こそが，学会の公益的な活動の要諦であることを確認する必要がある．そして本部・支部の情報共有，会員への情報提供の充実，非会員の学会活動への参画機会の増大など，開かれた体制を実現するものとする．

特に学会では委員会活動等の専門性に基づく公正性，及び会員を中心とするボランティア活動という非営利性により公益性を確保してきた．今後は，従来の公益事業に加えて，直接的社会貢献まで公益性を広げて，会員以外に

も開かれた「公益事業」活動を展開することが肝要である．学会は外に開かれている姿勢を明らかにし，社会のニーズや希望を正確に把握して，学会活動の効果的な展開を図ってゆくための工夫が必要である．

具体的な学会の事業例をあげれば，地球温暖化，資源・エネルギー問題，地震防災，国力の増進と国際化の支援などの土木界が貢献すべき課題に自ら研究・啓発を行うだけでなく，広く社会に働きかけて問題解決をリードするなどの取り組みを行う．あるいは優秀な技術者を育成することは，時間を必要とすることから計画的に行う必要性があり，土木学会の技術者資格制度や継続教育制度を充実・普及させるなどの土木技術者の活動を積極的に支援するための取り組みが必要である．

なお土木学会は2014年に，創立100周年を迎える．これを機に過去の1世紀を振り返るとともに，これからの1世紀を展望しつつ，「公益社団法人」としてどのような課題にどのように取り組むかの議論を展開してゆく．

（2）健全財政と明確な内部統治のもとの運営

内部統治（ガバナンス）の確立は今回の法人改革の眼目のひとつであり，明確な責任分担のもと迅速に意思決定し，行動すること，さらに財政の健全性を維持することなど，いわば経営的視点を入れつつ運営することは，公益法人運営の基礎である．学会としては，社会あるいは会員・土木界とのインターフェースとしての支部の重要性を認識しつつ，本部と支部が一体となって，会長・理事会のリーダーシップのもと，スピード感のある運営に努める．このため内部の組織の充実あるいは支部の交付金の考え方などの検討を行って，新しい活動に相応しい体制を整える．このようにして，土木技術者や地域が直面する課題解決への貢献を積極的に進めて，会員のみならず参加した土木技術者全体の満足度の向上に努める．

また公益事業を拡大・充実させるための環境整備として，従来主に会費及び事業収入を充当していたこれらの事業資金として，本学会の事業活動に理解と賛同を示す方々との協働と寄附に期待する．具体には，学会への寄附貢献者への謝意の明示などの新しいルールのもとに，多くの方々との協働と寄附を募る，いわば寄附文化の醸成を図る．

4.2 役員選任方法の変遷
4.2.1 現行の役員候補者選出の手順

　土木学会の会長以下の役員は、定款の定めにより、まず総会において 30 名の理事と監事 2 名を選任[※1]し、選任された理事の互選により、会長、副会長、専務理事を選定するという手順になっている。実際には任期のずれから 30 名の理事の半数程度と監事 1 名が毎年改選になる。

　しかし実務上は、総会に諮るべき役員候補者の原案を作成する必要があり、また、理事の互選による会長等の選定についても、適正な手順により、会員の代表にふさわしい選出が行われるように手続きを整える必要がある。このために、計 100 人の選考委員を各支部から選出して「役員候補者選考委員会」を構成し役員候補者の選考を行っている。各支部からは前年度末の会員数に比例して 100 人が按分され、各支部は会員の活動歴、職域などを考慮して選考委員を選出する。この「役員候補者選考委員会」の委員長[※2]は、会長がフェロー会員の中から指名している。また、役員候補者の選考に係る基本方針を含む検討資料作成など、委員会の業務を処理するため、選考委員 100 名の中から選定された 20 名を部会員とする「基本方針等策定部会」（2012 年度までは「素案作成部会」と呼称）を編成する。この部会の部会長は「役員候補者選考委員会」委員長が兼務している。

　この役員候補者選考委員の投票により選考された役員候補者は理事会の議を経て、総会に上程されることになっている。

　※1　用語：本稿では選任、選定、選考、選出を以下のように使い分けている。
　　選任：規程に基づき選出（を承認）し、任命する。
　　選定：規程に基づき選出しまたは承認する。
　　選考：規程に基づき候補者の案を作成する。
　　選出：「選び出す」という一般的な意味で使用。
　※2　委員長は投票できない。（土木学会役員候補者選考規程第 8 条）

　現行の役員候補者の選出の手順は、図 4.2.1 に示すとおり、会長や副会長、次期会長、理事、監事といった役職に応じてそれぞれの候補者推薦のための会議体あるいは手続きを定めている。また、選出分類別役員の数と選出方法を表 4.2.1 に取りまとめた。

表 4.2.1　選出分類別役員の数と選出方法

役員（理事 30 名, 監事 2 名）の選考手続きによる分類			選任・選定に関する定款・細則の定め	役員候補者選考委員会への推薦機関（原案作成機関）
				参考意見（推薦候補者）提出機関
理　事　【30 名】			総会が選任	
	会　長　【1 名】		理事が互選	正副会長会議 注1
支部選出理事【21 名】 注2	副会長【2 名】		理事が互選	正副会長会議／今期及び次期の全国大会開催支部
	次期会長【1 名】		理事会が選定	次期会長候補者選考会議
	理　事【18 名】			各支部
職域選出理事【7 名】	副会長【3 名】		理事が互選	正副会長会議／関東支部（中部，関西両支部と調整）
	理　事【4 名】			関東支部
	専務理事【1 名】		理事が互選	正副会長会議
監　事　【2 名】			総会が選任	関東支部【1 名】及び中部又は関西支部【1 名（輪番）】

　注 1：会長候補は前期の次期会長をもって充てている。
　注 2：各支部選出理事数は会員数に応じて按分される。

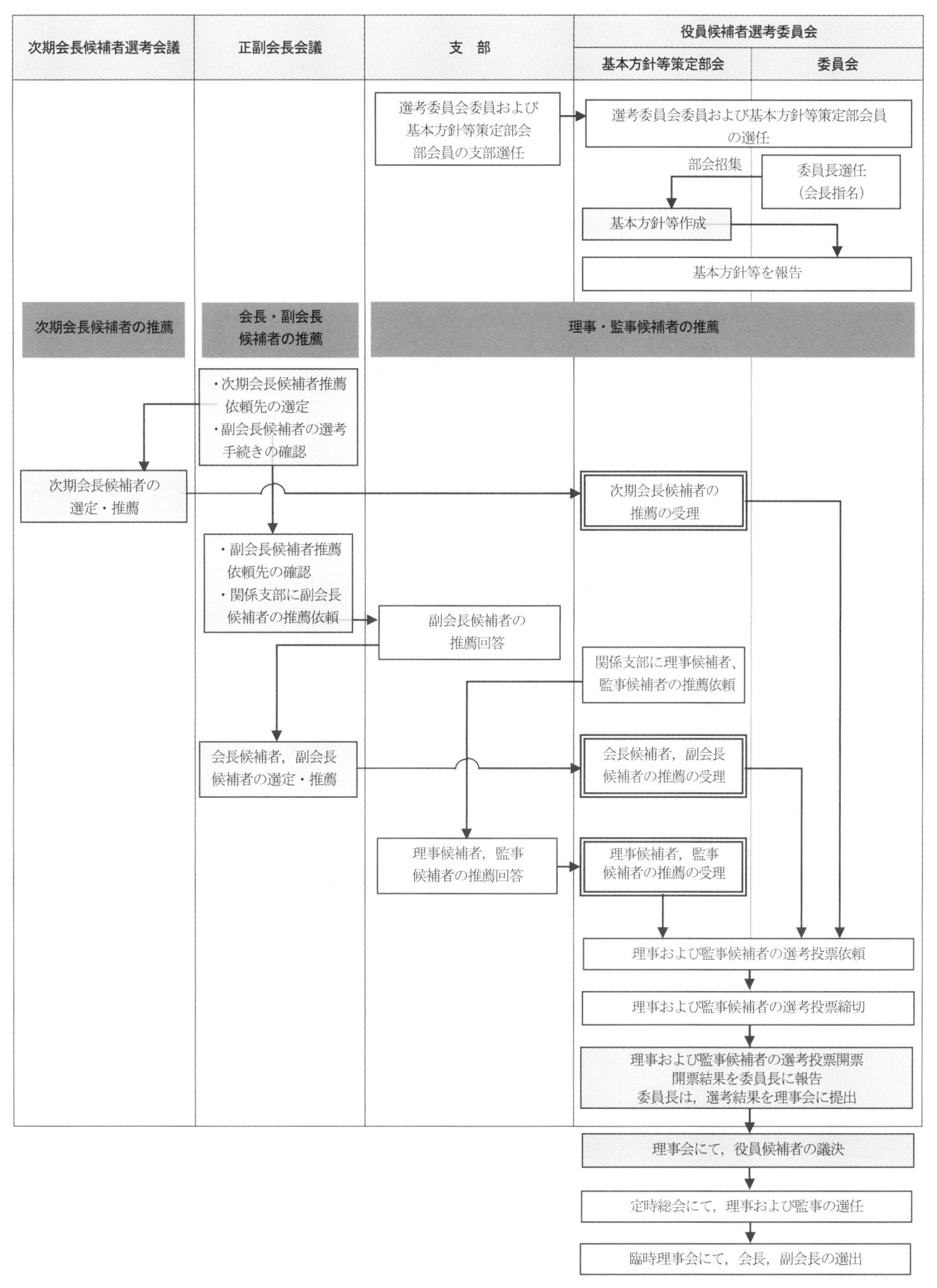

第1部 総論－土木学会が果たしてきた役割

次期会長候補者選考会議	正副会長会議	支　部	役員候補者選考委員会	
			基本方針等策定部会	委員会
		選考委員会委員および基本方針等策定部会部会員の支部選任	選考委員会委員および基本方針等策定部会員の選任	
			↓部会招集	委員長選任（会長指名）
			基本方針等作成	
			基本方針等を報告	
次期会長候補者の推薦	**会長・副会長候補者の推薦**	**理事・監事候補者の推薦**		
	・次期会長候補者推薦依頼先の選定 ・副会長候補者の選考手続きの確認			
次期会長候補者の選定・推薦			次期会長候補者の推薦の受理	
	・副会長候補者推薦依頼先の確認 ・関係支部に副会長候補者の推薦依頼	副会長候補者の推薦回答		
			関係支部に理事候補者、監事候補者の推薦依頼	
	会長候補者，副会長候補者の選定・推薦		会長候補者，副会長候補者の推薦の受理	
		理事候補者，監事候補者の推薦回答	理事候補者，監事候補者の推薦の受理	
			理事および監事候補者の選考投票依頼	
			理事および監事候補者の選考投票締切	
			理事および監事候補者の選考投票開票 開票結果を委員長に報告 委員長は，選考結果を理事会に提出	
			理事会にて，役員候補者の議決	
			定時総会にて，理事および監事の選任	
			臨時理事会にて，会長，副会長の選出	

図 4.2.1　役員候補者選出の手順

以下，各役員候補者について，**表 4.2.1** 記載の内容について補足する．

(1) 理事候補者

　理事の定数は，定款に 25 名以上 30 名以内と定められており，現在上限の 30 名で運用している．この 30 名のうち 1 名が会長，3 名が職域から選ぶ副会長，1 名が専務理事である．さらに，4 名の理事を職域を考慮して選出する．残りの 21 名は支部の会員数を反映して，関東 6 名，関西 4 名，北海道，東北，中部，中国および西部に各 2 名，四国に 1 名の配分のもとに各支部が推薦する．後述する次期会長はその所属する支部の枠に含まれる．この支部配分の理事枠の中から，2 名を支部選出の副会長として選出し，副会長は計 5 名となる．なお，職域からの選出理事 4 名については，関東支部が原案作成を担当している．理事候補者はこれらの原案をもとに「役員候補者選考委員会」が選考し，理事会の議を経て総会に上程される．

(2) 監事候補者

　監事候補者については，1 名は関東支部から，もう 1 名は中部支部と関西支部が輪番で選出することとなっている．監事候補者は「役員候補者選考委員会」が選考し，理事会の議を経て総会に上程される．

(3) 会長候補者・次期会長候補者

　土木学会では「次期会長」という制度を採用している．これは会長候補者について，理事の任期 2 年のうち最初の 1 年目は「次期会長」と称し，予算原案作成などの重要な業務を担当した後，2 年目に総会時の臨時理事会で選定されて会長となるというものである．これは米国土木学会（ASCE）、英国土木学会（ICE）と同様な工夫である．

　したがって，「役員候補者選考委員会」としては，臨時理事会に提出する会長候補者には前年度の次期会長をもって充てることとし，これを前提として次期会長候補者[※3]を選考することとなる．

　次期会長候補者の原案作成は，過去 4 年間の正副会長から構成される約 20 名の「次期会長候補者選考会議（議長は会長）」[※4]によって行うこととしている．次期会長候補者の選考にあたっては以下の原則が適用される．第一に，次期会長候補者の職域は，「官庁」，「大学」，「民間」そして「すべての職域」の順とする 4 年サイクルで運用する．第二に，候補者の推薦に当たっては「会長の推薦にあたって考慮すべき事柄」（**表 4.2.2** を参照）を考慮する．正副会長会議は，次期会長候補者推薦の手続を円滑に進めるため，候補者の推薦依頼先を選定し，現次期会長が候補者の推薦依頼を行う．「次期会長候補者選考会議」の構成員は，現次期会長を通して候補者を提案することができる．また，現次期会長は，正副会長会議が選定した推薦依頼先および他の構成員から提案のあった候補者について確認し，調整を行うことができる．

　「次期会長候補者選考会議」は，次期会長候補者の原案を先に述べた「役員候補者選考委員会」に推薦し，「役員候補者選考委員会」は審議のうえ，さらに理事会に推薦することとなる．

表 4.2.2　会長の推薦にあたって考慮すべき事柄

（次期会長推薦にあたって考慮すべき事柄） 　会長には，学術団体であり技術者団体である土木学会のトップとしての，土木界全体に対するリーダーシップが求められる．このため推薦にあたっては会員の代表であることや個人の資質等をふまえ，総合的に判断されるものとする．
（会員の代表） 　次期会長候補の推薦にあたっては，全国的視野のもとに，土木技術者の活躍する民，官，学それぞれの分野のバランスを考慮する．
（会長としての資質） ① 土木界に対する造詣とリーダーシップ・・・自己の所属する分野での実績のみならず民・官・学それぞれ，あるいは複数にわたる分野の活動や改革についてリーダーシップを発揮できること． ② 組織運営能力・・・目標の提示と総合的管理運営（予算，組織，活動等）について高い視点からリーダーシップを発揮できること． ③ 国際化戦略，学際分野など幅広い見識・・・土木学会をとりまく国際化，学際化の進展の情勢下にあって，国際化戦略，学際分野への対処，技術倫理の展開などに高い見識を備えていること．

※3 会長の選定はあくまでその時の理事会の権限であるので，前期の理事会が決定する「次期会長」は役職の一種であり，規程上はあくまで会長候補者の一人という扱いとなる．
※4 2008（平成20）年度以前は「拡大正副会長会議」と称していた．また，4年間の正副会長会議メンバーに支部選出者が含まれない支部については，現在の理事の中から会長が委員を指名して構成員とする．

(4) 副会長候補者・専務理事候補者

副会長候補者および専務理事候補者は，「正副会長会議」が原案を作成する．副会長5名は職域から選ばれる3名と支部推薦の2名から構成される．職域からの3名については，関東支部の意見を求め，支部推薦の2名については，全国大会開催支部およびその次年度の開催予定支部の意見を求めることとなっている．「正副会長会議」は副会長候補者と専務理事候補者の原案を「役員候補者選考委員会」に推薦し，「役員候補者選考委員会」は審議のうえ，さらに理事会に推薦することとなる．

4.2.2 役員選出手続きの変遷

役員の選出については，**表4.2.3**に示すように，創立時から「選挙」によって行っている．当初は直接投票であったものが，1936年2月の定款改正により，会長，副会長を除く理事（6名）は常議員（当時は20名）の互選となった．さらに，1946年10月の定款改正により，会長，副会長を除く理事（10名）は常議員会（50名）で正員から選挙で選任することとなった．すなわち，常議員による間接選挙である．1963年8月には，常議員制から評議員制に変更になったが，理事および監事は正会員の中から評議員（100名）が選任する，間接選挙を踏襲した．現在の手続きは，4.2.1に述べたとおり，各会議体あるいは支部が推薦した役員候補者に対して，100名の選考委員の選挙投票の結果に基づき，理事会で議決，定時総会での選任の運びとなっている．

役員選出は定款および規則に従って実施してきたが，候補者を選考して評議員に推薦するルールを明確にするため，1965年1月に「役員候補者選考委員会」を設置し，候補者の選出方法を規定した「土木学会役員候補者選考内規」を定めた．この内規は小改正を繰り返し，1980年12月の改正で初めて「次期会長」を設けた．しかし，「会長については次々年度に就任すべき候補者を選考し，その他の役員については次年度に就任すべき候補者を選考する．次期会長は，次年度に就任すべき役員候補者として選考される者以外から選考する」と定められており，現在のような「次期会長候補者である理事」の立場とは異なっている．理事の一員としての次期会長の立場を初めて規定したのは1998年9月であり，「土木学会役員候補者選考内規」が「土木学会役員候補者選考規程」と，役員候補者の選考に関する基本的考え方を定めた「土木学会役員候補者選考内規」に分かれたときである．その後2011年に，「土木学会役員候補者選考内規」を「土木学会役員候補者選考規則」に名称変更した．

現在，会長，次期会長，副会長，専務理事，理事および監事を総会の決議によって選任するが，その候補者をどの機関でもって推薦するかについては，1965年1月の「役員候補者選考内規」制定以来，**表4.2.4**に示すような変遷を辿っている．

1998年9月に会長，副会長，次期会長から構成される「正副会長会議」を設置し，会長，次期会長，専務理事の推薦母体となった．その後，次期会長候補者の重要性に鑑み，2004年11月には「拡大正副会長会議」（当該年度直近4年間の正副会長会議構成員に，副会長が含まれない支部は支部選出理事を1名追加する．）として組織を拡充させ，2009年11月には「次期会長候補者選考会議」に名称変更した．次期会長候補者の推薦にあたり，会長が担当副会長[5]を指名していたが，担当副会長が他の構成員から次期会長候補者として提案されるという事態が生じたため，副会長を指名することについて問題提起があった．正副会長会議で議論した結果，担当副会長制を廃止し，候補者の提案依頼先は正副会長会議が選定し，次期会長名で依頼することにした．これは2012年度の次期会長候補者の推薦から実施に移した．

※5 担当副会長は，次期会長候補は選出職域枠から1名，他の職域枠から1名，計2名とする．選出職域が「全職域」の場合は，官庁，大学，民間から各1名，計3名を指名する．

表 4.2.3 役員選出に係る規定（定款・規則（細則））

規程	改正日	役員選出に係る規定 〔 〕は追記
定款	1914.11.24	第10条　役員〔会長，副会長（2），常議員（8）〕ハ総会ニ於テ東京市及ヒ其付近在住会員中ヨリ帝国在住会員ノ投票ニ依リ之ヲ選挙ス 同数ノ投票ヲ得タル者2人以上アリテ定員ヲ超過スルトキハ年長者ヲ当選トス
定款	1932.11.4	変更なし
定款	1933.10.11	第21条　会長ハ帝国在住会員中ヨリ会員ノ投票ヲ以テ之ヲ選挙ス 副会長及常議員ハ東京府及其隣接県在住会員中ヨリ会員ノ投票ヲ以テ之ヲ選挙ス 同数ノ投票ヲ得タル者2人以上アリテ定員ヲ超過スルトキハ年長順ヲ当選者ヲ定ム
定款	1936.2.14	第19条　理事ノ内3名ハ会長及副会長ヲ以テ之ニ充テ6名ハ常議員ノ互選ニヨリ之ヲ定ム 第21条　（変更なし）
定款	1940.2.15	変更なし
定款	1941.2.17	変更なし
定款	1946.10.5	第17条　会長及び副会長は常議員会で正員の中からこれを選挙する 会長及び副会長は理事であり他の10名の理事は常議員会で正員から選挙される
定款	1948.5.29	変更なし
定款	1949.4.9	変更なし
定款	1957.3.31	変更なし
定款	1958.10.16	第17条　会長，副会長およびその他の理事は正員の中から常議員会で選挙される 会長および副会長は理事であり他の10名の理事は常議員会で正員から選挙される
定款	1963.8.1	（理事、監事の選任） 第13条　会長，副会長，専務理事その他の理事および監事は，正会員の中から評議員が選任する． （評議員） 第18条　この学会に75名以上100名以内の評議員をおく． （評議員の選任） 第19条　評議員は，正会員の中から規則の定めるところにより選任する．
規則	1963.8.1	（理事および監事の選任方法） 第11条　理事および監事の選任は，選挙による． （評議員の選任方法） 第12条　評議員の選任は，各支部所属の正会員，特別会員，賛助会員および名誉会員の選挙による． （投票） 第17条　理事，監事および評議員の投票は，つぎによる． 　1．理事および監事の投票は，評議員が行なう． 　2．評議員の投票は，正会員，特別会員，賛助会員および名誉会員によって地区ごとに行なう． 　3．投票は，正規の投票用紙を用い，連記無記名で行なう．
定款	1964.8.8	変更なし
定款	1965.8.16	変更なし
定款	1973.7.23	変更なし
定款	1976.8.11	第13条　理事及び監事は，正会員の中から評議員が規則の定めるところにより，選任する． （評議員） 第18条　この学会に75名以上100名以内の評議員をおく． （評議員の選任） 第19条　評議員は，正会員の中から規則の定めるところにより選任する．
規則	1976.5.19	（理事および監事の選任方法） 第13条　理事および監事の選任は，選挙による． （評議員の選任方法） 第14条　評議員の選任は，各支部所属の正会員，特別会員および名誉会員の選挙による． （投票） 第19条　理事，監事および評議員の選挙の方法は，投票による．この場合，評議員の投票については，各支部ごとに行う．
規則	1981.5.19	（投票） 第19条　理事，監事および評議員の選挙の方法は，投票による．
規則	1983.5.18	（評議員の選任方法） 第14条　評議員の選任は，各支部所属の正会員及び特別会員の選挙による．
定款	1983.7.8	変更なし
定款	1994.5.30	変更なし

定款	1999.11.1	（理事及び監事の選任） 第12条　理事及び監事は，正会員の中から総会で選任する． 2　理事は，理事の中から互選で会長1名，副会長5名および専務理事1名を定める．
細則	2009.7.17 （移行後発効）	（役員の選任・改選） 第23条　定款第21条に規定する役員，会長，副会長，専務理事及び前条に規定する次期会長の選任に当たっては，別に定める「土木学会役員候補者選考委員会」において候補者の選考を行うものとする． 2　その他，役員候補者の選考については，別に定める．
細則	2009.9.11 （移行後発効）	（役員の選任・改選） 第22条　定款第21条に規定する役員，会長，副会長，専務理事及び前条に規定する次期会長の選任に当たっては，第32条の規定〔委員会の設置に係る規定〕により別に定める「土木学会役員候補者選考委員会」において候補者の選考を行うものとする． 2　その他，役員候補者の選考については，別に定める．
定款	2010.5.28 （移行後発効）	（役員の選任） 第21条　理事及び監事は，総会の決議によって選任する． 2　会長，副会長及び専務理事は，理事会の決議によって理事の中から選定する．

表4.2.4　役員候補者選考委員会への候補者推薦機関

時　期	1965.1.21	1980.12.16	1998.9.25	2004.11.16	2005.11.15	2009.11.20	2011.11.18
準　拠	内規	内規	規程＋内規	規程＋内規	規程＋内規	規程＋内規	規程＋規則[※3]
会　長	役員候補者選考委員会	同左	正副会長会議	同左	同左	同左	同左
次期会長	－	役員候補者選考委員会	正副会長会議	拡大正副会長会議	同左（担当副会長指名）	次期会長候補者選考会議（担当副会長指名）	同左（担当副会長廃止）
副会長	役員候補者選考委員会	同左	関東支部（3名） 次年度、次々年度年次学術講演会開催支部	同左	正副会長会議[※2]	同左	同左
専務理事	役員候補者選考委員会	同左	正副会長会議	同左	同左	同左	同左
理　事	役員候補者選考委員会	同左	支部推薦 職域は関東支部推薦	同左	同左	同左	同左
監　事	役員候補者選考委員会	同左	関東支部（1名） 中部と関西の輪番（1名）	同左	同左	同左	同左
備　考			「土木学会運営規程」で正副会長会議の設置を規定 素案作成部会設置[※1] [※1]：2013.5.10に「基本方針等策定部会」に変更		[※2]「正副会長会議および拡大正副会長会議運営内規」第5条		[※3]：「土木学会役員候補者選考規則」に名称変更

土木学会の100年

4.3 事業計画の策定と予算管理
4.3.1 事業計画・予算編成の流れ

次年度の事業計画および予算編成の流れについて述べる．

土木学会の予算編成は，表4.3.1に示すように「予算会議」（前出の4.1.3 運営組織の変遷を参照）で審議した事業計画・予算編成の基本方針の原案に対する9月理事会での審議（【1】）から始まる．理事会の承認を得て，各部門・機構は事業計画および予算案を検討し，11月中旬までに事業計画・予算要求調書を事務局に提出（【2】）する．その後，事務局で集計した予算案および事業計画に基づき，12月に各部門・機構に対しヒアリング（【3】）を行う．その結果に基づき修正などを行い，予算案を取りまとめ，1月の理事会にて中間報告（【4】）を行う．さらに，各部門・機構で予算案を精査し，調整した後，3月の理事会で事業計画書および収支予算書を審議（【5】）する．このようにして理事会で承認された事業計画書および収支予算書を3月末までに行政庁(内閣府)に提出（【6】）し，6月の定時総会において報告（【7】）を行う．

事業計画および収支予算については，内閣府令で定めるところにより，毎事業年度の開始の日の前日までに，当該事業年度の事業計画書，収支予算書等の書類を作成し，当該事業年度の末日までの間，主たる事務所に備え置かなければならない（「公益社団法人及び公益財団法人の認定等に関する法律（認定法）」第21条，「同施行規則」第27条）．さらに，この事業計画書等は，毎事業年度の前日までに行政庁に提出する（認定法第22条）ことになっていることから，この書類を会長等が作成し，理事会の承認を受けなければならない旨を定款に定めている．（公益社団法人移行までは，事業計画および収支予算は総会の議決事項であったが，移行後は，法律に従って，理事会での議決事項となっている．）

表4.3.1 次年度の事業計画・予算編成および当年度の事業報告の流れ

月	事業計画・予算編成（次年度）	事業報告（当年度）	備　考
7月		〔1〕所信表明（各部門事業計画）	・第1回理事会
8月			
9月	【1】事業計画・予算編成の基本方針（審議） 事業計画・予算編成作成依頼		・第2回理事会
10月			【事業計画等作成】
11月	【2】事業計画・予算要求調書提出	〔2〕職務執行状況報告①	・事業計画・予算要求調書の提出 ・第3回理事会
12月	【3】ヒアリング		
1月	【4】予算案中間報告	〔3〕職務執行状況報告②	・第4回理事会
2月			
3月	【5】事業計画書・収支予算書（審議） 【6】行政庁への提出（事業計画書・収支予算書他）		・第5回理事会 ・監督官庁へ提出
4月		〔4〕自己評価書作成依頼	【自己評価書作成（次年度計画含む）】
5月		〔5〕事業報告（審議）	・第6回理事会 ・自己評価書提出
6月	【7】事業計画・予算（総会報告）	〔6〕事業報告・決算（総会審議）	・定時総会

1997年度までの予算編成は，前年度予算を踏襲することが多く，必ずしも各部門の実施計画を十分に反映したものではなかった．このため，1997年9月から開始した1998年度予算編成作業から，各部門においてその年度の

実施計画を十分練り，その計画に基づいて予算要求をする形式に変更した．同時に，各部門においてもコスト管理を心がけ予算の適正化を図った．さらに，2004年予算からは，各部門における自己評価も予算策定の要素に加えている．

4.3.2 予算管理の流れ

予算の執行は各事業の担当者の伝票起案から始まるが，予算管理もこの担当者レベルが基本であり，適正な執行を行うため，担当者は予算の執行状況を把握し，予算実績管理（予実管理）に努めている．万一，予算超過が見込まれるときは，事前に経理職（専務理事）に対応を相談するとともに，超過額が学会財政に大きな影響を与えると判断する場合は，理事会に予算変更を提議し承認を受ける．

支出等の伝票については，担当者が起案ののち，所属長，事務局長，経理課長の順に承認を受け，支払いとなる．また，支出が50万円を超える場合は，予算額とこれまでの執行額を付記して，専務理事の承認を得るなど，適正な内部統制を図っている．

支部を含めた全体の予算執行状況については，適宜，経理職（専務理事）に報告するほか，上半期については11月の理事会で，3/4半期については1月の理事会でそれぞれ報告するとともに，5月には監事監査を経て最終理事会で決算報告を行っている．

4.3.3 事業報告の流れ

当年度の事業報告については，理事の職務の執行の監督は理事会の職務であり（「一般社団法人及び一般財団法人に関する法律（法人法）」第90条），本会の定款にもその旨が定められていることから，各部門の担当理事が理事会で職務執行状況を報告している．この理事会での報告の頻度については，定款には規定がないことから，法人法第91条の規定「3箇月に1回以上，自己の職務の執行の状況を理事会に報告しなければならない」に従って年4回としている．前出の表4.3.1の事業報告（当年度）の欄は一例として2012年度の事業報告に係る手順を示したものである．

順を追って紹介すると，前年度の理事会で策定した事業計画について，初回の理事会（2013年度以降は7月に開催）において各部門の担当理事が「所信表明」（[1]）を行う．次に，当該事業計画の実施状況について年2回，「職務執行状況報告」（[2]，[3]）を理事会で行う．翌年4月には自己評価書の作成が依頼（[4]）され，5月の最終の理事会では，これらの報告も踏まえて作成した「事業報告」を審議（[5]）する．この「事業報告」は，6月の定時総会の際の議案書に盛り込まれ，総会において審議（[6]）される．

なお，土木学会では，5年ごとに活動目標と行動計画を策定している．そして，各部門が年度毎に具体的な事業計画を立案，実行し，その成果を自己評価し，次年度の事業評価に反映させるPDCAサイクルによるマネジメントシステムを導入し，管理している．したがって，「事業報告」を自己評価（[4]）も踏まえて作成する．

4.4 会費・会員構成の変遷
4.4.1 会員種別の変遷

創立以来の会員種別の変遷は**図4.4.1**のとおりである．創立時の1914年には，「会員」，「賛助員」，「准員」，「学生員」の4種類であった．1932年には，「名誉員」と「特別員」が加わり6種類になった．これは，会員種別の呼称が一部変更になったが，1958年の「准員」廃止（准員は，1959年3月31日に正員に転格した）まで続いた．1976年には会員から「賛助会員」が外れ，4種類に減少した．1983年では，「正会員」が個人と法人に分かれ，「学生会員」と合わせて3種類になるとともに，「名誉会員」は称号となり，「特別会員」は「正会員」以外となった．以後は3種類が継続しているが，1994年には，「正会員」である個人を対象に「フェロー」の称号を定めた．

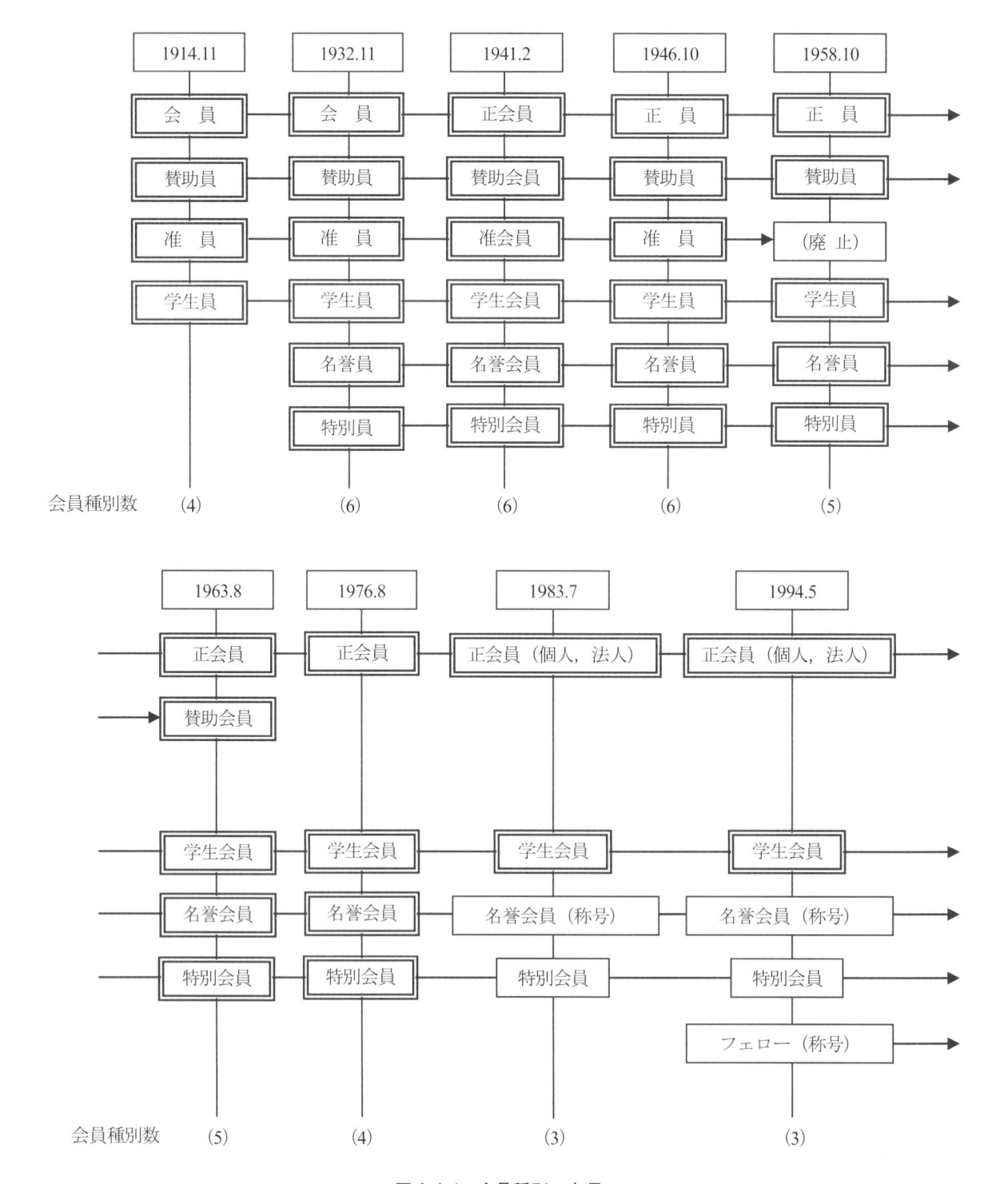

図4.4.1　会員種別の変遷

ここで，それぞれの時期における会員資格の定義について，特に会員（正員，正会員）と准員（准会員）の定義の変遷を見てみる．**表4.4.1**は，土木学会定款等に基づいてその変遷を整理したものである．

まず会員については，創立から40年間ほどは業務従事期間を重視し，土木工事に直接従事している技術者（実務家）が主に会員の対象であったことがわかる．1933年（創立から20年）に，学識経験者を含めた．1946年には，定義の順番が変わり，学識経験者が筆頭に位置した．教育や研究に携わる技術者や研究者の学会における比重が高まってきたことがうかがえる．同時に，「土木専門の技能を有し5年以上その業務に従事したる者」が外れ，土木工学専門の教育を受けているかを重要視している．しかし，これらの定義が会員数の増大を妨げると考えたのであろうか，1963年には，「前各号に準ずる者」を追加した．「準ずる者」の範囲がどこまでであるかは明確ではないが，それまで学識経験者と土木工学の教育を受けた技術者に限定していた会員の対象範囲は格段に広がったといえる．以降は，現在まで会員の定義は基本的には変わっていない．

表4.4.1 会員資格の定義

時期	会員・正員・正会員	准員・准会員
1914.11（創立時）	1. 工学専門の高等教育を受けその程度により5ヵ年ないし10ヵ年以上その業務に従事したる者 2. 土木工事設計の技能を有し5ヵ年以上重要なる工事を担当したる者	1. 工学専門の高等教育を受けたる者 2. 工学の知識を有し3ヵ年以上土木工事に従事したる者
1916.1	（同上）	1. 工学専門の高等教育を受けたる者 2. 工学の知識を有し3ヵ年以上土木に関係ある業務に従事したる者
1932.11	（同上）	1. 工学専門の教育を受けたる者 2. 土木の業務に経験ある者
1933.10	1. 土木工学専門の教育を受け3年以上その業務に従事したる者 2. 土木専門の技能を有し5年以上その業務に従事したる者 3. 学識経験を有し土木の業務に関係ある者	（同上）
1946.10	1. 土木業務に関し学識経験のある者 2. 土木工学専門の教育を受け5年以上その業務に従事した者	1. 土木の業務に経験ある者 2. 工学専門の教育を受けた者 （順番が変更された）
1958.10	1. 土木業務に関し学識経験のある者 2. 土木工学専門の教育を受けその業務に従事した者	（廃止）
1963.8	つぎの1に該当するもの （1）土木業務に関し，学識経験ある者 （2）土木工学専門の教育を受け，その業務に従事している者 （3）前各号に準ずる者	
1983.7	1) 個人 次の1に該当する者 ア 土木業務に関し，学識経験ある者 イ 土木工学専門の教育を受け，その業務に従事している者 ウ 前各号に準ずる者 2) 法人 建設業，建設コンサルタント，その他土木に関連する事業を行う法人で土木学会規則で定める業種とする．	
2010.5 （施行 2011.4）	1) 個人会員 次のいずれかに該当する者 ア 土木業務に関し，学識経験ある者 イ 土木工学専門の教育を受け，その業務に従事している者 ウ 前各号に準ずる者 2) 法人会員 建設業，建設コンサルタント等，細則で定める土木に関連する業種の事業を行う法人	

土木学会の 100 年

4.4.2 会費の変遷

土木学会の会費の変遷を図 4.4.2 および表 4.4.2 に示す．今日までに合計 18 回の改定を行っている．1933 年の会費の値下げが奏功して会員数が激増したが，土木学会の財務事情は厳しく，終戦を機に，諸物価の騰貴のため会誌の印刷等も困難な状況にあり，会費の速やかな振込を幾度となく会員に要請した．事情の一端を当時の学会誌会告から紹介する．1944 年度後半から 1945 年度にかけて会誌，論文集は発行不能のままであったが，1946 年度に戦後の第 1 号を発行するにあたっての会告に「本年度会誌，論文集の原稿は差し当り（昭和）19 年度に於ける手持ち原稿を以て之に当てる事と致しましたが，之も印刷等の都合により受付順とはかなり前後して居りますが，この点も寄稿者各位のご了承を得度く思ひます．尚印刷費の昂騰，用紙の不足等の為に，余り長編の論文は掲載出来ませんから，今後御寄稿の際は論文の要旨を発表するを主眼として，長くとも会誌 15 頁程度までに止めて戴き度いと思ひます．」とある．

戦後の値上がりの激しかった世情もあり，学会の台所事情も厳しく，1946 年の新円への切替※と時をほぼ同じくして会費を 5～6 倍に増額し，1948 年にはさらに 5 倍に増額改定した．これはひとえに財産を補うためであった．（※1946 年 2 月 16 日，戦後のインフレーション対策として幣原内閣が行った金融緊急措置である．）

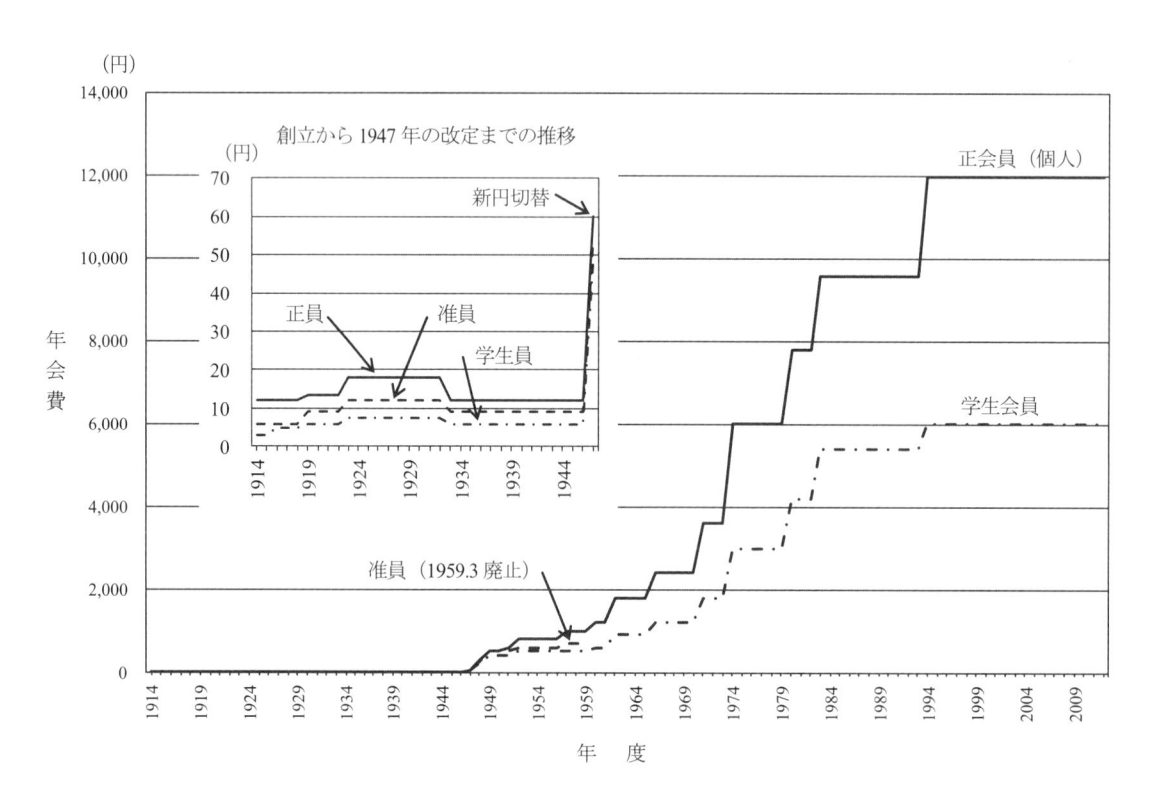

図 4.4.2 会費の変遷（正会員，准員（1959 年 3 月廃止），学生会員）

表 4.4.2 会費の変遷（正会員，学生会員他）

（単位：円）

議決日	フェロー（称号）	正会員（個人）	准員	学生会員	正会員／学生会員	備考
1914.11.24		12	6	3	4.0	
1916.01.22		(12)	(6)	4.80	2.5	
1919.01.18		13.50	9	6	2.25	
1923.01.20		18	12	7.50	2.4	
1933.11.10		12	9	6	2.0	初めて減額改定
1946.10.05		60	54	48	1.25	新円切替（1946.2）
1948.03.31		300	270	240	1.25	
1949.03.31		500	500	400	1.25	

1951.03.28		600	(500)	(400)	1.5	
1952.03.29		800	600	500	1.6	
1956.10.16		1,000	700	(500)	2.0	
1960.05.27		1,200	(廃止)	600	2.0	1959.3 准員廃止
1962.05.27		1,800		900	2.0	
1965.12.18		2,400		1,200	2.0	
1971.01.21		3,600		1,800	2.0	
1974.05.13		6,000		3,000	2.0	
1980.01.22		7,800		4,200	1.85	
1983.01.20		9,600		5,400	1.78	
1994.01.27		12,000		6,000	2.0	
1994.05.20	18,000	(12,000)		(6,000)	2.0	

備考：議決日は土木学会規則（細則）の改正日であり，実際の会費改定日とは異なる．正会員（個人）は会員・正員・正会員を，准員は准会員を，学生会員は学生員を含む．参考までに，正会員と学生会員の会費の比率を示した．特別会員を含む会費の推移については，**第 2 部活動記録編 第 3 編**の表 3.1.2 も参照されたい．

4.4.3 会員数の推移

図 4.4.3 は，創立以来の会員数の推移を示したものである．なお，創立から第二次世界大戦終了までの会員数の状況は**第 2 部活動記録編 第 2 編**に詳しい．

創立後から会員数の停滞，値下げによる激増など経て，1959 年の准員制度の廃止までの期間について見ると，准員の数の方が正員を上回っていることが特徴的である．**表 4.4.1** で会員資格の要件を紹介したが，当時は，会費の違いに加えて，准員の方が資格要件が緩いために入会しやすかったためであると考えられる．

土木学会設立以来，数回にわたる会員資格の緩和にもかかわらず会員数の伸びは鈍く，当時としては高い会費と行事の停滞に若手会員から批判が噴出したとされる．役員会でも問題となり，1933 年に振興委員会を設けて同年から大改革を図った．それまで 6 円，9 円，12 円と段階的に増額改定していた准員の会費を初めて 9 円に減額した．この措置は戦後 1946 年の新円切替に伴う会費 54 円（正員は 60 円）への大幅改定まで続いた．その他，振興委員会提案による活性化，入会資格の緩和，学術団体から技術者集団への脱皮，運営の民主化，行事の多様化など様々な転換を図った．これらにより 1934 年以降は会員数が激増した．国内のみならず台湾，朝鮮，中国にまで支部所在地を拡大，独立機関である満洲土木学会とも密接に提携した．会員数は 17,000 人を超え，准員の割合はその 6 割の 10,000 人に達した．

しかし，組織の膨張は実質を伴わず終戦により脆くも崩壊した．1948 年に会費を 5 倍増の 270 円（正員は 300 円）に改定したことと，翌 1949 年に会費未納の会員の整理を行ったことに起因し，会員数は約 9,000 人へと大幅に落ち込んだ．

1959 年には准員制度を廃止した．正員の資格要件の一部に准員のものを継承した．

しかし，それ以降，会員数は順調に回復し，高度経済成長期とも重なって急増した．1971 年には 30,000 人の大台を超えた．この直後には大幅に減少したが，これは会費未納会員の整理および学生会員の減少がその理由である．1973 年に第一次オイルショック，1978 年に第二次オイルショックが起きたが，全体として会員数への大きな影響は見られなかった．しかし，関連産業への就職状況の悪化もあり，学生会員は減った．

1984 年に現在の会員種別となり，法人正会員を設け，特別会員は正会員ではなくなった．1984 年以降も会員・支部部門を中心として積極的な会員増強策を展開し，2000 年には 40,000 人の大台に乗ったものの，バブル崩壊後の社会経済情勢の影響により以後 10 年以上漸減傾向を余儀なくされた．しかし，会員増強を主眼とする「財政強化 3 ヵ年計画」（実施期間：2010〜2012 年度）などの実施も奏功して，2012 年度以降は増加傾向に転じている．

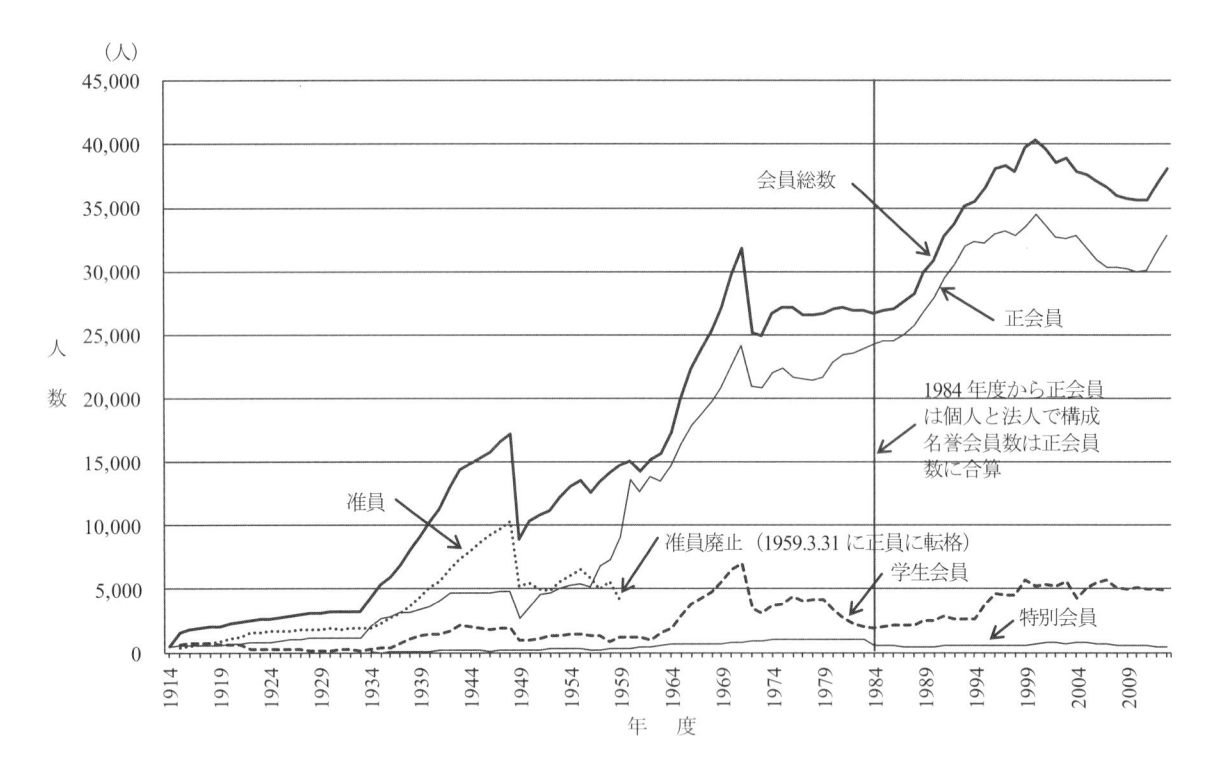

図 4.4.3　土木学会会員数の推移 [1914 年～2013 年]

4.4.4　名誉会員の定義の変遷

名誉会員を 1932 年 11 月の土木学会創立以来初の定款改正において新設した．1965 年 1 月には「土木学会名誉会員推薦内規」を理事会において定め，資格として「土木工学または土木事業に関する功績が顕著な者」であることを初めて明示した．名誉会員は 1983 年 7 月の土木学会規則の改正において「称号」とした．その後，1999 年 5 月には「土木学会名誉会員推薦規程」に名称変更したが，定義そのものは変わっていない．しかし，2009 年に，土木学会賞の中の「功績賞」の対象者，すなわち「土木工学の進歩，土木事業の発達，土木学会の運営に顕著な貢献をなした者」と名誉会員の定義との線引きについて疑問が呈せられた．

この線引きをどのように行ったかの説明の前に，功績賞の創設の経緯について簡単に紹介しておきたい．土木賞を 1920 年に創設し，1949 年には土木学会賞と土木学会奨励賞の 2 本立てとなった．さらにこれらの賞は論文を対象とするものであったため「近代科学の飛躍的な進展とともに，土木工学・土木技術も進展し，大規模な土木工事等において，その技術の数々の成果が，社会の進展，学術文化の進展に寄与することが多大であるところから，本会としても賞の種類を増し事業や功績に対して表彰すべきではないかとの機運が生じた．しかし，現行の土木賞授与規程では，論文を対象としている関係で，事業や功績等は授賞の対象外となっている．」（創立 60 周年記念土木学会略史 p.78）との問題提起から，論文以外を対象とする賞の新設を検討し，1965 年に功績賞と技術賞を創設した．同時に，従来の土木学会賞を論文賞に，土木学会奨励賞を論文奨励賞に改名し，1961 年に創設された吉田賞とあわせて五つの賞に整理した（次の**図 4.4.4**　土木学会賞に関する略年表を参照のこと）．

第1部 総論－土木学会が果たしてきた役割

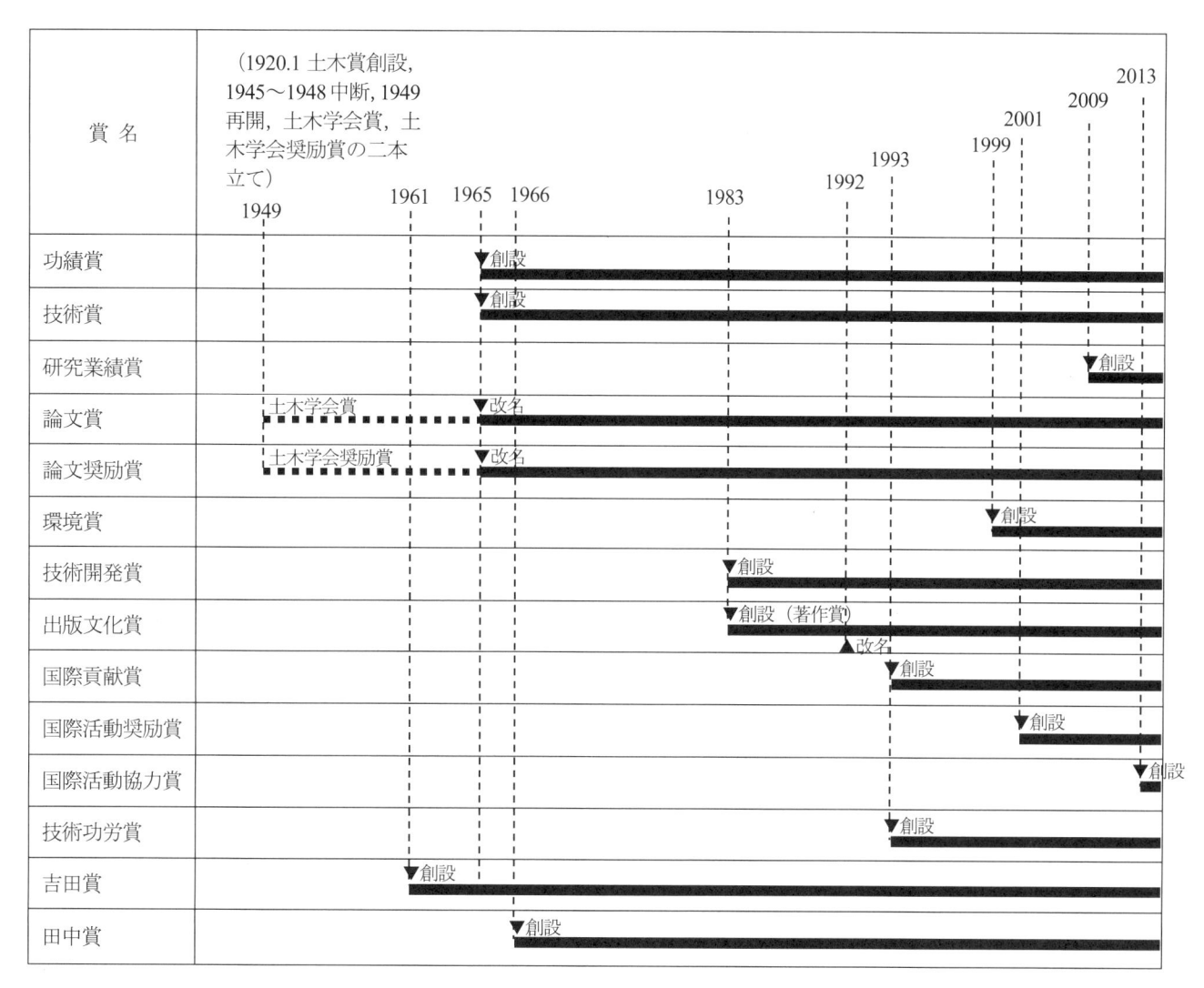

賞 名	（1920.1 土木賞創設, 1945～1948中断, 1949再開, 土木学会賞, 土木学会奨励賞の二本立て）										
	1949	1961	1965	1966	1983	1992	1993	1999	2001	2009	2013
功績賞			▼創設								
技術賞			▼創設								
研究業績賞										▼創設	
論文賞	土木学会賞		▼改名								
論文奨励賞	土木学会奨励賞		▼改名								
環境賞								▼創設			
技術開発賞					▼創設						
出版文化賞					▼創設（著作賞）	▲改名					
国際貢献賞							▼創設				
国際活動奨励賞									▼創設		
国際活動協力賞											▼創設
技術功労賞							▼創設				
吉田賞		▼創設									
田中賞			▼創設								

図 4.4.4　土木学会賞に関する略年表（1949 年以降）

　一方，名誉会員については，最初に推挙されたのは 1933 年 1 月の初代会長古市公威であり，功績を称える性格が強かったと思われる．その後は少し間があき，1941 年に野村龍太郎，田辺朔郎，古川阪次郎が推挙された．さらに，1943 年，1945 年，1946 年と不規則に続いたが，1950 年以降は毎年推挙されるようになった．人数も当初は 2～3 名程度であったが，1959 年に 6 名，1960 年に 8 名と増加し，1964 年には 11 名に達している．1966 年には再び 3 名と減少し，この傾向は 1973 年まで続いた．1974 年からは再び増加に転じている．結局，名誉会員は当初最高の栄誉であり，功績に報いる性格が強かったが，対象者の増大と功績賞の創設，あるいは名誉会員制度の運用の歴史を経ていわば変質したといえる．

　名誉会員と功績賞については，これまでそれぞれに幾度か改正をしてきたが，結果として，①それぞれの顕彰の趣旨や対象に不明確な点があり，一方は「土木学会賞」，もう一方は「称号」という性格の差異はあるが，相互の関係がわかりにくい，②定款において名誉会員の説明として「土木工学又は土木事業に関する功績が特に顕著…」とするなど，賞の名称と規程の表現に不整合がある，③名誉会員は事実上書類選考となっているが，その基準が統一性に欠ける印象がある，などの課題を抱えていた．

　2009 年に改めてこの問題が提起された．表彰委員会や理事会で検討の結果，混乱の主原因は名誉会員制度にあると見なし，「功績賞」は基本的に変更せず，従来の規定にある「土木学会の運営に顕著な貢献」の部分をよりわかりやすい「土木学会の発展に顕著な功績」に変更して存続させることとなった．一方，「名誉会員」は，「直接，

- 111 -

間接に土木学会の発展に対する顕著な貢献をなした一定年齢以上の会員に対する称号」であると再定義された．**表4.4.3**に，関係規程に定められた名誉会員と功績賞に係る規定を示す．

表4.4.3 名誉会員と功績賞に係る規定（改正前と現行の比較）

改正前	現行
【土木学会定款】（1999.11.1改正） （名誉会員） 第6条3　土木工学又は土木事業に関する功績が特に顕著であって理事会の承認を受けた者について，名誉会員の称号を贈ることができる．	【土木学会細則】（2010.1.22改正） （名誉会員） 第12条　学会の発展に対する貢献が特に顕著な者として別に定める者について，名誉会員の称号を贈ることができる．
【土木学会表彰規程】（2008.9.5理事会議決） （功績賞） 第4条　功績賞は，本会会員であって，土木工学の進歩，土木事業の発達，土木学会の運営に顕著な貢献をなしたと認められた者に授与する．	【土木学会表彰規程】（2010.9.17改正） （功績賞） 第4条　功績賞は，土木工学の進歩，土木事業の発達，土木学会の発展に顕著な功績があると認められた者に授与する．

4.4.5　フェロー制度の創設

　土木学会のフェロー制度は，1994年3月の理事会で制定が認められ，同年5月の評議員会を経て，通常総会において定款の改正に盛り込まれた．総会承認後，文部省に提出し，承認された翌1995年3月31日から施行した．

　フェロー会員の制度は，海外の学会では早くから樹立されており，英国土木学会（ICE）や米国土木学会（ASCE）では，学会入会後の経歴に応じて，準会員，正会員，フェロー，名誉会員へと会員種別が変わっていく方式を採用している．

　土木学会がフェロー制度を導入した目的の一つは，海外の関連学協会との連携を一層深め，今後の国際社会で発展を続けていくための基盤づくりを行うことである．

　海外のフェロー制度も参考に創設した土木学会のフェロー制度の目的を，「見識に優れ，責任ある立場で，長年にわたり指導的役割を果たしてきた正会員に対し，フェローの称号を認め，もって学会の一層の活性化をはかり，あわせて会員の国際的活動等をより円滑にすること」とした（制定時の「土木学会フェロー制度に関する規程」による）．さらに申請資格として，①土木分野において責任ある立場で活躍してきた者，②正会員としての経歴が15年程度以上の者，③40歳以上の者，これらのすべてに該当する者とされた．ここにある「土木分野において責任ある立場」とは，当時の資料によれば以下のようなものを想定している．

　すなわち，①大学教授もしくはそれに準ずる立場，②官庁公団本省の課長・室長級以上および地方局の部長級以上，都道府県庁の課長級以上，およびこれに相当する立場，③高度な技術を要するプロジェクトを責任者として複数件処理した経験を有し，技術士あるいはそれに準ずる資格を持つ，コンサルタント会社部長級以上の立場，④海外プロジェクトをプロジェクトマネージャーとして業務処理した経験，あるいはこれに準ずる立場で数件の業務処理をした経験を有し，技術士あるいはそれに準ずる資格を持つ立場，⑤博士の称号を持ち，大学教授程度の学識をもつ専門家と認められて，コンサルタントあるいは研究開発に従事している責任ある立場，⑥東証1部上場企業相当の企業における主要工事の所長あるいは部長級以上，東証2部上場企業相当の企業における本社主要部長級以上，および土木事業等にある程度実績のある企業における役員の立場，である．

　その後，1997年11月に規程を改正し，目的を「土木分野の見識に優れ，責任ある立場で長年にわたり指導的役割を果たし，社会に貢献してきた正会員に対し，その能力と業績を評価してフェロー会員として認定し，もって学会の今後の一層の活性化と，会員の国際的活動の推進のため主導的役割を果たすこと」とした．また，申請資格も①土木分野において責任ある立場でおおむね10年以上業務を遂行してきた者，②学会員としての経歴が20年程度以上の者，これらすべてに該当する者に変更した．いずれも業務経験年数と会員歴を資格要件としているものの，当初の規定に比べれば改正規定は幾分厳しくなったといえる．なお，この改正において，附則に，会費は正会員の1.5倍とする旨を定めた．

2009年3月に，目的にある「社会に貢献してきた正会員」の例示として「学会の重要な活動に従事するなど」を加え，申請資格に「土木分野において責任ある立場でおおむね10年以上業務を遂行してきた正会員で，会員としての経歴が原則として20年以上の者」に加えて，この要件を満たさなくとも，①土木学会において重要な任に着いた（就いた）経験のある正会員，②国内外において土木技術に関する顕著な活動・貢献をなした正会員，さらに，土木学会への貢献の顕著な外国籍の正会員も申請資格を有するとした．

なお，「土木学会名誉会員推薦規程」の変更に伴う影響の緩和措置を講じており，直近では2013年1月の「土木学会フェロー審査委員会規則」の改正において，「年齢が55歳以上の会員の学会歴は10年以上，54歳から46歳の会員の学会歴は｛(55－申請時の年齢)＋10｝年以上とする」ことを定めた．

フェロー制度が創設された当初は目的に「フェローの称号」とあるが，1997年11月の改正では，「フェロー会員」となっている．「フェロー会員」を独立した会員として位置づけるため，1998年5月の第84回通常総会において，会員の種別に「フェロー会員」を設けることを定款の改正に盛り込み，決議された．しかし，文部省からは定款上新たな会員種別を設けることは認められず，翌1999年5月の第85回通常総会において，定款は現行のままとし，土木学会細則で「フェロー会員」を規定することを決議し，細則第8条に「定款第6条第2項に定めるフェローの称号を贈られた正会員を「フェロー会員」と称し，本細則および本学会諸規程等において「フェロー会員」という．」と定めた．したがって，会員種別としては，正会員（個人，法人）および学生会員の3種類であり，「フェロー会員」は「名誉会員」と同様に，称号として扱われている．

フェロー会員の審査のために，「土木学会フェロー審査委員会」を置いているが，より多くの会員がフェロー会員として活躍することを趣旨として，フェロー会員申請（推薦）と審査方法を2013年度から大幅に変更[6]した．主な変更点は，①推薦者の1名化（従来のフェロー会員2名からフェロー会員1名に），②学会歴緩和措置の拡大（前述のとおり），③選定対象業務の拡張（従来，民間部門については工事に関する経験中心であったものを計画，政策，維持・管理等の業務を含める），④募集回数の増加（従来の年2回募集を随時募集に），⑤審査作業の効率化・迅速化（メール会議に移行），である．

4.5 事業規模の推移

土木学会の事業規模の推移を，会計データに基づき概観する．本会の財務および会計は，長らく企業会計原則に則って処理してきたが，1996年度からは公益法人会計基準に則って運用している．ここでは，1995年度までの推移を，各年度の決算報告に基づき，収入額，基金および事業資金，資産総額の三つの指標で，そして，総資産，総収入，収支差の三つの指標を用いて創立以来の推移を示す．また，公益法人には設立目的の達成に必要な事業活動を遂行するために会費収入や財産の運用収入等のあることが求められていることから，特に会費収入に焦点を当てて，その金額や総収入に占める割合の推移を紹介する．さらに，総収入に占める会費収入や刊行物収入，受託研究収入などの主要な収入源の割合の推移から本会の活動を概観する．

なお，土木学会の会計の推移については，1945年までの概況を**第2部活動記録編 第2編**に，以後1990年頃までの概況を**第2部活動記録編 第3編**に記載しているので参考にしていただきたい．

4.5.1 会計の推移

(1) 創立から1995年度までの推移

創立から1945年度までの会計の推移を図4.5.1に，その後1995年度までの推移を図4.5.2に示す．

創立以降の30年間は，第一次世界大戦（1914～1918），関東大震災（1923），満洲事変（1931～1933），日中戦争（1937～1945）など，戦争と自然災害に見舞われた期間であった．そうした時期に，創立から大正時代の末までは基金の充実もあり堅調に推移したが，昭和に入ると，10年間ほど収入の低迷が続き，定常的な財政難に陥った．その後，1933年から2期にわたる土木学会振興委員会による抜本的改革や1936年の財政調査委員会による財政の

土木学会の 100 年

見直し等により，全体的には上昇基調に転換し，ようやく安定に向かい始めた．しかし，1941 年から 1945 年までの太平洋戦争中は，会員数の大幅増にもかかわらず，会員の異動が目まぐるしく会費未納が増え，事業も減少した．

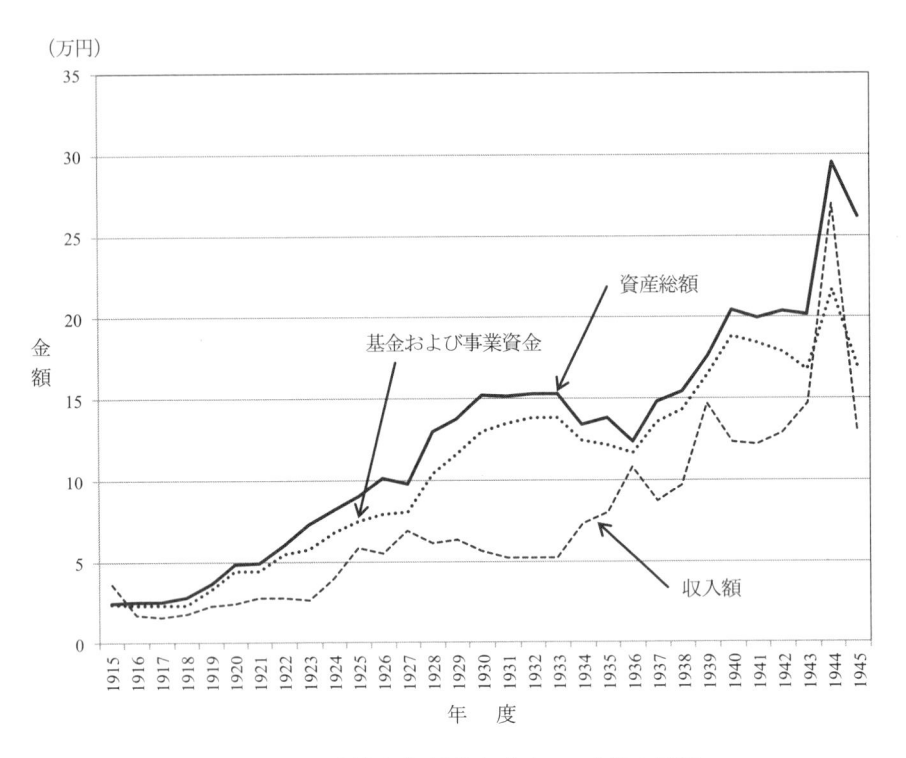

図 4.5.1　創立から 1945 年度までの会計の推移

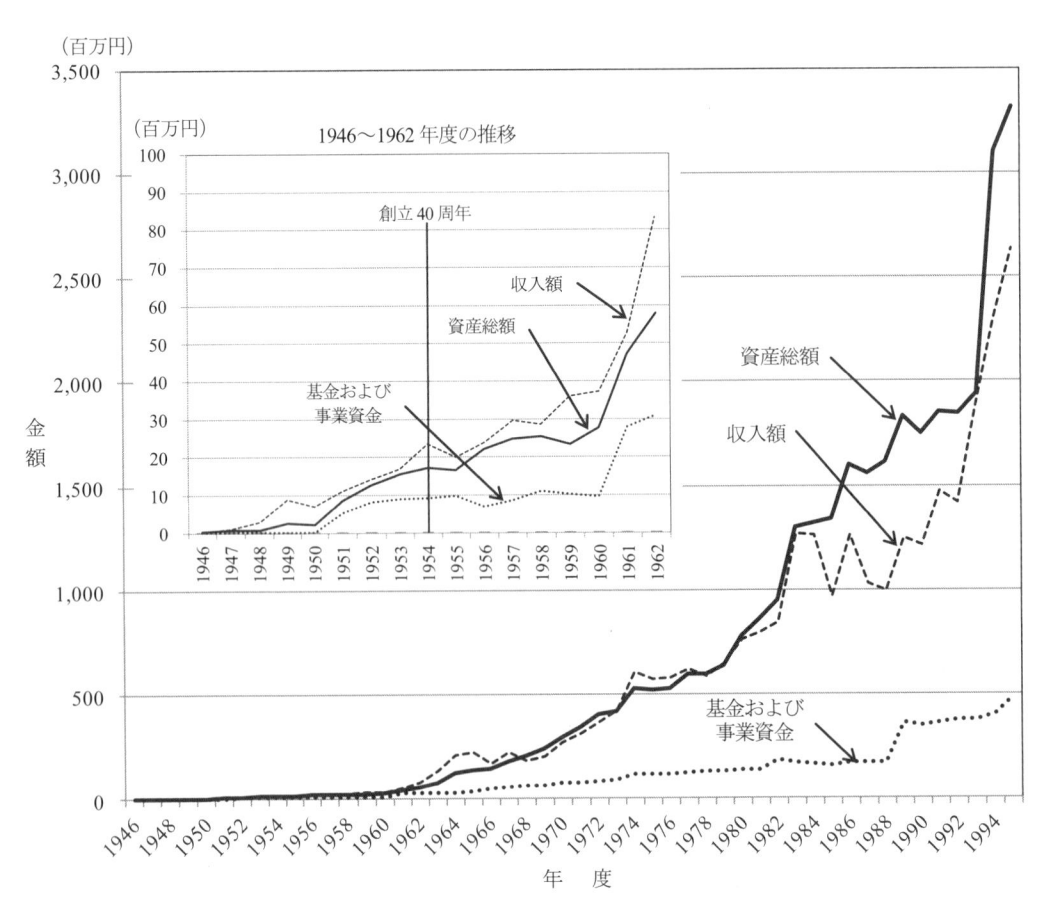

図 4.5.2　1946 から 1995 年度までの会計の推移

第1部 総論－土木学会が果たしてきた役割

第二次世界大戦後は，頻繁な会費値上げにもかかわらず，進行するインフレや行方不明会員の急増に伴う膨大な未収金の発生などもあり，財政難に陥っている．しかし，1951年に会員数が1万名を突破したこともあり，赤字続きであった収支決算も1952年度から黒字に転換し，ようやく安定期に入った．基本財産も増加し，1954年の創立40周年を経て，1955年以降，財政状況は好転した．この傾向は，1984年の創立70周年の頃まで続いた．しかし，このように規模が拡大してきた学会財政も，1980年代に出版会計で欠損金を計上したこともあり，収支の乱高下を余儀なくされた．その後は，創立80周年時（1994年度）の個人会費の値上げの効果もあり，1995年度には過去最大の26億円超の総収入額を記録し，資産総額も33億円に達した．

(2) 総資産，総収入，収支差で見る創立以来の推移

図4.5.3は，本会の創立以降の会計の推移を，総資産，総収入，収支差の三つの指標を用いて示したものである．(1)の創立から1995年度までの推移における「基金および事業資金」に代えて「収支差」を指標とした．ただし，過去の各年度の決算報告書に記載された数字を元データとしているが，会計基準の変更等により厳密には不整合があり，全体的な推移を示したものとご理解いただきたい．

1995年度までの推移は(1)に述べたとおりであり，紆余曲折はあったが，全体としては右肩上がりで推移し，資産総額は約33億円となった．

1996年度以降の推移は，図4.5.3に示すように，総資産は全体として横ばい，総収入は右肩下がりとなっている．2012年度決算では，総資産は約38億3千万円，総収入は約13億4千万円，収支差は約900万円の黒字であった．収支差については途中で突出して黒字を記録した時期があるが，これは主に周年記念事業の決算の影響である．また，1996年度を境に，1997年以降断続的に赤字が続いている．特に1997年度の赤字は株価低迷による株の売却収入が見込みを大幅に下回ったことが影響している．また，2008年度に大幅な赤字を計上したが，これは公益法人移行に向けて，災害調査などの公益目的事業に係る資金を確保するため，公益増進資金として2億5千万円を積み立てたことによる．2009年度以降は，財政改善3か年計画（実施期間：2008～2010年度）や財政強化3か年計画（実施期間：2010～2012年度）の効果もあり，黒字基調に回復した．

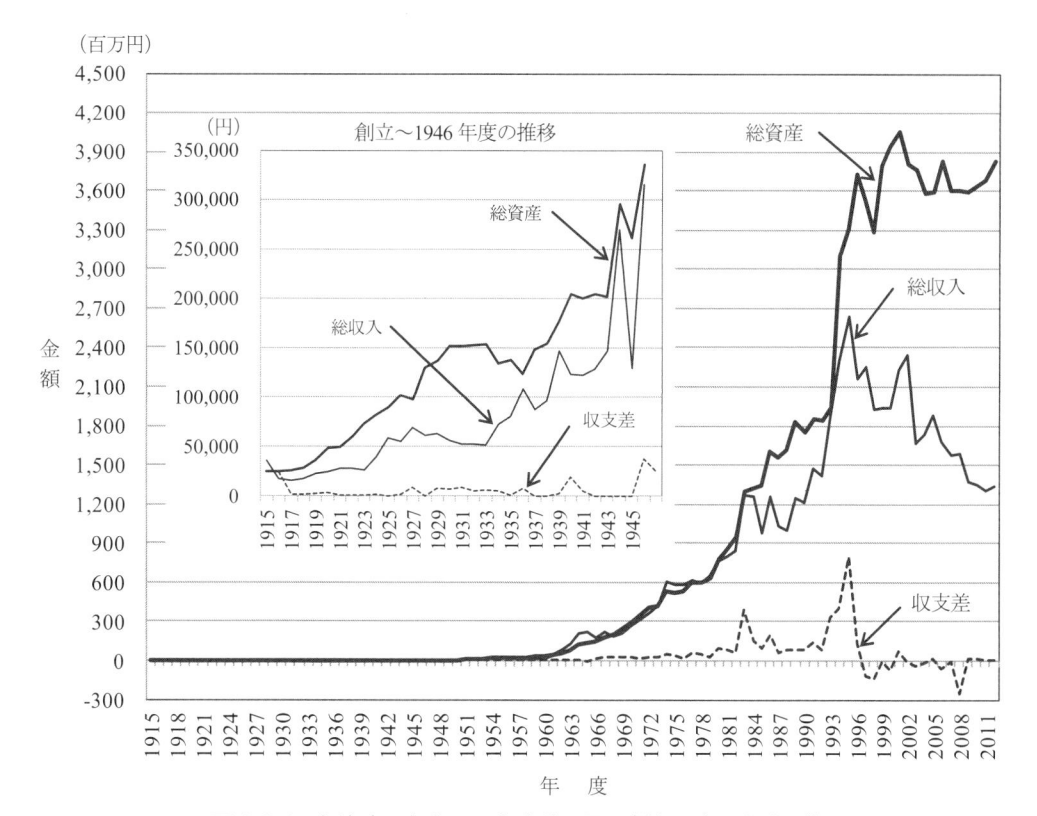

図4.5.3 総資産，総収入，収支差で見る創立以来の会計の推移

土木学会の100年

しかし，総収入は漸減状況にあり，2012年度末では20年前の水準に戻っている．公益社団法人としての本会に求められる社会的要請を果たすために，効率的，効果的な資金の活用とともに，経費節減を常に念頭に置いた学会運営が求められている．

4.5.2 会費収入の推移

事業活動を遂行するための収入のうち，特に会費収入に焦点を当てて，その金額や総収入に占める割合の推移を見てみる．なお，会費収入には，入会金収入や一時納付金を含めた．

図4.5.4は，会費収入額とその総収入に占める割合を示したものである．会費収入額は昭和に入って10年間ほど低迷が続いたが，創立以来，右肩上がりの傾向にあり，高度経済成長期はもとよりバブル経済崩壊直後においても堅調に推移した．しかし，2000年の会員数4万人超，会費収入額約7.8億円をピーク（1996～2000年は臨時会費を含む）に減少に転じ，2011年度には会費収入額は約5.6億円とピーク時の約7割に減少，20年前の水準に戻った．なお，2012年度は会長等による積極的な会員増強策が奏功し，会員数の増加が図られた．

会費収入の総収入に占める割合については，全体的傾向として，会費収入を主たる収入源とする時代から，事業の拡大とともに収入源の多様化を図り，会費収入の比重が減少してきている．1984年の創立70周年から1994年の創立80周年あたりの約3割を底に，それ以降はわずかではあるが増加傾向にあり，4割程度となっている．

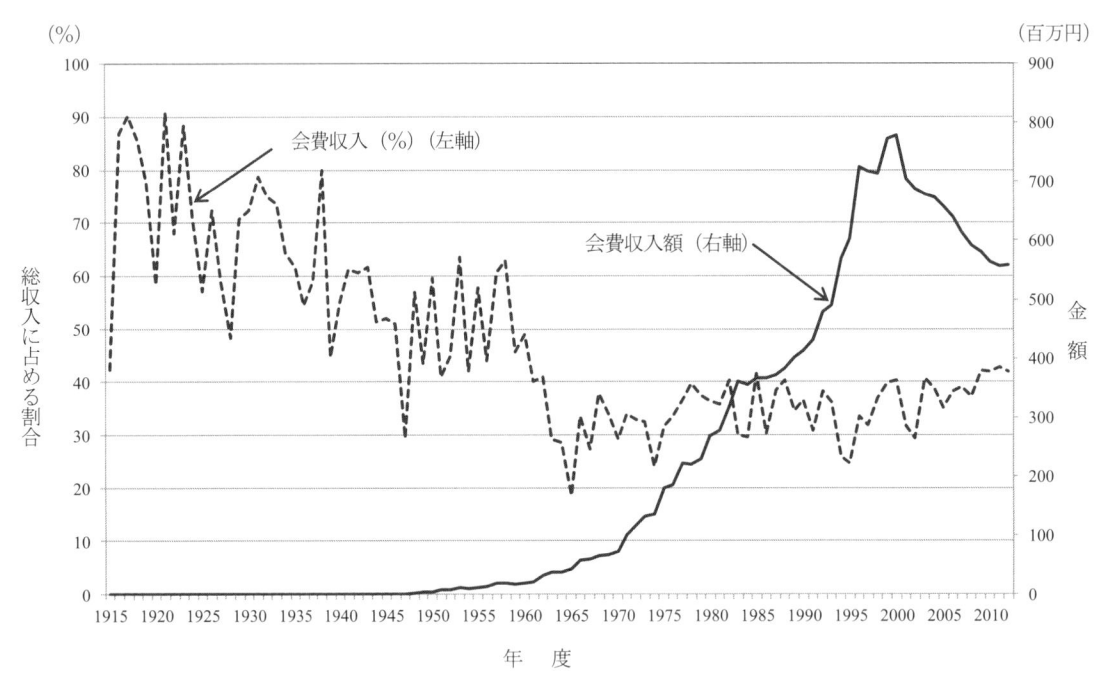

図4.5.4　会費収入の金額および総収入に占める割合の推移

- 116 -

4.5.3 主な収入源の推移

　総収入に占める会費収入や刊行物収入，受託研究収入などの主要な収入源の割合の推移から本会の活動を概観する．図4.5.5は，各年度の決算報告をもとに，会費収入，刊行物収入，受託研究収入および行事収入について，各収入の推移（折線グラフ）ならびにこれらの合計割合の推移（棒グラフ）を示したものである．

　会費収入が本会によって最も重要な収入源であることは論をまたないが，全体としては4.5.2で述べたように，徐々にその割合は小さくなっており，現状では4割程度である．刊行物収入や受託研究収入，行事収入など収入源の多様化はあるものの，図4.5.6以降に示すように，金額的には経時的な変動が大きく，また，2008年度以降の受託収入の大幅な落ち込み（図4.5.8）は国の随意契約の見直しの影響によるところが大きい．各収入の総収入に占める割合についても，刊行物は漸減傾向，受託研究は横ばい傾向，行事は漸増傾向にあり，図4.5.3に示したように，総収入が減少傾向にある中で，どこまで自助努力で収入増を図れるかが課題となっている．

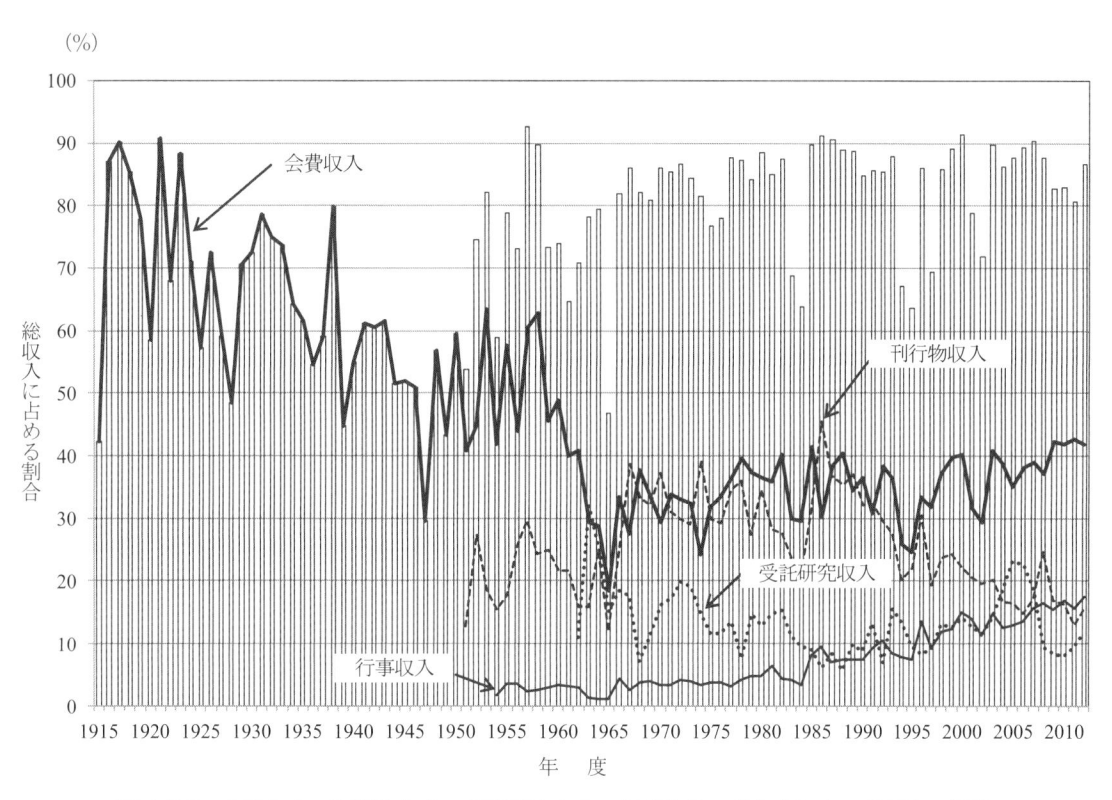

図4.5.5　会費収入，刊行物収入，受託研究収入，行事収入の総収入に占める割合の推移
（折線グラフ：各収入の推移，棒グラフ：四つの収入の合計割合）

土木学会の100年

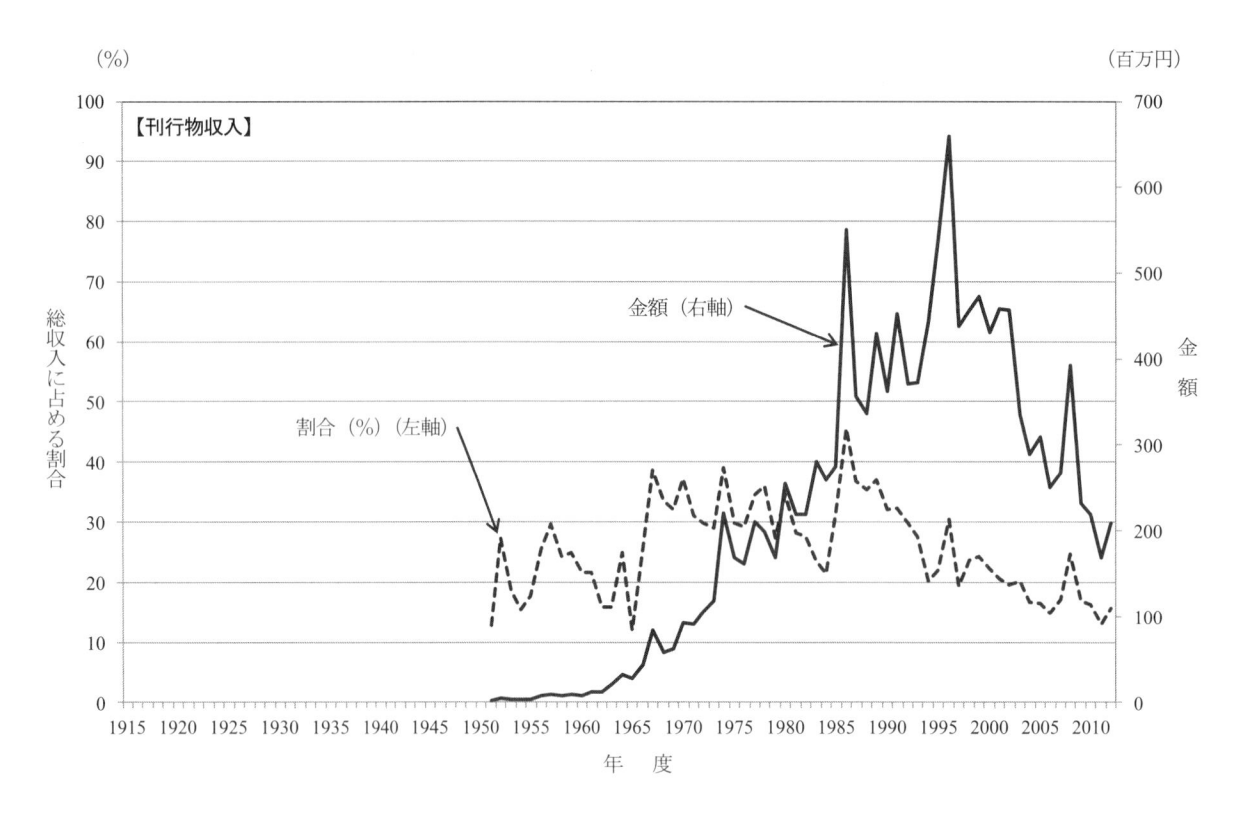

図 4.5.6　刊行物収入の金額および総収入に占める割合の推移

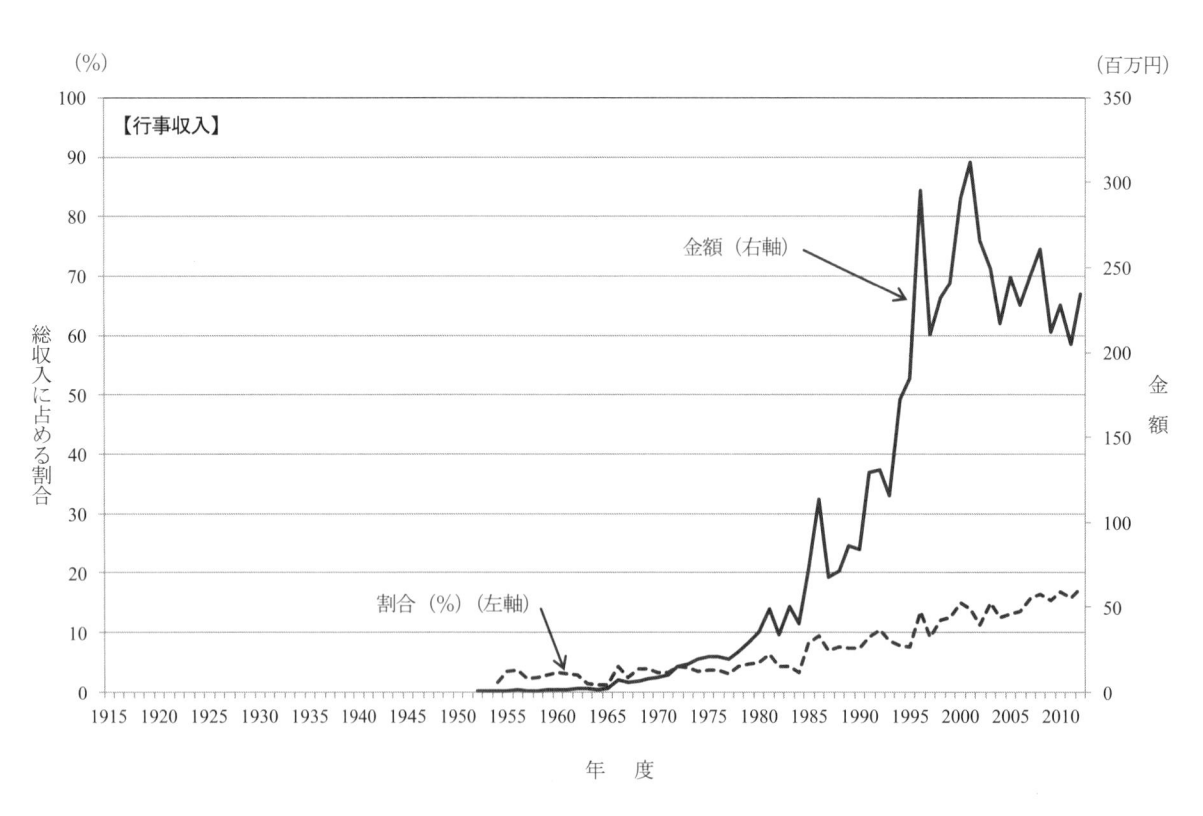

図 4.5.7　行事収入の金額および総収入に占める割合の推移

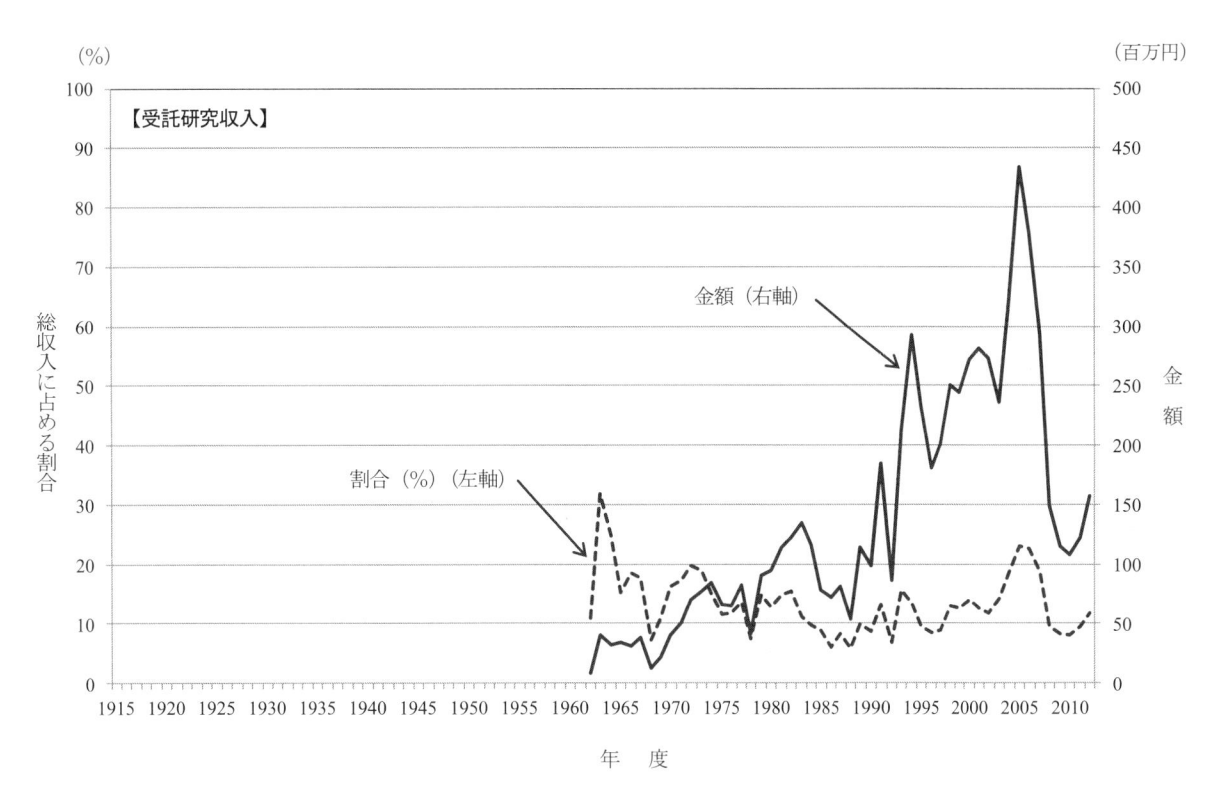

図 4.5.8 受託研究収入の金額および総収入に占める割合の推移

参考文献
1) 土木学会誌 第1巻第1号，1915.2
2) 古木守靖，坂本真至：土木学会倫理規定と技術者運動，土木学会誌 vol.89, no.5, 2004
3) 会告，土木学会誌 vol.24, no.5, 1938
4) 高橋 裕：倫理規定，土木学会誌 vol.84, no.8, 1999
5) 稲垣 一：土木学会の公益法人改革への対応，土木学会誌 vol.94, no.3, 2009
6) フェロー会員申請（推薦）と審査方法が大きく変わりました－フェロー会員申請とフェロー会員候補者推薦のお願い－，土木学会の動き，土木学会誌 vol.98, no.3, 2013

第5章　これからの土木学会

5.1　土木学会の現状と課題
(1)　土木学会の現状

　土木学会は2014年11月に創立100周年を迎える．会員数は2014年4月現在，個人正会員33,468人，学生会員5,778人，これに法人会員，特別会員を加えた合計は40,202人となっている．3万人を超える個人会員が公益社団法人土木学会の目的である「土木工学の進歩および土木事業の発達並びに土木技術者の資質の向上を図り，もって学術文化の進展と社会の発展に寄与すること」を念頭に活動している現状は，土木学会のこれからを考える上での出発点である．

　土木学会は，現在，
　①土木工学に関する調査，研究
　②土木工学の発展に資する国際活動
　③土木工学に関する建議並びに諮問に関する答申
　④土木学会誌その他土木工学に関する図書，印刷物の刊行
　⑤土木工学に関する研究発表会，講演会，講習会等の開催および見学視察などの実施
　⑥土木工学に関する奨励，援助
　⑦土木工学に関する学術，技術の評価
　⑧土木技術者の資格付与と教育
　⑨土木に関する啓発および広報活動
　⑩土木関係資料の収集・保管・公開および図書館の運営
などを基本に，土木学会の目的を達成するために必要な活動を行っている．

　しかしながら，近年の土木学会の各種報告書によれば，土木学会の現状に対する課題が多いことが指摘されている．現在の活動の課題を考えるにあたって，土木学会の企画委員会がまとめた『企画委員会2000年レポート』，『JSCE2005』，『JSCE2010』および土木学会将来ビジョン策定特別委員会がまとめた『社会と土木の100年ビジョン』を参考に土木学会の今後の課題について以下に記述する．

(2)　土木学会の課題 [1]

　①広報活動の推進

　　社会は日々変化している．土木学会は，努めて社会とのコミュニケーションを図り，理事会等のリーダーシップのもとに社会の変化に迅速に対応していく必要がある．

　②調査研究活動の拡大

　　土木学会は，調査研究の成果を積極的に公表していく必要がある．具体的には，気候変動対策，社会基盤の長寿命化，国土の強靭化対応技術等のテーマを対象として，土木学会内の調査研究委員会を横断的に組織し，関係学協会とも連携をとり，学際的研究を積極的に進めることが重要である．

　③社会貢献の積極的実施

　　土木学会には，調査研究活動とともに社会に直接貢献する活動も推進する役割がある．支部活動を通じて自治体の教育委員会と連携し小中学校の総合学習への教育支援を強化することや，土木界の男女共同参画を推進するため，土木学会として主導的役割を果たしていくことはその好例である．

　④国際化への積極的対応

　　グローバリゼーションに対応するためには，土木学会の活動も積極的に国際化する必要がある．

　⑤土木技術者の地位と社会的認知度向上

　　土木学会の重要な役割の一つに土木技術者の地位と社会的認知度の向上がある．土木学会認定土木技術者資

格制度は，土木技術者の専門的能力と倫理性を社会に対して明示するものであり，さらに実務的能力を評価するものとしてその認知度を上げていく必要がある．

⑥学会活動の活性化・効率化・健全化

　土木学会運営について，活動の活性化・効率化および学会財政の健全化が不可欠である．このため，会費収入の安定化・増加を目指して会員増強のための地道な努力を継続するとともに，会員制度の見直しや技術者支援の拡充によるメリットの拡大，出版事業の見直し，あるいは委員会運営の工夫などによる財政改善が必要不可欠である．

5.2　土木学会のこれから

(1) 土木学会の役割と特徴[4]

1) 学術・技術の進歩への貢献

① 知識・技術の先端性，学際性，総合性の追求

　社会基盤施設の構築・運営には従来の土木工学が教える工学的な知識・技術だけではなく，その投資，経済への影響，行政上の扱いも含み，さらに経済，法律，行政の知識をも含む先端性，学際性，総合性が期待される．

② 知識・技術の事業への応用

　土木に関する知識や技術が事業等で広く活用されるには，技術の有用性が客観的に保証されることが必要である．このため，土木学会は中立的な権威のある第三者機関としてその保有する技術評価制度により社会にとって有用な土木技術を評価し，その普及を図っていく必要がある．

③ 知識・技術の蓄積と活用

　土木学会には，100年に及ぶ学会活動の成果が，知の蓄積として，また会員，土木技術者，人類の知的財産として大量に保存されており，多岐にわたる学会活動は今後さらにこの知的財産を拡大させ続けるはずである．これらの知識・技術の蓄積は活用されてこそ意味を持つものである．このため利用しやすい整理方法，内容，形態にして保管し，広く会員，一般人の閲覧が可能になるような方策を検討し，実施する必要がある．

2) 社会・人類の発展への直接的貢献

① 社会的課題への取り組み

　人口減少，少子高齢化，低成長経済，赤字化する貿易収支，恒常的な財政赤字，膨大な政府の債務残高などが示す厳しい社会経済情勢の中，気候変動問題やインフラ老朽化問題，国土強靱化問題など長期にわたって土木界が取り組まなければならない問題が山積している．これら重要諸問題の解決に資する方策を検討し，社会に提言することが重要である．

② 国際貢献

　日本は，先進国にまで発展したこれまでの過程で社会経済活動のあらゆる場面で，交通・通信システムや防災システム，利水システム，エネルギー供給システムなどといったハードとソフトからなる各種の社会インフラシステムを整備，運営してきた．これらは国際的にみても極めて優れたサービス提供システムであり，これらを無償あるいは有償で広く海外に移転し，活用することは，世界的にみても各地域の発展や人類の福祉向上にとって望ましく，これを推進するべきである．

③ 社会とのコミュニケーションの推進

　これまで不言実行を良しとしてきた土木技術者が存在し続けることができたのは，社会が暗黙のうちに彼らを認め，その存在を許容してきたからである．さらにいえば，黙認される程にその存在の必要性，意義は高かったのである．一方で，土木技術者の活動が影響を及ぼす関係者，さらには社会に対して行う説明，対話などのコミュニケーションが不十分であり，またその対応が不親切であったといえる．有言実行そして傾聴こそ今

これを実行すべき時である．

3) 会員の交流と啓発
① 学校教育，継続教育の推進，改善

　土木技術者は，大学等の教育機関を卒業した後，就職して若手技術者，中堅技術者，幹部技術者，そしてシニア技術者というように，それぞれの分野でキャリアパスを歩むが，その過程のそれぞれの段階でどのような能力をどの程度まで習得すべきなのか，そのためにはどのような継続教育が必要なのか，そのあり方を検討し，提示する必要がある．

② 技術者の能力保証と活用

　土木技術者は大学等の教育研究機関での土木工学に関する基礎的な技術教育を受けたのち，社会においてそれを職業を通して現実社会に直接的，間接的に応用して能力と経験を向上させていく．このような彼らを社会的に活用するための方法に，彼らの能力を評価して，保証する技術者資格制度がある．この制度により個々の技術者の技術・経験の水準が保証され，業務や役職に必要とされる遂行能力が備わっているのか確認でき，技術者たちが適材適所で活用されることが促進される．このような考え方を基礎に，土木学会は土木学会認定土木技術者資格制度を整備したが，この活用の範囲，度合いを拡大するために資格制度が適用できる技術領域を拡大したり，実際の業務によりよく適合させたりするように制度の内容を改善することが肝要である．また，資格の活用においてはその資格保有者が一定数以上確保されていることが現実には必要で，そのため制度の普及，資格保有者の増加が重要である．

③ 技術者交流の促進

　学会の重要な機能の一つに学会活動を通して技術者間の交流を促進することが挙げられる．土木学会本部においては各種委員会活動により活発な技術者交流が行われているが，これを支部やさらに分会，学生分会（スチューデント・チャプター）にも展開を図り，全国的に技術者間の交流を促進する．

④ ダイバーシティの推進

　人口減少，少子高齢化，福祉の重視，国際化などが進展する中で土木界においても性，年齢，国籍，障害などの差異を乗り越えて，広く人材を活用することが社会的にも求められている．

(2) 土木学会の今後の活動[2]
1) 学術・技術の事業への展開性

　土木学会では，常に先端的な学術・技術の調査研究を支援し，それぞれの専門学術領域における技術の革新・蓄積・継承に努めるとともに，その評価を行い，技術指針などへの集約を通じて最新の成果の社会への還元を支援し続けている．

　また，従来の専門学術領域のみでは対応できない問題に対しては，新しい学問領域の創出を模索することも必要であり，この点でも学会は，学際領域における他機関とも連携しながら，その創出に積極的なリーダーシップを発揮することが求められる．

　これらの事業を主体的に担当するのは調査研究部門と技術推進機構であり，現時点で実施されている具体的な事業を列挙すると以下のようなものとなる．

　　(I)　示方書・指針・基準等の出版
　　(II)　講習会・シンポジウム・研究発表会等の開催
　　(III)　受託研究の実施
　　(IV)　技術評価の実行

　土木工学の魅力と活力を維持し，最先端の研究水準と技術開発レベルを維持するとともに，若手研究者の継続的な人材養成を図るため，これらの事業を継続する必要がある．特に，各専門学術領域における萌芽的な研究課題や

学際的な課題への対応を円滑に進めるため，時限方式や公募方式などによる小委員会活動を充実させる必要がある．

一方，調査研究部門には現在29の調査研究委員会があり，それぞれ独自に活動を実施しているのが現状である．関連する委員会間では連携して事業を進める例も多々見受けられるが，調査研究部門として全体的な視点からの事業が展開されているとは言い難い．特に，最近問題となっている自然生態系との共生や地球環境問題，大都市や地方都市の再生，持続的な循環型社会の構築などの俯瞰的・包括的な視点，すなわち国土・社会資本のあり方に関する種々の問題に対しては，総合・横断型研究開発の体制を確立し対応していかなければならない．また，他の学協会との連携や共同研究できる体制の確立が必要である．このために調査研究部門の各委員会の統合・再編を実施し，調査研究部門として全体的な視点からの事業展開を図ることが求められる．

土木学会として「学術・技術の事業への展開」を図る上で，主たる長期課題は以下のとおりである．課題の解決にあたっては，企画部門，調査研究部門および技術推進機構との緊密な連携のもとでの事業の実施を図らなければならない．

　①先端学術領域の調査・研究の推進
　②土木学会制定の基準類の充実
　③総合・横断型研究開発体制の確立
　④調査研究部門の委員会活動の活性化
　⑤国土・社会インフラに係わる主要な社会問題への対応体制
　⑥他機関との連携の強化
　⑦技術評価制度の確立
　⑧技術評価制度の実績作り

このような状況を踏まえ，学会が推進すべき「学術・技術の事業への展開」の観点から，長期目標およびそれを達成するための長期計画を設定する．さらに，長期目標・計画を考慮した上で，今後継続して実行すべき長期活動の目標を設定する．

2）技術蓄積・利活用

学会の使命の一つである「学術・技術進歩への貢献」のためには，技術の蓄積が前提となる．これまで技術の蓄積に対する学会の取り組みは個別の対応になっており，必要な情報が容易に入手できる環境になかった点に反省する必要がある．情報技術の急速な発展により，技術の蓄積に有効なデータベース及び検索処理等の情報蓄積環境が整いつつあり，これを土木学会の統一的な情報環境に集約し活用することで，先端的な学術・技術への取り組みや事業への展開のプラットフォーム（基盤）とすることが可能である．

これらを集約し整備された技術情報は同時に，会員の資質向上や生涯教育といった面でも大いに活用が期待される．また，土木と社会との関わり，土木の社会，歴史，文化的側面について，広く一般市民に対しての土木技術情報の提供サービスという面での広がりも視野に入ってくる．さらには，中高年技術者が個人として獲得している技術力や諸経験をシステマティックに知識ネットワーク化するなど，既存技術の過去からの蓄積をデータベース化して一般に公開し，またデジタル変換や自動翻訳技術などを通じて発展途上にある国々へ提供するなどの試みも大いに取り組む価値があり，同時に知的財産権問題の検討も重要な課題である．あるいはホームページを共同で構築することにより海外学協会との情報交換や情報共有を進めていくことも考えられる．

このような状況を踏まえ，技術の蓄積と移転性の観点から今後継続して実行すべき長期活動の目標は以下のように整理される．

　①「土木総合情報プラットフォーム」の構築
　②技術情報データベースの構築
　③技術映像データベースの充実
　④土木貴重資料デジタルアーカイブスの整備・充実

⑤土木学会出版物の電子ジャーナル化とオンデマンド提供の促進
　⑥土木情報関連リンクの提供と双方向機能の構築
　⑦会員向けサービスの充実
　⑧最適な情報をタイムリーに発信する会員向けサイトの構築
　⑨支部活動への支援と連携
　⑩中高年技術者の活用
　⑪小学生・中学生・高校生への土木工学の啓蒙
　⑫アジアを中心とする海外学協会との情報交換の推進

3）会員教育制度

　組織の一員であることよりも個人の資質や実力が重視される「個人の時代」へと，時代は大きく変わりつつある．能力主義の時代にあって，能力に応じた業務と責任を果たし，それに見合った待遇を得ることのできる職場環境を創っていくためには，個人や組織を適切に評価するための尺度が不可欠である．

　また，土木技術の専門家集団に対する社会からの信頼感を高めていくためにも，社会資本整備のどの段階でどの程度の技術力を持った土木技術者が携わっており，そして，それぞれの責任がどのようになっているかを社会に示す必要がある．

　さらに，土木技術者がその責務を果たすためには，最先端の研究成果を現場に迅速に反映させることと高い倫理観と時代感覚を兼ね備えた技術者を養成することも必要不可欠である．そのためには，第一線で活躍する土木技術者の技術レベルを継続教育などによって恒常的に高めていく必要がある．このことは，土木学会認定土木技術者資格制度を創設した理由の一つでもある．

　これらを学会が具備すべき機能という観点から要約すると，(1)土木技術者を評価し，活用する仕組みづくり，(2)土木技術者としてのキャリアパスの提示，(3)土木技術者の継続的な技術レベルの向上ということになる．

　「個人として自分の専門的な能力を高めていく」ことは土木技術者としての当然の責務であることは言うまでもない．学会の「継続教育制度」は，そうした高度な専門知識を計画的に身に付けるための努力をサポートするものであり，その努力の成果を学会として評価し，社会に明示していくものが「土木学会認定土木技術者資格制度」であるといえる．つまり，この二つの制度は正に「車の両輪」のように働き，土木技術者を名実ともに専門技術者（プロフェッション）としての高みへと運ぶものである．

　「知識社会」と呼ばれる今日以上に専門化した知識が求められる時代の到来も予想されている．こうした時代において，土木の専門家として社会にその存在価値を認めてもらい，正当な評価を得るためには，個々人が継続的に努力し自分の能力を高めていく必要がある．また，専門技術者について言えば，国際化の中で，特にサービスの自由化を進めるために，世界レベルで技術者の流動化を加速させることが国際社会の共通認識となっている．既に，APECエンジニアといった技術者資格の国際的相互承認のための枠組みづくりが始まっている．これらの枠組みでは，国際的に通用する技術者であるためには，「継続的な専門能力開発を十分なレベルで実施していること」，つまり「継続教育」を行っていることが必須となっている．

　一方で，土木技術者の活躍する場が，公共事業における量的・質的な変化に見られるように，規模的にも，また分野の面でも大きく様変わりしてきている．また，技術者の過剰と不足を起因とする技術力の偏在化が確実に進んでおり，良質な社会資本ストックを進めるためには，技術者の流動性をいかに高めるかが課題となっている．学会の「技術者登録制度」はこうした課題の解決を目指して作られたが，良い意味で技術者の流動化が進み，技術者の活躍の場が増えること，また同時に，技術者にとって常に自己の能力向上を図ることへのインセンティブとなることを狙ってもいる．学会としては，川上の高等教育機関での教育から川下の技術者資格認定や継続教育，さらに技術者登録といった一連の技術者教育にすべてのフェーズで係わることができる仕組みを持っている．

　このような状況を踏まえ，技術推進機構が中心となって推進すべき「会員教育制度」の観点から，今後継続して

実行すべき長期活動の目標を設定する．
　①継続教育制度の充実・拡大
　②継続教育プログラムの利活用
　③土木学会認定技術者資格制度の充実と円滑な運営
　④技術者登録制度の活用
　⑤技術者データベースの適切な運用

4) 情報取得機会の拡大

学会が社会に対してその使命を発揮するには，学会を構成する個々の会員が等しく質の高い情報を共有しておく必要がある．従来は，土木学会誌や土木学会年次学術講演会，各種シンポジウムなどがその役割を果たし，近年ではホームページなどにおいて情報の伝達が行われてきた．しかし，会員とこれら情報との接触は，大半が学会から会員への一方通行であり，情報の咀嚼や活用において不明確な点が残されている．そこで，学会と会員あるいは会員同士が双方向的に情報交換をし，会員資質の向上および会員満足度の向上を図る体制を整える必要がある．「情報取得機会の拡大」の観点から今後継続して実行すべき長期活動目標は以下のように整理される．
　①会員資質の向上および会員満足度の向上
　②会員と学会および会員相互のインターフェース機能の強化
　③会員ニーズの的確な把握と反映体制の構築
　④広報戦略立案の一元化

5) 会員の維持・多様性の確保

土木学会会員数は，僅かながら増加傾向にあるがその増加率は鈍ってきている．会員が学会活動の源泉であることを考えると，現状の維持はもちろんのこと，さらなる発展のために絶えざる会員獲得への取り組みが必要である．そのためには，新会員の獲得に向けた新たな方策や会員へのサービス向上を考え，会員増強を行う必要がある．特に，入会のインセンティブが強く働くような会員サービスを目指す必要がある．また，国際戦略，国際交流の観点から，外国人会員の獲得や外国人会員や在外会員へのサービス向上も重要である．

社会情勢の変化に伴い，社会が土木界に求めるものも大きく変わってきた．このような社会の新しいニーズに対応するためには，今後，関連学協会との連携・協力をこれまで以上に進めるとともに，会員の属性拡大と多様性確保に一層努める必要がある．「会員の維持・多様性の確保」の観点における今後継続して実行すべき長期活動目標は以下のとおりである．
　①会員増強
　②資格制度，継続教育制度と連動した会員増強戦略の立案
　③会員データ管理体制の確立
　④会員制度の見直し
　⑤会員資格と会員区分の見直し

6) 公正・中立な立場からの専門的知見の提供

今後ますます個人の意思が尊重され，多様な価値観が形成されていく社会において，安全・快適で活力のある生活の基盤を支える技術を提供する土木工学の専門家集団として，土木学会が国内・国際社会に果たすべき責任は重い．国内では今後，人口減少下での少子高齢化など社会の構造変化が急激に進むなかで，社会の持続的発展を実現する必要がある．そのためには，情報公開および地方分権がさらに進むなかで，今後の社会資本整備のあり方とその根拠となる情報をわかりやすい形で発信し，具体的な方針やそれを支える技術基準を公平・中立かつ主導的な立場で提供していかなければならない．経済成長期の効率中心の考え方から転換し，俯瞰的な立場から国民の利益を

最大化する公正な判断を下す材料を提供するとともに，実現可能な政策を提案することが求められる．また，自然との共生や地域住民との連携を推進することがますます重要となり，これらの課題の解決に正しい学術・技術的な知見を発信するだけでなく，合意形成のあり方などについても，学術面からの提案を行い，行政機関，企業やNGO・NPOなど非政府組織の3者のパートナーシップに基づく，協同的な社会経済システムの醸成に積極的に貢献することが求められる．

　社会に対して専門的知見の提供という観点から土木学会が具備すべき機能は，最先端の学術的知見を一般市民にわかりやすい形で伝える啓発活動，社会からのさまざまな要請に迅速かつ適切に対応できるシステムの整備研究者と実務者の乖離を防ぎ研究のニーズとシーズを確認し合う場の確保，最先端の成果を社会で実際に活用するシステムの構築，政策評価・係争事案などにおいて，中立的な立場でかつ専門的に正しい知識を提供し，市民が正しい判断を下せるよう支援するシステムの整備，などに要約され，これらを通じて以下の目標を達成すべきである．

①土木技術者の社会貢献と地位向上
②土木技術者の信頼性回復と社会的認知度の向上
③技術者資格の確立と認知
④情報の提供
⑤戦略的な情報発信
⑥専門的知識に基づく事業の第三者評価の支援
⑦適正な世論形成の支援
⑧公開シンポジウムの開催などによる市民・行政との連携
⑨教育への貢献
⑩広報の推進と各種事業への参画

7）国際貢献

　土木学会の事業目的の一つに「土木工学の発展に資する国際活動」を行うことが掲げられている．国内はもとより国外においても市民生活の向上に資することを謳っており，学会の中立性，専門性を加味した上で国際社会に広く貢献することが求められている．

　日本の土木界を取り巻く環境は，押し寄せる国際化の潮流に，建設システム，技術者，大学などに係わるすべての領域において，様々な変化，転換を急激な速度で対応せざるを得ない状況となっている．物流やサービスがボーダレス化し，相互乗り入れが不可避となり，その中で国際競争を展開するには，個人の資格，能力が重要でありかつ情報や人的なネットワークが必要となる．そうした環境を整備しつつ新たなそして魅力ある土木界のフロンティアを呈示することも重要である．

　さらには，地球環境問題などわが国のみの問題でなく，国際的に専門知識と技術を提供し，解決に向けて協調的な体制を整備するうえで，土木工学が主導的な立場となるべき課題も多い．国際社会のボーダレス化が急速に進む中で土木学会は，土木工学の各専門分野における国際的な組織の日本の窓口として，全世界への情報発信に貢献し，国際相互理解と交流を促進する責任がある．今後継続して実行すべき長期活動目標は以下のように整理される．

①国際化に対応した技術者の育成と環境作り
②海外進出に対する国内の対応
③国際的な情報基地の構築と海外交流
④情報の電子化の促進
⑤英語による海外への情報発信
⑥土木界の新しいフロンティア・イノベーションの提示
⑦海外共有ネットワーク（Web）の検討
⑧外国人会員の増強

⑨海外エンジニアとのネットワーク形成
⑩海外学協会との連携強化

8) コミュニケーション機能

　近年特に問題となっている土木工学（学会）に対する社会からの不信感の原因の一つとして，学会が公正な情報を的確に社会に提供してこなかったことがあげられる．土木工学は，その対象領域から考えても，社会の理解や社会との協調が不可欠である．そのため，社会が土木に対して求めているものを正確に把握するための機能，および学会がそれに対して的確に応答するための機能を構築することが急務となっている．

　そのため，土木界・土木学会が社会からの信頼と尊敬を得る体質へと変革できるような体制を確立するためには，社会とのコミュニケーションを円滑に進めることが前提となる．市民が有する土木工学に対する問題意識を明確にして適切に対応するとともに，土木工学を通して社会と夢を共有すべく，以下の目標のもとに国内・国際社会に対する責任を果たすべきである．

　①社会とのコミュニケーションを密にするためのインターフェース機能の強化
　②学会ホームページなどを活用した社会との情報受発信機能の強化

参考文献
1) 土木学会企画委員会：企画委員会 2000 年レポート－土木界の課題と目指すべき方向－，土木学会，2000.4
2) 土木学会企画委員会：JSCE2005 －土木学会の改革策－ 社会への貢献と連携機能の充実，土木学会，2003.5
3) 土木学会企画委員会：JSCE2010 －社会と世界に活かそう土木学会の技術力・人間力－，土木学会，2008.5
4) 土木学会将来ビジョン（仮称）策定特別委員会：社会と土木の 100 年ビジョン－あらゆる境界をひらき，持続可能な社会の礎を築く－（中間案），土木学会，2014.3

第6章　歴代会長の証言

　学会としての記録や記述ではなく，歴代学会長の個人としての証言を取りまとめた．

　『土木学会の100年』のために寄稿いただいたのは，第66代 仁杉　巖，第76代 内田隆滋，第77代 堀川清司，そして第93代の三谷　浩会長から第101代の橋本鋼太郎会長までである．第82代 中村英夫会長から第92代 森地　茂会長までは『90年略史』に掲載のものを再掲した．なお，第85代 宮崎　明会長は逝去により『90年略史』への寄稿が叶わなかった．

土木学会への提言

仁杉　巖
NISUGI Iwao
第66代会長

　私は学生時代から土木学会会員であるから，学会員歴は70年程になる．現学会員の中では一番長い会員であると思っている．私は昭和13年に大学を出てから昭和18年まで兵役にいたので，土木学会とのお付き合いは60年余りとなる．この60年間には後で述べる様に私は土木学会の運営に強く参画した時代と毎年1度くらい対談をしたり，論文を出したりする程度の軽いお付き合いをする時期とがありました．しかし，この60年間に土木学会から色々な情報を得ることが出来て私の成長を助けて頂いたことに感謝しています．

　兵役を終わってから5年間位は鉄道の技術研究所でコンクリートの研究をしており，PCの開発や昭和24年に第1回土木学会コンクリート示方書の改訂で吉田徳次郎先生の下で鉄筋コンクリート部門の幹事を務めたりしたので，土木学会とは縁の深い関係が7年位続きました．その後は主として鉄道の現業に居りましたので，土木学会とは学会誌をめくる位の関係でした．この間に経験した主な工事は，大阪駅の沈下対策，信楽線のPCポストテンション型橋梁の建設や東京付近の鉄道網の復旧工事などで貴重な経験をさせて頂きました．

　昭和30年から約10年間は東海道新幹線の計画の時代から建設が完了するまで参画しました．それから国鉄常務理事として第3次長期計画の推進に取り組みましたが，昭和43年に国鉄を退職しました．此の間13年ぐらいは，担当業務が忙しく，土木学会との接触は殆んどありませんでした．この間に私が土木学会に貢献したことと言えば吉田賞の創設に国分さんと一緒に努力したことです．国鉄理事退職後3年ほどはPCがらみの仕事をした後，西武鉄道や鉄道建設公団，国鉄改革など忙しい仕事を80歳まで勤めました．此の間私が土木学会と深く係わったのは，国鉄退職直前の昭和42年から土木学会の副会長を務めた約2年間です．この間，担当する仕事が多くなかったので，かなりの時間を土木学会の仕事に注ぎ込みました．この頃，私が土木学会の運営に関して考えた事と実行しようとした事は，土木学会誌の1969年7月号に載せた「土木学会の活動をもっと強力に」と1970年12月号に発表した「企画委員会の最近の動き」に細かく書いてありますので，再録はしませんが，要約すれば前号では土木学会はもっと社会の役に立つように活動すべきだと主張し，当時の土木学会の理事会では学会運営のための決議事項が多いために土木学会として大事な懸案を討議する時間が限られるので，こうした土木学会の重要事項に就いては土木学会に企画委員会を立ち上げ，その場で十分討議した結果を理事会にあげて決済できるよう提案したものであります．私のこの提案は理事会で承認されたので，企画委員会が立ち上がりました．この企画委員会の活動状況を報告したのが1970年の記事です．この時点で実は私は土木学会長を毎年替えては学会の事業の推進に支障が出ると思うので，少なくとも3年位は留任して欲しいと提案したのですが，これは否決され，アメリカの土木学会で活用されているプレジデントエレクトという制度が採用されて今日に至っています．

　この後，私は前述したように繁忙な仕事に就いていたので，土木学会に仕事からは離れていて年に1回の歴代会長経験者会議に出席したり，学会から要望されて対談したり，投稿したりする程度で，その後の学会の事情については詳しくは知りません．ただ企画委員会は私たちが考えていた方向と多少違うかもしれませんが続けられているようです．

　しかし，その後私は土木学会の運営についてはその頃の考え方を変えています．私が副会長をしていた1970年頃，私は土木学会が土木界をリードすべきだと言った考え方を強く持っていました．しかし，その後私が土木に絡む仕事を通して色々と経験してみると，土木学会が土木界をリードすることが無理だと考えるようになりました．その一つは土木学会の役員はほとんど全員が本職を持っている方々に兼務して頂いているので，土木学会の仕事に十分時間をとって頂けないという事情もあり，また，土木界には主に政・官・学・民といった分野があると思いますが，その各分野は互いに強く絡み合いながらも，それぞれ別の分野ごとにリーダーがおられて，その方を中心に物事が決まってゆくという形になっています．たとえば，私ども土木屋に関係の深い防災工事を例にとってみても，計画や設計をして発注するのは，政と官とであり，実際に施工するのは民である．そしてそのすべてに学が絡んで

いる．勿論，この間に土木学会が色々な立場から意見を表明することはあるにしても最終決定者の立場にはならない．私が直接関係した東海道新幹線にしても事情は同じであった．道路，ダムその他の土木工事にしても同じであると思っている．

では具体的に土木学会は何をすべきか．土木学会の定款には「土木工学の進歩および土木事業の発達ならびに土木技術者の資質の向上を図り，もって学術文化の進展と社会の発展に寄与する」ことを目指し，以下の三つを活動の柱として，さまざまな活動を展開している．
・学術・技術の進歩への貢献
・社会への直接的貢献
・会員の交流と啓発

私はこの文章は土木屋がなすべきことを言い得て妙であると思っています．土木学会はこの3つの事をしっかりやれば，結果として土木界に強い影響力を持つことになると私は思っています．

さて，私は土木学会の関係者の方々は学会のために懸命に努力されていることに感謝しています．でも，私は土木関係者にお願いしたい事が幾つかあるので次に述べておきます．

我々土木屋が色々努力しているのは，最終的には，ある場所に国民にとって有効なそして丈夫な施設を安価に造り上げることです．そこで我々の仕事をする場所は固定していません．造るべき施設の場所も買わなくてはなりません．建設する人も集めなくてはいけない．宿舎も用意しなくてはいけない．‥‥現場で仕事をする土木屋にとってこんな仕事も大事です．だから土木屋にはマネージメントの仕事も大事であると私は思っています．勿論こんな仕事は経験を積むうち自然に覚えるという考え方もあるが，予めこれに関する知識を持っていれば仕事はよりスムーズに進む事は間違いない．土木屋に必要なマネージメント力を教え訓練することが大事だと思っています．

私は土木の仕事は地球の改造だと思っています．しかし，我々土木屋はこの点では知識が大変欠けていると思います．これは土木屋の怠慢というより最近の宇宙や地球に関する我々人類の知識が大きく進歩したのに，我々土木屋の地学に関する知識があまり進歩していないことが最大の原因だと思っています．この点これからの土木屋は教育や訓練を通して地学関係の知識を深めるように一生懸命努力する必要があると思います．

土木学会の活動の柱に「会員の交流と啓発」という言葉がありますが，学会では学会誌や講演会などを熱心にやっておられます．しかし，実現するのは難しいと思いますが，もう少し気軽に集まり話し合うような機会が出来ないでしょうか．これが出来ると情報の交換が盛んになり，土木の仕事がもっと進歩すると思います．

私が，最近若い土木屋さんと話をすると，私共が若いころに経験した様なことを余り知っていないことに気付きます．1例として高速道路やダムや新幹線なども「私たちが生まれた時にはもうありました」で話が終って仕舞います．よく考えてみると，私も明治時代の鉄道の話をよく知ってる訳ではありません．しかし，鉄道屋なら，明治からの鉄道の発展の経過や土木技術の進歩の過程位は知っていて欲しいと思います．こんな過去の事実が手軽に分かる様に土木学会が中心になって，過去の資料集と簡単な発展史の様なものを作って頂けませんか．土木文化遺産の文書系の様なものをイメージしています．

土木学会では研究費を補助するための寄付を募っています．わたしの所にも募集の書類が来ます．応募しようと思うのですが，関係の資料が少なくてよく分らないので面倒になって止めようかと思うことがあります．関係者の方々はそれなりに努力されていると思いますが，会員からの寄付は土木学会にとっては大事な項目ですからもう一段の努力を期待しています．

最後に私は前に書きましたように，昭和38年ごろ田中賞の創設に努力しましたが，その後，橋梁関係者の努力で田中賞も出来ました．しかし，よく考えてみると吉田，田中両先生は確かに傑出した先生であるが，土木学会の100年の長い歴史の中でこのお二人だけの名前が付いた賞が残っていて，その上，コンクリートと橋梁の分野の人達だけに特別賞を渡すには如何なものかと思う様になりました．しかし，こんなことを言えるのは吉田賞の創設にかかわった私だけだろうと思うので，ここで敢えてお謝りしますが，この際吉田賞と田中賞を含めて先輩賞を創設し，土木の各分野から受賞者が出るように変更した方がよいと思います．この先輩賞には各分野で優秀な先生を中心に集められた資金を受け入れて基金にすることとする．これは思い付きのような私の提案ですが，出来れば理事会等で検討して頂きたいと思っています．

一鉄道土木屋の回想

内田 隆滋
UCHIDA Takashige
第76代会長

土木学会創立100周年，誠にお目出度うございます．心からお祝い申し上げます．

私が土木学会会長に就任致しましたのは，昭和62年5月からの1年間でありました．

前会長は鹿島建設の石川六郎さんでした．

私は次期会長として，61年5月から理事会に出席致しました．何年か前に理事として理事会に出席致した当時はこの制度はありませんでした．この制度は今でも続けられており，大変良い制度だと思います．

私の就任中の最大の仕事は，前会長からの企画として諸外国の土木学会（シビル　エンジニヤリング　ソサィエティ）の会長を日本にお招きして交流を深め，実情をお伺いすると云う事でありました．まず米国，オーストラリア，英国等，英語圏の会長さんを日本にお招きして，学会の事情をお伺いし，日本の実情もお話をする事と致しました．

ところが，外国においてシビル　エンジニヤと云うと，日本の土木に建築（構造部門）が含まれており，当時の米国とオーストラリアは，会長さんが建築屋さんであり，英国のみがたまたま鉄道屋さんで，日本と同じ土木屋さんでありました．このお三方との会談は，お陰様で無事終了致しましたが，米国とオーストラリアのお話の内容は，建築の話が主流を占め，私等の期待する様な結果ではなかったように思います．

その後，学会として外国との交流がどの様に進められたかは解りませんが，将来も外国との交流は土木学会としては大切なことなので，接触方法についてご検討をお願い致します．

私は会長在任中に建設公団から東武鉄道に再就職致しましたが，公団在任の4年の間に，経済の状態がすっかり変わっていて，いわゆるバブル景気の最中でありました．土地価格は高騰を始め，企業は何をやっても成功しそうな雰囲気でありました．

公団の様な所にいると，世の中のことが全くわからなくなると云うことを痛感すると共に，バブルに踊らされてその後に会社が大損害を被ったことを思い出します．

私は鉄道土木屋の中でもいわゆる改良屋と云う道を歩んで参りました．国の経済等の動向により，将来，旅客，貨物等がどの様に推移するかの予測が改良工事の基本であります．この様な立場から，戦後から今までの主として鉄道を中心として公共工事の趨勢，及び今後の公共工事がどうあるべきかについて私見を述べてみたいと思います．

終戦後，私は一寸した用事がありまして，土木学会を訪れましたら，それは東京駅の近くの鉄道高架下にあり，事務長は国鉄のOBが務めておりました．戦前，戦後のある時期まで，国鉄が土木学会を全面的に応援していたと思います．その後，学会は永代橋近くの鹿島建設のビルに移転しました．そのころ，たまたま先輩の代理でおそらく戦後初めての土木学会の会合に出席致しました．

その会合の目的は，当時土木学会は会員から会費は徴収しているが，見返りのものが何もないのをどうしようかと云うことでありました．終戦後は食べる事も事欠く状況でありましたので，土木学会を愛する先輩諸兄に大変敬意の念を覚えたことを思い出します．

話し合いの結果，現在の土木関係，官公庁等の活動状況を広く知らせる目的で，土木学会新聞を毎月発行しようと云うことになりました．今考えると誠に隔世の感があります．

以来，私達は毎月1回，土曜日に永代橋に集合し，新聞の編集作業を致しました．

私は2年程で転勤になり，この作業が何時まで続き，今の土木学会誌が何時始まったのかは，詳らかにしていません．

昭和25年，朝鮮戦争が勃発し，日本は米国軍の兵たん基地となり，経済国として息を吹き返しました．終戦か

らの5年間は全く公共工事等に着工する余裕はありませんでした．

　この頃から人口が東京，大阪等の大都会へと集中し始め，通勤電車の混雑緩和の仕事がまず始まりました．その後，特に東京では5方面作戦と称し，東京駅に集中する線路の拡充及びホームの延伸等の工事が最近まで続いて行われました．

　公共工事が本格的に始まりましたのは，戦後10年が経って昭和30年，国会に於いて自由民主党，社会党の二大政党（55年体制）が出現し，吾が国の政治がようやく安定し始めた頃からだったと思います．

　この頃から，国鉄東海道新幹線，高速道路の名阪，東名，羽田－代々木間の東京高速道路，東京湾の港湾工業地帯の建設等が一斉に始まりました．これ等の工事の内，交通関係の工事は東京オリンピック（昭和39年）の開催が，工事の一段落の目標となりました．

　一例として，東海道新幹線の工事について説明致しますと，同線は夢の超特急として昭和34年に着工以来，5年有余で完成したことになっていますが，実は用地買収が難航して2ヶ年近くかかっており，工事期間は3年半に過ぎないと云う事でした．東京オリンピックに間に合わせるため，工事関係者は毎日戦場のような日々を過ごしました．

　なお戦後から試作を進められて来た機械化施工が，この突貫工事に大変功を奏したと云えると思います．現在ではごく当り前となりましたが，この工事がその幕開けとなったと思います．

　昭和40年からの10年間に，日本経済は飛躍的に進展致しました．この間に実質国民総生産（GDP）は約2倍（内閣府）に増大致しました．日本の国が最も進展した時代だと思います．新幹線鉄道は博多駅まで開業がなされ，高速道路は名阪，東名が開業，高速道路のインターチェンジの周辺には，各種の製造工場等が林立し，国の繁栄のもととなりました．

　昭和40年頃までに，北海道の鉄道はディーゼル化し，その他の鉄道は電化され，鉄道のエネルギーとして石炭は，その役目を終えました．

　同様に昭和50年頃までに，国内の陸上貨物輸送は完全にトラック輸送に移り，内航海運と共に国の経済活動の基本となり，鉄道貨物輸送はかつての面影を失いました（国土交通省陸運統計）．

　旅客輸送は，近距離は電車，バス，中距離（100km～400km）は新幹線，それ以上は航空機と云う住み分けが出来て来たように考えられます．

　昭和48年，中東戦争により石油の輸入が逼迫し，第一次オイルショックに見舞われ，同時に物価高騰が始まりました．

　昭和50年からの10年間は，日本の経済にやや陰りが見え始めたように思います．

　国鉄の収支は年々赤字が増大致しましたが，国民の生活を守るため，国鉄運賃値上げは抑制されました．従って国鉄の赤字が続き，次第に再起不能の状態に追い込まれました．

　然しこの間にも東北新幹線，大都市通勤輸送の増強工事は鉄道公団（昭和39年創立）による上越新幹線工事等と共に進捗致しました．

　これ等鉄道工事とは別に，本州－北海道を結ぶ青函隧道の建設は，洞爺丸事故等の悲惨な海上事故を失くすために，早くから要望があり，海底の地質調査等も行われて参りました．青函トンネルは，その着工から開業までに実に25年の歳月を要し，ようやく昭和63年にJR北海道により開業致しました．その詳細は別に譲るとしても，海底下100米，全長53.9kmの隧道は，日本が世界に誇る土木技術の結晶であると思います．

　昭和60年プラザ合意により，円は1ドル200円に修正され，日本は円高に悩まされ，企業は益々生産拠点を海外に移すこととなりました．

　昭和62年4月，国鉄は再建のためJR東日本，JR西日本，JR貨物等に分割されました．

　前にも触れましたが，バブルの崩壊が本当に起こったのは平成3年のことでしたが，その7年後（平成10年）にアメリカのヘッジファンドに起因するアジア通貨危機により再び大きな打撃を受けました．最近は世界経済が一体化し，国の経済から庶民の生活までが世界の影響を受ける時代となりました．

平成になってから，ようやく長野新幹線が着工されました．新幹線の電車のモーターが直流から，登坂力，推進力の強い交流モーターに改良されたからであります．平成10年開催の冬のオリンピックに間に合いました．

　現在，日本の公共事業は，日本の不況時代の進捗の遅れ等はあったものの，その一部を残して殆ど完成を見ています．関係者のご尽力により，諸外国に勝るとも劣らない充実ぶりであります．

　最後に日本の将来と今後の公共事業について，私見を述べさせて戴きます．

　今後日本の将来で一番心配なことは，人口の急速な減少であります．総務省統計局の試算によりますと，平成20年に1億2,800万人であった人口は，平成50年には1億人以下に減少し，その後も減少を続けると云うことであります．私のように国家が上り調子時に働いて来た者にとっては大変な驚きを覚えます．

　今後の公共工事で必要とされているものは，鉄道では北陸新幹線の残り，長崎，北海道等の新幹線であり，その他の事業では，東北復興事業，全国の津波対策等が考えられます．

　また今までに建設された膨大な建造物の保守，管理が大変重要なものとなると思います．何よりも一番大切なことは，日本の将来が現実にどのようになるのか見極める事でしょう．

　それにはかつて栄えたギリシャ，英国等が今どの様な問題を抱えているのかを勉強することも必要でしょう．

　将来の具体的な社会が定まれば，私等は適切で充分な公共工事を行うことが出来ると思います．現在，山間部で人口の減少によりいろいろ不都合な問題が起こっております．それがやがて都会にも及んでくるかと思われます．

　これ等の現象を具体的にとらえて，適切に対処するのが公共工事の使命だと思われます．

昭和の終りから平成の初期に土木学会の役員を務めて

堀川 清司
HORIKAWA Kiyoshi
第77代会長

はじめに

私は昭和から平成に移り代る時期に，土木学会の理事，副会長，次期会長，および会長を各1年経験した．今から4半世紀も前のことであるから，詳細については記憶していない．

思い起こせば，第2次世界大戦後の疲弊した社会・経済状況から懸命に立ち上り，1956年の経済白書に日本経済の成長と近代化を発表し，世に「もはや戦後ではない」との流行語が流布されるまでに快復した．その後の岩戸景気に助けられ，1964年東京オリンピックに向けての新たな事業が遂行され，東海道新幹線の開通，東京都市街区域の交通網の整備などが為され，日本のめざましい復興を内外に印象づけたと思われる．それから既に半世紀の歳月が経過した．

昭和末期から平成初期の頃

東京オリンピック後の世界情勢は実に目まぐるしく，わが国はその動向に影響される度合いは著しく高まった．しかし一方では，日本列島改造のかけ声は勇ましく，巨大プロジェクトが次々と推進された．従って日本の建設事業は世界に注目されるようになっていった．

このような情勢を受けて，土木学会の活動は多面的に展開されるようになったと思われる．つまり，数々の事業に対する社会の関心を高めるために，「土木の日」の制定，「くらしと土木の週間」の行事が，各支部の協力によって実施された．一方では若人の土木離れへの危機感に端を発した「土木改名論」の討議が熱心に為された．その影響は大きく，明治以来なじみの「土木工学科」の名称は大学工学部から次第に消え去り，私達は何とも寂しい思いを味わうことになった．しかし各方面の努力によって，土木学会会員数は順調にのび，5年間に3万人から3万5千人に増加し，安堵したことを覚えている．一方で大学在学中の学生会員数は一向にのびなく，各大学への協力を要請したが，なかなか効果が得られず，落胆したものである．

日本において推進されてきた数々のプロジェクト，なかんずく「青函トンネル」や「本州四国連絡橋」は世界の注目する所となり，海外からの土木学会への来訪者が数多く，国際交流への関心が一段と高まったように思われる．かねてより，海外での土木技術の動向に対する関心が高まったことを受けて，土木学会では1974年以降「土木技術者のための海外研修旅行」の企画が実行され，多くの土木技術者に海外の事業を視察する機会を提供してきた．

海外学協会との交流協定の締結

上述の動向から，海外の学協会関係者の土木学会への訪問が数多くなった．このような趨勢を受けて，石川六郎第75代会長は積極的な対応を進められた．先は1988年3月，米国土木学会（ASCE）Albert A. Grant会長一行の土木学会訪問を機に，両学会の協定について仮調印が行われた．同年10月St. LouisでASCEの年次大会が開催された折に，次期会長であった私が，内田隆滋第76代会長の代理として出席し，八木純一専務理事を伴って本調印に出席した．これは実質的に海外学協会との協力協定の第1号と称してもよい行事であった．その頃カナダ土木学会（CSCE）との間の協力協定の準備が進められ，同年8月には文書の交換によって締結された．

当然のことながら，近隣諸国の学協会からも協力協定の締結を望む声が届けられた．1989年11月大韓土木学会文済吉会長が土木学会を訪問されて，協定の調印が行われた．また1990年4月，私の会長任期終了の間際に，オーストラリアCanberraで行われたEngineering Australiaの年次大会に出席して，協力協定の調印を行った．

上述のように，私は副会長，次期会長，会長の3年間に，様々な立場で海外の学協会との協定の調印に，また交

流のために海外に出かけることが多かった．

　最近土木学会より提供された資料により，現在協力協定を締結している海外の学協会は27にも及ぶことを承知した．それは欧米の諸国から，中東，オセアニア，アジアの各国に及び，わが国の土木技術，土木工学への期待が極めて大きいとの印象を受けた．なかんずく，新興国と目される諸国からの期待にどう応えるか，土木学会の責務は大きい．今後を見守っていきたい．

インフラ諸施設の老朽化への対応

　私は若かりし頃，1957年から1959年にかけて，University of California, Berkeleyに滞在する機会に恵まれた．その当時日本はいまだに発展途上の段階にあり，米国の諸施設，例えば広大な大地を走るHighway，更にはGolden Gate Bridge, San Francisco-Oakland Bay Bridge等に目を見張る思いであった．

　誰から聞いたのか残念ながら定かではないが，1936年11月に供用を開始したBay Bridgeは，1年かけて全橋のペンキ塗りが行われ，これが年中行事となっているとのことであった．塩分の飛沫の影響を受けての鋼材の腐食を防止する為に行うという息の長い努力に感銘を受けた．私は大学の授業から土木構造物の寿命は30～50年と学んだと思うので，このような地道な努力に敬意を覚えた．

　わが国では，東京オリンピックを契機に高度成長期に突入し，夢の大国であった米国の後を追うようにして，社会資本の充足に力を注ぎ，数々のインフラ施設が建設された．われわれはその目覚ましさに喝采を送り，その恩恵に浴してきた．

　1990年に至り，日本の株価は急落を続け，その様相は米国で1929年から始まった大恐慌に類似しているとの考えから，バブルの崩壊，または平成の大恐慌と称され，景気は極度に低下，従ってインフラ投資は急速に絞られるようになった．やがて既存構造物に対する維持・点検も事欠く事態に陥っているとの情報が耳に入ってくるようになった．何の発言力も持たぬ私は心穏やかでなく，折にふれて愚痴をこぼすことが多くなった．2007年，米国Minnesota州Minneapolis市でMississippi川を渡る橋梁が突然落下し，死者が出たとの新聞報道に接して驚愕した．後日調べた所，この橋梁は1967年に供用を開始したとのことであり，開始後40年目の大事故であった．わが国は米国に遅れること30年余で活発に事業が展開されたことを思うと，このような事故は5～10年後には起こりうると考え，大変に気がかりとなって来た．この事件はわが国の行政担当者，技術者に大きな衝撃を与えたと思われ，調査団が派遣され，その報告書は公表された．

　次に私を驚かせたのは，2013年5月に米国Washington州Skagit市で落橋事故が発生し，地元では大騒動となっているとの報道であった．この橋梁は1955年に供用が開始されたとのことであるから，その寿命は60年に満たなかったことになる．

　これらの事故は当然のことながら米国内で大きく取り上げられ，インターネットの画面からその状況は伝わってくる．これまでの土木構造物の耐用年数は30～50年とする通説と見事に合致するので，再び危機感が高まるのを覚えた．

　何年か前から，東京オリンピックを目指して建設された首都高速道路の老朽化が取り上げられ，その機能を維持しながら如何にして改善するかが討議されてきた．この度，2020年の第2次東京オリンピックの開催が決定され，より真摯な検討がなされることと期待する．このような時に当り，土木学会でも検討されることが望ましいと考えていたが，2013年6月に開催された歴代会長懇親会において，「社会インフラ維持管理・更新の課題についての対処戦略（案）」が資料として配布され，密かに安堵を覚えた．その成果に期待したい．

世界的に頻発する自然災害への対処

　わが国は世界的に見ても有数の災害国であり，長年にわたって自然災害は土木工学における重要な課題と位置づけられてきた．私の専門分野からしても，最近の大災害として，2004年12月のIndonesia Sumatra大津波，2005年8月の米国New OrleansのHurricane Katrinaによる高潮，2011年3月の東北地方太平洋沖地震・津波を挙げるこ

とが出来る．これらの災害にあたっては，土木学会会員が重要な役割を果したことは衆知の通りである．

　このような大災害は今後も起る可能性は極めて高いと思われ，土木学会の積極的な関与に期待する所大である．

フェロー会員制度の制定

　最後の話題として，フェロー会員についてふれようと思う．

　私が会長として務めた最後の理事会でのことであったと記憶するが，議事が一段落した所で，私は次のような発言をした．「私は長年にわたって土木学会会員であるが，一方でASCEの会員でもあり，現在はそのFellowとなっている．私の母体である土木学会では会員，ASCEではFellowというのは何とも収まりが悪い．土木学会でもフェロー会員制度を導入してはいかがであろうか．会費を少し高くして徴収できるであろうし，土木学会の財政にも役立つであろう」と．この件は当然のことながら話題の提供に終った．その後「土木学会の80年」を参照してみた所，中村英夫第82代会長の時の1994年5月30日の理事会で，フェロー会員制度の規定が制定されたとあった．最近，土木学会のホームページで会員の状況を調べた所，この制度は1994年度より発足したこと，正会員32,653名に対して，名誉会員305名，フェロー会員は2,219名と着実に定着している状況にあることを知り，最初に提言した者として大変に喜ばしく感じている．

終りに

　私が土木学会の役員として関与して以降の事柄を回顧し，今後の土木学会の発展を祈念しつつも思いつくままに感想を述べた．何らかのご参考になれば幸いである．

謝辞：　資料の収集に尽力たまわった次期会長磯部雅彦教授ならびに資料の提供をたまわった土木学会富田俊行出版事業課長に深甚の謝意を表する．（2013年10月末日）

> 80周年記念事業，そして阪神・淡路大震災発生．
> 調査団団長として現地入りし，報告会開催へ．

中村 英夫
NAKAMURA Hideo
第82代会長

NHK「テクノパワー」を放映

　私が会長に就任したのは1994年．現役の東大教授であり，会長退任後も教授職にあった．会長就任当時，土木の世界では，青函トンネル，本四架橋，関西国際空港と，大型の土木事業が完成していった時期で，アクアラインや明石架橋も完成に近づいていた．どれをとってもその当時，世界で有数の大事業だった．しかし，この先，そのような大型事業が続いていくとは思えなかった．百年近くやってきたわが国の近代土木事業がピークにある時期と思っていた．

　就任時はちょうど土木学会80周年にあたり，大々的に80周年記念事業を行った．何故そのように大掛かりに記念事業を行うのかという意見があった．そのときにも，これまでの土木はピークを越え，次への曲がり角を迎えているので，これからは今までとは違った方向を目指すべきであり，そのための節目となるのだという言い方をした．土木事業に対する風当たりが強くなり，多くの人の理解や努力を得る必要も感じていた．　そこで，会長就任前の副会長の時代に，NHKと交渉し，「テクノパワー」という，今でいう「プロジェクトX」のようなシリーズのドキュメントを制作してもらうことになった．アナウンサーの松平定知さんが進行役で，ヨーロッパの調査にいってもらったり，明石架橋のてっぺんにも登ってもらったりした．番組では，NHKとしても初めてCGを本格的に採用し，一般の人にも理解してもらえて，好評だった．

　80周年記念事業では，何年も前から準備委員会の中心として関わり，進めてきた．シンポジウムは東京で行わず，あえて横浜でやった．ちょうどMM21の第1段階の事業ができようとしていた時で，横浜市長が土木学会の会員ということもあった．当時，名古屋と神戸の市長も会員だったので，横浜へ来てもらって座談会を開催した．また，国際賞・技術功労賞の顕彰もはじめての祝賀パーティでは会員自前の室内楽団アンサンブル・シヴィルによる音楽演奏が行われ，海外の学会などからも多くの人が参加し，事業としては大成功だった．

　講演では，私の「土木学会と土木事業の80年と今後にむけて」という基調講演のほか，司馬遼太郎さんに「日本の土木」ということで，特別講演をお願いした．その最後に言われた「土木の人たちは世間を敵に回すようなことをしては不幸だ」といった意味の言葉は，今でも記憶に残っている．

　80周年事業としていくつかの本も作った．間に合ったのもあれば，間に合わなかったものもある．「日本土木史」「土木用語大辞典」「ヨーロッパのインフラストラクチャー」などはその時の成果である．

学会用地を国鉄清算事業団から購入

　土木図書館が老朽化していたので，建て替えて，土木のアーカイブスを作る計画を80周年記念事業の一つとして進めていた．そのために募金活動を行い，多くの資金を集めることができた．川崎市が川崎の浮島にある土地を無償で使わせてくれるという話になり，そこに建てようと計画していた．そのうちに，阪神淡路大震災が起こり，それどころではなくなった．集めた資金は後に残せるようにし，それが今の会館建設につながった．

　学会のある土地はそれまでは借地であったが，それを買い取るように国鉄清算事業団から要求されていた．一部ではまだ買うことはないという意見もあったが，土地の価格も下がっていたので購入することに決めた．500坪で10億円であった．資金は銀行から借りることにし，その返済のため，3年間会費の値上げを行った．そのとき，「会員の皆様へ」ということで，事情を説明するお願いの記事を寄せた．なかには会員が減るのではないかという危惧があり，多くの不満が出るのではないかと思ったが，それも震災で消えてしまった．あのときが買う良いタイミン

グであったと思っている．

地域格差を全国大会のテーマに

会長就任時の全国大会は，北海道で行われた．その時「地域格差とその是正への方策」という題で，特別講演を行った．日本は随分豊かになったが，まだ存在する地域格差が，それは所得水準だけの話ではなく，文化的な格差や福祉の面での格差など，いろいろな面で残っているといえる．これを是正しないと，いつまでもたっても国全体が不安定のままである．その頃，北海道は人口減少の方向にあり，札幌への一極集中が一段と進んでいた．それであのようなテーマを選んだ．それは，北海道にとって必要な話だろうと思ったし，北海道の人たちにメッセージをしたいという気持ちもあった．これまでの私の研究を踏まえ，スライドなどを交えて，講演を行い，好評であったと聞いている．

震災翌日に調査団を派遣

80周年の記念事業での基調講演では，80年間の土木学会や土木事業の総括をして，将来への方向を考えて講演をしようと思っていた．私としては随分準備を重ね，歴代の会長の書かれた学会誌にすべて目を通した．そうしたこともあり，「土木学会と土木事業の80年と今後にむけて」を今自分で読み直しても，一つのまとめをしたと思っている．学会誌では，関東大震災のときにどのような対応を行ったかとか，戦後の復興にどのように対応をどうしたかなど，その時々の人が語っている．それが私の頭の中にあった．それもあって，阪神・淡路大震災が起こる1週間くらい前に，土木学会の企画委員長などに参集してもらい，大きな災害が起こったときには学会はもっと迅速に動かないといけない，という話をしていた．そんな時期に，あの大震災が起こったのである．

阪神・淡路大震災は，1995年1月17日未明に起こった．実はプライベートな話になるが，その前の日に研究室の卒業生の結婚披露宴で大阪に行っていた．泊まることも考えたが，次の日の仕事もあってその夜遅く東京に戻った．朝早く，ラジオから震災のニュースを聞いた．その時はまだ大したニュースも入っていなかった．しかし，事前に話をしていたので，しっかり調べなければいけないということで，朝早く，土木学会の事務局職員の自宅に電話を入れた．大変なことになっている可能性があるので調査団を出したいので，準備してくれという指示を出した．すぐに準備を整えてくれ，調査に行く専門家の先生もピックアップしてくれた．それで先生方に調査に行ってくれるように無理を頼んだりした．

現地は想像以上に惨状を極めていた．先生方には，今まで腑分けされたことがないものが腑分けされたのだから，土木の「解体新書」を作る気持ちで，徹底的に調べ，記録に残してくれと頼んだ．

第1次の調査から，これは地震工学や耐震設計の分野だけで調査すれば良い話ではない．広く社会的な問題にもかかわるものであるので，もっと広い分野の人たちを集めて行こうということで，第2次の派遣では，私が団長を務め，多くのメンバーを集めて行くことになった．第一次の調査団が現地入りしたのは，震災発生の翌日18日．第2次ではメンバーを決め，準備をして現地に向かったのが22日である．

東京で調査報告会を開催

あの時，地震の被害にあった人というのは，不満の捌け口の持って行き場もなく，ひとつの矛先として耐震基準を決めることに関わって来た土木学会をはじめとした学会に向けられていた．そういったこともあり，一般社会に対して説明が必要だと考え，調査報告会を開くことにした．調査を進める以前に前もって場所を予約しておいた．それが東京・千代田区の都市センターだった．その時は，人数は500人くらいあればいいだろうと想定していた．ところが，開いてみたら，道に行列ができ，人が入りきれないという騒ぎになった．それが2月8日である．

その頃，私は報告だけではなく，調査結果を記録として残しておき，そこから新しい耐震の方法を考えていかなければならないと思った．それで調査報告書づくりを始めた．そこでは，土木と建築がバラバラにやっていたのではだめなので，一緒にやろうということで，声をかけた．たまたま，その前年まで日本建築学会の会長と，都市計画学会の会長と私の3人が大学での知己であったこともあり，親しかったので，以前から2〜3カ月に1回昼食を

ともにして，3つの学会の共同した活動についていろいろな話をしていた．そんなこともあって，この地震の調査報告書は一緒にやろうということになり，それが合同での「阪神・淡路大震災調査報告」の発行につながった．その他の学会も加わり，大勢の先生に協力してもらったが，皆さん短い時間で一生懸命やってくれた．1923年の関東大震災では，広井勇先生が委員長として調査を行い，1927年までに全3巻の報告書を刊行し，それがその後の耐震設計を考える上での参考になった．私は，技術的にはもちろんだが，内容の豊富さからいっても，それを超えるものができたのではないかと自負している．

現地の惨状に深い悲しみを覚える

実際に緊急調査団で現地に入ったら，あまりにひどい状況で驚いた．自分たちの先輩や仲間がやったものがこのようになっているということで，ひどく悲しかったのを覚えている．この地震で阪神・淡路地区が復興できたとしても，またいずれ日本のどこかで起きる．そのときにこんなことになっては困る．そのためにどうすればいいのかということを，調査で街を歩きながら，つねに考えていた．

震災では，天皇・皇后両陛下も神戸に行かれたが，その後，説明をするために皇居に呼ばれた．そこでは，自分の言葉だけではこの惨状をうまく伝えられないので，スライドを投影することをやらせて欲しいとお願いした．前例がなく機械もないということだったので，プロジェクターを皇居に持ち込み，自分でセットし，両陛下の前で説明をした．そのため多くのスライド写真を調査団に加わった皆さんに提供していただいた．それから，NHKでも震災の話をし，国会の参考人としてもスライドを用いて説明を行った．自分の表現力が乏しいということもあるが，土木の仕事は目で見たほうがわかりやすいので，これに限らず可能な限りスライドを使っている．

震災を経験し，首都移転に関しても私の意見は変わった．それまではどちらかというとネガティブに考えていた．しかし，地震で日本の政治，経済，文化すべての機能が同時に破壊されたら，日本とっては計り知れないダメージとなるだけでなく，世界にも大きな影響を与えることになる．せめて，経済と政治の機能は分けておくべきだろうと思うようになった．神戸の市役所など新しい建物は地震の被害を受けなかったことを見て，現代の技術を充分に取り入れ，地区を計画的に整備し，新しい都市をつくれば，ほとんど大きな被害をうけないものをつくることができるということを，逆に神戸の地震で確信した．

土木の仕事で一番重要なテーマは，現代のわが国では災害対策だと思っている．特に地震対策が緊急の課題である．

土木の課題はまだまだ多い

土木の仕事は若者にとっても魅力的なはずだ．この仕事に携わることによって得られる生きがいや面白さを，もっと若い人たちに伝えていくことが大切だ．研究でもまだまだやらなければならないテーマは沢山ある．

ここ2年間，世界的研究教育拠点の形成のための重点的支援「21世紀COEプログラム」の審査に関わってきた．そのような際，多くの分野の研究を横並びで見たとき，ゲノムやナノテクなどは極めて先端的分野であり，一方われわれのやっているところは，目的ややっていることがわかりやすく，それだけに古ぼけた研究課題と言われがちである．しかし，こうした研究課題はいわゆるハイテク以上に解決は難しく，頭脳もハイテク以上に必要になる．過去の工学技術においては，先端的な技術と社会的な技術が一緒であった．たとえば，長いトンネルを正確に測量し，そして工事を完成させる技術は，先端的な技術であり，社会的な技術であった．今では長いトンネルを掘るのも，長い橋を架けるのも不思議ではない技術になっていて社会的には有用な技術であるが，先端的な技術ではなくなっている．しかし，目的や方法が判りやすい社会的技術は社会の複雑化，高度化とともに一層解決がむずかしく多くの課題をかかえるようになっている．そこには新たでむずかしい研究，しかし，ニーズも多くあり，やらなければいけないことは多い．そういったところで，これからの若い人にはぜひ頑張って欲しいと思う．

(『90年略史』掲載文を再掲載. interviewer：清水英範（東京大学大学院教授）＋岡本直久（略史編集委員会幹事），date：2004.9.29，place：武蔵工業大学学長室）

日本建築学会と合同の震災調査報告書づくりと，海外交流・支部活動の活性化

小坂　忠
KOSAKA Tadashi
第83代会長

大震災への対応に追われた1年

　私の会長在任期間は，1995年5月から96年5月までで，95年1月17日に，阪神・淡路大震災が発生し，まさに震災後の対応に追われた1年となった．震災直後の対応は，在任中であった中村前会長が行っておられたが，私が会長に就任直後，引き継ぎを行い継続して阪神・淡路大震災関連の対応に忙殺された．

　阪神・淡路大震災については，種々の調査・研究があらゆる分野でなされたが，特に，土木学会では，第1次～4次にわたる現地調査を実施し，報告書の編集・発行，各地で緊急報告会を実施してきた．

　同時に日本建築学会やその他の学会でも同じような取り組みを行い，それぞれが個別に報告書を出すという状況になっていた．私はこうした大きな問題については，学会ごとに個別に調査結果を報告するのではなく，合同で統一した調査報告書を出すべきであると考え，8月に日本建築学会会長とお会いした．また，95年12月には，土木学会，日本建築学会の合同会議を開催した．

　そこで合意を得て，その成果が2000年3月，「阪神・淡路大震災調査報告書」全26巻の発行として結実した．これは，土木学会をはじめ，建築学会，地盤工学会，日本地震学会，日本機械学会が合同でまとめたもので，発行後，兵庫県知事や神戸市長など関係機関を，それぞれの学会長がともに訪問し，寄贈したと聞いている．そのきっかけをつくれることができたことは，大いに意義のあったと思っている．

　また，震災1年後には，土木学会で95年5月の「第一次提言」に続く，土木構造物の耐震基準等に関する「第二次提言」をまとめた．その主な内容は，今後の耐震設計法は，活断層から発生する地震動の予測を基本とするとの提言となっており，これらは記者発表を行い，一般社会に向けて土木学会としてのアピールができた．阪神・淡路大震災の数日後，オランダ，ドイツ，フランス，ベルギー，において記録的な豪雨による大規模な洪水が発生した．これらヨーロッパ各国における危機管理施策や治水施策について調査を行うため，土木学会ではヨーロッパ洪水について2度の調査団を派遣し，調査を行った．

　調査団は，愛知工業大学の四俵正俊先生を団長とし，ライン川を中心とした第1次調査団と，芝浦工業大学の高橋裕先生を団長とした，オランダ，フランスを中心とする第二次調査団に分けられた．私はその第二次調査団の顧問として参加した．

　95年6月に，オランダ，ドイツの環境省や運輸省など，様々な所を訪問し，オランダでは，デルフト工科大学で会議を行った．オランダやドイツ，フランスの被災地を回ったが，行く先々で，日本からはるばる専門の技術者が来たということで，大変な歓迎を受けたのが，印象に強く残った．

　ヨーロッパ水害の直接の原因である大量といわれる降雨量は，日本の豪雨と比較すれば，むしろ少量である．日本では，時間雨量150mm以上，日雨量1,000mm以上の豪雨も記録されているが，ヨーロッパ水害ではせいぜい100mm前後である．こうしたことには驚かされた．

　また，ヨーロッパでは，河川改修がなされまっすぐになった河川が洪水流出に影響を与えると考えられ，最近では，元の蛇行した河川に戻すという，近年重視されてきた環境問題との調和を図る動きが進んでいる．洪水対策としてこうしたことも参考になった．

　ヨーロッパ洪水委調査団では，2次の調査を終え，その結果を，「1995年ヨーロッパ水害調査報告」としてまとめることができた．その報告の中では新しい時代の治水計画の考え方，危機管理体制下におけるボランティアの活用地域リーダーの重要性およびマスメディアとの協調等を提言しており，治水事業に長く携わった私としては，新しい時代の治水の方向性を示した立派な発表が出来たと思っている．

土木学会の100年

米国総会での表彰式に感心

　95年10月のアメリカ土木学会総会に，日本の土木学会会長である私に，夫人同伴で出席してもらいたい旨の通知があった．それで，出席予定をしていたところ，韓国の土木学会からも総会にぜひ出席してもらいたいと言ってきた．私にとって韓国は，1972年に国連のESCAPの基での2国間における洪水予警報に関する技術協力で訪韓して以来20年来の長いつきあいがあったので，最終的には日程を調整して，両方に出席することにした．

　まず，韓国へは私一人で訪れることにし，10月19日に出発してソウルに行き，10月20日の韓国土木学会の総会に出席した後，10月21日に帰国し，成田空港で家内と落ち合い，ロサンゼルス空港で乗り換え，総会開催地のサンディエゴに着いた．

　23日には，東京大学の国島先生や，建設技術研究所の石井さんの発表があり，25日午前中に米国土木学会ASCEの総会があった．従来，日本での表彰式といえば，壇上に表彰者がいて，一人ずつ呼ばれ，挨拶する程度だが，この総会では2階の座席の表彰者にスポットライトを当てながら，その人の功績を壇上のスクリーンに映像として映し出していた．聴衆との一体感と臨場感があるそのパフォーマンスに感心し，帰国後土木学会の表彰でもそうした形式をプレゼンテーションに取り入れることにした．それは今でも継承されており，会員に喜ばれているのではないかと思っている．

　総会を済ませて，午後からロサンゼルスに帰った．ロサンゼルスでは，すでに東京からACR（首都圏建設資源高度化センター）の一行が，アメリカにおける残土の有効利用の実態調査に来ており，私と合流することになっていた．前年の94年にロス地震があり，そのときのロサンゼルスにおける地震の状況と，対応策を調査した．ロサンゼルス市の方が親切に市庁舎地下3階の気密室まで案内してくれた．その部屋で地震のときの状況を聞くと同時に，その部屋の構造についても説明があり，地震だけではなく，核戦争までも想定して作ったシェルターであることに感心した．

　韓国・米国の両土木学会に出席できたことで，海外土木学会と，日本土木学会との海外交流の一里塚になったのではないだろうか．

　また，国内でも，土木学会の運営の一環として全国の支部長会議を定期的に開催した．私自身，中国・関西・東北の3カ所に行かせてもらった．これらにより，本部と支部の交流と，支部活性化への働きかけができた．加えて，特定公益増進法人認可条件をクリアするため，経理事務の立て直しや，9万冊にのぼる図書在庫の評価替を行ったが，こうしたことにも微力ながらお手伝いできたのではないかと思っている．

世界をリードする技術力を

　私が会長職につく前年に土木学会80周年の行事を行った．その時の寄付は，非常に多く集まり，川崎市長から，土地を使って欲しいという要望があったりもした．しかし，10年経った今は時代が大きく変わった．予算も厳しくなっている．そうしたなかで，土木学会の将来を考えると会員の皆さんの希望や要望を具体的に実現するための資金は，確実に減少していくことになる．

　しかし，現在，建設事業に対して，あまりにも，感情的な無用論がある．そのなかで，我々が意気消沈し，志まで無くしてしまうことになったら大変である．こういう時期だからこそ，声を大にして建設事業の必要性を叫ばなければいけないのではないだろうか．昔，我々の現役の頃は，資金が潤沢にあった．今の時代は，予算も絞られ，それによって緊縮が行き過ぎているような気がする．こういう時代だからこそ，我々がいろいろな知恵を出さなければいけないのではないだろうか．

　世界のパワーに太刀打ちできるようにするためには，次の世代，そしてその次の世代に向かって，どうしたらいいのか．日本に今ある優れた能力をうまく利用するとともに，世界をリードする技術力を養っていくことが大切である．そうしなければ，今までのような豊かさを維持することができなくなってしまうだろう．このためにも，土木学会の皆様の奮斗を期待したい．

（『90年略史』掲載文を再掲載．interviewer：加藤　昭（水源地環境整備センター理事長），date：2004.9.17，place：土木学会土木会館応接室）

> 災害緊急対応部門，企画運営連絡会議，技術推進機構の発足，
> JSCE2000の策定など，一連の学会改革を通じ，組織に進化性を加える
>
> 松尾　稔
> MATSUO Minoru
> 第84代会長

パラダイム変換の予感の中で

　会長に就任した当時，私は，技術をはじめ，政治，経済などあらゆる分野でパラダイム・チェンジが急速に起こりつつあるという予感を抱いていた．そこで，学会の役割や機能を改めて明確にすべきではないかと強く感じた．私はまさに安保世代の人間であり，昔から常にアメリカの戦略というものを考えていた．それは，たとえば安保条約に代表されるように，軍事力を表面に打ち出し，経済，文化，高等教育研究などを後ろに隠し持ち，世界を制覇していくというやり方である．

　それが，ゴルバチョフが現れ，冷戦が崩壊していくなかで，次は資格や基準の問題を，アメリカが表面に打ち出してくるのではないかと思った．一方，ヨーロッパでは，ユーロコード（ヨーロピアンコード）を地道に積み上げ，規格への対応を行っていた．日本でも早く対応していかないと，大変なことになると思っていたのだ．

　具体的に危機感を感じたのは，ASCEがアジア土木会議を主催したことにある．それは自分にとってはアメリカの戦略として映った．そこから，アジアの先進国である日本が，リーダーシップをとっていかないと，最後にはアメリカに負けるという気持ちが起こった．

　JABEEにしてもそうである．これから諸問題をかかえて，やっと土木学会の技術推進機構が動き出すことになった．確かに遅れはしたが，皆さんの努力で回復不能な遅れということは免れた．それは，土木学会としても自信を持っていいことだと思う．

客観性と中立性を保つ

　国内では，1995年1月17日に，阪神・淡路大震災が起こった．土木学会にとっては非常に大きな出来事であった．震災は学会の社会貢献や評価機能など，改革を考えるきっかけになった．

　学会にとって大事なことは，客観性を持つということと，官にも民にも偏らない中立の立場を保つということである．そのなかで，情報提供をはじめ，どのような役割を果たしていくか．カリフォルニアの地震の時には，多くの構造物が破壊されたが，日本の土木技術者や官側では，あれはアメリカの話であって日本では絶対そんなことは起こらないと言っていた．

　しかし，現実には阪神・淡路大震災で大きな被害を受けた．それまで，土木学会は中立的な立場に立ち，構造物の強さや，それらの考え方がいかにあったかということを，パブリックに公知する情報公開をしてこなかった．そのことに対して，私は即刻謝罪をすべきだと主張した．しかし，学会の中枢にいる者がそんなことを言ってもらっては困ると言われた．私はそれではダメだと思う．学会は中立な立場で情報を公開し，社会に技術等の発展や評価を通じて貢献しなければ，学会の意味や役割はないと思うからである．

災害緊急対応部門を立ち上げる

　私が直接的な社会貢献ということを提案するきっかけになったのは，震災もそうだが，それより数年前に，8大学工学部長会議でのことがあったからだ．そこで私は座長を3年間務めていたのだが，その時に「工学」の定義を本気で議論した．そこで到達したのは，「工学」というのは「現実の社会における技術に対する学問体系」と位置づけたのである．「工学」は，現実の社会との双方向の関係なくしてありえない．それが，私が「直接的」といっている意味である．

　第19期の学術会議では，それが大きな目標となっているという．それはすばらしいことである．私が学術会議

の会員になったのは15期で，今から13〜14年前であり，当時54, 5歳で一番若い会員であった．その頃，社会に対する貢献，産学協同という言葉自体がタブーであった．しかし，どんな研究でも大名からお金を貰って個人的にやっているわけではない．国民の税金でやらせていただいている．それ故に，明日のためにということではなくても，社会へ還元すべきは当然であるということを，第16期から工学が主導して行った．第5部（工学）はリーダーシップをとっていたし，その先端を土木が走っていたといえる．今では社会貢献の議論は当然で，昔からすると隔世の感がある．

　災害に関しては，会長時に，災害緊急対応部門を立ち上げた．ここで私が求めたのは，学会が直接的にボランティアとして力仕事で人助けをすることも必要だが，起こった現象を現場が変状する前に忠実にとらえるということが大事であるということである．災害はローカリティを持っており，地方にもすぐに調査に出て行けること．それから，大きな災害を受けたところだけを調べるのではなく，同じ雨が降り，同じ地震に見舞われているのに，人的被害はひとつも起こっていないところもあり，それがなぜかということを同時に調べ，社会に公知していくことが，学会の役割であると考えた．そこで災害緊急対応部門をつくったのだが，今では土木学会の大きな活動の柱になり，忙しく活動をしているということで，うれしい限りである．

企画運営連絡会議を発足

　学術・技術の進歩に貢献するということも，私が学会の目的として取り上げたことである．学術・技術の進歩は，「成果」を上げるということと，それを正当に「評価」するということの両輪で果たされる．それがなければ，進歩はない．そのためには，評価の部分をきちんと担っていくことが学会の役割である．

　また，企画運営連絡会議も発足させた．土木学会の会員は多いが，理事や事務局などの組織は小さい．それが細かく縦割りになっており，学会全体として企画立案や連絡機能が乏しいと感じた．そこで，理事会直結の機関をつくり，学会全体としての将来像や企画立案をしてもらい，横の連絡調整を図ってもらうという組織をつくった．企画運営連絡会議をつくったことが，改革の大きな推進力になり，JSCE2000の策定や，定款の改正，倫理規定の改定につながっていった．

　私は学会の役割を3つ掲げた．ソサエティとしてお互いの情報や研究成果を発表し，交流を通じて高め合う．学会というのはもともとそういったことからスタートしているので，それは別とすれば，2番目の「学術・技術の進歩を通して」ということでは，それを構成する人の資質の向上が基本になっている．社会への貢献に対しても資質の向上がベースになる．それらは学会の施策として具体化してもらっていることでありがたいことである．

　私が危機感を感じていたのは，資格問題でアメリカが攻めてくるということである．日本の土木学会の会長として，アメリカ土木学会のラウンドテーブルに出ると，全部その話になる．アメリカと資格認定を行えば，ヨーロッパなど他の国でも通用する．しかし，資格問題を考えていくときに抜かしてはいけないのは，これからの若い人たちはもちろん，現存の土木学会会員である．土木学会の会長として考えると，当時の4万2000〜3000人の会員の人たちを，いかにすれば国際的な相互承認で救えるかを考えた．それらの人を救わないと土木学会は分解してしまう．欧米の資格は高等教育に連動しているが，日本の資格は連動していない．高等教育と連動した形でないと，相互承認は難しい．そこで私は「防災」というテーマでアメリカと手を結ぶことを考えた．「防災」なら，水や土，構造など，ほとんどの会員が何らかの形で関与できるからである．未完だが，「一つの可能性」として残しておいて欲しい．

中立的な評価機関を持つ

　会長の時に，倫理規定の改定にも関わったが，我々の先達である青山士さんが，1938年にどの学会にも先駆けて倫理規定を作られた．それは我々にとっても誇りに思うことである．私は，チャレンジャーの事故が起こったときから，技術者倫理の問題が強く念頭にあった．技術者はプロフェッションとして一流であることはもちろんだが，発注者，上司に対して忠実でなければいけない．そのうえに，公衆（パブリック）に対しても忠実である必要がある．この現実が衝突を生む．発注者，上司に忠実であろうとすれば，公衆に対して不誠実になる場合がある．

私が若い人や卒業生に常に言っているのは，たとえ会社を首になったり，家族が路頭に迷うことになったりしても，あくまでもパブリックの立場に立って判断をすべきであるということである．判断は自分でやってもいい．技術者というのは，専門分野のことを知っているから技術者なのである．技術者はジャッジできる．しかし，「当事者」の立場でそれを判断しなければいけない．チャレンジャーの例で言えば，乗組員は当事者だが技術者ではない．ジャッジができるのは技術者である．技術者は危ないと気がつきつつ，放置してしまった．

学会は，倫理規定を掲げつつ，パブリックの立場に立ってこそ，学会の会員として値打ちがあるということを，広めていって欲しい．それが，技術者が技術者として認知を受けていく生命線なのである．

その実現化の組織づくりとして，技術推進機構がある．発想の原点には，中立的な評価機関であることと，会員の浄財から成り立つしかない学会にとって，何か財政的にプラスになる方策はないかという考えがあった．学会で技術を中立に評価できる機関を持ち，その評価に対して対価を求めてもいいと思ったのである．

土木のグランドデザインを描く

これからの学会のことは，これからの人が考えていけばいいと思うが，組織や人というものは，うっかりすると制度疲労を起こしていく．だからこそ，常に日常からの脱皮，非日常的なものが必要なのである．そこには感動がある．資格を得るとか，グローバルに活動できるとか，日常化しているものから脱皮を図るということを，理事会や委員会ももっと考えて欲しいと思う．

地域や，地域の人たちと一緒になって活動をする．子供たちに教える．地域へシルバーボランティアを派遣することでもいい．私くらいの年齢になると，何か世の中のために役に立つことをしているということが，生きがいになる．そういう人たちに，地域的な活動をしてもらえればと思う．

また，ぜひ実行して欲しいと思っているのは，適正な防災レベルに関する社会的な合意の形成である．これは学会でしかできないことである．防災レベルをどんどん厳しくしていく．その代わり，税金を10倍にしますといっても，誰も納得しないだろう．このあたりなら，という適正な防災レベルがある．たとえば，交通事故で1年に何人もの人が亡くなっている．それは利便性ということとの引き換えで，社会がある程度認定しているとするなら，そうした説得性を持った基準をつくって欲しい．

そして，土木の長期構想，グランドデザインというものを，シビルの中で描いて，中期的に40〜50年くらいでどのあたりを目指すか，10年くらいでどのあたりを目指すか，議論してもらいたい．この頃，多くの人が勘違いしていることに，「技術＝スピード」ということがある．しかし，土木だけは違う．三世代，四世代先の人たちと，投資も責任も恩恵も共有しなければならない．それが技術の中で土木の大きな特徴なのである．だから，少なくとも目標を置くときには，100年先ということも当然考えなければならない．ハイテクのように1日遅れたらダメだというような世界ではないのである．

最後に，今改めて当時を振り返ってみると，次期会長に推薦すると電話連絡を受けた時が，一番の驚きであったことを思い出す．土木学会の会長が地方から出るというのは，なかったからだ．それだけに強く責任を感じた．任期は1年間しかないので，会長になるまでの1年間準備をし，名古屋と東京にチームをつくった．それで第1回目の理事会から打って出た．また，理事会の議長なども全部自分で行った．それまでは，説明は事務局のほうからなされており，次年度の事業計画もできていた．その時，「誰がこんなものを作ったのか．事業計画というのはその時々の会長のポリシーを反映してつくるものである．予算的な裏づけもないものを作文して何の意味がある」と言って，突き返したということも思い出である．

まだまだ学会の改革は必要である．組織も，やってきたことも，常に進化性で考えてくことが大事である．そこから新しいことが生まれてくる．誤りを正すことをはばからず，変更していく．そんな進化性を忘れず，取り組んで欲しいと思う．

(『90年略史』掲載文を再掲載．interviewer：池田駿介（東京工業大学教授），date：2004.10.6，place：国立大学協会専務理事室)

土木学会の100年

プロジェクト評価による信頼の回復と，国際化への対応により，土木の存在感を高める

岡田　宏
OKADA Hiroshi
第86代会長

　どんな企画でも僅か1年の間に実るということは有り得ません．その意味では本記事の中である成果のすべてがをあたかも私の努力の結果と受け取られる書き方になっている点は大いに気になります．何年かにわたる歴代会長や多くの関係者の努力の成果であることをご認識ください．

プロジェクト評価の確立を柱に

　会長就任に当たって，まず取り上げたことは，土木技術者としてインフラ整備事業の評価の深度化を図り実施を徹底することでした．土木学会誌の「新会長に聞く」というインタビューでも，プロジェクトの評価を確立し，インフラの整備事業の趣旨や，メリット，コストを明らかにして，社会の理解を深めることの重要性を述べた．当時も今と同様に，公共事業批判が強く，プロジェクトの透明度を高めるためにも，事業評価を実施すべきことを強調した．事業評価の結果が事後において事前の半分になったとしても，なぜそうなったのか原因を明確にして，次のプロジェクト評価に反映させていく．また，中間での評価をし，時にはやめるという勇気を持つことも必要である．そのことは，98年10月5日に神戸で行われた全国大会における特別講演「プロジェクトの評価」でも取り上げた．当時，会長提言特別委員会は制度化されていなかったが，プロジェクト評価の委員会を立ち上げていただき，その成果として99年5月20日と21日に，国連大学において土木学会等の主催によるシンポジウムが開催された．初日は，灌漑も交通も共通の立場で議論できるようにしたいということで，農水省の方や大学の先生方を招き，講演をしていただいた．翌日には，イギリスやフランスからの参加者も入り，交通という範囲で各国を横並びにして運輸部門における評価の国際比較が行われた．

土木学会の国際化を目指す

　プロジェクトの評価と並んで，私が力を入れていたのは，土木学会の国際化である．協定学協会の増加については，歴代会長や国際委員会の方達のご努力が実り，会長在任の1年間で，中国土木工程学会，メキシコ土木学会，ロンドンに本拠のあるヨーロッパ土木技術者評議会（European Council of Civil Engineers：ECCE）の3学会と協力協定を結ぶことができた．ECCEは，ヨーロッパの土木学協会の連合体で，ECCEと協定を結ぶことは，これに加盟している個々の学協会と協定を結んだのと同じ効果がある．

　また，土木学会を世界に紹介する英文の広報誌として，以前は「Civil Engineer in Japan」を年1回発行していたが，1999年2月に2月に英文のNews Letterという体裁にして創刊．2003年からは年4回4回発行されるようになり，現在No.14まで出されており，ホームページにも掲載されている．

　土木学会が積極的に関与する国際的な組織として，アジア土木学協会連合協議会（Asian Civil Engineering Coordinating Council：ACECC）の設立も印象深い．日本の土木学会の大勢の方達の並々ならぬご努力により設立された組織であるが，私は設立時の土木学会会長として，理事会の初代議長に選ばれた．ACECCの仕事の一つに，アジア土木技術国際会議（Civil Engineering Conference in Asian Region,：CECAR）を継続的に開催し，アジア地域が抱える土木技術に関する諸問題を討議し多国間連携のもとで解決策を見出すことにある．1st CECARは1998年2月，アメリカ土木学会（American Society of Civil Engineers：ASCE），フィリピン土木学会（Philippine Institute of Civil Engineers：PICE），土木学会（JSCE）の3学会による共催で，マニラで開催した．以降，3年に1回ということで，2001年4月には，2nd CECARが東京・池袋で，2004年8月15日には，3rd CECARが韓国・ソウルで開催された．

　また，99年9月に広島で開催された全国大会で，英語によるパネルディスカッションを開催した．テーマは「Technical Cooperation in Asia and the Role of Japan」．アジア地域における土木技術者の協力体制の構築と日本の役割

について全員が英語で討論を行い，私が冷汗たらたら Chairperson を務めた．

　日本の土木界は，国内に仕事が山ほどあったため，海外に目が向かなかった．海外の慣れない環境の中で，契約問題などで苦労するよりも国内でやっていたほうが，費用対効果が遥かにはるかに良いと言われていた．日本には，本四架橋をはじめ，道路・鉄道やトンネルなど，多くの優れた技術や経験の蓄積がある．しかし，それを外に向かってアピールしないと，誰も認めてはくれない．たとえば，文献の多くは日本語であるため，注目されないし，引用度も低い．

　さらには ISO の動きも看過できない．極端に言えば，ヨーロッパ規格をグローバル・スタンダードにしようという動きとも言える．鉄道の分野でも，高速鉄道，都市鉄道の分野では日本が一番優れていると確信しているが，うかうかしているとヨーロッパ規格が国際規格になり，アジアでもそのまままかり通ってしまう危険がある．そういう面でも国際化は重要な問題である．

定款改正と倫理規定の制定

　制度的な面では，私の任期を通じて文部省（現文部科学省）の指導で定款改正が進行中であった．この際ということで，次期会長を定款上でも明確にすることなどを盛り込み，退任時の総会で省に申請する原案について会員の承認を得ることができた．その結果，次期会長は理事として学会運営にも責任を持っていただき，1 年後に会長になるという形が制度化した．

　また，倫理規定については，私が会長になった時点で，骨組みはほとんどできていたが，様々な方から多くの意見があり，私の在任中もたびたび理事会で議論した．幸いにも退任直前の 5 月の理事会で最終案を決定することが出来た．今，ASECC においても，倫理規定の議論を始めたところである．しかし，倫理規定の問題は，各国の事情も絡み，一筋縄ではいかない．たとえば，雇い主に忠実であること，クライアントに忠実であること，自分の良心に忠実であることとの間に葛藤がある場合もある．なかなか難しい問題である．

学会と社会を結ぶ活発な議論に期待

　最近の学会の動きを見ていて，学会に期待したいことは，私が在任中申し上げていたことと余り変わらない．プロジェクトの評価については，ぜひ進めてもらいたいと思う．世間には，非常に感情的な社会資本整備無用論がある．一方では，もっと社会資本を整備しなければいけないという意見もある．そういった両方の意見に，はっきりとした立場を示すためには，プロジェクト評価の精度を高め，社会的に信用を置いてもらえるようにする必要がある．それができるのは，私は土木学会だけだと思っている．ぜひ，土木学会として大きな力点を置いてもらいたい．

　それから，国際化も大きなテーマである．地球全体がどんどん小さくなり，グローバリゼーションが進んでいる．その中で，日本がプレゼンスを示していくためには，ぜひ国際化に対応していって欲しい．これも土木学会の重要な役割である．

　土木技術者の決断力，実行力と言う点では，韓国のソウルで開かれた 3rd CECAR に出席したが，ソウル市内では堀を埋めて道路にしたものを，原形に復し緑化するというプロジェクトが完成間近である．また，有明海のような干拓事業で，一度締め切ったものを，水質が悪くなったので開け，海水を入れている現地を見てきた．そこには，時代に合わなくなったら戻すという決断力と実行力がある．このままでは，日本は負けるのではないかと危機感を持った．

　公共事業不要論にしてもそうだが，議論はできる限りすべきである．土木学会の窓口としてホームページの意見交換広場があるが，あまり活用されていないように思える．たとえば，田中長野県知事の観念的なダム不要論に対して，科学的な根拠から発言して頂きたいということで，信州大学の長先生にお願いして先生の持論を投稿して頂き，丁々発止の議論を期待していたが，期待外れに終わった．また，道路公団の民営化に関して中村元会長の意見が学会誌に出た際に，これを種に侃々諤々の議論が沸き起こることを期待して，私自身も自分の意見を投書したが，反応が無くて失望した．開かれた土木学会を目指すというのなら，折角岸元会長の提言で設けられた意見交換広場の積極的な活用を考えるべきだと思っている．

　　（『90 年略史』掲載文を再掲載．interviewer：高松正伸（略史編集委員会幹事長）＋堀江雅直（略史編集委員会幹事），date：
　　2004.9.3，place：海外鉄道技術協力協会理事長室）

土木技術者の技術レベルを高め，評価し，活用する仕組みとしての技術者認定制度の創設に取り組む

岡村 甫
OKAMURA Hajime
第87代会長

土木学会で技術者資格を認定

私は1999年から2000年にかけて，学会長を務めました．その間最も力を入れたことは，「土木学会認定技術者資格制度」の創設です．

この制度は，
(1) 4つの資格ランクを有し，土木技術者としてのキャリアパスを提示していること
(2) 資格の有効期間を5年とし，継続教育制度とリンクすることによって，資格取得者は常に最先端技術を習得する必要があること
(3) 土木技術の専門家集団である民間組織（土木学会）が認定する資格であること
などが技術士制度とは異なっています．

この制度の創設に私が力を注いだ主な理由は以下の3つに集約できます．

1つめは，最先端技術の現場への浸透を速やかにするためです．高度成長期以降に生じた急速な工事量の増加と高度な技術者の不足に対応するために，設計施工等に関するマニュアル化が進み，結果として技術が尊重されない時代が続いてきました．現場においても技術が尊重されない風潮が広がり，新幹線トンネル内でのコンクリート塊落下事故の対応において，それが世間の目にも明らかになりました．土木の技術は日々進歩しており，青函トンネルや本四架橋のように，世界最高水準の工事も行われるようになりました．それにもかかわらず，多くの現場ではそれらの技術が使われていません．多くの現場に最先端の技術を知る技術者が官民ともに不足していることがその大きな理由です．最先端の技術が現場にまで届くためには，現場技術者のレベルを認定し，それを継続的にフォローすることが極めて大切です．

2つめは，社会に対する土木技術者集団（土木学会）としての責任を明確にすることです．大きなダム工事や青函トンネル，本四架橋のような場合，それぞれの専門家集団はお互いの技術者としての力量を十分知っており，必ずその工事にふさわしい技術者が現場を預かるように配慮されています．ところが，一般の社会にそのことを知らせる術がありませんでした．阪神淡路の大震災鉄道復旧工事の際に，マスコミから「あのような修復方法で大丈夫でしょうか」と聞かれた時に，「この分野での日本最高の技術者が指揮しているのだから，私は心配していません」と答え，記者も納得してくれました．その分野における日本最高の技術者であることを土木学会という組織が認定することの重要性を示す例です．学会が認定した資格によって，工事の重要性に応じて責任ある技術者が従事していることを，一般社会に明示することが重要です．

3つめは，技術者集団である土木学会会員が互いの技術レベルを保証し，技術者仲間として尊敬しあう仕組みとすることです．2級技術者となることが，土木の技術者集団の一員であることの証になるという考えです．

トータルでプラスになればいい

学会は，会員であることが会員の利益となり，会員になるモチベーションがある仕組みをもつことが重要です．会員である土木技術者を有効に活用するトータルシステムがあって，初めて技術者集団としての学会の発展があります．世界の中で，その仕組みがない学会は発展していませんが，日本は，そうした仕組みがないにもかかわらず，多くの会員を有する学会が存在している不思議な国です．しかし，各学会の会員数の減少が問題となりはじめ，土木学会も先細りしていく傾向が認められていました．技術者資格制度は，それに対するひとつの解です．

新しい制度を作り発展させることは容易なことではありません．理事会メンバーに賛同していただくことはもちろん，多くの会員にその趣旨を理解していただくために，すべての支部を訪問し，ご意見を頂くと同時に私の考えを率直に話しました．多くの方々からさまざまなご意見を頂き，また大勢の有力な会員がその創設に参加しました．

その結果，2000年度鈴木道雄会長の任期中に，この制度の創設が正式に決まりました．2003年度に「1級および2級技術者資格」の審査がスタートし，システム全体が漸くそろった段階に来ました．その機能が十分に活用できるようになるのも間近です．私は学会長の任期が終了した後も，技術者資格委員会の委員長，次いで顧問として，この制度の発展にかかわり続けています．学会員が協力し継続して育てていくことによって，学会員にもまた一般の社会にとってもトータルでは大きなプラスになる制度となると確信しているからです．

発注者や受注者が，それぞれの責任を明確にするには，この制度を有効に活用していただくことが重要です．そのために，学会としても，資格者の名簿作成やその配布など，やるべきことはまだまだ多いと思っています．

育てるだけでなく還元して欲しい

土木の世界もゆっくりと変わっているように感じます．一人ひとりの技術者は，強い責任感を持ち，それぞれの任務を忠実に果たしていきます．問題は，システムを変えるということを，どういう観点で行うかです．自分の属している組織の利益と一致する方向にシステムを変えるのは，それぞれの組織で比較的に容易に行えます．ところが，組織の利益に反するが，世の中のためになるという変化に対して，どうするのかが我々土木技術者に問われています．組織本来のミッションに忠実であるという立場に立つことができるのが，真の土木技術者ではないでしょうか．

四国で暮らし始めて以来，私が主張してきたことは，国土交通省の四国整備局長は少なくとも5年間は同じ人がやるべきだということです．そうすれば，地元の人々も，そのポストのミッションが何かを肌で感じることができます．1年や2年間しかその地位にいない人はお客様に過ぎません．キャリアパスとして多くのポジションを経験することは大切なことでしょうが，その成果を還元するのはその地でのトップのポジションを長く勤めることではないでしょうか．そうできないのが，処遇（人事の停滞）の問題であるとすれば，組織のミッションよりもそれに所属している人の立場を優先する組織であると考えざるを得ません．人を育てると同時に，育てた人材を社会に貢献する仕組みとすることを切に願っています．

20年後の世界を常に思い描く

私が学生や若い技術者に常に言っていることは，トータルシステム的に考えろということです．20年後に完成する公共事業は，20年後以降に役立つことが重要です．今大いに役に立つ事業が，それが完成する20年後以降に大きく役立つという保証はありません．青函トンネルはその典型例です．我々土木技術者は，少なくとも10年後や20年後の世界，日本，そして社会がどうなっているかを，常に勉強し，議論をし，それに対してどうしていくかを考えていく必要があります．道路は今現在必要なものを作る要望は強いのですが，ネットワークが完成した10年，20年後にどのような役割を担うべきかをはっきりと提言するのが土木学会の役目かもしれません．東京の人口が増え，地方の人口が減るのが，本当に日本の進むべき方向なのでしょうか．それともその逆がよいのでしょうか．あるべき社会資本整備は，描く社会によって異なってくるはずです．社会資本整備はあくまでも手段であって目的ではありません．

確実に予測できることは，日本では高齢化と少子化，グローバル化と高度情報化社会の到来です．それらを総合的に考えたとき，我々土木技術者は今何をすべきでしょうか．

教育に携わるものが，学生が卒業20年後に活躍するための教育とは何かを常に念頭に置く必要があることと同じです．もちろん，いつの時代でも必要な教育はあります．今は重要かもしれないが，20年後には重要でなくなる教育を我々は熱心にやっていないでしょうか．教員自身が身に着けたものを20年後も必要と錯覚してはいないでしょうか．今はそれほど重要ではないが，20年後には重要となるものは何かを，自分自身に常に問うことが大切です．

私が教育に携わる一人として願うことは，学生一人ひとりが良い人生を送ることに尽きます．工学系の学生の場合は，20年後に活躍できる人間になることが，より良い人生を送る助けになると思っています．

（『90年略史』掲載文を再掲載．interviewer：篠原　修（略史編集委員会委員長）＋佐藤慎司（略史編集委員会委員），date：2004.8.27，place：土木学会土木会館応接室）

21世紀の日本における社会資本整備と技術開発の方向性を2000年レポートに結実

鈴木　道雄
SUZUKI Michio
第88代会長

課題と方向を定めた2000年レポート

　私が会長に就任したのは，2000年6月から，2001年5月までの1年間である．会長就任直前に，土木学会の活動の基本的な方針として，「2000年レポートー土木界の課題と目指すべき方向ー」が，理事会で承認された．そのなかでは，土木界の現状認識を前提に，これからの土木技術者の活用や教育，今後の事業のための量と質，技術開発の現状と課題などについて検討を行った．まさに，2000年レポートを具現化することが，会長としての私の仕事となった．

　社会資本整備，いわゆる公共事業については，1999年～2000年にかけ，多くの批判が出てきた．振り返ってみると，日本の社会資本整備は，戦後国土の復興を経て，欧米諸外国に追いつけということで進められ，確かにある水準に到達した．しかし，その結果，社会資本整備の負の影響も出て，批判へとつながったといえる．今後は，少子高齢化を控え，経済成長が鈍化するとともに，公共事業費についてもそれほど増やすことができない．1998年をピークに，2000年には実質的にも下がってきた．そうした状況を踏まえて，2000年レポートは議論されていたのである．

　私が会長在任の2000年には，全国大会が東北の仙台であった．そこで，2000年最後の総括として，土木技術をアピールしようということになった．前年には，土木技術者に対する批判があるなかで，質の向上を図らなければいけないと，倫理規定が改定されていた．社会資本整備の担い手として，土木技術者は使命感をもたなければならない．そこで，土木技術者の倫理を，仙台宣言として盛り込んだのである．土木技術者のあり方や，社会資本整備の意義・理念といったものを，一般の方にもアピールしていくという面で，仙台宣言は大きな意義があったと思っている．

　当日の会長特別講演では「社会資本整備の課題と土木学会の役割」ということで，仙台宣言にも関係する話もさせていただいた．

土木技術者の決意をまとめた仙台宣言

　仙台宣言をつくるときに，一番問題になったのは，現状認識である．私自身では，社会資本整備が大きくなることによって，負のインパクトも大きくなってきたと思っている．

　それは，ひとつは，環境や自然破壊の問題に対して，手当てが遅れたことである．また，我々がやっている仕事を国民や地域の人に理解してもらう，説明責任に対する努力の欠如である．

　土木技術者はどちらかというと，まじめに仕事をして，やるべきことをやっていれば，評価されると思っている．自分で何かを言うのは，美学に反するという思いがある．それは悪く言えば，黙ってついてこいという思いに通じるところでもある．それが，事業執行上の不透明さにつながっていった．

　1993年から1995年にかけ，公共事業に絡み，多くの不祥事が表面化してきた．そこには，契約上の問題がある．国土交通省も，事業執行上の不透明さへの批判に対して，今までの指名競争入札から一般競争入札に変えてきた．そういった現状認識を，仙台宣言に盛り込むかどうか，議論があった．当初宣言案には，反省の色が強かったが，あまりにも自虐的という意見が出て，緩くなった．逆に，表現が甘いのではないか，反省が足りないと言う意見もあった．単なるパフォーマンスに過ぎず，よりよい社会資本整備につながるのか．いや宣言で偉そうに言うのはどうか，など様々な意見があった．仙台宣言は，土木学会会員全員の共通理解を得ているのかという厳しい指摘もあ

った.

　私自身，こうしたことを念頭に置いて，様々な委員会に臨んだ．すべて解決したかというと難しいが，2000年レポートや仙台宣言は，土木学会のひとつの行動の指針としては非常に有効であったと確信している．今後も，これらをベースにやっていっていただければと思っている．

土木技術者の資質向上を図る

　2000年レポートは，基本的な見解であり，それらを実現するためには，土木技術者の質の向上を図らなければならない．そこで，具体的に土木技術者の資質向上のために，いくつかの制度をつくった．

　そのひとつが，土木技術者の資格制度である．前任の岡村会長が熱心に進められていたことで，私もこれは大事なことだと思っている．土木技術者は，これまでゼネコンに勤めている，国交省にいるということで，個人の能力よりもその人の属する集団により，その評価が左右されていた．だから，橋を架けても名前が出ない．そのことによって，能力のある人が埋もれてしまうということがあった．やはり一人ひとりが責任をもつためにも，土木技術者の資格は必要である．

　国家資格としては技術士などの資格はあるが，それはあらゆる技術共通で，しかもある一定のレベルを保証するものである．医師の資格は国家試験だが，たとえば内科の専門医であるということは，それぞれの学会が認定している．それと同じで，技術士という国家資格とは別に，この人は橋梁の専門家であるということを，土木学会が認定する．それは非常にいいことだと思う．

　また，2000年に技術士法の改正で，資格取得後の研鑽が技術士の責務となったが，資格制度と関連して，土木学会の継続教育制度をスタートさせた．特に，日々の継続教育の記録を自己管理するための「継続教育記録簿」を発行．私がその第1号となった．

　定年後の土木技術者の活用や，雇用機会の増大を図るため，土木技術者登録制度もつくった．市町村や地方公共団体で，専門の技術者が不足しているところで，活用してもらえればと思う．

　加えて，会長特別提言委員会として「社会資本整備と技術開発の方向に関する検討委員会」を設置し，そのなかで，産・官・学が連携した横断的な技術開発体制の確立を掲げた．最近は，それらの連携が弱くなっており，公募型の研究開発を行い，研究助成金を交付するということも検討した．当初は国と連携し，助成金を土木学会が預かり，委員会で助成をすることを考えたが，直接では問題があり，難しいということになった．現在では，国に委員会をつくり，助成金を出し，実務は土木学会が行うという形になっており，それなりの成果はあったのではないかと思っている．こうした支援制度が，今後も伸びてくれることを願っている．

　さらに，検討委員会では，新技術の評価や，国際的な評価について土木学会が行うべきだという評価制度の確立の提言も行った．これらの提言が，後の土木学会技術評価制度につながっていった．

韓国分会設立総会に出席

　就任中の出来事の中でも，国際活動は特に印象が強い．前年の1999年に台湾に分会ができたのに続き，韓国に分会をつくることになった．並行して，海外支部規定がなかったので整備を行った．そして，2000年7月にソウルで韓国分会設立総会を開いた．その時，黄（ファン）さんという東北大を出て，延世大学で教授をやっておられる韓国土木界では重鎮の方に，分会長になっていただいた．後日談になるが，8月にソウルで開催されたアジア土木学協会連合協議会（ACECC）に行った時に，黄さんにより，皆さんの前で分会設立の功績を讃えていただき，大変面目を施した．

　また，米国シアトルでのASCE全国大会，韓国でのKSCE全国大会，台湾での中国土木水利工程学会全国大会に続けて出席．東京で開催された第2回アジア土木技術国際会議にも出席した．さらに，米国のASCEが選んだ20世紀のミレニアムモニュメントがあり，運河ならスエズ運河，トンネルならユーロトンネルというように，20世紀を代表する土木技術を顕彰するもので，国際空港として関西国際空港が選ばれた．そういう意味で1年の任期

にも関わらず，多くの国際会議に出席させていただいた．

　最後に，付け加えておきたいのが，土木図書館の改築である．80周年記念事業の時に，土木学術資料館を川崎の浮島に建設しようという計画があった．ところが，浮島はアクアラインの開通以来，開発が進まず，つくっても行くのが不便ということで，その土木学術資料館建設のための寄付金を引き継いでいた．一方，土木学会の図書館が老朽化しており，資料の保全にも問題があった．

　そこで，図書館と一緒に会館も直そうということになった．土木学会の敷地は江戸城のお堀の跡にあり，文化庁から許可を得なければならず苦労したが，理解を得て，許可をいただいた．さらに，会員個人の寄付を2回にわたり募り，皆さんの浄財や努力によって，会長の任期中の2001年5月24日に図書館の起工式を行うことができた．現在では，見違えるような立派な図書館ができ，当時の会長として喜ばしい出来事であり，会員皆さんにはいまだに感謝の気持ちでいっぱいである．

(『90年略史』掲載文を再掲載．interviwer：三好逸二（三井共同建設コンサルタント常務取締役），date：2004.9.7，place：土木学会土木会館応接室）

地球環境問題が国際的な課題となるなかでシビルエンジニアとしての役割を考える

丹保 憲仁
TANBO Norihito
第89代会長

土木屋としてかなり異質

今回，土木学会から土木学会功績賞を頂いた．私の専門である環境工学は，専門家も日本に少なく，長い間，論文を書いてもあまり関心を払われてこなかった．また，最初から海外で仕事をしていたこともあり，普通の人よりは10年くらい遅れて，あんなやつもいると認められてきたのだろうと思う．この歳になり功績賞を頂けたことは，長い間仕事をしてきたことが認められたということで，大変うれしく思っている．

私は北大の土木で修士課程まで教育を受け，卒業論文は，ダムのスピルウェイだった．水理学的な仕事をしていた後，米国へ留学し，物理化学を勉強した．また，大学院のときは医学部に預けられ，細菌学も勉強した．そういう面では，土木屋としてはかなり異色であるといえる．

私が土木を志したのは，ダム屋にひかれ，地下足袋をはいてゲートルを巻き，作業服を着て，地道な仕事をするということに，意気を感じていたからだ．卒業論文を書いていた時も，終始つなぎの作業服でモーターを回していた．今の学生とは随分メンタリティーが違っていたのだと思う．そういう意味では，土木で現場に足がついているというのが，生きがいで，私自身は根っからの土木屋だと思っている．

人口減少下の社会資本整備

会長時代，印象的だったことは，土木会館ができ，起工式が行われたことだ．一方で，ショックだったのが，アフガニスタンが最大の危機を迎えていたことで，世界がカオスに入った時期だった．そして，土木が，世間的に悪く言われた最盛期でもあった．そういう意味では，時代の変わり目だったのだろう．

こうしたなかで，「人口減少下の社会資本整備」という本を出した．今まで多くの人に読んでいただいているということで，そこにシビルの原点があると感じている．

サスティナビリティという概念が，ヨハネスブルグサミットで世界認知のパラダイムになったが，本はその前に書かれている．人口の減少は大変なことだが，地球環境問題の主点の一つは，人口の過剰増加にあり，人口をうまく減らすことは，最大の価値でもある．文明の転換期が訪れているといえる．

タイトルは，社会資本整備となっているが，本質は文明の問題であり，そこをどう考えるかということである．土木の世界では，社会資本整備といった時には，日本国内だけの社会資本整備の話になってしまいがちであるが，地球レベルでいえば，日本のように社会資本が整っている国は少ない．世界の大半では道路は舗装されておらず，災害になれば，川はすぐ氾濫し，家はひっくり返り，すぐ燃えてしまう．そういったところで土木屋として何ができるのか．それは日本のために働いている官僚の中央集権組織だけではできないことだ．日本には土木の優れた技術があり，ゼネコンサイドに大量に蓄積されている．しかし，日本スペックで設計した社会資本構造は，アジアへは直に持っていけない．持っていくから摩擦がおき，ODAに問題ありなどと言われるのだ．現地で会社をつくり，そこで新しい技術が生まれたら，それを日本に逆輸入してくる．そういったやり方もある．できるなら，土木学会がプロフェッショナルな集団になり，双方向性のある役割を果たして欲しいと思う．

キーワードは「Integrated」

函館や札幌まで新幹線を持っていくという話がある．新幹線が札幌まで乗り入れたら，札幌っ子の自分としては嬉しいことだ．しかし，自分が嬉しいということと，そのことが問題なく正当化されるかということは別の話であ

る．道路と新幹線が連携されていないのに，新幹線の議論だけをしているというのは，土木屋にとってあるまじきことだ．そんなことで国土が扱えるのだろうか．しかも人口減少していく国土でどうするのかといいたい．総合交通体系はどうなるのか．私の専門で言えば，流域総合管理という概念がある．我々が持っている技術は，持っているものしかない．いくら癪に障っても今の技術を使うしかしかないが，その時キーワードとなるのが，Integrated ということである．それができるのは土木屋しかいない．その土木屋が，鉄道や道路という縦割りで話をしていてはしょうがない．

　私は物理化学も勉強し，論文も物理化学的なものが多く，米国の仲間からは化学工学出身だと思われている．土木だというと驚かれる．しかし，魂，発想の原点は土木屋だと思っている．たとえば，水環境問題で，環境省では川の水質を測ると，川の水が汚くなったという．私に場合は，川の水が汚くなったら，どこで汚い水ときれいな水の出入りを区切るか．最終的には国土空間の分割をどうするかということが，基本的な扱いである．そこが違う．それはシビルエンジニアそのものの発想で，そういったことが今乏しくなっていると感じている．そういう意味では，大学の学科でも土木と環境が一緒になったほうがいい．そして，それにより土木も変わってもらったらいいと思う．

土木屋は地球の医者

　学生時代，教授から聞いたことで，忘れられないのが「土木屋は地球の医者だ」という言葉だ．地上をなめるように整備していく仕事が，私たちの仕事で，人のために役に立つ仕事をする．単に物をつくることが仕事ではないというのだ．シビルエンジニアのシビルという概念が，衛生工学，環境工学をやるときにも，私の中で本当に強い中心概念だった．諸々の学問を統合し，人々の役に立つことをする．それが，シビルエンジニアリングであると，学生の頃から固く信じていたのだ．

　私にとって大きなショックだったのは，スイスの国立水研究所に行った時に，バイオサイエンスをベースにしている人から，「衛生工学や環境工学で，先生はどういうレベルに到達したらドクターを出すのですか」と聞かれたことである．これは今の土木の先生みんなにもう一度考えて欲しいことだ．Ph.D とは何か．本当に明確なレベルで出しているか．

　私自身は，ダブルスタンダードをもっている．ひとつは，シビルエンジニアとして，そのこと自体が世の中のシビルに役に立つベクトルを持っていること．それがないと審査する理由がない．もうひとつは，自分のやった仕事が少なくともサイエンス，テクノロジーの基本的な概念に則っており，そこで何か前に鼻面でもいいから出して見せたということ．私の学位論文は水の物理化学処理だが，私が突破口を開いたことによって，多くの人々が後が続くことにもなった．土木だけでなく，他の分野の人も私の仕事を引用し，拡大しはじめた．そういう意味では，今見たら恥ずかしい論文だが，鼻面を出したとは思っている．土木の分野で評価するのなら，その2つの尺度がいると私は思っている．

　いずれにしろ，座標決め，位置決め，GPS がしっかりしていない人は，この分野では生きていけないだろう．

情報を自分の知識にする

　学生に対して，学校で教えられるのは，情報に過ぎない．しかし，いくら教えても使わなければ役に立たない．だからこそ，同じ教育を受けても，後の伸びを見たら，学生個人，個人で全部違う．得た情報を自分の知識に統合できるかどうかが，人間の価値になる．統合の仕方なんて教える人はいない．それこそ先輩の背中を見てやれということだ．情報までは学校で出せるが，学校教育ばかりに多くを頼ったら，日本は壊滅する．日本の最大の弱点は，学校教育を受ければ，何かができると勘違いしていることだ．シビルエンジニアは学校で習ったことだけではほとんど何もできない．歴史を始め，いろいろ勉強しないといけない．土木は，人間とは何かを身につけ，テクノロジーを多角的に見ることができる．それは，土木だけだ．それができないのは，シビルエンジニアではない．単なるトンカチ屋であり，部品エンジニアである．だからこそ，トンカチ屋でない真のシビルエンジニアがかなりの数出

てきて欲しいと思う．

　また，土木屋で戒めることは，ギャラント（カッコ良い）であることである．カッコいいことは戒めるべきことだ．カッコいいということは，どこかでジャンプしないとカッコよくならない．土木屋はギャラントではダメだ．発想はギャラントでもいい．やることはギャラントでなく，地を這わなければダメなのである．地下足袋はいて，山を歩く．カッコよくコンピュータの前に座って何ができるのか．そこが最近は少し怪しくなっているように思う．土木屋で大事なことは，ひとつは習ったことをいかに統合化するかということ．そして，もうひとつは，自分の専門はこれだということを，大切に育てながらも過剰に立てないことである．専門は，自分の生きていく原点だけに大事なことだが，しかし他のことに積極的に手を出していかないと，自分の分野が縮小していくだけだ．常識も硬直化する．そうなると，いい仕事はできない．若い人には，ぜひ，その2つのことを考えて欲しいと思う．

（『90年略史』掲載文を再掲載．interviwer：佐藤馨一（北海道大学教授）＋柏倉志乃（略史編集委員会幹事），date：2002.9.2, place：放送大学学長室）

土木学会の100年

| 土木技術者個人の顔が市民に見えるように
－インターネットで一般の人と議論できる，双方向コミュニケーションのシステムを立ち上げる－ |

岸 清
KISHI Kiyoshi
第90代会長

原子力の仕事で鍛えられる

　理事，副会長，次期会長，会長と，続けて4年間，土木学会にお世話になり，会長職は2002年6月から2003年5月まで務めた．土木学会では，発足当時から携わった原子力土木委員会をはじめ，コンクリート委員会，岩盤力学などの委員会に携わり，ずっと縁をもってきた．

　私自身が専門とした原子力では，様々な経験をし，自分自身大いに鍛えられたと思っている．たとえば，昭和47～48年当時，東大では「成田と柏崎を潰せ！」と，講義中に過激派が押し寄せてきて，アジ演説を打っていた．柏崎は新潟県にあり，東京電力が800万kWのものをつくるということで着工した．当時の予算で，100万kWが3,000億円か4,000億円という時代だから，800万kWというと，3兆円以上の民間プロジェクトということになる．過激派からすると，大きな国家的プロジェクトを妨害するという点で，成田と共通していたのだ．

　そういったところで，我々土木は，最初の調査の段階から担い，矢面に立ち仕事を進めるということで，鍛えられた．仕事の質を高めていかないと，小手先でやっていては必ず隙ができる．だから，つねに完璧な仕事を目指した．そのような経験があって，学会で耐震から入り，コンクリート，海岸工学を担当することになった．ちょうど環境問題が表に出始めた頃で，最初の環境レポートをお手本なしにつくるということもした．気がついたら，岩盤力学の委員長になり，そのゴールに，学会の理事，会長があったわけだ．

理解してもらうためには努力が必要

　私が多くの経験の中で，常に考えてきたことは，土木界の評価が落ちているということである．これは，世の中全体の風潮でもある．評価を変えるためには，社会とのコミュニケーションを工夫しないといけないのではないかと思った．

　現場で土木に携わる技術者にとっては，自分たちがきちっと仕事をやれば，それで自然と評価される．自分たちは，いいことを立派にやっている．それに対して何の疑いもないというのが大半だろう．しかし，仕事を立派にやるということと，それを世の中から認識，理解してもらうということは別である．理解してもらうためには，コミュニケーション技術あるいはプレゼンテーション技術が必要だ．第三者にどう理解してもらうか．理解してもらう工夫，努力が必要だと，会社の仕事の中でもずっと言い続けてきた．

　こうしたことに興味をもったのは，私が技術屋の中でも事務屋寄り，文科系寄りの意識をもって仕事をしていたからである．会社では，文化雑誌の編集委員になり，東電という会社やその仕事の内容をどう一般の人に使えていくかを考えていた．日本はともすると，文科系偏重の構造をもっており，技術者の評価が低い．そこで評価を高める工夫が必要だと思ったのだ．

基本的な使命は利便性と防災

　土木業界に対するマスコミの批判が，新聞紙面を当たり前のように賑わせている．会社でもそのように話されてきた．しかし，たとえば談合などは他の業界でもあることで，それは土木の問題だけでなく，日本の風土の問題だと私は思っている．

　そこで，会長に就任したとき，何か手を打たなければいけないと感じた．私たちが担わなければならない基本的な使命は，社会の利便性と防災である．そのことだけは，認識しつつ，社会に対しても理解してもらわなければいけない．言ってみれば当たり前のことである．しかし，水不足のときはダムが大事だといわれるが，水不足が解消されると，そのことがすぐ忘れられてしまう．たとえば，戦後まもなくの頃は，利根川が決壊して，東京湾に向か

って洪水が流れるということが起きていた．そうした利便性や防災の意識も，喉元を過ぎると忘れられ，粗探しに向かい，ダムは要らないという意見が出てくる．

　土木の重要性をわかってもらうためには，わかってもらう技術が必要である．だから，学会誌を含め，広報技術を工夫する必要があると思った．そこで私が行ったのは，インターネットで一般の人も参加できる，双方向コミュニケーションのシステムを学会でつくることだった．実際にシステムが出来上がり，現在，運用を行っている．

　これらをうまく活用すれば，テーマを決めてシンポジウムをやるときも，その準備段階で，いろんな考えの人を並べてみるという使い方ができる．専門家だけが集まって問題点を整理するというのでは，親近感が湧かず，必然性の厚みがないからだ．また，インターネットを利用すれば，世の中で正当に議論されていないことも俎上にのぼらせることができる．当時，小田急線高架化反対訴訟で，高架事業認可取消しの判決が出た．それを俎上にと思ったが，まだ舞台が整備されていなかった．その種のことは毎年のように起きてくるので，インターネットを活用し，活発な議論を行えればと思っている．

　もうひとつ考えなければいけないと思っているのは，最近の例では新潟や福井などで起こった水害の問題である．土木として，どうとらえるのか．まず，ハードとして，今度の水害はどうなっているのか，専門家としてどう考えたらいいのかということがある．そして，ソフトとして，災害当時の報道は十分だったのかということがある．雨は突然降るものではない．洪水は一種の積分値として起きる現象である．そこにはプロセスがあり，結果として堤防が切れ，洪水になるのだ．雨がどこでどう降って，中心域がどう移動しているか．今の技術ならわかるはずだが，一般の住民には知らされなかった．報道を工夫していれば，1階で寝ていた老人も助かっていたかもしれない．

　この災害について，土木学会では災害調査団を組成し，いち早く原因の究明に取り組んでいる．このようなハードからの取り組みはどうであろうか．では，ソフトからの取り組みはどうであろうか．私の会長の任期の時に，テレビ局や災害発生時に報道の先端に立つ報道部や科学部など，実際担当されている方と，学会のその分野の専門家が，日頃からコミュニケーションを取り，いざというときに機能する仕組みづくりを始めた．今後，もっと工夫し，マスコミとリンクして，国民の防災に役立つ専門家からの情報発信をしていければと思う．

個人の顔が見えるようにする

　土木は3K（キツイ，キタナイ，キケン）ということで，学生が就職したがらないという風潮がある．しかし，危険だから人にやらせて，それを避けるということは果たしてどんなものだろうか．それは，結局は，世の中の分担関係が変化しているのにもかかわらず，見かけは昔のままで，それを直さない．日本の昔からのやり方が，戦後50年の間に現実と極めて大きく乖離しているということである．役所も戦前は，構想，計画，設計，施工，管理と，最初から最後まで行っていた．それが，戦後の高度成長の時に，それでは量的にも質的にもこなせないので，やり方を変えた．しかし，表面的には前と同じような姿を保っている．そこに問題がある．また，評価システムも問題だ．国や県で委員会をつくり，そこで評価するわけだが，説明する人が自分でやっていない．やっていない人が説明しても説得力がないし，集まった人が本質的な議論などできるわけがない．そんなことを，日本中でやっている．どこで悩み，その結果こうなったという，その悩んでいる部分が消えてしまっているのだ．

　結局，社会に対して土木が理解されないのは，実際にやっている人が表に出ていないからである．個人の顔が見えるように工夫していかないといけない．自分たちがやったことをそのまま見えるようにしなければいけない．表紙だけの名前では困るのだ．そして，関係する住民と専門家を結びつける仕組みをつくり，両方理解できる者として間に立つことも必要だ．

　私がかつて部下に常に言っていたのは，担当したものが専門から外れていることでも，担当したからには必死に勉強するようにということである．そうでなければ，司会しかできないことになってしまう．そして，一般の人に理解できるよう説明できる能力を身につける．そのためには，日本語の能力が重要だ．日本語は説得の道具である．それを常に意識して，生きていかないといけない．これも私がずっと言い続けてきたことである．土木の中堅の研修では，日本語は重要だ．専門用語がいくら話せても，一般の人に理解できるよう説明できなければ，何の役にも立たない．そのためには，大学の教育も考えていく必要があるだろう．

（『90年略史』掲載文を再掲載．interviewer：篠原　修（略史編集委員会委員長）＋畠中　仁（略史編集委員会幹事），date：2004.7.27，place：土木学会土木会館応接室）

土木技術者の気概の向上と，社会とのコミュニケーションの改善に努める

御巫 清泰
MIKANAGI Kiyoyasu
第91代会長

土木技術者の原点を認識

土木界，土木技術者，土木学会を含めて土木という言葉でくくれば，会長就任時には，それらは非常に逆風の中にあった．社会資本整備がかなり進んだことで，相対的に他の投資需要が大きくなってきた．そうなれば，社会が土木に関して期待するレベルが下がってきてしまうのも，致し方ないことである．そのなかで，我々がどのように行動していくかということが，非常に重要な意味をもってきているのである．

土木技術者が本来もっていた，社会のため，国のため，人々のため，という原点を，もう一度認識する必要があるのではないか．そういう思いが私の中にあり，それが土木技術者の気概の低下につながっているのではないかという問題意識に結びついていった．

最初の会長提言特別委員会では，何を取り上げるかいろいろ考えた．当初は，我が国の港湾や空港の発展の経緯や，現状の問題点などを，体系的に調べてお話したほうがいいのかとも思った．しかし，それではありきたりすぎでつまらない．もう少し土木一般であるとか，社会と土木という観点で考えたほうが良いのではないかと思った．いろいろ考えているうちに，土木技術者の気概というものを，どう理解するかというところに問題が絞られてきた．土木学会の向かっている方向と一致するのかわからなかったが，やっていくうちにJSCE2005と方向が同じだということがわかってきた．幸い若い人たちが一生懸命勉強してくれたので，その成果がうまくまとまったと思っている．

京都大学の学生に講義

会長提言特別委員会の提言をまとめる過程で，大学で若い人たちに直接講義をする機会をもった．京都大学の学生で，土木の学生を中心に，機械や物理の人たちも出席しており，60人くらいの学生に対して，話をさせていただいた．その時同時にアンケート調査を実施した．

私としては，若い人たちと直接話ができてとても面白かった．後で出席した学生が書いたアンケートも見せてもらったが，総じて評価としては，非常に良かった．関西空港の社長，土木学会の会長というものが何を考えているか，学生が直接話を聞く機会はまずないだろう．そのことは，学生にとっても意味があったようだ．しかし，60枚のうち2，3枚だったが，なかには，ボロクソに言うものもあった．世の中の社長という者は，話が非常に面白いと理解していたのだが，講義を聞いて社長に対するイメージを変えなければいけないと思ったと，厳しいことを書いてきた者もいた．それはそれでなかなか興味深いことではあった．

土木を志している人たちは，やはり国のため，社会のため，あるいは地域のために役立ちたいという思いが非常に強い．朝日新聞の世論調査では，平々凡々，何もしないのが幸せと考える人が多いとあったが，それとはまったく逆だった．それはとても心強いことだ．さすが，土木なのか，さすが京都大学なのかはわからないが，そういう若者がいてくれるのはうれしいことである．

私の気持ちとしては，若者は本当に大丈夫なのだろうか，気概は高くあるのだろうかと，ということが一番心配だった．そういう面では，大学生の皆さんの反応に接して，非常に心強かった．

一般社会との相互理解を図る

会長提言特別委員会で提案を迅速にまとめて，9月の全国大会で講演した．ニーズを直接つかみ，自ら社会のためのソリューションをみつけていくという流れを提案．また国際的な新しい分野もテーマにした．内容が大変わかりやすいと好評だったようだが，提案の中では，JSCE2005と同じように，社会のコミュニケーションがキーワードであった．

コミュニケーションは非常に重要である．一般社会と我々がコミュニケートしていかなければならないということは，JSCE2005でも主張していることだ．それに対して，土木学会で提案に沿った行動を取ってくれているということで，非常に喜ばしく思っている．

たとえば，地震の調査，洪水の調査などすぐに対応している．マスメディアも非常に良く取り上げてくれるし，意味があることだと思う．こうしたことは，今後もやっていかなければいけない．

また，前会長の岸さんが推進されたものだが，Web サイトの活性化委員会をつくり，コミュニケーションのWeb サイトを立ち上げた．それらの活性化も非常に重要だと思っている．一般社会と土木学会，あるいは土木学会会員同士が，土木的なもの，土木に関係ないことでも，いつでも対話ができ，相互理解が深まるような仕組みを持たなければいけない．それは地震の調査だったり，シンポジウムの開催だったりというものでもいい．土木技術者は，自分が直接関わるもの以外は，あまりものを言わない．たとえば，自分の弁護であったとしても，チームでやっているからと，個人として発言しない．世間が誤解してもそれを解くための努力に消極的であり，社会とのコミュニケートに弱い部分があり，Web サイトにも出てこない．このままでは折角つくったものも消滅してしまうかもしれない．ぜひ，活性化するための努力を続けて欲しいと思う．

学生さんと話したときの印象で，この人たちはなんてナイーブなのだろうと感じた．新聞に報道されたことは正しいと思っているのだ．我々なら，そうは思わない．しかし，若い人たちは，新聞，テレビで報道されたことは全部正しいと思っている．

仕事一筋という言葉がある．これは，高度成長期や，開発途上の段階では，まさにプラスのイメージでとらえられてきた言葉である．今我々もそれをやっている．仕事のほかに，一筋も二筋もある人はあまりいないだろう．しかし，それが行き過ぎると，人のことに無関心，社会に無関心，異文化に無関心ということになってしまう．つねに社会とのコミュニケーションをするための努力を忘れてはいけない．これは，今でも強く思っていることである．

海外との相互認証の実現を目指す

資格制度，継続教育，国際化に対応したサポート体制なども，重要である．継続教育は，技術者が単に与えられた範囲の仕事が処理できるというのではなく，社会に発信できるようになるという意味で大切である．継続教育は，外とのインタフェースやコミュニケーションのツールを取得する手段として有効である．

論文の0部門も推進して欲しいもののひとつだ．従来の論文集には入らない，現場の施工記録のような実務的なものは，実務家の非常に大きなノウハウであり，土木学会の中では，ほとんど登場する場面がなくなっている．また，行政の実務家が現場で使っている公共投資論や，実務計画，土木学会の中で教育を議論し発表するツールなどもある．

昔，私自身「美しい港湾」というタイトルの論文を，論文集に載せたことある．人に言われ書いたもので，実際にそういうものも載っているのだ．0部門をつくり，載せれば，そういった読者も増えていく．ぜひ，考えて欲しい．

また，国際化の推進ということでは，会長の時にイギリスに行けたのは，とても幸せなことだと思っている．イギリスの学会の方たちが，どういう活動をしているか，どういう状況にあるかがわかったからである．問題意識をもてたことで，イギリスとの相互承認の動きにつながった．そのことは絶対，実現させて欲しい．イギリスの土木学会は，立派な建物があり，議員さんと毎月一度昼飯を食べながら，議論をしている．また，学会で議員さんが会議を持っているという．これは，日本では考えられないことだ．

イギリスの学会と交流は深まったことは，画期的なことだった．さらに交流を進めていけば，大きな意味が出てくるだろう．

一方，会長として，心配していたのは，会員数のことである．いかに会員数を増やしていくかは，重要な問題である．土木技術者の組織率からいうと，日本は 17～18%．イギリスの組織率は半分を超えており，ほとんどの土木技術者が入っている．日本でも現在の倍の5万人には増やしていきたいというのが，当面の目標である．

そのときに，イギリスの土木学会と相互承認されていれば，役所にいる人間も海外と付き合うときに，土木学会員でないと話にならないというように，実利が出てくるだろう．

土木学会の会員であれば，図書館が使えるとか，雑誌がもらえるということも必要かもしれないが，それよりも，会員であれば世間から認められる，あるいは世界から認められるというほうが，メリットは大きいだろう．そのために相互承認や継続教育などが有効である．学会員として直接的なプラスを追う，株主優待的なものはいらない．それよりも技術者としての保証や権威につながることのほうがいい．今後も，様々な工夫をし，土木学会員を増やす仕組みをつくっていって欲しいと思っている．

(『90年略史』掲載文を再掲載．interviwer：古木守靖（略史編集委員会委員），date：2004.9.6, place：土木学会土木会館応接室)

JSCE2000の策定，そして会長施策の長期計画を通じて，技術力の維持と土木技術の社会的評価の向上を目指す

森地　茂
MORICHI Shigeru
第92代会長

企画委員会でJSCE2000を策定

　この10年を振り返ると，社会的には，政権が動き，その後，公共事業批判が強まっていった．その間，省庁再編があり，費用便益分析や，公共事業のプロジェクトの評価をはっきりさせる，あるいは公共事業を削減するという動きが出てくるなど，土木界の激動期でもあった．

　こうした時期の1998年に，私は企画担当理事に任命された．幹事長の東工大の池田駿介先生から，JSCE2000は主として短期のこと．中長期のことも一から考える必要があるという意見をお聞きし，すぐに三木千壽東工大教授，大島一哉建設技研副社長（当時）を中心とするワーキングをつくり，「企画委員会レポート2000－土木界の課題と目指すべき方向－」をまとめた．

　2年間理事を務め，3年目は副会長になった．初年度に，時々の会長は特別プロジェクトとして，会長がリーダーシップを取っていただくターゲットをはっきりさせるべきだという提案を行った．岡田会長からは，費用便益分析やプロジェクト評価などを考えて欲しいという話があり，学術会議と国連大学共同のシンポジウムを開催．諸外国と対比し，日本の諸制度を検討した．その冒頭で話をしたのが，時間管理概念の導入である．橋本政権でもコストダウンの努力がなされたが，時間を短くすることによるコストダウンには関心が示されなかった．当時公共事業は1年間で50兆円，平均的には1事業に10年かかっており，それを1年短くするだけで10%以上数兆円の節約が達成できる，そういった提案をした．日本だけでなく，世界的にも時間管理概念の導入は，極めて限られたものしかなかった．小渕政権の堺屋太一経済企画庁長官時代，経済審議会の地域社会資本部会の部会長の要請を受けた．その時に，時間管理概念を閣議決定して欲しいとお願いし，書かせていただいた．その後，私が関係していた仙台宣言や審議会答申には，すべて入れてもらった．結果的に時間管理概念の導入は確実に一歩進んだだけ，まだ改善余地は大きいと思っている．

技術力の維持が重要なテーマ

　上記企画委員会レポートがスタートだとすると，副会長までの仕上げは，岡村前会長を委員長とする技術者環境委員会であった．入札制度や，人事制度，マニュアルの弊害など，私自身はかなり思いを込めて報告書を作った．作文も大半自分で書いた．

　公共事業が減り，就職が難しくなると，学生の応募者が少なくなり，土木にいい学生が集まらなくなる．そのことを私自身は危惧していた．戦後，公共事業総額と大学から卒業していく土木技術者数とはほぼ比例して増加してきた．公共事業費はGDP比にして当時約8%．ヨーロッパでは，5～6%だったのが，3%に落ちていた．日本は，災害が多い国だし，地盤条件の悪いところに密集して住んでいるので，必要な公共事業をやっていこうとするとお金がかかる．GDP比で欧米の3%＋1～2%だとすると，恐らく何年間かのうちに当時の水準の4割減くらいになる可能性が大きい．それまでに大学を縮小することが必要になる．一方，少子化で子供の数が30%減少する時，土木工学科卒業生を40%減らすのは無理な値ではない．後追いで不人気分野にするのではなく仕事量の減少前に技術者を減らすことが，その技術力と社会的地位を維持するために必要と考えたのである．

　会長特別プロジェクトとして何をやるかは，悩んだ．最終的に考えたことは2つある．1つは，国内外における技術力を世代を越えて継承・維持するための方策である．国内と海外のワーキングを別にする形にした．技術力の維持について考えたきっかけは，国鉄の民営化のときのことだ．関係者が非常に心を砕いておられ，仕組みをつく

られ，議論されていたが，その後，トンネルの崩落などの事故が相次いで起こった．公共事業が縮小し，官民共に研究所を縮小するなかで，技術力の低下が大きな問題になっている．それは，土木だけでなく，国産ロケットの打ち上げ失敗などにも見られるように，電気や機械の分野でも起こっていることである．単なる消費財なら外国のものを買ってくればいいが，土木技術は歴史や文化を理解する日本人が継承していく必要がある．これらは組織内のみならず組織の枠を超えて何とかしなければならない問題である．土木学会としてもどう協力していくかを考えていく必要がある．

一方，海外については，ODAでこれだけ長い間大量のお金を使っていながら，アジア独特の問題についてのノウハウが，どれくらい蓄積できたか疑問である．もしノウハウや技術力がそれなりに蓄積されたというのであれば，もう少し国際的にも競争力をもっているはずである．日本は人件費が高いとか，一人のエンジニアが持っている能力が細分化されすぎているという意見もある．

私の見るところ国内外の技術力の維持について，議論はしているが茶のみ話に終わっているきらいがある．具体的に何をどうするかということについて，もっとクリアにして，対応する必要があるのではないだろうか．

技術者の評価の向上を目指す

技術力の維持と同時に，技術者のレピュテーション，世の中からの評価を高めていくことも重要である．現在はこれがとことん貶められている．評価を高めるために，道路，鉄道，河川等それぞれの技術者が自分たちの仕事の意義を一生懸命宣伝はしてはいるが，それでもなかなか人々の意識にインプットされない．

本当にその地域のニーズや，困っていることについて土木の範囲を超えても解決をし，その過程で一番頼りになったのは土木技術者だったということになれば，おのずと評価は高まる．そういうことも，考えたほうがいいのではないだろうか．現在もボランティアなどの形で，様々な取り組みを行っている人たちがおり，それは土木技術の存在意義をアピールする意味でも効果がある．それを趣味でやっているというようなとらえ方で足を引っ張るのではなく，背中を押すことを考えないといけない．土木技術者が，その場所にある社会的な問題を解決するエンジニアだと考えれば，地域の産業に貢献することも，教育も，防災意識も，バリアフリーの問題もすべて関係してくる．

悪いことをしたから評判を戻すというマイナスの話ではなく，21世紀は，土木技術者が社会的ニーズをどれくらい敏感にとらえ，それらに対して自ら勉強をし，問題の解決を図っていく．そういった前向きのルーチンに早く戻るべきなのだ．

その様な観点から，国民の防災意識を高めていく事を目的とするもう一つの会長特別委員会を組織した．日本は災害多発国であるだけに，ハザードマップの議論が，吉川秀夫先生の発案でスタートしたが，そうしたことが防災意識の向上に十分効果を上げていない．最近でも，仙台の地震で，津波が起こり，大勢の人がなくなった．町の人はみんなNHKのニュースを見てから逃げようと思ったという．洪水や土砂災害についても同様である．国民の防災意識を高めるためには，きちっとしたカリキュラムが必要だ．河川は河川，地震は地震というようにアトランダムに情報を流していたのでは頭に残らない．大学のオムニバスの講義の欠点と同じである．たとえば，小学校の低学年，高学年，中学，社会人とカリキュラムを整理し，継続的に教えていくことが重要だと考えている．現象，外力，予知情報，対策，平常時の準備等整理して多くの専門家の協力を得，また土工協からの多大の資金協力を得て，教材（DVDと教育用図書）を作成することとした．

土木工学の柱は"人間"である

当初特別委員会のテーマとして取り上げなかったが，土木工学原論も重要なテーマだと思う．土木技術者が皆，何となくこれが土木工学だと思っているのは，土木学会の講演会や，論文集の部門などである．しかし，もう一度原論ということを考えてみると，少なくとも2つのことは入るだろう．1つは"人間"である．われわれの分野が他の工学と色濃く違っているところは"人間"を扱っているということなのである．心理学や社会学，経済学，生理学でも扱っているが，それを我々が使おうと思うと十分ではない．そこで，我々に合った研究をする必要がある．

それは交通のモデルであり，景観の話等多くの実績がある．土木工学の柱は人間であり，土木技術者から見た人間という現象の体系を考えていく必要があると考える．

また，もう1つは，われわれのやっていることは，社会制度や仕組みから見たときにはどうあるべきなのか．そしてわれわれが扱う情報とは何なのかということである．そういったものが土木工学の体系に欠けている．これらをうまく体系化できれば，将来を担う子供たちに土木に対する魅力を，今と違う形でアピールできるかもしれないし，社会の土木に対する見方も変わるかもしれない．それはできる限り早くやったほうがいい．それには個人でやるよりも，学会で取り上げるほうがふさわしい．学会では様々なことに関心を持っている人が多くいるが，それが個人のものになってしまっていて，学問体系にまで発展していない気がする．

以前，「交通整理制度」を研究対象にし，本を出したが，それも同じ気持ちで，今の制度がどうなっているのかを理解しないと，研究することもわからないではないかと思ったからだ．こうしたことを行うことで，遠回りのようだが，土木に対する社会的な評価や，土木技術者自身の自己改革につながっていくのではないだろうか．

(『90年略史』掲載文を再掲載．interviewer：高松正伸（略史編集委員会幹事長）＋ 岡本直久（略史編集委員会幹事），date：2004.6.15, place：運輸政策研究所長室）

土木学会への期待

三谷　浩
MITANI Hiroshi
第93代会長

まえがき

　土木学会創立91周年に当たる平成17年，私は第93代土木学会会長に就任し，職務を努めさせて頂いた．

　さかのぼって平成3，4年度には，第85代土木学会会長岩佐義朗氏の下で副会長として努めたことがあり，その折は特に旧土木学会の会館の再建設問題が，引き継ぎの懸案事項となっており，建設計画の具体化，資金計画の確定等について執行部で様々な議論を重ねた．関係者の方々のご尽力により，この結論を踏まえ建設された現在の土木学会の建物を見ると，当時の思い出がよぎる．

　その後，土木学会の若干の委員会活動には参加したこともあるが，私自身は技術官僚の一員として，専ら道路整備に関する業務に永年にわたり従事しており，更に関連の国内外の多様な業務にも追われ，土木学会とはやや疎遠な関係となっていた．

　平成16年秋になって，思いもかけず土木学会会長立候補の要請を頂き，平成17年総会において第93代土木学会会長の選任を受け，その職務と責務の重さに圧倒されながら「何が出来るか，成すべきか」を自問しつつ，一年間にわたり会長の職務を努めさせて頂くことになった．幸いにも学会には，一年間の学習・見習期間として次期会長制度が設けられていて，空白期間を埋める種々の情報や，学会活動の新しい動きについて学べたのは有難かった．

　会長就任の前年には観測史上最多の台風が本土に上陸しており，平成17年には中越地震が発生し，各地で様々な災害が発生した．またこの年は，スマトラ島沖地震，津波大災害，アメリカ南部のハリケーン・カテリーナの高潮災害，パキスタン北部の死者5万人に及ぶ大地震の発生等，気候変動の影響か，世界的にかつてない大災害多発の年であった．土木学会では国内関連調査活動と共に，被災国に対する緊急調査団を派遣し，対象国への国際貢献および提言等も行った．当事国からは多くの評価が寄せられ，インドネシア大統領から感謝の言葉を頂いたのは学会として誇らしい事であった．

　公共事業費が大幅に削減され，国内の建設投資額がピーク時の6割と言う厳しい時代であったが，土木学会では社会への貢献と連携機能の充実を掲げた土木学会中期計画「JSCE 2005」により学会活動の改革を進めつつあった．個別の学会活動も動き出していたこの時期，公共事業に関わる一連の談合事件が発生，さらに建築の耐震強度偽装に関する事件が発生し，大きな社会問題として報道され，建設事業への不信感が広がり極めて憂慮すべき事態を迎えた．

　もとより主権者であり，顧客でもある国民の理解と信用なくして社会資本の整備を進めることはできない．この事態に鑑み，土木学会としてもこの認識を徹底の上，国民の期待に応える良質の社会インフラの整備のあり方と土木技術者の役割を明らかにし内外に発信して行く必要性に迫られた．

　当時土木学会には，新会長の特命事項として，会長特別委員会を設置し，検討を重ね成果の提言を行うこととされており，私はかねてから抱えていた課題，「土木技術者がグローバル社会で活躍するために」を平成17年度会長特別委員会として早々に設置し委員と調査と議論を進めていた．その後，公共工事をめぐる不祥事の発生，信頼失墜という情勢を迎え，急遽同一年度二番目の会長特別委員会として「良質な社会資本整備と土木技術者に関する提言」を設置し，建設事業の信用回復に対応した公共調達の在り方と土木技術者の果たすべき役割について議論を始めた．この業務は第94代土木学会会長濱田政則氏に引き継いで平成18年度特別委員会として，最終報告をまとめて提言をして頂いた．※参照「良質な社会資本整備と土木技術者に関する提言」（最終報告）

　会長特別委員会で採りあげたこの土木技術者の海外活動と公共調達システムの改善と土木技術者のあり方に関する両テーマは，的確な公共事業の執行に関し最も基本となる議題であり，引き続き多くの関係者が検討・審議を

土木学会の100年

重ねてきている．以下，この状況と課題について述べる．

土木技術者の海外活動

　優れた技術力と共に高い管理能力を有する本邦の建設関連企業が諸国に種々のインフラ整備を進めてきた海外活動は，戦後の賠償案件の建設事業に始まり，今日まで半世紀を超える長い苦労の歴史がある．その間幾つかのカントリーリスクを被りながら，また厳しい環境の下で先人達は難しい業務に取り組み，数々の実績を築き上げてきた．

　過去30年間の海外建設受注実績を見ると，各年度受注額は一兆円を前後しており，中東ブームの2006～2008年度に，最大一兆六千億円台に達したこともあったが，その後のドバイショックで激減し，2012年度の受注額はアジア地域が大きなシェアを占めているものの，一兆二千億円前後に留まっている．

　激化する国際競争のもとで一部外国企業の実績に先を越されており，本邦企業の実績は国内活動に比べ，未だ低い水準となっている．昨今は国際貢献の推進と厳しい国内市場を背景に建設企業の海外事業への意気込みは高まりつつあり，海外進出拡大を目指し取り組みを強化している企業も増えて来ている．

　しかしながら，本邦企業が的確に海外事業の拡大を確保するには，危機管理・安全対策などのリスク体制の強化，案件の発掘・形成，発注関連システムへの対応，資金・資材調達に加え現地化に伴う環境整備，さらに人材養成等古くて新しい多岐にわたる課題に対応していく事が必要となり，これらは当事者一同が一体となった強力な取り組みが不可欠となる．

　特に土木分野における国際的な人材養成が社会的にも重要な課題であり，学会誌においても各部門における取組み状況，方策等について特集で紹介をしている．企業技術者を対象に，各企業や関係法人も研修，セミナー等を行い人材養成に努めているが，土木学会としても学会活動の柱として，官・民・学にとらわれず，国際人材の養成に取り組む業務の一層の拡充・支援を続けて欲しい．

　政府では，グローバル化が進む社会経済発展の場における我が国の役割発揮の立場からも，昨今本邦企業の海外活動に対し参画・支援する施策を積極的に講ずるようになってきており，また関係省庁においても体制の整備と共に，課題毎に有識者による検討委員会等を設置し，英知を集め方針を確定し，その実現を図っている．また当事国の関係者と意見交換を通じて理解を深め，国際貢献の具現化にも努めている．これらは，斬新的で，大変力強い政策の実行であり，我々としても期待は極めて大きい．

　台湾の新幹線，台湾高速鉄道プロジェクト案件確定に際し，我が国と欧州チームの間で熾烈な論議があり，最終的に経験に基づいた最新の耐震技術が決め手となって，我が国の新幹線技術が採用されたのは周知のことであり，至極当然と思われる．この結論を得るまでの関係者が一段となって取り組んだ海外建設活動は，先人に学ぶ一つの前例であろう．

　特に先般，政府首脳から経済のグローバル化が一層進展する中で，インフラシステム輸出戦略として建設関連企業の海外展開支援に向けた当面の政策メニューのもと，インフラシステム海外受注額の規模を現在の三倍に増やすことが表明された．

建設技術者制度のありかた

　良質な建設生産物を整備するためには，優れた技術者が，技術力を十分発揮し，その責務を果たしていかなければならない．そのため，建設業法では公共性のある重要な工事を行う場合には，一定の国家資格等を有し，必要な知識や経験を有する技術者を工事現場の監理技術者・主任技術者として配置してその任に当たらせることとしており，そのため専任制や資格等を確認するため28業種の技術者に対し「監理技術者資格者証」を交付し建設工事の品質や，安全性の確保に努めている．

　現在資格者証の交付を受けた技術者は67万人に及び，5年ごとに更新（新規を含む）する技術者は年間約13万人に達し，土木系技術者がほぼ半数を占めている．しかし，この対象工事の成否を担う監理技術者の高齢化が進み，

若年層の割合が他産業に比し低い水準となっており，また技術者の資質・技術力維持・向上の機会も減少してきており，建設業における優秀な技術者の確保・育成が喫緊の課題となっている．

　このような事態に鑑み，種々の施策が検討されている．その一つとして社会資本整備審議会では，現場で配置される監理技術者の所属や，資格技術力に関わる情報等を効率的に確認し，適正な技術者の配置等を確認し，工事に関する品質確保や安全性の確保を図るため，技術者に関するデータベースの確立を目指し審議が進められている．一方，土木学会では，2001年以来土木技術資格認定制度を開始し，その普及化に努めている．学会ではこの制度は，倫理観と専門能力を評価し実務能力を認定するものであり，技術者養成の道しるべとしたいとしている．しかし法定でなく効用が不明なためか，活用が定着していない．前述の審議を進めている技術者制度に関するデータベース整備システムと様々な関連があると考えられ，相互に情報を交換し，その有効性，普及についての共通の認識が得られれば，普及への有効なステップとなると思え，あえて期待を述べた．

　また，東日本大震災による被災地の復旧・復興事業の実施において，人材・資材不足による入札不調案件の増加傾向が報告されている．厳しい公共事業削減のもとで，受注競争の過度の激化によるダンピング受注の発生に加え，若年入職者の減少に伴い，高齢化が進行し，将来的な品質確保が懸念されている．

　このような事態を踏まえ，発注関係省庁では，円滑な施工を確保するため，事業の特性に応じた多様な入札契約方式の導入と活用等，公共調達に関する様々な施策と共に，現場を支える技術者，技能者の確保・育成について等建設産業に関する諸対策の検討も進めており，順次改革案も実行されてきている．

　このように，公共調達と関連技術者（制度）のありかたについては，取り巻く経済社会環境の変化に即し，より良き解決に向け検討が続いている．

あとがき

　土木学会を去って久方ぶりに，関係資料をめくり，錆びついた記憶を掘り起こしてみると，一昔たって，土木学会を取り巻く環境が如何に激変し，関連する分野や課題も拡大，多様化してきたかを改めて実感し，茫然たる思いであった．

　ところで，土木技術者に対する社会の要請，役割はますます広域化，多様化して来ており，また関連技術も高度化，専門化が進んでいる．

　土木学会においても対象課題を的確に整理・選別の上取り組み，社会貢献に資する成果を提供していくことを目標に，其の役割を果たすべく努めるべきであろう

　幸い，土木学会には官，学，民からの会員の力が集結しており，各自が持つ卓越した学識，技術力，判断力を駆使して，種々の方策を検討し業務に反映して最善の社会貢献を果たすことが出来よう．前述の発注関係部局が取り組んでいる経済社会環境の変化に即した公共調達と関連技術者（制度）のありかたについても，土木学会の皆様方が深い関心を持ち，土木の原点である実学対応の面で，しかるべき支援をして頂け得れば幸甚の至りである．

社会への発信，組織と活動の活性化，そして土木技術者の未来

濱田 政則
HAMADA Masanori
第 94 代会長

社会への発信

会長に就任して，まず学会活動の重点課題としたのは「社会への発信」である．「土木に対する社会の認知度が低い」，「他産業に比較し，労働環境が劣悪である」，「土木志望の学生が激減して，土木工学科の名前が大学や工業高等専門学校より消えようとしている．」など，土木界の現状と将来について様々な悲観的な見方が土木学会のみならず土木界全体を覆っていた．土木は，何故このような社会的評価が低い状況に陥ったのか，その要因の一つに土木界から社会への発信の不足があると考えた．土木学会には多くの研究委員会や特別委員会が組織されて，土木学会が社会的に果たすべき役割や土木と社会のつながりに関する議論がなされ，その都度委員会報告書が作成されてきた．しかしながら，多くの場合，これらの報告が土木学会の内部に向けられたもので，土木学会全体としての社会への発信は必ずしも十分でなかったと思われる．

このような状況を踏まえ，学会に新たに「論説委員会」を組織し，土木を取り囲む状況の分析にもとづいて，土木が進むべき方向性を明確に打ち出し，学会としての主張を論説として社会に発信することとした．初代の委員長に第 89 代会長の丹保憲仁先生に御就任頂き，土木各分野で指導的役割を果している会員，および学会外の有識者に委員会に参加して頂いた．これまでに，土木と土木技術者の社会的な責務，土木の将来像について様々な論説が発信されている．これらの論説は土木学会誌に毎月掲載されるほか，論説集として刊行され，関係機関に広く配布されている．

社会への発信に関する活動として次に行ったのは「会長・記者懇談会」の定期開催である．それまでも学会として政府や関連機関に向けた「提言」を会長の記者会見を通じて発表して来た．社会への発信力をより高めるため，メディア関係者と会長との懇談会を毎月一回定期的に開催し，学会側から学会の活動状況，最新の学術成果および将来の方向性を説明するとともに，新聞，報道などのメディア側から土木への忌憚のない意見を聴く場とした．建設産業関連のメディアのみならず NHK や一般新聞などの記者も参加するようになり，現在も続けられている．土木学会と社会のつながりを強化する上で効果を挙げて来たと考えている．

学会の組織と活動の強化

新たな海外支部の設立，海外支部と本部によるラウンドテーブル・ミーティングの拡大・充実，技術推進機構の活動の活性化および研究委員会の活動評価と統廃合により学会の組織と活動の強化を行った．

トルコとインドネシアに新たな海外支部が設立された．トルコとわが国は，土木分野特に地震防災分野で過去約半世紀にわたり，密接な協力関係を築いて来た．また近年，大規模な建設プロジェクトがわが国の建設業の参画によって行われている．一方，インドネシアとわが国とは，2004 年のインド洋津波災害を契機として，耐震・耐津波分野での技術協力および防災教育と防災訓練に関する協力が土木学会を中心に行われて来た．特に防災教育に関しては，京都大学および早稲田大学の土木系の学生とバンドン工科大学の学生との協力で，毎年インドネシア各地で小・中学校の児童・生徒を対象とした防災教育が行われている．

このようなわが国と両国の協力の実績を踏まえて，トルコとインドネシアで新しく海外支部が設立され，土木分野の学術・技術交流，および社会基盤施設の劣化対策や耐震性向上技術など特定テーマによるシンポジウムが開催されて来ている．

さらに，本部と海外支部の交流の活性化に向けて，全国大会におけるラウンドテーブル・ミーティングの強化と拡充を行った．この会合は学術講演会など他の事業と併せて毎年開催されて来たが，会議への参加国の数が少なく，

会議の時間も限定されていたため，土木学会の海外戦略を広く議論するような場としては不十分であった．このため，会合の目標，検討事項を事前に各支部に徹底し，会合の効果的運営を図るとともに，会合を公開することにより会員の参加を図った．ラウンドテーブル・ミーティングは土木学会本部と海外支部の連携を高めるための数少ない機会の一つであり重要な会合である．遠隔地の海外支部からの参加では旅費，滞在費の負担が大きくなる．本部として支援の方策を継続的に考える必要がある．

　1999年に設立された技術推進機構の主要な活動の目的は，1）土木技術者の資格認定，2）土木技術の評価と認定，である．このうち土木技術者資格については，関係者の努力もあって，徐々に資格取得者が増加して，建設工事の実務での活用が図られ定着しつつある．一方，土木学会による技術評価に関しては，制度そのものが社会に認知されてこなかったこともあって，申請件数は機構発足以来数件に留まっていた．技術評価制度を積極的に土木界に広報し，関係機関に働きかけることにより申請件数が着実に増加して来ている．2014年現在で土木学会が評価した技術は15件であり，その多くの技術が土木事業で活用されている．

　研究委員会の活動評価とそれを踏まえた委員会の統廃合も，学会の組織の活性化のために行われた事業である．当時土木学会には29の研究委員会が設置されていた．これらの研究委員会を「特別委員会」と区別して「常置委員会」という言い方がされることがあるが，土木学会のどの規定の中にも「常置」という用語は見当たらない．研究委員会が一旦設立されれば未来永劫委員会が継続出来るという考え方が委員会委員の一部にあった．また，極めて活動が低調な委員会も散見された．研究委員会の評価制度は委員会の活動を毎年評価し，評価結果によって委員会に配算される活動費を見直し，場合によっては委員会の統廃合を図ろうとするものである．この制度を適用することにより，評価が低かった委員会の活動が一段と改善された例がいくつか見られた．研究委員会の活動の活性化につながったと考えている．

　防災分野や環境分野の課題解決のためには広分野の調査・研究の融合が不可欠である．土木学会による調査・研究が社会で活用されるためには，分野横断的な取り組みが重要である．このため，柔軟に研究委員会の統廃合を行い，社会のニーズに応じた調査・研究活動を行っていくことが求められているが，改革は未だ道半ばのように見える．

　学会の枠を超えた分野横断的な連携も重要である．一つの事例として，日本建築学会との長周期地震動に関する共同研究がある．建築分野では，長周期地震動に対する超高層建物の耐震性が重要課題としてとり上げられていた．土木分野では長周期地震動によるタンク内溶物のスロッシング振動とそれに起因したタンク火災の問題が取り上げられていた．このような状況から，2学会による「長周期地震動に対する高層建物，社会基盤施設の安全性に関する共同委員会」が設置された．地震学会からの地震学分野の専門家も参画した委員会で，全国各地で発生し得る長周期地震動の予測と高層建物の安全性が診断された．合同委員会で予測された長周期地震動は高層建物の所有者，建設会社，コンサルタンツ会社に提供され，この結果多くの高層建物の診断と耐震補強が行われて来た．この他，都市環境の問題など建築学会と共同で取り組むべき課題が残されている．また，原子力発電所の耐震・耐津波性技術の開発など他学会と横断的取り組みが必要な課題がある．

会長特別委員会

　2006年6月米国ワシントン市において，米国土木学会（ASCE）の主催による「Summit of the Future of Civil Engineering」が開催された．米国内をはじめ世界から指導的な立場にある約60名の土木技術者・研究者が参加し，20年後を目途とした土木界を取り囲む社会の状況，土木技術者のリーダーシップの在り方および土木が向うべき道について討論が行われた．土木学会からは会長他1名が参加して，アジア地域の自然災害軽減と環境保全のために土木技術者が果すべき役割について意見表明を行った．土木の未来について地球規模で共通認識を深めていくことは極めて重要であり，わが国の土木界にとっても意義のあることと考えられる．このため，土木学会内にも会長特別委員会「土木の未来・土木技術者の役割」を設置し，わが国の土木界と土木技術者を取り巻く課題と分析とこれらの課題を克服する具体的な方向性についてとりまとめ，関連省庁，自治体および地域社会に発信した．本特別

委員会には ASCE の Summit で指導的役割を果した元 ASCE 会長 Patricia D. Galloway 氏および Kris R. Nielsen 氏にも特別委員として加わって頂いた.

　一方, 世界的に増加している地震, 津波, 風水害など自然災害に対し土木学会と土木技術者が果すべき役割を示すため, 会長特別委員会「自然災害軽減への土木学会の役割」が組織された. この特別委員会では, 自然災害軽減に向けて土木学会が今まで果してきた役割が点検されるともに, 近年の自然災害の現状が分析され, それらが提起した社会的課題と技術的課題を明らかにした. 調査分析結果を踏まえて, 自然災害の軽減に向けての土木学会の役割を示した. 昨今「国土強靭化」の議論が盛んに行われ, 国も具体的な施策を推進しつつある. また, 土木学会も「自然災害に強いしなやかな国土創出に向けての土木学会の役割」に関する委員会を組織し, 検討を進めている. 防災に関する検討は従来から土木学会では度々検討されて来ている. これらの既往の検討結果を十分に踏まえ, 議論を深化させて国土強靭化に土木学会として貢献すべきと考える.

土木学会会長としての5つの目標

石井 弓夫
ISHII Yumio
第95代会長

1. 在任時の事業

私は土木学会会員になった時から，土木技術は社会と直接の強い関係を持っているにもかかわらずその関係を強化する点では成功していないと感じていた．そこで会長に就任した時，日頃から考えていたことを幾分かでも実現させたいと思ったのである．その考えにもとづいて次の目標を立てた．

① インフラの国勢調査，健康診断
② 気候変動との取り組み
③ 国際化への対応
④ 土木学会創立100周年記念事業の準備
⑤ 支部での意見交換

の5つである．

これら5つの目標は土木学会にとって，そして社会にとっても重要なものと考えたのである．いずれも「学」会という基本からは離れているとも解釈できるので，研究者の会員の中には「学問研究」の要素が無いではないかとご不満の向きもあったかもしれない．しかし私はこのような「社会的」活動の中にこそ土木技術の本質があると考えたのである．このことに関し初代会長の古市公威はその講演で「土木技術者は将に将たらねばならない」と述べ土木技術者に広い視野での活動を説いている．また第23代会長の青山士は「万象に天意を覚る者は幸いなり．人類のため国のため」と信濃川大河津分水記念碑に刻んでいるがここでいう万象とは自然と人間社会すべてを網羅したものであろう．

もちろん学問研究の基礎が無ければ土木工学は成り立たないし，この5つの目標も達成できないのは当然であるから，学会の各分野での研究活動をさらに活発に進めることは土木学会として当然のことである．

1) インフラの国勢調査，健康診断

この活動の目的はインフラの状況を把握し，「荒廃する日本」にさせないことであった．1998年（平成10）をピークとしてインフラを整備するための公共事業予算は減少を続けていてこのままでは「荒廃する日本」になりかねないと考え，アメリカ土木学会（ASCE）の"Report Card"やイギリス土木学会（ICE）の"State of the Nation"を見ならって日本のインフラの状況（量と質）を把握し，それを社会に訴えようと考えたのである．

この問題を担当するためにインフラ国勢調査委員会を設置した．委員長には専修大商学部の太田和博先生をお願いし，国土交通省と関係機関，研究者，コンサルタント，コントラクターからの委員で構成した．その仕事を始めてみると実は日本の700兆円とも言われるインフラの状況は本当のところがよく分からないということが判明したのである．それでも委員の皆さんの努力で「わが国におけるインフラの現状と評価」報告書を発表することができた．

この報告書は，2012年（平成24）の中央道笹子トンネル事故などに見られるインフラの老朽化，脆弱化による災害を5年前に予告していたのである．しかし残念ながらその成果は利用されず，政府はインフラ予算を削減し続けたのはご存知のとおりである．

2) 気候変動との取り組み

2番目は，気候変動との取り組みである．気候変動に関する政府間パネル（IPCC）が第4次評価報告書を公表しその中で「温室効果ガスGHGにより気候変動が進みつつありこのままでは人類は危機に陥る」と述べたのは私が会長に就任した2007年（平成19）であった．

これはまさに土木技術者が取り組むべき課題であると考え，地球温暖化対策特別委員会を設けたのである．この委員長には私が当たり，副委員長には筑波大石田東生，京大松浦譲の両先生，気候変動影響小委員長は茨城大三村信男，緩和策小委員長は東大花木啓祐，適応策小委員長は中大山田正の各先生にお願いし，委員には土木の各界から出ていただいた．影響，緩和策，適応策という3つの小委員会の名称に土木学会としての方向を示したつもりである．

　委員会は，気候変動に対しては原因を除くこと，変化した自然現象で災害が激化しないようにすること，そして，変化した自然に抗するのではなく適応していくという3つの対策を提案した．最後の「適応」には危険地域からの撤退という土木技術者にとっては苦渋の決断もありうると考え，あえて提案したものである．その成果は「地球温暖化に挑む土木工学」として公表し，英語版"Civil Engineers Confront Global Warming"も発表した．

　その後，2013年にはIPCC第5次評価報告書も発表され気候変動は深刻化するとの予測が述べられている．土木学会は気候変動に取り組み続けているが，その役割はますます大きくなってきている．

3） 国際活動の強化

　3番目は，国際化への対応として，外国学会との情報交換の強化と外国に新たな分会を組織することであった．モンゴル分会とトルコ分会の強化，タイ分会の創立，フィリピン分会の創立，アジア土木学協会連合協議会（ACECC）活動の強化，ミャンマー・サイクロン災害調査への協力などをおこなった．

　国際活動では，国内以上にFace-to-Faceの関係が重要である．この活動ではモンゴル土木学会Erdene Ganzorig，高知工大草柳俊二，日大福田敦，フィリピン大Benito Pacheco，山梨大佐々木邦明，大韓土木学会Kyung-Boo Park，イスタンブール工科大Zeki Hasgür，ケンブリッジ大曽我健一，国立台湾大Jenn-Chuan Chern，横浜国大（当時）柴山知也の各先生に大変お世話になった．その活動は報告書「さらなるアジアへの貢献に向けて」にまとめられている．

　国際化への対応は学会だけでなく政府と全建設産業が取り組むべき問題であるが，土木学会ではその後，国際室を国際センターへと拡充して国際化に対応している．また2012年にはACECCの各国の賛同を得て，日本が事務局・事務局長を担当することになり，事務局長に大成建設堀越研一会員が就任したのは心強いかぎりである．

　このような国際関連活動では，活発に国際活動を展開している建設産業の各社の会員の方々にも大変お世話になった．国際活動に従事している皆さんは，インフラの整備を通じて人類に貢献するという土木技術の本質をまさに体現されている方ばかりであった．異なる文化，きびしい自然環境の中で奮闘されていることに大きな感銘を受けた．

4） 学会創立100周年

　4番目は2014年に迎える土木学会創立100周年を記念する事業である．われわれの大先輩は1889年（明治12）創立の日本工学会の中心となって活動してきたが，建築（造家），機械，電気などが日本工学会から独立して行く中で，やはり独立の活動が望ましいと考え1914年（大正3）に土木学会を創立した．それから100年という節目に記念事業を実施することとしたのである．これは単なる内輪のお祝いではなく，社会に対し土木学会と土木技術の存在をアピールする機会にしようと考えたのである．

　準備委員長には東大藤野陽三，幹事長に京大藤井聡の両先生，委員と幹事には学官民の会員に就任をお願いした．準備委員会はその後，100周年戦略会議を経て100周年事業実行委員会（藤野委員長）に発展し，事業は着々と進んでいる．

　実行委員会は「豊かなくらしの礎をこれまでも，これからも」をキャッチフレーズとして決定した．その活動によりわれわれの土木学会の存在と役割を社会に大きくアピールすることを期待している．

5） 支部との意見交換

　5番目は支部との意見交換である．土木学会の本部は東京にあるが，その活動の主体は国内の8支部，海外の1支部（9分会）にあって，それぞれの地域で土木学会と会員と社会との重要な接点となっている．その支部との意見交換を通じて土木学会活動をさらに盛り上げたいと考えたものである．

　これはコンサルタントという自分の職業柄か，顔と顔を合わせて話し合うことが人間のお互いの理解にきわめて

重要であると考えているので，それを実践したのである．海外については全分会を訪問することは出来なかったが，国内8支部については次期会長時代・会長時代あわせて2回訪問し，多くの支部の方々と意見交換をすることが出来たのは何よりであったと思う．

支部からのご意見の中心は，本部の支援が足りないという点にあった．海外の分会からは特に本部の支援が要請された．これに対してはほとんどご意見を聞いたままとなってしまったのは申し訳ないと思っている．しかしこれらのご意見は関係者の意識には十分刻まれていることを支部の方々にはご理解を頂きたい．

2．反省と今後への期待
1）反省
土木学会は会員個人のボランティア活動だけでは対応しきれない問題を抱えている．したがってインフラに関係する組織にはいろいろとご協力を頂いた．あらためて感謝したい．

5つの目標を掲げたわりにはその成果はいずれも目覚ましいものではなかった点は反省しなければならない．以上5つの活動を行っての大きな反省点は，せっかくの活動，それも社会に訴えることを目指した活動を社会に広く発信することが出来なかった点である．その後，東日本大震災で建設産業関係者の献身的努力があったにもかかわらず，それに対する社会的評価が低かったのは，評価の高かった自衛隊と比べて，広報活動の重要性の認識の違いにあったことが明らかとなっている．われわれ土木技術者は「沈黙は金」の「美学」から何時になったら抜け出せるのであろうか．

現在におけるもう一つの反省点は，原発の安全性の問題である．それは私が会長に就任した直後の2007年（平成19）7月16日に新潟県を襲ったM6.8の「新潟県中越沖地震」への対応である．実は1995年（平成7）の阪神・淡路大震災の時に会長だった第82代会長の中村英夫先生からは「非常時での対応こそが学会会長の最大の責務」とうかがっていたので，当日地震直後に刈羽原発から煙の出ているTVを見て「すわこそ」と思ったのだった．しかしその後，煙は変電所の小火で本体は安全と知り，ホッとして緊張が緩み「本体は無事」との認識ばかりに傾いてしまった．ここで地震動，津波への安全対策，（想定外の）非常事態への対策について学会として検討を進めていれば，あるいはフクシマの被害はここまで大きくはならなかったのではないかと反省している．

2）土木学会への期待
以上のような活動とその反省から今後の土木学会に対していろいろと期待するところが出てくるが，その中で最も大きな期待を一つだけ挙げたい．

それは「広報活動の強化」である．土木学会が土木技術者を代表して社会的に発言するのは社会的責任でもあることを強く認識し行動に移していくことを期待したい．その機会がやってきた．それは2014年の創立100周年である．これを土木学会の社会的発言の絶好の機会としたいものである．

「社会からの謙虚な受信」と「土木の無名性からの脱却」

栢原 英郎
KAYAHARA Hideo
第96代会長

社会からの謙虚な受信

　第96代会長に選任されて，会員にまず訴えたかったことは「社会からの謙虚な受信」である．

　最近では東日本大震災をはじめとする悲惨な自然災害が多発していることもあって，「公共土木事業の必要性」に対する世間の理解は多少好転したように感じるが，当時はマスメディアや学者・評論家が「これ以上の土木施設は不要である」と繰り返し主張していた．これに対して多くの土木関係者が土木事業の必要性をさまざまな形で訴えていたが，その多くが「我々は，必要で，良いことをやっているのに，なぜそれを理解しないのか」という筆者の思いが行間に感じられて気になっていた．熱意が過ぎて「分かっていないようだから，教えてやろう」という気分を滲ませているものもあった．

　意見が食い違うケースには二つの形がある．ひとつは相手が実態を把握していない場合であり，いまひとつは実態を把握はしているがその実態を我々とは異なる価値観あるいは視点から見ている場合である．前者に対しては丁寧な説明は効果があるが，後者に対しては相手の価値観や視点がそもそも誤っていることを本人に気付いてもらわなくては，議論は先に進まない．「公共土木事業は政治家の選挙資金を生み出すために発注される」と心底信じている女性記者と議論したことがある．我が国を代表するマスメディアの若手記者であった．相手の思い込みが如何に的外れであるかを様々な事例を挙げて説明し納得してもらう必要があったが，相当の説明力と忍耐力が求められる作業であった．「公共土木事業」に対する誤った理解とそれに基づく批判を正していくためには，なぜそのような批判になるのか，相手の立場に身を置き換えて考えてみる必要がある．

　大河津分水に立つ第23代土木学会会長の青山士博士の二つの碑文のうちの一つは「万象ニ天意ヲ覚ル者ハ幸ナリ」であるが，この言葉は土木技術者の基本的な姿勢を教えていると考えられる．

　「万象」について私は長く災害等，天然自然の現象と考えていた．しかし，万象は自然の出来事だけではないだろう．現在土木の世界を取り囲んでいる批判，無理解，誤解，これらも全て万象と考えるべきだと思う．いわれなき批判，余りにも枝葉末節なあげつらいと思われることが多いのも事実だが，残念ながらこれらもすべて「万象」の一部である．我々は，この「万象」から何を聞き取るのか，静かに考える必要があるのではないか．そしてそこから何を学び，次の世代の為に土木を取り囲むより良い社会環境をどのように作り出していくのか，そのことが求められていると考えている．「謙虚な受信」とはそういう意味である．

土木の無名性からの脱却

　いまひとつ会長として取り上げたかった課題は「土木の無名性からの脱却」である．

　「ル・コルビジェの国立西洋美術館」「丹下健三の東京都庁」など，建築物については設計者（アーキテクチャー）の名前がまず語られるのに，土木構造物について，特にいまだ歴史的な遺産になっていない土木構造物については，かかわった技術者の名前が語られることはまず無い．

　「無名性こそ土木技術者のロマン」との考えが，多くの土木技術者から支持されているのも事実である．また，規模も大きく，広がりも大きな土木構造物では設計，施工いずれの分野をとっても個人を特定することが難しいということもあるだろう．しかし作った者の名も語られず姿が見えないために土木技術者の存在が社会から認識されず，加えて姿を明らかにしないことは責任を曖昧にするためであるという誤解さえ持たれている．このいずれもが土木や公共事業に対する不信感を助長している．さらに，個人の存在が全体に埋没してしまうような世界には若い世代が興味を示さないため，彼らが土木技術者を志す機会を葬り去っていることも懸念される．

　そこで会長提言特別委員会を立ち上げ，平成21年5月に「誰がこれを造ったのか－社会への責任，そして次世代へのメッセージ－」と題する提言をまとめた．提言では，橋梁やダム，港湾など対象となる土木構造物を一望できる展望台やあるいは構造物の傍らに，構造物の目的や設計，施工に当たった技術者の名前を記した銘板を掲げようと提案した．銘板の内容の詳細は，「土木構造物あるいはプロジェクトの名称」「完成時期・工期」「事業主体」

「目的」「設計会社名および実質的な責任技術者」「施工会社名および実質的な責任技術者名」「技術的特長」などの項目である．

提言をまとめる一方，土木学会全国大会（仙台市）における会長講演「誰がこれを造ったのか」や国際部門のラウンドテーブルミーティング，土木の日シンポジウム「匿名性からの脱却」，さらには平成20年10月30日に韓国の太田市で開かれた大韓土木学会（KSCE）の年次総会に招かれて提言の内容を講演する機会を与えられた．マスメディアでは「日経コンストラクション」がとりあげ，「土木技術」も数回にわたる特集を組んだ．また国土交通省では，平成21年4月から，構造物の管理という視点から「技術者名を明示すること」が，構造物の管理の視点から特記仕様書に記載することが制度化されている．しかし，一般の人々に向けられた銘板はまだ実現していない．

以上の二つについては，残念ながら私の努力不足，力不足もあってその後も大きな変化は無い．「謙虚な受信」も「無名性からの脱却」も，引き続く課題となっている．

会長としての一年間

平成20年には中部支部と西部支部が設立70周年を迎え，11月に名古屋市と福岡市で記念事業が行われた．記念事業に参加して，それぞれの支部が，地域づくりや防災，土木遺産の発掘と認定などを通じた地域のアイデンティティの拡充など，地域と深く結びついた活動をしており，地域のリーダーとしての役割を果たしていることが強く印象に残った．

また，前記の大韓土木学会年次総会のほか11月にはピッツバーグ市で開かれたアメリカ土木学会（ASCE）に参加し，土木学会がまとめた「環境アジェンダ」を紹介したが，関心は高かった．さらに平成21年2月には，メキシコ土木学会からの要請があり，グアナファト市で開かれた土木会議に佐藤恒夫技術推進機構長と出席し，土木学会の技術者資格制度を紹介した．

土木学会の会長，理事の活動は，第84代松尾稔会長の時代に各理事の担当分野を明確化すること，主査理事による企画運営連絡会議を立ち上げるなどの改革が進められ，理事は実務的な執行責任者となっていたが，私の時代にはさらに多忙となっていたように思う．ちなみに私が会議や講演で会長として土木学会に拘束された日数は1年間で110日に及んだ．これには週1日は土木会館の会長室で執務することにしていた日数のうち会議等と重ならない日や講演の準備，原稿の執筆などの時間を含んでいないから，それを加えれば会長在任中の一年間の5割程度の日々は会長の職務に拘束されていたといえる．

土木学会は平成23年度から公益社団法人として新たな歩みを始めた．これはそれまでの活動に公益性があると認められたからだが，今後特定の人々（例えば会員など）の利益のための活動に偏れば公益性は希薄とされるおそれがある．土木学会は今後さらに一般の人々や地域に貢献する活動を拡大する努力をしなければならないだろう．そのための機能を充実させるほか，ますます多忙かつ責任の重くなる役員，特に会長の職務を支える体制について議論をすることが望まれる．

「総合性」の回復

土木技術者が今後取り組むべき重要な課題のひとつは「総合性」の回復である．古市公威初代土木学会会長が，土木技術者は全体を取りまとめることのできる「将に将たるもの」でなければならないと語っているごとく，「総合性」は土木技術者が本来持っていなければならない能力である．しかし最近では土木のみならず全ての工学分野で専門分化が進んで「総合性」が希薄になり，全体を見ることのできる技術者が育たなくなっているのではないかという危惧を持つ．卑近な例で恐縮だが，一昔前には運輸省に籍を置いていた土木技術者だけを見ても，東寿，加納治郎，竹内良夫といった内外の国土計画や地域開発の分野でリーダーシップをとる独創性に満ちた土木技術者がいた．総合性の希薄な状態が続けば，土木技術者は全体を統括し新たなものを作り出してゆくプロデューサーとはなりえず，部品を作り出すアシスタントに止まってしまわないか．その結果，むしろ専門分野が明確でない法文系の人材が指揮を取りやすくなるということにならないか．軸足を置くべき専門分野を持った上で総合的な視野を持つ技術者を育てること，自らの課題として総合的な視野を持つように研鑽することが，会員一人ひとりに求められているように思う．

経営の安定化と次世代の土木への展望

近藤　徹
KONDO Toru
第 97 代会長

「これからの社会を担う土木技術者に向けて」土木界の展望

　私は2009～10年に土木学会会長を務めた．当時の土木学会は会員の慢性的な減少と会費収入の低迷，政府の進める公益法人改革への対応が直面する課題だった．また土木分野全般ではバブル経済崩壊以降の国内経済の低迷，更には前年08年に起きたリーマンショックによる世界経済の同時不況による追い打ちが，公共投資を主体としてきた土木分野の不人気を一層顕在化させていたので，その対応が長期的な課題であった．

　また土木学会100周年を5年後に迎えることを考えると，従前のように土木界が国の発展に果たしてきた業績を讃えるだけではなく，次の30年，50年，100年後に向けて，我が国土の将来像を展望して，土木界の使命を確認する必要があると考えていた．

　私の就任以前に10人の歴代会長が土木学会や社会全般に向けて土木や国土造りについて重要な提言をされてきた．今後は提言より実践の段階だと考えて，次世代の技術者育成に焦点を当てて，当面する土木の課題を作成した．一にわが国は人口減少時代を迎えてこのまま放置すれば急速に経済活力を失う恐れがあるので，わが国を中心に海外と人・物が活発に交流できるための高速交通・大量輸送ネットワークを重点的に整備するべきこと，二に今後気候変動により洪水，渇水が頻発する傾向にあり，元来地形・気象・社会条件が災害に脆弱なわが国では，防災インフラのみならず都市整備，道路も含めて災害に強い国土造りが必要であること，三に高度経済成長期に築造されたインフラの更新期を迎えて，インフラの老朽化対策が喫緊の課題であること，四に安全で魅力ある都市空間を創出するべきこと，五に我が国の土木技術を世界に展開するべく人的，経済的交流を深める必要があることを取りまとめた．この標題を「これからの社会を担う土木技術者に向けて」としたのは，次世代を担う学生が土木界へのガイドブックとして活用することを期待したからである．本来は社会全般に周知するべき課題であるが，当時は政権交代で混乱する中だったので，一般国民には時間をかけて広く知っていただくことを期待した．

　このとき土木の職場では卒業生に何を修得して欲しいかを検証した．構造力学，水理学，土質力学，コンクリート工学等の要素技術を習得しないままに，土木の職場に就職する卒業生が多いことが明らかになった．そこで土木の職場では，どのような知識に基づき業務を処理して経験を積み，より重要な業務を担当する次の段階に進むのか，キャリアパスを明らかにし，土木技術者としての人生設計の参考資料になるように取りまとめた．

経営の安定化と公益増進資金制度等の創設

　土木学会は次期会長が次年度の予算を編成する．私が次期会長に指名を受けた時は，土木学会は様々な要因による会員の減少に伴って会費収入が減少し，赤字予算を編成せざるを得なかった．一方でこれまで先達の経営努力の結果，当面の経営に必要な資金は十分に確保されていた．また当時の政府の「公益法人の設立及び指導監督基準」等によれば，内部留保の水準として，1事業年度における事業費等の合計額の30％以下が示されていた．財団法人の基本財産は内部留保の対象から除外できるが，社団法人には除外規定がないため，蓄積された資金を繰越差額として計上してきたため，取り崩さざるを得なかった．

　この蓄積された資金を，使用目的を限定して容易に取り崩しができない基金とし，本部に公益増進資金，支部に地域貢献資金を設立し，その資金の運用果実を学会の戦略的経費に充当する制度を創設した．従って会員サービスとして会費を充当する部門と，基金を充当する部門に大別して，会費収入を充当する部門については収支均衡を図ることにした．その結果予算は前年度の10％縮減という厳しい予算を編成せざるを得なかった．各部門の

担当者からは厳しい意見があったが，結果的には納得して協力いただき，予定通りに編成できた．関係者に感謝している．

平成18年に成立した公益法人制度改革関連3法に基づき，土木学会は公益法人認定を受けるべく，前任の栢原会長の下で全ての段取りを整えていた．2009年8月総選挙の結果政権交代があり，内閣府公益等認定事務局は新政権の方針待ちとなり，認定作業は進展を見ることがなかった．結局次期の阪田会長に一切をお願いした．

学会員増強も意図していた土木技術者資格制度

土木学会は，会員数は当時3万人，学生会員を入れて3万5,000人であった．実際に土木の分野で活躍している技術者は20万人と推定される．土木技術者資格認定制度の拡充策として，2008年度から上級と1級技術者資格に従来の筆記試験主体の審査コースに加えて，実務経験に関する口頭試問による審査コースが設けられた．この制度拡充によって従来未加入だった土木技術者が大量に加入することを期待していた．

しかし審査結果は，この制度拡充の意義が，発足当初のため関係者に浸透していなかったのか，受験者と審査委員とのミスマッチもあったのか，経歴，実績として資格は十分と思われる技術者で不合格になった事例を数多く聞いた．今後は土木学会会員の技術者像を，土木技術者20万人を視野に置くのか，現行の3万5,000人態勢に置くのか，関係者間で十分に考えておく必要があると考えた．

人口減少時代に国の活力を確保する土木の役割

私が副会長を務めた1992〜93年から会長に就任するまでの17年間の変化は，一言でいえば，高度成長経済時代から人口減少時代への転換である．高度成長経済下では，新幹線網，国土幹線自動車道の全国展開，本州四国連絡橋の開通等のビッグプロジェクトが強力に推進された．土木工学の世界に誇るべき成果である．

他方で地方から大都市圏へ1,000万人に及ぶ大規模な人口集中（統計局・住民基本台帳人口移動報告）があり，その結果出現した新都市圏に対応するため，土木分野が個別に道路，鉄道，都市計画，水力，下水道，水道，河川等のインフラ整備に邁進して，住宅都市環境の整備を図った．だが現実には未整備のインフラを残したままに大都市圏への人口集中が先行した結果，遠高狭の住宅団地開発による通勤地獄の出現，新興団地における都市水害の顕在化等により，各インフラ間の不整合による社会のひずみ，都市住民の不満感の増幅等を惹き起こした．この時代にはインフラ間の調和は望むべくもなかった．

これらの課題が克服されないままに，我が国の人口（統計局・人口推計）は，04年末の1億2,782万人を頂点として人口減少時代を迎えた．とりわけ生産経済活動に従事する生産年齢人口層(15〜64才)は，既に95年の8,760万人を頂点として減少期に入っていた．しかも社会保障対象の老年人口層(65歳以上)は依然として現在も増加傾向にある．

平成25(2013)年度の国の予算総額92兆6,115億円のうち，その財源の49％は将来世代への借金となる国債であり，国及び地方による長期債務残高は，平成25年8月には1,000兆円を超えた．日本の政府総債務残高は対GDP比で，世界では断トツの237.92%で，2位のギリシャ158.55%，5位のイタリア126.98%を大きく引き離している(IMF - World Economic Outlook Databases)．その主因は高度成長経済時代に形作られた社会保障システムをそのままにして財源を赤字国債に依存し，現世代の社会保障費を，未来世代に負担させるシステムが維持されているからである．

土木事業の主体となる公共事業は，安全で豊かな国民生活，経済社会を支えるためのインフラを整備する事業である．その整備の歴史は浅く，かつ高度成長経済の下でも人口の都市集中に対して，必要なインフラ整備を常に後追い的に実施せざるを得なかった．しかし我が国の経済が拡大すると貿易摩擦が深刻になり，諸外国から内需拡大が求められ，何のために必要なインフラを造るかではなく，どれだけの金額を公共事業に支出するかが国際公約とされた．そのために関係住民，関係機関と丁寧な折衝を重ねて，着実に整備を進めなければならない重要なインフラは，多くが劣後の扱いを受けざるを得なかった．その結果優先度の必ずしも高くないインフラの整

備が先行する事例が顕在化し，国の債務残高の元凶は公共事業であるとの誤解を招くに至った．また財政当局は，我が国の公共事業費の支出水準が他の先進諸国と比較して高いと主張するが，景気刺激策として支出された部分も多く，経済大国として必要なインフラ整備は未だ立ち遅れているのが現状である．

ここで現今の危機的な国の財政状況を考慮すれば，インフラの受益が主に現世代のものと，将来世代に及ぶものと峻別して，その負担の公平性も考慮し，今後は後者の整備に重心を置くべきである．減少する生産労働人口で依然として増大する老年人口層を支えなければならないのだから，経済活力を維持するために必要なインフラを最優先に整備する必要がある．報告「これからの社会を担う土木技術者に向けて」では，そのインフラの例として高速交通・大量輸送ネットワークの整備を掲げた．

ところで従前の整備指標は如何に大量の旅客，貨物を処理するか，交通量，貨物量等の処理が高速交通インフラ整備側の目標だった．しかし今後は経済活動の効率性が求められるのであるから，如何に短時間で目的地に到着できるか，荷物を配達できるか，時間短縮を利用者側の視点に立った目標とするべきである．その場合高速道路と国際港湾，国際空港と新幹線とのアクセス不足が諸外国に比して目立っている．今後は個別インフラ整備の時代から，各インフラが利用者の視点に立って協力し，整合を図って整備する必要がある．その場合国際的な経済競争に直面するのだから，土木技術者は，当該インフラが国土の将来像における必要性，経済合理性等を，広く国民に説明する責務があるのは当然である．

過酷災害を想定する総合土木と安全工学

土木工学は行政組織に応じ，道路，河川，港湾，鉄道，空港，都市計画，下水道，水道，発電水力，都市公園と分化して発展し，各技術がベストを目指して国土を整備してきた．

医学は循環器，消化器，呼吸器，泌尿器等の臓器専門分野に分化しているが，近年臓器や疾病を見る段階から，患者自身に向き合おうとして総合診療科を設ける病院が増えている．土木工学も安全で豊かな社会の基盤づくりを目指して，専門技術分野主体から，複雑化する社会全体と向き合い，各専門技術分野が連携した総合土木を確立する必要がある．

また工学でも発生頻度は極めて小さいが一旦災害が発生すると過酷災害を起こす恐れのある分野では，安全工学が確立している．安全工学は現実には絶対の安全は無く，災害・事故は必ず発生するという前提で，対応策を追求する技術体系である．土木分野で一例をあげれば，我が国の主要な大都市圏は，河川，海岸堤等の囲繞堤に防御されて，ゼロメートル地帯に展開している．安全工学は，この囲繞堤が破堤する前提で，対応策を追求する．想定外を想定するのである．囲繞堤と合体して災害時の避難機能を持った都市・集会施設を建設．囲繞堤高以上に避難・救援機能を持つ道路・鉄道を建設．このゼロメートル地帯を2分割，3分割する分画堤を，道路・鉄道機能をも併せ持った多目的施設として設置すれば，災害リスクは確実に1/2，1/3に圧縮できる．土木の各分野が一体となれば実現は可能になる．何れ発生する東海・東南海・南海地震，気候変動による気象の凶暴化に備えて，国家の生き残りをかけて，土木全体で取り組むべき課題である．

国家の存亡に直結するおそれがあって，土木全体が取り組むべき課題は，その他の分野でも，まだ数多く山積している．

東日本大震災

阪田 憲次
SAKATA Kenji
第 98 代会長

2011 年 3 月 11 日

　会長の任期も残り少なくなり，主要な行事や仕事もほぼ終わり，私の最大の関心は，100 周年事業の準備体制の構築と土木学会の公益法人化であった．土木学会の諸事業は，本来，公益的なものであり，公益認定を受けることは当然のことであると思われ，すでに，事務局内に設けられたタスクフォースでの作業および理事会での議論を経て，2010 年 3 月に公益社団法人として移行申請を済ませていた．ところが，土木学会は政府系公益法人であるとの謂われなき理由によって，認可が遅れていた．他学会の認定決定のニュースを耳にし，3 月中に認可が決まらなければ，総会の開催にも影響することを思い，気のもめる毎日であった．

　3 月 11 日，私は，東京大学生産技術研究所において，ニュージーランドクライストチャーチ地震へ土木学会が派遣した調査団の帰国報告会に出席していた．突然，参加者の携帯電話に緊急地震速報を知らせる音が鳴り響き，しばらくすると，会場全体が揺れ始めた．集まっていた地震関係者は，さっそく東北地方で大きな地震が起こったということを察知していた．報告会の中止を決め，会場の外に出ると，構内の中庭に，教職員や学生がヘルメットをかぶり，整然と集まっていた．ようやく，ことの重大さを認識したが，交通機関はストップし，うろうろしている間に，帰宅難民となった．

　翌朝，土木学会において，古木専務および事務局幹部職員と会い，「東北地方太平洋沖地震特別委員会（後に，東日本大震災特別委員会と改称）」を立ち上げた．この特別委員会の下で，どのような調査が行われ，それをどのように把握し，整理するかを考え，会員の情報共有を支援する専用サイトをホームページ上に設けそのことを会員に周知した．14 日に特別委員会の準備会を開催し，活動方針の骨子を話し合った．私は，この未曾有の大災害に際し，学会として声明を発出すること，ならびに被害の全体的な状況を把握するための調査を行うことが急務であると思った．声明については，委員の意見を参考にして，私がその原案をつくることになった．それを，地盤工学会および日本都市計画学会の両会長との連名で 3 月 23 日に発表した．「われわれが想定外という言葉を使うとき，専門家としての言い訳や弁解であってはならない」という文言に，記者発表の席でも質問が集中し，その後，ネット上でも大きな議論を呼んだ．

　土木学会は，3 月 27 日より 4 月 6 日の間，第一次総合調査団を，被災地に派遣した．調査団の派遣に先立ち，団長である私は，副会長佐藤直良国土交通省技監（当時）と次々期会長小野武彦清水建設副社長（当時）に会い，調査は，土木学会の特徴である官民学が協力して行いたい旨申し入れ，協働することを確認した．その結果，きわめて広域かつ多岐にわたる被害状況と，その内容および特徴を，短期間に，俯瞰的に把握することができた．

　調査の結果は，4 月 8 日に土木会館で開催された調査団速報会において報告された．速報会は，土木会館講堂をメイン会場とし，すべての会議室を用いて行われた．その収容人員は約 500 名であったが，その様子をユーストリームで配信し，当日だけで，26,080 人が視聴した．また，調査の結果は，他学協会とも協力し，直ちに提言として発信し，道路整備や津波対策などの政策に活かされた．

　やがて，私は会長を退任した．しかし，その後も，土木学会およびその会員の調査，研究および提言が行われ，それらは，東日本大震災情報共有サイトに集められるとともに，東日本大震災アーカイブサイトに整理保存されている．

　そんな多忙な日々を送っていた 3 月 25 日，内閣府公益認定等委員会事務局より，土木学会の移行申請が承認されたとの通知があった．そして，30 日に認定証の交付があり，4 月 1 日に移行登記を行い，公益社団法人土木学会がスタートした．

想定外に備える

　災害から人々を安全にまもることを使命と考える土木技術者として，われわれが学んだことは多い．今までに多くの災害を経験し，それらをもとに培ってきた技術的営為の妥当性とシステムの有効性が検証された．それと同時に，新たな課題も突きつけられた．それらを総括し，私自身が得た教訓を一言で表せば，想定外に備えるということである．なぜならば，災害は次に起こる災害によって凌駕されるからである．われわれが想定できない，予想し得ない災害が，いつか，必ず，起こるという教訓である．東日本大震災は，1995年の阪神・淡路大震災を凌駕するものである．地震の強さや津波の高さが大きいというだけでなく，災害の広域化，壊滅的地域の存在，原発事故等，災害の様相が従前とは異なったものになった．

減災

　想定外に備えることは，換言すれば，設計におけるフェイルセーフ化や原発事故における過酷事故対策あるいは残余のリスクの最小化と呼ばれるものと同一である．東日本大震災後にわれわれの目に触れるようになった減災という言葉は，想定外の災害に備えることを意味し，被災したとしても人命が失われないことを最重視し，さらに経済的被害ができるだけ少なくなるようにすることを意味する．阪神淡路大震災の経験を踏まえて変更された構造物の耐震設計および耐震補強等の対策は，巨大な外力が作用した際には損傷が生じるが，その損傷を早期に復旧が可能な範囲にとどめ，人命が損なわれないようにするという考え方，すなわち設計のフェイルセーフ化の実践を意味するものである．

　ただ，減災という概念を具体的な土木技術として，あるいは社会システムとして確立することは，簡単なことではない．様々な提言においては，ソフト・ハードの施策を総動員することであるときわめて簡単に書かれているが，その実現には，かなり大変な作業を伴う研究および技術開発が必要とされる．わが国は，世界有数の災害多発国で，地震，津波，火山噴火，豪雨による洪水，豪雪，原発事故等への備えとしての減災である．ソフト対策を有効にするためには，学校および地域における専門家の指導による適切な防災教育や避難訓練が重要である．避難ビルおよび避難場所の設置とそこへの避難路の確保等，ソフト対策を担保するハード整備も忘れてはならない．とりわけ，大都市を除く沿岸自治体においては，過疎や高齢化を前提としたソフト対策が望まれる．

南海トラフ巨大地震への備え

　2012年3月，内閣府中央防災会議の「南海トラフの巨大地震モデル検討会」は，襲来が予想されている南海トラフ沿いの巨大地震とそれに伴う津波の新たな想定をまとめた．新しい想定モデルは，東北地方太平洋沖地震とそれに伴う巨大津波からの教訓を活かし，科学的知見に基づく，あらゆる可能性を考慮した最大クラスの巨大な地震・津波を想定したもので，地震の規模を示すマグニチュードは9.1，震度7が懸念される地域は10県153市区町村，20m以上の津波が押し寄せる可能性のある地域は23市町村を数える．まさに，東日本大震災を凌駕する大災害を予測している．

　2012年8月には，南海トラフ巨大地震および津波による人的被害の想定が発表された．風の強い冬の深夜における津波により23万人，建物倒壊により8万2千人，および火災等により1万1千人，合計32万3千人の死者を想定している．さらに，2013年3月には，経済被害についての想定が発表された．すなわち，民間の建物およびライフライン等の被災により169兆5千億円，生産やサービス低下による被害が44兆7千億円，交通寸断による影響として6兆1千億円，合計220兆3千億円である．

　南海トラフ巨大地震および津波による被害想定は，科学的にあらゆる可能性を考慮した上で，様々な仮定に基づく複数の試算から，最悪の結果をつなぎ合わせて出されたものである．対象地域が，東京，名古屋および大阪のような大都市を含む太平洋ベルト地帯であり，想定のような被害が出れば，わが国は致命的なダメージを受けることになる．

2009年4月にイタリア中部の都市ラクイラで起こった地震の予知をめぐる裁判において，政府が出した安全宣言が被害を拡げたという理由により，地震学者や行政当局者7名に対し，過失致死傷罪で禁固6年の有罪判決が出された．この判決の是非について，ここでは論じることはできないが，提起された問題は，地震予知の当否ではなく，災害情報提供のあり方である．

　南海トラフ巨大地震の想定は，東日本大震災の教訓を踏まえ，想定外をなくすという観点から取りまとめられた．千年に一度以下の頻度であるが，明日起きるかもしれない．だから，危機感を持って，正しく怖れてほしいと，担当相はいう．正しく怖れるとは，何をどうすることなのか．東日本大震災を教訓にしてというが，なぜ原発事故による影響の想定がないのか．福島原発の轍を踏むことになりはしないか．最近，岡山県や広島県では，南海トラフ地震の想定を県独自で上乗せしている．「羮に懲りて膾を吹く」ことになりはしないか．

　18号台風による豪雨によって，私の故郷である京都洛西嵐山の渡月橋が冠水した．その時，全国初の特別警報が発表され，最大で約87万人に避難勧告や避難指示が出された．しかし，実際に避難した人は1%程度であったという．それは何を意味するのであろうか．巨大地震，津波，台風，洪水等，予想される大災害に対し，防災および減災対策を考える場合に，この1%の意味を熟考すべきである．

　その一方で，東日本大震災の記憶が，時間の経過とともに風化しつつあることを恐れる．南海トラフ沿いの巨大地震・津波に備えるためにも，東日本大震災において，何が起こったのか，何が明らかになったのか，何が足りなかったのかということについて，国の対応から被災者一人びとりの体験にまで想像の範囲を拡げ，その内容を徹底的に整理，分析しなければならない．そのことなしに，次の巨大災害に対する適切な備えはあり得ない．

土木学会100周年

　2014年，土木学会は創立100周年を迎える．この100年，土木学会とその会員は，わが国の近代化の過程で，それを支える社会基盤整備によって，国と社会に貢献してきた．とくに，第二次世界大戦後の荒廃した国土の復興に，使命感に燃え，誇りを持って，力を尽くしてきた．その結果，国民の生命と生活をまもり，わが国の活発な経済活動を支える基盤を構築することができた．

　この100年間における土木学会とその会員の営為を振り返り，次の100年への展望を拓くため，土木の原点に立ち返り，「土木とは何か？」と問いなおすことが求められているとき，東北地方太平洋沖地震がわが国を襲った．発災直後に三陸の海辺の街で見た津波による狼藉，それとは不似合いな静寂，その中で，われわれは，「土木とは何か」「人々の命を守ることとは」と自問させられた．

　100周年を機に，公益社団法人という体制の下において，土木の公益性を意識しつつ，立ち返るべき土木の原点は，初代会長古市公威の精神および奨励，さらに，青山士によって成文化された「土木技術者の信条および実践要綱」にある．これらは，今もなお，我々の土木技術者，研究者としてのあるべき姿を，的確に表現しているからである．使命の確認，品位の向上，権威の保持を，それぞれが体し，この100年における土木の歩み，われわれ会員の実践，そして社会の要請の変遷を，静かに振り返りたい．それらの思考が，やがて，次の100年における新たな土木工学と土木技術者および研究者のあるべき姿への展望を開くものとなるに違いない．

土木界をリードできるパワフルな学会組織の構築を

山本 卓朗
YAMAMOTO Takuro
第99代会長

1. 土木の歴史を見つめ原点回帰をめざす

1964年開催の東京オリンピックの年に国鉄に奉職し，主に首都圏通勤対策について調査・計画・建設する仕事にまい進してきた．そして1987年に国鉄が解体されJRに生まれ変わるまで，病める巨大組織の中で，労使関係を含め多様な経験をしてきた．2011年度の土木学会会長を仰せつかった時，その経験から得ることのできた組織マネジメント力を活かして，土木改革そして土木学会改革に取り組もうと決心し，次期会長になってすぐに活動を開始した．手始めに元会長の大先輩や各専門分野の方々に協力を依頼して，土木改革タスクフォースを独自に設け，課題へのコメントをレポートしていただき，自分のなすべき課題を見出す努力を重ねた．失われた10年が長引き20年になるという混迷の時代において，土木界もまた逆風の中で苦悶していたが，それから脱却するための具体策とその実行をリードする司令塔の構築への期待が多いことが明確になった．具体的な活動の出発点は，やはり土木とは何か？もう一度振り返るのが望ましい．例えば土木の語源について多くの研究がなされているが，その起源は古く中国の春秋時代からローマ時代まで遡ることが出来，土木がミリタリーエンジニアリング（軍事工学）に対するシビルエンジニアリング（非軍事工学：民事工学）という姿が浮かび上がる．そして土木学会の創設は他学会にかなり遅れて1914年（大正3年）であるが，初代古市公威会長は工学会からの分離独立を是とせず，工学の原点としての総合性を土木が維持すべきことを強く求めた．このような歴史を踏まえ，目指す方向（ベクトル）を「土木の原点・市民工学への回帰」として今後の活動に理解を求めることにした．

2. "活力ある土木学会"に向けた具体策を推進する

(1) 会長活動期間を3年に改善

会長任期は創設以来1年であり，このルールは短すぎるという意見をしばしば聞かされた．これに対して第66代仁杉会長時に，次期会長制度を設け，準備期間を含め2年を担保したが，次期会長の具体的な役割が明確ではなく，この制度の有効活用が図られて来たとは言い難かったようである．このため，東日本大震災特別委員会や100周年事業などで，次期会長が積極的な役割を果たすことを心掛けるとともに，前会長となる3年目の活動を担保するために，従来からの理事会出席に加え，学会顧問就任と新設の有識者会議の議長を務めることなど新たに追加した．これにより前会長，会長，次期会長のトライアングルで，得意技を駆使して，学会経営の厚みを増す工夫が出来たと考えている．

(2) 理事会審議の活性化

実務上の決議機関である理事会は審議事項などが多岐にわたっており，事務処理で多くの時間を取られるのが難点であった．このため報告事項の簡素化などで時間を生み出し，テーマディスカッションの時間を設定し，重要な課題を前広に議論する体制とした．役員フリーディスカッションはその後有効に機能していると考えている．

(3) 土木学会有識者会議の設置

2011年春に新しい法律による公益社団法人に認定された．従来よりも公益性が強く打ち出され，学会員でクローズする活動から一般に開かれた活動を模索しなければならない．その一環としていわば社外取締役会的な「土木学会有識者会議」を設置し，その議長は前述の顧問・前会長が務めることにした．2013年5月まで年2回（計4回）実施した．テーマを決め各委員からレポートを求めてフリーな議論をお願いし，その概要は土木学会誌に掲載

した．このような取り組みは他の学会に先駆けて実施しており今後の定着が望まれる．

(4) 土木ボランタリー寄付（dVd）制度の運用開始

　一般的に学協会の会員は減少傾向にあり，今後の財政運営上の大きな障害になっている．一方で国際化への対応など学会として積極的に取り組むべきテーマも増加しているので，活動資金の安定的な確保をどう図るかが最も重要な課題となっている．幅広くボランタリー寄付を募る制度は，例えばアメリカ土木学会（ASCE）ではしっかりとした組織と規模で行われているが，我が国では，定常的に組織的に寄付をマネージするケースは稀である．今後はアメリカ土木学会で行われているような，目的を明確にした（例えば特定の国際会議で3万ドル集めるとか）募金を計画するなど，より充実した運用を検討しなければならないと考える．

(5) 国際センターの設置

　長年にわたり土木界国際化の必要性は強く認識されており，土木学会誌でもしばしば特集が組まれてきた．しかし我が国では国内での建設業務が膨大であったこと，言葉の問題などのバリアーが高いことなど海外業務の比重が諸外国に比べ著しく低いままで推移してきた．近年，隣国の韓国などの海外進出はめざましく，わが土木界は抜本的に体制を強化する必要に迫られている．このためオールジャパン体制を合言葉に，その強化が進められているが，分野を越えた協働体制に至っていないのが実態である．産学官のソサイエティである土木学会には，"司令塔"としての役割が期待されているが，国際委員会ベースのボランティア的な活動にとどまってきたため組織的に脆弱であった．このため，国際化戦略会議（森地　茂議長）を立ち上げ，短期間に議論を進め，2012年春に学会の実行組織としての国際センターを立ち上げ，委員会制度を脱皮して，情報，交流，留学生等のグループ別にリーダーを設け活動を開始した．国際センター通信の発行やアジア諸国との交流強化など，とくに情報の共有が飛躍的に進みつつある．土木界国際化の司令塔をめざす，という目標を明確にしてさらに体制強化を図ってほしい．

(6) FACEBOOK の運用開始

　若者を中心にソーシャルネットワークサービス（SNS）の普及が進んでおり，企業でも機動性のあるFacebookなどをホームページと併用するところが増えてきた．土木学会でも広報活動の強化が喫緊の課題であり，Facebookの試行をを担当者レベルで進めていたが，公式に活用を決定し運用を開始した．本格的な活用のためには専任のスタッフの配置も検討する必要がある．2013年秋現在「いいね！」をクリックした人数は，6,000人であるが，ASCEは2万人を超えているなど先進諸国学会の動向も大いに参考にして充実を図る必要がある．

3．100周年事業を運動として拡大する戦略を考える

　2014年の創立100年に向けた準備委員会が2年間にわたって議論を積み上げてきたが，2011年春の段階では，理念や方向性が経営トップまで浸透していないと考えられたので，実行委員会に移行する前に，100周年戦略会議（議長　次期会長）を立ち上げ，戦略の骨格を理事会直結で議論することにした．私は，100周年は80年90年の時のようなイベント型ではなく，本部と支部の連携を中心にして，学会全体が参加（意識としても）する運動型にしたいと考え，式典や経費についての検討は後回しにして議論した．この間東日本大震災が発生し，社会安全が大きくクローズアップしたため，部門のトップに据えることにした．2012年に実行委員会（藤野陽三委員長）がスタートし，多くの幹事スタッフとともに，残る2年間の活動を精力的に行っている．

4．東日本大震災の教訓として"社会安全"に取り組む

　東日本大震災で2万人に及ぶ犠牲者と原子力発電所事故を併発したことは，「安全安心な国つくり」を標榜して災害対策に取り組んできた技術者に対し，抜本的な再検討を迫ることになった．想定外という言葉を多くの政治家や識者が使ったことについてさまざまな論争が起こった．震災直後に東日本大震災特別委員会を発足し，現地調査

から対策まで精力的な活動を行ったが，私は特別活動として「社会安全研究会」を設け，社会の安全を分野の垣根を越えて総体として捉える考え方を模索することにした．工学的には発生確率や経済性を考えて適正な外力を想定して構造物を設計する，そのことは今後も変わることはないが，その外力を越えたときに，想定外であったと言って済ますことは出来ない．この当たり前にしてめったにぶつかることのない課題に，最も深刻な形で直面したのが今回の震災であった．私たち技術者は，企業においては事業者の立場もあり，自宅に帰れば市民の立場でもある．市民の立場で考えれば，想定外であっても命を守る行動が必要なわけであり，このあたりに技術者が基本的に備えるべき心構え（技術者倫理）があるのではないか．このような議論を重ね，2013年春にレポートにまとめ公表した．そしてその考えを，土木学会倫理規定に盛り込むことを求めて関係者と意見を交わしてきた．

社会安全におけるもう一つのテーマが，市民の立場で行動する具体策としてのBCP（DCP），すなわち地域社会を崩壊させることなく持続させるための計画手法であり，学会内の別の委員会の中で継続して取り組んでいる．

5. 実行力あるパワフルな土木学会へ－提言－

土木学会は，産学官の技術者が集まって交流し，土木技術の発展を期するためのソサイエティである．しかしその仕組みは，委員会を中心とする調査研究活動であり，おおむね成果の公表や提言までに留まり，その実行は行政や企業の実行組織にゆだねられるのが一般的である．事務局も委員会活動をサポートする役割が中心であり，施策の実行を担う形になっていない．しかし，土木界の改革や海外戦略など分野横断的に進めるべき課題については，その実行をリードする司令塔が必要であり，学会にその役割を期待する向きがさらに大きくなるのではないかと予想している．この原稿を執筆中の2013年9月に，2020年東京オリンピック開催が決定した．今後7年間で必要な交通インフラなどの具体化が進むと思われるが，国際的な約束となっている汚染水対策など福島原発の処理についても土木学会のリーダーシップが問われることになる．

最後に，国際化の問題は，今後ますます比重を増すことになるであろう．その時を想定すると土木学会の体制は国際センターを設けた位では全く不十分であり，学会活動の50%程度を海外に振り向けるくらいの抜本策が必要である．そのためには既存の委員会組織（経年でかなり肥大化している）の簡素化を国際化にシフトすることで実現する．予算も固定化している配分を国際テーマ優先に再配分するなど大方針が決まれば実行不可能ではないと考える．学会長の任期1年ということは，海外との緊密な交流という課題に取ってはマイナス要素である（アメリカ学会も任期1年であるが，組織全体が国際化しているので比較は出来ない）．このため，任期を長期とする海外担当学会長（intetnational president）を設け，より強力にした国際センターを事務局として活動する．そして産学官から選出される現システムの会長は，学会全体の長期的な運営を視野に活動するという新しい体制も検討すべきであると考える．

創立100年という節目に，これからの学会活動のありかたが大きく変わる，変わらねばならないと考えて，さらなる活発な議論が進むことを期待する．

土木界のガラパゴス化を防ぐために

小野 武彦
ONO Takehiko
第100代会長

1. はじめに

東日本大震災と，それに続く諸災害の発生は，私達に災害多発国である日本に住んでいることの厳しさを知らしめました．そして，学会が総力を挙げてこれらに対応していた時期に会長を仰せつかり，強い緊張感を抱きつつ，総合的な技術力の結集に努めました．

就任にあたり私が目指した事は，産・官・学の皆さんで構成されている学会の活性化でありました．そのためには，会員の皆さんのコミュニケーション力を高め，それぞれの専門技術を連携・共有して，総合力をいかに高めるかでした．その中で最も注力したのは，全国の支部活動の活性化でした．私は常日頃，土木技術者の活動の原点は現場にあると言い続けて参りました．このことを学会で例えるならば，原点は支部にありとも言えます．全国を俯瞰した方針は本部が示し，各支部が，それを受け，地域特性を踏まえ，地域社会の方々及び諸機関と一体となって活動することが欠かせないと思い，諸活動を推進して参りましたが，その成果も見えつつあります．これ等の活動を継続させる事を期待します．

昨今の産業界では，いわゆる「ガラパゴス化」という言葉が，国際標準から外れ，競争力をなくしたという意味で用いられておりますが，皆さんと共に活動した中で，土木界も内輪だけの議論や行動をしていては社会から取り残されるのではないかと感じることもありました．そこで，土木界がガラパゴス化しないためにどうすればよいか，特に後世の皆さんにお伝えしたい私の想いを，ここに記述いたします．

2. 東日本大震災から学ぶこと

東日本大震災は，我々土木技術者に科学技術の限界を突きつけ，同時に「想定外」といった技術者として本来言い訳として使ってはならない言葉さえも議論の俎上にあげた衝撃的な出来事でした．震災発生を受け，その直後から現在に至るまで，土木学会では，復旧，復興に関する多くの調査・研究・提言活動を行ってきましたが，厳しい状況の中にあっても会員の皆さんが示した強い使命感を持っての対応には大変感謝しています．しかし，震災の発生から2年半が経ち，インフラの復旧の目途は立ってきたとは云え，依然多くの帰宅困難者や未だ解決の目途さえ立っていない福島第一原子力発電所の放射能汚染問題等課題が山積しており，復興はまだまだこれからです．こうした中で，私達，土木技術者は何をしていけばよいのか，どのようにして社会に貢献していけばよいのか，東日本大震災は私達に多くの考える機会を与えました．

はじめに，科学技術の限界であるとか，想定外の議論が，これ程叫ばれている大きなきっかけとなったのは言うまでもなく，これまで歴史的にも経験したことのない大津波による福島第一原子力発電所の事故です．原発の安全神話の崩壊と発生以来の汚染水，汚染土の処理，原子力副産物の処理，廃炉へと未知との闘いが今も続いています．この件に関して，一土木技術者である私が言えることは限られていますが，今回の対応にあたって強く感じることは，

　（1）人，技術，組織の垣根，隙間を無くし，総合力を発揮する
　（2）情報をリアルタイムに正しく公開する

ことです．同時に，私達土木技術者は断片的な事象に惑わされる事なく，対処する事が肝要で，その全体像を把握する努力を重ね，社会的使命を第一とした真摯な対応が求められているのです．この事は，社会インフラ整備全般にあたっても強く留意しなければなりません．同時にこれは，社会の一員としても要求されていることと思います．

また，科学技術の限界と申し上げましたが，例えば地震の予知については長年研究されてきており，過去の事例

と昨今の探査技術によって確率としての予知は可能であると思われますが,その確度を今の技術で更に高める事には限界があると思います．それぞれの研究成果を一研究者として発信することを否定するものではありませんが,その根拠を解り易く説明するとともに,その発言による社会的影響力の大きさを認識しなければなりません．土木学会をはじめ関連学会も,社会的な影響が大きい研究成果が発表された場合には,賛否を含め,適切な判断に基づく正しい解説を社会に発信していく責任があると考えます．

次に,「想定外」の議論は,社会の多様化するニーズが生み出した技術の専門分化の中で発生した非常に残念な出来事であり,私が常日頃訴えてきた「人,技術,組織の総合化」の必要性と相通じるものがあると考えます．技術の専門分化,高度化が進むにつれ"垣根","隙間"が生じ,そのことが「想定外」を生んだともいえます．しかし,そのことにより高い専門性を有する人材が育ったことも考えると,この相反する事象を解決することは未来永劫の課題でもあり,その事を常日頃認識して連携・共有させていくことがこれからますます重要になってくると思われます．その様な「想定外」の議論の中で,工学連携へ向けての気運が高まっている事は好ましいことです．今更言うまでもなく,我が国発展の歴史をふり返ると過去に工学連携があったからこそ今日があるのも事実です．多くの工学が,又それを総合化させた結果が,今日の日本を形づくっているのは間違いありません．

こうした歴史的事実を踏まえて,これからの社会インフラ整備における昨今の工学連携の気運の高まりの中心に"土木"がある事を自覚し,それぞれの工学の独自性を活かしながらその工学の領域をラップさせる活動を土木技術者が主体となって推進していくことが大切であると思います．

土木技術者の役割として,以下のことも考えさせられました．

本格復興にあたり,土木学会としても当初の総論的な提言から,より詳細なまちづくりの提言をおこなっていくことになります．その際には,実際に現地に赴き,現地の状況を十分理解し,行政の方々や住民の方々とより一体となった活動を行うことで,少子高齢化や過疎化といった避けることのできない現実を正しく捉え,地域の維持,発展を俯瞰した視点に立った提案をしなければならないと思います．地域の方々からは"云い出せない","云い出しにくい"事の背中を押すことも土木技術者として重要な責務であると思います．

また,私達が災害多発国日本に住んでいる事への認識はかねてから指摘されていたことですが,東日本大震災以降,近年発生している様々な自然災害は今まで経験しなかった規模の現象が多く,地震をはじめとする予知の確実性も含め,いつどこに発生するか予測することが不可能なことがあまりにも多いことにあらためて思い知らされました．それにより,災害への対応にあたっての基本姿勢が防災から減災へと大きく変換し,同時に「自助」,「共助」,「公助」へとの共通認識が一般的になった意義は大きく,それを踏まえたインフラ整備のあり方を再定義するきっかけとなったことは,社会認識の大きな転換点といえます．土木学会としてもこれらを踏まえ,災害対応策の検討や提言を行うことで貢献していかねばなりません．

最後に,災害対応にあたって土木の広報の在り方について思うことを述べさせて頂きます．今回に限らず,被災者救済にあたり土木技術者は,"道路啓開","港湾啓開",物資の支援等多くのことを行ってきました．しかし,土木技術者のこうした活動と比較して,自衛隊,消防,警察の方々の活動がリアルタイムに幅広く各種メディアによって紹介されたことから,一部の方々からは土木の広報のあり方について様々な意見も出されています．しかし,自衛隊をはじめとする多くの方の献身的な活動は,日頃訓練された方々だからこそ成し得たことです．そうした方々でさえ,一部に心のケアが大きな課題となっていると聞きます．土木技術者の役割を広く知って頂くことの意義は充分承知しますが,多方面にわたる方々の役割があって社会が成り立っていることを冷静に考えていきたいものです．

我が国は多くの災害を経験しながら防災技術を発展させ,対応する法律を整え,組織を改編し,技術者を逞しく育ててきました．こうした教訓を活かし,安全・安心で営み続ける日本のため,国全体で総合力を発揮する事が大切です．その中で私達土木技術者は何ができるか,何に貢献できるかを常に考え,実行していくことが強く期待されているのです．

3. 求められる技術者像

　土木技術に限らず，多くの技術は，多様化する社会のニーズに呼応すると共に技術を高度化させた結果，専門分化，細分化は当然の流れであると，長年に亘り，多くの方々から指摘され続けた事ですが，その認識の一方でその弊害が見られてきたことから，「人・技術・組織の総合化」への取り組みがなされてきています．

　私が社会人となった当時，"己の特技を持て"，"専門性を高めよ"と育てられました．技術者としては，当然のことです．しかし，こうした特技や専門性をどのように活かしていくかが大事になってきます．ここで大切な事は，私達，土木技術者の仕事の成果は，多くの国民が必要とする"社会インフラ"をいかに具現化させるかにあります．そのためには，多面性を持つ社会を知り，状況を理解し，対応策を考える，そしてそれが実際のかたちになるように多くの関係者の利害を調整していかなければなりません．この最後の役割がマネジメント力ではないでしょうか．このマネジメント力を向上させるためには，マニュアルだけでは為し得ません．過去に学ぶと共に，労を惜しむ事なく，貪欲に行動することが重要であると思います．自ら行動を積み重ねる過程で，その人の領域をいかに拡げるかがマネジメント力を蓄積する上での糧となります．

　社会システムが複雑になればなるほど今まで経験し得なかった事態に遭遇することが多々あります．その対応にあたって，大局観が見過ごされた結果，的確な方向性を見出せない，解決への絵姿が描けない，と云ったケースが多く見られることに危機感を持っているのは私だけではないと思います．技術の高度化が複雑な社会システムの実現を可能にしてきたと言えますが，このことが逆に社会システム全体を脆弱にしていると思われる事が散見されます．社会のシステムの運用に当たり，多くのマニュアルが提供され，その効用は認めますが，その限界があることを私達は肝に銘じておくべきです．

　今になって，我が国の産業界では"熟練工に学ぶ"活動が推進されている所以はその一端であると思うのです．このことは，先に述べた，"過去に学ぶ"ことにも通じます．近代国家建設の歴史のなかで今でも語り継がれている，青山士氏，宮本武之輔氏，田辺朔郎氏を始めとする偉人の輩出を願う時代ではないかも知れませんが，その様な先達の足跡を辿り，彼らの業績を知り，土木技術者としての誇りを甦らせ，自らの"熱き想い"を滾らせる事も私達の視野を拡げる良い機会になると思います．

　土木学会では，300近い土木遺産を認定しています．これらの多くは，地域の発展に大きく貢献すると同時に"文化"を創造してきたものです．私達は，先達が遺した土木遺産を通して，当時の人・技術を学ぶ事が出来ます．ここで大切な事は，今の社会に置き換えて，その上で将来を見越して自分ならどうするかということを熟考することだと思います．高度化した技術が必要な現在で，自分たちでできることは何か，次世代に文化といえるものを遺していくにはどうすればよいかいうことを考えてほしいと思います．ただし，"自分"だけでは限界を感じることもあるかと思います．そのような時は，"志"を同じくする各界の皆さんで議論し合い，行動することがマネジメント力を備えた"人"をさらに育て，その人たちによって文化が創られていくものと確信しています．

　こうした土木技術者を一人でも多く育てていくことが，土木学会の大きな使命であると考えてきましたが，私が会長をさせていただいていた中で，学会内での発言，提言を伺い，時として物足りなさを感じることもありました．「調査・提言の究極の目的は，安全・安心で営み続ける社会を目指し，諸課題を具現化することである．」と事あるごとに訴えてきました．学会では委員会や講習会等多くの議論の場（テーブル）を提供しています．このテーブルには，産・官・学の多くの方々が参加しており，それぞれが多様な経験を積まれていますが，それぞれの経験をもっとラップさせ，コミュニケーション力を高め，提言の質を高める努力，そしてアウトプットは何か，誰のためにどのようにすればその提言が具現化されるということまでを考えていただきたいと思うのです．勿論，全ての提言に物足りなさを感じているわけではありませんし，場合によってはその具現化のアウトプットは，それを受けた皆さんが考えなければならないこともあるとは思いますが，研究したことを披歴するだけの提言や，提言するための提言，時として内向きの議論に終始したもの等があることも否めません．

　私が申し上げたいのは，発言・提言の先を常に考え，さらにはその具現化する方策まで提言して頂きたいと思うのです．この事は学会内に限らず，それぞれの組織でも同じです．土木技術者の叡智を結集し，総合力を発揮する

ことが，土木学会ひいては土木技術者が国民の信頼を得る原点ではないでしょうか．

4. さいごに

　ご承知の様に，我が国の喫緊の課題は，東日本大震災からの復興と災害多発国としての対応，とりわけ近い将来，高い確率で発生が予測されている南海トラフ巨大地震や首都直下地震等への備えであります．

　更に戦後，社会に提供してきた数多くの社会インフラの維持・更新が大きくクローズアップされており，廃止をも含めた活動が求められています．

　これ等社会に多大な影響を及ぼす諸課題に対処するのが土木技術者であり，未来永劫国民の皆様に，その役割を期待され続けるのも土木技術者であると自負しています．お互いが行動半径を拡げ，他分野に興味を持ち，当事者意識を持った活動こそがその人を育てると信じています．

　同時に社会システムは大きく変化しています．過去の実績は尊重するとしても，旧来のしくみ，考え方を見直し，新しい技術，考え方を取り入れ発展する事を期待します．土木界のガラパゴス化を防ぐためにも．

社会に貢献する土木学会を目指して
～産学官および市民の連携から新しい公共の創造へ～

橋本 鋼太郎
HASHIMOTO Kotaro
第101代会長

　表題は，会長就任挨拶である（学会誌2013.7）．また，社会や公共とは何かは，佐々木葉学会誌編集委員長の会長就任時のインタビューを受けて考案しました（学会誌2013.8）．

　平成24年6月次期会長に指名され，平成25年6月会長に就任し，平成26年6月からは顧問に任命されました．土木学会100年期の締めである平成25年度事業を中心に，会長の思索と行動の一端を述べてみたいと思います．

100周年事業

　2008年：100周年事業準備委員会，2011年：100周年戦略会議，2012年：100周年事業実行委員会（藤野陽三委員長）で審議を重ね準備してきた．「豊かなくらしの礎をこれまでも，これからも」を掲げ，「社会安全」，「社会貢献」，「市民交流」，「国際貢献」を事業の柱とし，学会全体で取組んでいる．2014年11月に国際フォーラム「社会インフラの豊かな生活への貢献」及び創立100周年記念式典等を予定している．また，将来ビジョン策定特別委員会（磯部雅彦委員長）では「社会と土木の100年ビジョン－あらゆる境界をひらき，持続可能な社会の礎を築く－」の策定及び創立100周年宣言の起草を進めてきた．さらに，支部において「安全な国土への再設計」支部連合の活動，市民普請大賞，未来のT&Iコンテストの募集，土木の日等の市民交流を進めている．

　100周年を契機に，JSCE2015（2015～2019年度の活動計画，5ヵ年の重点課題と目標）及び未来構想小委員会（日比野委員長）の活動に基づく報告書と提案書の策定が行われている．

　なお，全国大会（千葉県習志野市，日本大学生産工学部）において，太田昭宏国土交通大臣の特別講演「これからの公共事業論」，100周年記念討論会「次の100年に向けて土木技術者の果すべき役割」を実施した．

東日本大震災

　「東日本大震災フォローアップ活動」として活動を継続した．震災復興研究，復興創意形成，情報通信技術を活用した耐災施策，放射性汚染廃棄物対策土木技術についての4つの特定テーマ委員会の活動，「安全な国土への再設計」支部連合の特別活動を進めた．この他，原子力安全土木技術特定テーマ委員会（当麻純一委員長）から，「原子力発電所の耐震・耐津波性能のあるべき姿に関する提言（土木工学からの視点）」を公表し，深層防護の考え方，危機耐性の概念を提言した．

　福島原発の汚染水の漏洩事故が重大な問題になったことに鑑み，「福島第一原子力発電所汚染水への対応に関する検討委員会」を設置し，経済産業省，東京電力に技術提案，助言，協力を行った．

　平成26年3月に，「東日本大震災から3年～東北復興，南海トラフ，そして福島～」と題してシンポジウムを開催し，活動の成果を報告した．座談会「歴代会長の苦悩と決断」に阪田，山本，小野元会長とともに参加した．

　深刻な福島原発事故の被災地のうち，双葉郡の浪江町，双葉町，富岡町，楢葉町，広野町を会長として訪問し，町長と意見交換を行い，各町の実情，除染の過程，復興への取組み，要請等を聞いた．

防災・減災

　政府の国土強靱化法制定の動きに対応して，8月に古屋圭司国土強靱化担当大臣をお招きして国土強靱化をテーマとした特別講演会を開催した．さらに，国土強靱化基本法，南海トラフ地震対策特別措置法，首都直下地震対策特別措置法の成立に鑑みて，土木学会の基本的取組みを議論するために，「強くしなやかな社会を実現するための

防災・減災等に関する研究委員会」を設置し，防災・減災マネジメントの徹底の方策を提案することとした．その他，全国各地で豪雨災害が発生したため災害調査団をそれぞれ派遣した．特に伊豆大島豪雨災害については，翌々日に会長含む事前調査団を派遣するとともに，地盤工学会等と合同で現地調査を実施し，後日報告会を開催した．その後，災害調査結果住民説明会を開催するなど大島町と防災について緊密な協力が図られている．

さらに，11月のフィリピンの台風Haiyanによる災害に対しては，フィリピン土木学会と合同で現地調査を実施するとともに速報会を開催した．

社会インフラ維持管理・更新

平成24年12月に発生した中央道笹子トンネル天井板落下事故を受けて，「社会インフラ維持管理・更新検討タスクフォース」を設置し，平成25年7月に国土交通省の社会資本整備審議会・交通政策審議会の答申と連携しつつ，「社会インフラ維持管理・更新の重点課題に対する土木学会の取組み戦略」を公表した．この中で維持管理・更新に関する知の体系化，人材確保・育成，制度の構築・組織の支援，入札・契約制度の改善，国民の理解・協力を求める活動，を5つの重点課題とした．続いて「社会インフラ維持管理・更新の重点課題検討特別委員会」を設置し，重点課題について検討するとともに，特に「社会インフラメンテナンス工学」テキストブックの編纂，社会インフラ通信簿の作成等を推進することとした．

国際交流・国際貢献

アジア土木学協会連合協議会（ACECC）については，インドネシア・ジャカルタで開催された第6回アジア土木技術国際会議（CECAR）に参加し，防災に関するAsian Board Meetingの開催等を行った．また，ACECC Jakarta Protocol（ジャカルタ議定書）－Civil Engineering for a Sustainable Future－に署名した．

全国大会では「持続可能な社会を実現する社会インフラの適切な維持管理・更新」をテーマとする国際シンポジウムを実施した．

また，国際センター主催の国際シンポジウム「日本の建設企業の海外進出を考える」をシリーズで3回，「世界で活躍する日本の土木技術者シリーズ」第1回シンポジウム「ボスポラス海峡横断鉄道工事」，第2回シンポジウム「フーバーダムバイパス・コロラドリバー橋」を開催している．

この他，在日オランダ大使館の主催による没後100年を記念した「ヨハニス・デ・レイケ記念シンポジウム」が開催された．

海外の協定学協会との交流は，米，英，オランダ，韓国，台湾，インドネシア，ミャンマー，ネパール，ベトナム等の土木学会に対して進められた．特に，米国土木学会（ASCE）のGreg会長，大韓土木学会（KSCE）のSin会長とは度々の交流機会を持つことができた．また，英国土木学会（ICE）の伝統的な土木会館，特に図書館の充実はすばらしく，説明してくれたBarry Clarke会長は印象に残る．ICE（1818年設立），ASCE（1852年設立）は土木の歴史と実績を備えており，学ぶべき点が多い．今後とも，国際センターを中心に，海外分会等を活用して，二国間の交流を活性化していく必要がある．

土木工事の安全確保

岡山県倉敷市の水島石油コンビナートのシールドトンネル掘削工事の事故，新潟県国道253号八箇峠トンネルの爆発事故など重大な事故が発生している．事業の計画・調査・設計・施工計画作成の各段階で，事前に安全確保・向上を図る分野・組織横断的取組みに不備がある．安全問題研究委員会に「土木工事の技術的安全性確保・向上検討小委員会（白木渡委員長）」を設置して，積算・契約・施工計画に関しての抜本的改善点を提案することを検討している．

土木広報

　7月に「土木広報アクションプラン－「伝える」から「伝わる」へ－」を発表し，この中で33の具体的なアクションプランとそのうちの10の優先プランを定めるとともに，土木広報インフラ構築に関する提案を示した．これを受けて土木広報インフラ構築を検討するため，土木広報戦略委員会を設置した．

　特に，その中に，社会コミュニケーション委員会，教育企画・人材育成委員会，建設マネジメント委員会から構成される合同小委員会を設け，「土木の魅力を次世代の担い手にいかに伝えるか」を検討し，「担い手の健全な発展」，「インフラ整備・維持管理の充実」，「評価の充実」，「処遇・労働環境の改善」の好循環につなげていくことを検討している．

　社会コミュニケーション委員会（野崎秀則委員長）のもと，学会誌の「会長からのメッセージ」欄と連携して，「東日本大震災からの復興」，「土木の魅力を次世代の担い手にいかに伝えるか」等をテーマとして会長と報道機関との懇談会を6回開催した．多数の報道機関記者の参加と報道の成果を得たが，更に土木学会全体で取組み，発信力を高める必要がある．

　平成26年6月，報道ライブ21・IN side OUT（BS11）において，「なぜ進まない老朽化インフラ対策」が放送された．司会は露木茂アナウンサー，ゲストは三木千壽東京都市大学副学長と土木学会会長である．学会広報担当者の努力により実現した企画で，社会の目が社会インフラの維持管理・更新に注がれている時であり，意義のある報道と思われる．

　出版関係では，「継続は力なり」（編集・土木学会），「土木をゆく」（イカロス出版），「活動する技術者たち」（土木学会・行動する技術者たち小委員会），「Civil Engineerへの扉」（土木技術者女性の会），「土木コレクション HANDS＋EYES」（土木の日実行委員会　土木コレクション小委員会）等が土木の広報に役立っていると思う．

　100周年の市民交流事業として，支部において土木の日，土木コレクション，土木ツアー，土木ふれあいフェスタ，どぼくカフェ等を進めている．支部活動を全域的に展開するためには，支部事務局所在地以外の地に必要に応じて分会，ブランチ，シビルネットフォーラム等の体制を作ることが必要である．そのために，支部の人員，財政の強化を図ることが求められる．

倫理規定の改定

　1938年（昭和13年）1月，土木学会は「土木技術者の信条および実践要綱」を制定した．この信条および要綱の考えは，1933年（昭和8年）2月に提案され，土木学会相互規約調査委員会（委員長：青山士元土木学会会長）によって成文化された．1999年5月に「土木技術者の倫理規定」（前文，基本認識，倫理規定よりなる）に改定された．そして倫理規定の存在を社会にアピールするとともに会員に対して土木技術者のあり方をより具体的に訴えた「社会基盤と土木技術に関する2000年仙台宣言－土木技術者の決意－」を公表した．今回，これらの倫理規定を引き継ぎ，かつ，東日本大震災の教訓を活かして，社会安全と減災の考え方を強調して倫理規定検討特別委員会（阪田憲次委員長）のもと，2014年5月に倫理規定（倫理綱領及び行動規範よりなる）を改定した．

土木学会の役割

（1）土木技術者または会員については，自ら率先して技術向上のために自己研鑽に励むこと，及び倫理観を堅持し社会貢献活動を実践すること（倫理規定の遵守）が必要である．学会はこれを支援し環境を整え，技術者の養成に努めなければならない（土木学会認定資格の充実，講習会等の充実，倫理規定の徹底）．

（2）学会内の各委員会の分野横断的連携，関係学協会との連携強化，海外の協定学協会との連携・交流を深めていくことが必要である．調査研究部門の研究企画委員会の役割は重要である．また工学連携（日本学術会議への参加，六学会会長連携活動等）及び日本建築学会と土木学会の間の全国大会における相互の会長出席（平成24年度から実施）は継続・発展させるべきである．

(3) 社会インフラについて，建設，維持管理・更新，に関するマネジメント（公共調達制度，アセットマネジメント，災害マネジメント等）が重要である．建設マネジメント委員会（小澤一雅委員長）のもと次のような成果が公表されている．
- 公共事業改革プロジェクト小委員会報告書（2011年8月）
- 公共調達制度を考えるシリーズ①～③（2008年5月～12月）
- アセットマネジメント導入への挑戦（2005年10月）
- 東日本大震災の災害対応マネジメント（2012年11月）

これらの成果を反映して，今般公共調達制度に関して，「公共工事の品質確保の促進に関する法律」が抜本的に改正された．
- 現在および将来の公共工事の品質確保
- 公共工事の品質の担い手の中長期的な育成・確保とそのための適正な利潤の確保
- 下請契約を含む請負契約の適正化と賃金，安全衛生などの労働環境の改善
- 低入札価格調査基準や最低制限価格の導入
- 技術提案価格交渉方式や技術提案段階的選抜方式の導入
- 複数年度にわたる契約，複数の異なる工事の一括契約，複数企業による共同受注（地域の維持管理のための方式）
- 調査および設計に関して技術者の能力，資格が適正に評価され活用されるような措置，等が示されている．

これらにより，土木工事の品質確保，技術者の重視等の環境改善が期待される．

(4) 土木に係わる国家的課題への取組みが必要である
- 地球温暖化に伴う気候変動
- 国土形成計画のあり方（人口減少シナリオから人口規模確保の方策）
- 広域的・地域的地方圏の社会空間形成の考え方（従来の公共事業中心の支援だけでない総合的な地方再生計画）
- ICT利用の技術開発の展開（情報化施工，建設ロボット，老朽化対応のセンサー，モニタリング技術，防災・減災対応技術等）

むすびに

東日本大震災から既に3年余の年月が経過しましたが，いまだ被災地の復興・再生は困難な課題に直面しています．特に福島原発事故の被災地は，廃炉に30～40年を要するといわれるように，長期にわたる特別の支援が必要です．土木学会は，東日本大震災の真剣な反省，厳粛な教訓を忘れることなく，学術上の研究や支援を継続することに重大な責任があると思います．改めて東日本大震災の教訓を私見としてまとめてみました．現時点で対応策が講じられているものもありますが，引続きさらなる検証を進め，調査・研究に生かされることを願います．

(1) 東日本太平洋側で，Mw9.0という広範囲な巨大地震を想定できなかった．（中央防災会議や地震調査推進本部では，M7.5，M8.0級を予想していた）

(2) 気象庁の地震・津波警報は，当初，規模が過小であった．（地震について，当初：M7.9，2日後：Mw9.0，津波高について，当初：宮城県6m，岩手・福島県3m，約30分後：宮城県10m，岩手・福島県6m，約45分後：宮城県10m以上，岩手・福島県10m以上）

(3) 津波の被害の歴史（貞観地震等）の伝承が十分でなかった．防災，避難等に十分生かされていない．

(4) 津波警報が迅速かつ正確に住民に伝わらなかった．また，住民の避難が徹底しなかった．

(5) 災害を防災施設（設計外力対応）で防御することに主眼を置いて，想定外（設計外力以上）の災害が発生した場合，人命を守り，被害を最小にする減災の考え方が十分でなかった．

(6) 構造物が設計外力以上の負荷を受けた場合に，ねばり強く，大きく破損しないための対応が十分でなかった．（阪神淡路大震災の教訓は一部有効であった）

(7) 街づくりに関して，津波の危険性の高い海岸に近い低平地に住む人が徐々に増えた．

(8) 液状化への対応が不十分であった．（宅地造成の分野，また，地震動の継続時間が非常に長かった）

(9) 原子力発電所のように，事故が発生すると重大な被害が生ずる恐れのある施設は，リスクマネージメント，危機管理を厳格に実行しておくべきであった．（国際原子力機関 IAEA による深層防護）特に，津波に対しては十分な余裕を考慮して，敷地の高さ，防潮堤の設置を決定すべきであった．また，津波を受けても，電源・制御装置等は致命的な被害を受けないような配置，防水・浸水対策を講ずるべきであった．さらに，システムの一部の構造物に損傷が生じても，緊急手段の実行を可能とし，システム全体として危機的な状況に至る可能性を十分に小さくする必要がある（危機耐性の提案）．

(10) 原子力発電所周辺の住民の避難計画，訓練を常に綿密に行っておくべきであった．（避難所の指定，避難方向，避難の手段確保等）

(11) 社会安全（防災・減災）については，国の施策の位置付けをより重要度の高いものとすべきであった．また，学術上の研究・調査の尊重，災害関係の技術者の育成，防災体制の強化が必要である．

(12) 土木技術者は自然の力に対して，より謙虚な姿勢を貫くとともに，常に自己研鑽に努めるべきである．反省して教訓として生かすべきである．（倫理規定の行動規範 2．自然および文明・文化の尊重，8．自己研鑽および人材育成）

これからの 100 年に向けて，土木は責任を認識し，社会貢献に努力していきましょう．

第7章　土木学会と私

　土木学会との関わりの深く編集委員会が人選した方々に，土木学会との関わりについて個人としての立場から執筆していただいた．紙面の関係もあり，土木学会に思い出のある多くの方々の原稿の掲載が叶わなかったことをご容赦いただきたい．

若人への期待

青山　俊樹
AOYAMA Toshiki

　私は，土木とは，"不特定の人々のために自然と人間社会に働きかけながらこの世をより良くしようとする営み"であると思っている．西暦2000年の夏頃であったと思うが，その年の秋に仙台で行われる"特別討論会"についての打合せが，森地先生，森杉先生の呼びかけで都内某所であった．話題は，「土木技術者の倫理規定」についてであり，新たにそれをより具体化した綱領とでもいうべきものを，仙台で開かれる土木学会主催のフォーラムで発表し，仙台宣言として全国に発信しようという方針のもとで，そのフォーラムのメンバーの一人である私と意見のすり合わせをしておこうということであったと思う．

　中学・高校と京都のミッションスクールで学んだとき"倫理"という授業があった．それを担当された神父が，授業の冒頭に"天にましますわれらの父よ，願わくば御名の尊とまれんことを，御国の来たらんことを‥"という祈りを全員に唱えさせられた．これに当時は"洗礼を受けた信者でもない我々に，祈りを授業で強制するのか"と反発した記憶がある．

　この夜の話し合いでも，何カ条にもわたる倫理規定を書くよりも"シヴィル・エンジニアたれ"だけで十分だと主張したが，「年長者の言うことには従うものだよ」という森地先輩（中学・高校で一年年長である）の一言に沈黙した．沈黙はしたけれども，この夜の話し合以降「土木とは？」という自問自答をするようになったのも事実である．

　人間としての倫理は「汝殺すこと勿れ」「隣人を愛せよ」等々多々あるが，土木という仕事について特化すれば「自らの栄誉を求めず，不特定多数の人々のために」仕事をするところにあるのだろう．炎天下のアジアでアフリカで，地下鉄工事に道路やダムの建設に河川改修に，黙々と従事している人達のことに思いを馳せるとき，いや，海外に例を求めるまでもなく，国内においても3.11の大災害において，人命救助，災害復旧のために，多くの方々が自発的に率先して，大津波警報が出ている中，道路の瓦礫を両側に開ける，道路啓開作業を行っていただいた話を聞く度に，目頭が熱くなる．これぞ「土木屋魂」とでもいうべきであろう．

　土木学会100周年を機に，土木のあるべき姿に思いを馳せるとともに，「土木屋魂」を持った若人の増えることを切望する次第である．

（フェロー会員，元国土交通事務次官）

土木技術者女性の会と土木学会誌編集委員会

天野 玲子
AMANO Reiko

　土木学会では,多様な委員会活動等に参加させて頂き,貴重な体験やいろいろな方とのご縁を得ることができた.その中でも特に印象深いものは,「土木技術者女性の会」と土木学会誌編集委員会での活動である.

　土木学会誌(1982年9月号)上で企画された「女性土木技術者の座談会」に,建設会社に入社して若干3年目の立場で参加したが,苦労して働いてきた先輩方の貴重なお話は大変有意義なものだった.座談会のコラム記事「山の神と船魂のこと」が最初の土木学会誌投稿記事である.この時のメンバーが「日本各地で孤軍奮闘している女性の土木技術者が情報交換できるような会を作りたい.」と土木学会誌上で呼びかけ,その呼びかけに応じた約30名を会員として1983年1月に発足したのが「土木技術者女性の会」である.この会はその後,会員数200名超となり,女性土木技術者への支援を中心として,土木学会や日本土木工業協会等と連携して各種委員会やシンポジウムへの参加,会誌「輪」,就職パンフレット等による広報等活発に活動している.そして2006年の厚生労働省による男女雇用機会均等法の性差別禁止法への改正に,会が積極的に協力して女性の坑内労働を可能にしたことは特筆すべきことだろう.この会には,副会長14年,事務局長5年等として運営に参加してきた.

　2006年6月に土木学会誌編集委員会委員長に就任した.第49代にして"民間初,女性初"の編集委員長だった.「土木学会誌」は第1巻が1915年に発刊されて以来,様々な状況の中で続いてきたものである.当初の総合情報誌から「論文集」と「学会誌」への分離の流れの中で,八十島・高橋先生等により築かれた雑誌づくりの礎,岡村先生による学会誌のカラー化を端緒とする教養誌としての速報性と多様性を重視した紙面作り,家田先生の読み易さ追求の精神等を受け継いで学会誌を編集した.土木がどのように社会に貢献しているのか,土木技術者がどんなところでどのように働いているのか,より広い視点・新しい視点で,しかも新鮮な状態で紹介することで,「土木」を社会に向けてアピールしていきたいと考えて3つの編集方針を立てた.(方針1;「土木」の再発見とPR,方針2;「人」の見える雑誌作り,方針3;「時宜性」と「速報性」の維持)そして,縦書きを主とした縦書き横書きの混在した紙面に刷新して読み易くし,写真(特に人の写真)や図表を多用しながら,緊急報告や取材記事を積極的に活用し,いろいろな意見を取り込みながら「土木」を分かり易く記事にすることを心がけた.頼りない委員長だったが,中井雅彦副委員長,藤井聡幹事長をはじめ,多くの編集委員の生き生きとした活発な活動に助けられ,充実した楽しい編集委員会の中で編集委員長の任を全うすることができた.

(フェロー会員,工博,鹿島建設(株)知的財産部長,第49代土木学会誌編集委員会委員長)

土木学会の気質〜非常時/変革期に現れる組織の真価〜

家田 仁
IEDA Hitoshi

　土木学会に限らないが，組織の真価や気質(かたぎ)は，常時や安定期ではなくて，非常時や変革期にこそ表に現れるものだ．筆者の場合，土木学会での仕事というと，どういうものかゲリラのようなミッションばかり多い．1995年中村英夫会長のときの阪神淡路大震災，2004年森地茂会長のときの中越地震，そして2011年の東日本大震災などでの緊急調査や政策提言，それから全国大会の変革，土木学会誌編集の革新などである．いずれもゲリラ・ミッションだ．そういう経験をつうじて，土木学会の組織体質あるいは土木学会員気質のようなものを感じ，またそれに助けられることも大変多かった．他学会など他の組織と比較したとき，土木学会あるいは土木学会員の顕著な特長〜美点と言ってもよかろう〜として以下のような諸点が挙げられるように思う．

① 非常時や変革期には執行部諸氏が強くリーダーシップを発揮し，際立って速やかに組織的な活動を起こすことができる点．
② 日頃から実務者が学会経営に積極的に貢献しているおかげで，非常時や変革期に際しても，種々の組織の枠や，実務者か研究者かなどに関わらず，皆が責任をもって協力する点．
③ 会員の多くが実に謙虚かつ清廉で，私利私欲はいうまでもなく，自己宣伝や売名行為を疎んじ，全般的に華美よりもどちらかというと質実剛健を嗜好する傾向をもつ点．
④ やるべし，変えるべしと判断されたことは，組織を挙げて迅速かつ責任をもって実行される点．
⑤ 「垣根を設けない」開かれた紳士的マインドをベースにして，他の分野や他の学会等などと協力する点．
⑥ わが国最大級の学会という大組織であるにもかかわらず，わりと柔軟で，特に非常時などにはビューロークラティックな瑣末事項にこだわらない合理的な体質をもっていること．

　ちょっと褒めすぎ？のような気もするが，こういう優れた気質はこれからも是非大事にしたいものだと思う．
　一方で，土木学会あるいは会員総体が「進化」しなくてはなあ，と感じるところもある．その第一は「総合化指向」だ．どんな分野であれ，個々の専門分野に特化する傾向が生じるのは当然だ．しかし，災害時とかプロジェクト計画となると，自分の狭い領域にしか知識と関心のない人はほとんど使いものにならない．自然科学から社会科学，文化の領域まで，土木工学などという範囲にとどまらない幅広い分野への貪欲な興味だけは忘れないようにしたい．第二は，「国民あっての工学，国民ための工学」という指向だ．これは多言を要すまい．第三は，「黒部の太陽」に代表されるステレオタイプな「栄光の土木観」から建設的に脱皮し，より多様で豊かな「輝く土木の世界観」を指向することだ．
　そういう意味で，土木学会はこれからも常に「変革期」にあると考えたい．

(フェロー会員，工博，技術士（総合技術監理・建設），特別上級土木技術者〔交通〕（土木学会），
東京大学・政策研究大学院大学 教授)

土木学会の私の回想録

池田 駿介
IKEDA Syunsuke

　土木学会には1968年に入会してすでに45年になる．その間，様々な活動をさせていただいた．専門委員会では水理委員会が中心であるが，丁度幹事長をしていたときに大学院重点化のために業績が必要とされるようになり，水理講演会講演集では業績にならないと言う事態が発生して水理学論文集とするとともに，水理委員会から論文奨励賞を出すことにした．また，水理委員会では名前として狭かろうと言うことで，水工学委員会としたが，これには他の委員会から逆に名前が広すぎるとクレームが付き，説明に回った記憶がある．

　その後，委員長に就任した折には丁度調査研究担当理事で，下記の土木学会改革に携わり，殆どの活動を江頭進治幹事長に御願いしてしまい，いまだに申し訳ない気持ちである．

　土木学会での教育・人材育成関係の活動では，土木教育企画委員会，技術者資格委員会，継続教育実施委員会，倫理教育小委員会，などの委員長を務めた．倫理規定制定委員会では，高橋裕委員長のお手伝いをして倫理規定の制定に携わり，他の学協会に先駆けて土木技術者が有すべき価値の体系を示すことができたのは貴重な経験となった．また，教育者・技術者の能力開発のために様々な枠組みを模索したが，中でも技術者資格は工学系学会では全くの新しい試みで，当時の岡村甫会長のご命令で委員会発足当時は幹事長として制度創設に携わった．全ての分野をまとめると言うことは大変な難事業であったが，各界でご活躍の諸先輩たちが受験に協力してくださり，何とかスタートさせることができて胸をなでおろした．土木の世界の暖かさを感じたことであった．技術者の継続的能力開発（CPD）は，平成12年の技術士制度の大改革に伴うものであったが，この改革は故西野文雄先生が中心人物であり，しかも技術士の約半数は建設系ということもあって土木学会での制度創設が期待され，また土木学会技術者資格と連動させたことが特徴であった．当時，工学系でCPDを更新条件とする技術者資格はなく，その意味でも先駆的取り組みであったと考えている．

　土木学会のマネジメントでは，元名古屋大学総長の松尾稔会長とご一緒させていただいた仕事が最も記憶に残っている．松尾会長は，土木学会を今で言う公益法人とするための諸施策を打ち出された．学会の業務を全て洗い出し，そのためにどのような制度設計をするべきかプランを立てられ，その実施を落合英俊九州大学教授と小生に命じられた．JSCE2000の策定，定款改正，技術推進機構（技術者資格，継続教育などの実施）の設立，災害緊急対応部門の設立，JABEEへの対応，ACECCの設立などが中心となった．松尾会長からは，リーダーシップとは如何なるものであるかを実務ともに会議の後の飲み会でも折に触れてご教示いただき，その後の活動において大いに役立った．

　その後の活動は土木の分野というより，日本学術会議，日本工学会，日本工学アカデミーなどやや広い工学分野での活動が中心となったが，その活動のバックグラウンドとなったのはやはり土木学会での経験であり，育てていただいた土木学会には心から感謝している．100周年を迎えた土木学会が，激動する世界の中で次の100年を目指してどのような学会になるのか，次世代を担う方々に大いに議論していただきたいと考えている．

（フェロー会員，東京工業大学名誉教授，(株)建設技術研究所国土文化研究所長）

JR中央線の車窓から土木会館を目にして思うこと

五老海 正和
ISAMI Masakazu

　今から約23年前，1990年が始まったある日，東京大学に中村英夫教授（当時，以下同）をお訪ねした時の先生のお話である．

　「20世紀最後の10年が始まった．世紀末のこの10年は来たる新しい世紀の活動を模索するためにも重要な10年となろう．土木学会はこの10年の中間時点で創立80周年という一つの節目を迎える．今から数年先のことであるがこの記念事業をどのような哲学をもってどのように準備するか，新しい世紀の土木学会の在り様を方向づけるきわめて重要な時点となる．現在，青函トンネルや本四瀬戸大橋などが完成し関西国際空港や本四明石海峡大橋などの工事が進められ，東京湾横断道路の起工式が行われるなど大土木事業による国土整備が進められている．これは日本のこれまでの順調な経済活動の成果であることは言うまでもないが，いかに日本といえどもこのような経済活動がいつまでも続くことは考えられない．この時期が建設事業による収益のごく一部を安全・安心な国土づくりに貢献する土木技術の研究・教育活動のために拠出してもらう最後の機会となるのではないか」と話された（実際，この年に43か月続いたバブル景気が崩れ，1991年以降は慢性的な不況期に突入している）．

　一方，時期を同じくして土木学会が借用している土地について国鉄清算事業団からここ2，3年内に買い取るか立ち退くかの決断をするよう求められた．この課題への対応も会員の総力結集を必要とする大難事であった．記念事業に必要な資金の手当てのみならず土地の購入，新土木会館・土木図書館の建設．それらはいずれも巨額な資金を必要とし会員の全面的な理解と協力を必要とするものばかりでありそのかじ取りは極めて困難なことが予想されたが，これらの事業の推進にあたって強力な牽引力・指導力を示された中村教授の存在は誠に幸運であった．中村教授の鬼気を覚えるほどの奮闘・努力の姿は真の指導者のものであり今も忘れることができない．また募金活動で中心的役割を果たされた故長沢不二男運営委員長や法人会員，土地購入のための銀行融資の金利支払いに5年間の会費増額を快く了承された個人会員，それぞれの事業に全霊をあげて協力された多くの委員会関係者の熱気は今思い出しても胸に熱いものを覚える．

　土木学会の土地と建物は，当時の関係者が21世紀の土木学会のために捧げた叡智・決断・団結の賜物である．古市公威初代会長から始まりその時代その場面で先見の明と強固な意思を持った指導者，そして土木界のために協力を惜しまない活力に満ちた会員に恵まれて100年の長きにわたる素晴らしい伝統が培われてきた．土木技術が世界人類の公共の福祉のためにあり，時期を問わず所を問わず永遠であることを考えるとき土木学会の伝統はさらに継承され発展していくだろうとの思いで土木会館を眺めている．

（土木学会　第6代事務局長）

学会示方書とのかかわり

石橋 忠良
ISHIBASHI Tadayoshi

　私は，国鉄の構造物設計事務所のコンクリート構造の勤務が比較的長かった．この構造物設計事務所は，技術基準の作成，全国の鉄道構造物の設計の指導，審査，施工の指導，災害や各種構造物のメンテナンス上のトラブルなどの相談を受けていた．研究所は別の組織として存在しており，この組織は研究ではなく現在の技術レベルで，最善の判断のうえ結論を出すことが求められていた組織です．

　この職場の先輩達が土木学会のコンクリート標準示方書の改訂作業に関わってきた関係で，私も若いときから改定の原案の作成や，最後に泊り込みでの条文の修正作業などに参加するなど30年以上関わってきた．2007年のコンクリート標準示方書の改定では，幹事長を務めた．示方書に新しい成果を多く入れたいという意見と，実務に使いやすくしたいとの意見が常にあり，両者の意見を満足する方法として，性能照査の原則を記した本編と，実務の便利さを優先した標準編に分けることにして現在に至っている．多くの人に使ってもらってきた示方書が，引き続き多くの実務の場面で使ってもらえるような改定を続けてもらいたいと思っている．

　委員会はコンクリート示方書の関係からコンクリート委員会とのかかわりが長く，関連して，吉田賞選考委員会の委員，幹事も長くつとめてきた．この吉田賞選考委員会の基金の運用は，多くは東京電力の株であり，長い間財政的には恵まれてきたが，今回の福島原発の事故の影響で突然に厳しい財政状況となってしまった．

　そのほか，田中賞選考委員会や，構造工学委員会の委員長をつとめた．構造工学委員会委員長のときに共通示方書をつくることを提案し，作成にも関わった．専門分野別の示方書は各委員会で作られているが，土木構造物全体に関わるものがなく必要性が高まっていた．この示方書では，技術のみでなく，良い構造物が造られ，維持されるには，土木技術者の地位向上や，仕事の進め方のシステムなども大切であることから，契約の方法，技術者の責任と権限なども含めたものとなっている．この示方書も改定を通じてより良いものになっていくことを期待している．また，販売数が減少したため，学会からの出版が止まっていた伝統のある『橋』を，関係者の努力の結果，民間の出版社にお願いして出版することができたが，存続の努力が引き続き必要です．

（フェロー会員，ジェイアール東日本コンサルタンツ(株)）

土木学会と共に歩んだ39年間

石塚　健
ISHIZUKA Takeshi

　私が土木学会へ勤務した期間は，事務所が大手町から四ツ谷へ移転した直後の昭和32年4月から平成8年3月までの39年間である．当時の事務局には書記長を中心に10数名が庶務・会計・事業・編集係として勤務していた．私は編集担当となり先輩と2人で学会誌・論文集（当時は隔月）のほか，年に数冊刊行される単行本の編集に従事した．20年近い年月を編集中心に歩み，この間500冊以上の冊子の編集に携わった．昭和39年の学会創立50周年にあたり，「創立50周年略史」の編集を一任された．これを担当したことにより，土木学会の歴史と活動状況など多くのことを学ぶことが出来た．また「コンクリート標準示方書」，「水理公式集」，「トンネル標準示方書」，「海岸工学講演会講演集」，「土木材料実験指導書」，「本州四国連絡橋調査報告書（委託研究）」など多数の書籍の編集にも携わった．

　昭和40年代後半から50年代の10数年は会員課長として，それまでは手作業で処理していた会員業務の改善を理事会へ答申し，電算化を実施した．電算化後は，会費管理，会員の移動手続き，発送業務など迅速に処理出来るようになり，会員の専門分野・支部別所属会員の把握など明確となり，会員名簿の発行も容易になった．それにより会員課の事務が合理化されて，効率が良くなり会費の納入率が大幅にアップした．その後の数年間は会員課長と関東支部事務局長（第2代目）を兼務し，関東支部の新潟会や山梨会の発足にも関与した．それと共に他の支部事務局と連携を図り情報交換を行い，関東支部の行事も活発になった．昭和59年に編集課長に異動し，学会誌の組み版を活字から電算に変更し，一部にカラー印刷を採用した．

　平成に入り間もなく事務局長に就任した．この期間は「特定公益増進法人」の申請と更新手続きなどで文部省との折衝，横浜で開催された「創立80周年記念事業」への対応，会館建設に伴い会長・役員と共に関連団体を訪問しての説明と協力依頼，「土木の日」関連行事で関係省庁への後援依頼，「学会の用地購入」に伴う関連用務と交渉，役員会，支部連絡会，定例会議，事務改善など多くの用務とその対応で非常に多忙だった．土地購入に関しては国鉄清算事業団との最終契約にあたり法務局で諸手続きを済ませた後，都税事務所へ行き文化庁認定「土木図書館」の用地購入である旨を説明し，減免の交渉をして了承を得ることが出来た．事務局関係では職員福祉のために「出版厚生年金基金」への加入を実現し，「規則の見直し」や多くの事務処理を実施した．平成7年1月に阪神淡路大震災があり，土木学会の役割は一層重要になって来た．私は8年3月に土木学会を定年退職したが，引き続き4年間特別嘱託として「阪神・淡路大震災調査報告書」の編集に従事し，全12巻の報告書の編集を完了した．

　早いもので土木学会を退職して18年が経過したが，土木学会は私にとって故郷である．創立100周年を迎えた土木学会の活動と発展をこれからも見守りながら過ごしていきたいと思う．

（土木学会　第5代事務局長）

土木学会の思い出

石原 研而
ISHIHARA Kenji

　日本工学会が設立されたのは明治12年（1879）と聞いていますが，7年後には造家学会，電気学会等の6学会が次々に分家独立していき，最後まで頑張った部所が大正3年（1914）に独立して土木学会が誕生したと，自分なりに考えています．この意味で日本工学会の最も伝統的部分を受けついでいるのが土木学会で，以来100年を経て今回記念事業が行われるのは，誠に意義深く大慶の至りであります．私としても最も永い間お世話になったのが土木学会ですが，特に印象深く記憶に残っていることをいくつか申し述べさせていただきます．

　昭和34年の夏ごろ，修士論文を取りまとめて投稿論文として学会の事務局へ恐る恐る持参しましたが，石塚健氏が快く対応して受け取って下さった時のことは，敷居が高かっただけに大変に有難く鮮明に記憶しています．次に昭和35年と37年の年次大会の授与式で，当時の学会長でおられた偉大な先輩に接し，名誉ある学会賞の賞状をいただき懇談させていただいたのも忘れがたい思い出です．また，優れた先輩同様，後輩について色々な賞への推薦状を書いたり，下打合わせをしたりして，影の活動をさせていただいたのも，深く記憶に残っています．

　その他，論文集編集委員会やその他の委員会で足繁く四谷にある学会に通いましたが，1995年の阪神淡路大震災の後には大きな委員会が認識され，従来の震度法から，性能目標を設定してそれに対応する設計概念と方法を議論する委員会が作られました．中でも発生頻度の少ない震度6クラスの大地震を対象にした場合，高い性能が要求される重要構造物では，塑性変形を伴う軽微な損傷は許容されるというパラダイムの変革を伴う設計思想が議論され，以後それが定着して各種の構造物設計に適用されるようになりました．このことは土木学会のような学術団体を通してのみ提案実現が可能で，社会的影響力も多大であっただけに，学会の存在の根幹的重要性を実感した出来事でした．

　学会活動に関与することによって得られる最大の恩恵は，多くの秀れた方々と交流でき，最新の出来事を教えられ刺激されて様々な着想を得て，新しい展望のもとに次の行動方針のようなものが，自分なりに浮かんできたことです．特に懇親会とか交流会は重要でして，以前はお義理で出席して早々に退席していましたが，最近はなるべく最後まで残るようにしています．多くの方々に直接面会して懸案である用務を，充分意思疎通して一気に済ませることのできる絶好の機会でもありました．

　最後に，学会で接する機会が最も多かったのが，事務局の方々でした．当初は事務局長であった岡本義喬氏，次に河村忠男氏，そして五老海正和氏には終始親しくお付き合い願いました．その他多くの職員の方々にも陰に陽に大変お世話になりました．この機会に心から感謝御礼申し上げたく思います．最後に今後の100年に向かって土木学会が益々発展をされることを祈念しています．

（名誉会員，中央大学研究開発機構 教授）

「人を育て，人に支えられる土木学会」

磯部 雅彦
ISOBE Masahiko

　私と土木学会との深く長いつながりの始まりは年次学術講演会での研究発表である．40年近くも前に卒業論文で「可撓性円柱の水中における振動特性に関する研究」という課題に取り組んだ．大学での発表会では，ある先生に「お星さまのようにばらつくデータをどのようにまとめるかが興味深かった」というコメントをいただいたほどに，今考えるとまとまりのない研究であった．自身としてもそれまでに思い描いていた研究とはほど遠いものであったが，指導教官であった堀川清司先生に機会を与えていただき，学会にデビューすることとなった．以来，土木学会には研究成果がまとまるごとに発表し，研究者の一員に加わり，土木学会という場で大学の研究者として育てられてきた．そのうち委員会活動にも参加するようになったが，80周年の際に出版した土木工学ハンドブックにおいて，シソーラスに倣って，土木工学全体の系統図のようなものを作成したことが昨日のことのようである．海岸工学委員会を中心に活動する私にとって，土木学会での横のつながりができたことは実にありがたいことであった．

　バブル崩壊とともに大学では「土木工学科」という名称が建設，環境，社会，都市，基盤などを取り入れた名称に変わる流れが急激に進んだ．今では，「土木工学科」を名乗る大学は6大学に過ぎない．組織も生き物であり，新たな生き方を見つけるためのそれぞれの現場での努力の一端と見ることができるが，名称変更については，「土木」に限りない愛着を持つ諸先輩からはおしかりを受けることもある．しかし，学部では名称変更したものの，大学院に土木工学がそのまま残っている大学もあることから，高校生の受け入れのための必要性などには迫られたが，いったん内部に入って中味を知れば土木工学がよい名前であるということであろう．このような流れの中にあって土木学会は設立以来，社会の中の土木の看板としてその名前を背負い，土木技術者や土木職，土木事業の存在を支えてきた．土木学会員が土木学会を支え，土木学会がすべての土木技術者を支えているという構図である．すべての土木技術者はフリーライダーとならず土木学会員となるべきと思う．

（フェロー会員，高知工科大学 副学長）

土木学会との約50年のつながり

井上 啓一
INOUE Keiichi

　自分の土木学会歴を調べて見ると，1966年に入会したとなっている．教養課程から，土木工学科に進学し，先生に勧められて学生会員になったが，あまり熱心な会員ではなかったと思う．それでも修士課程に進んだ時には年次大会で研究発表の機会を与えてもらった．

　修士課程を修了し建設省に入って，7年間にわたって土木研究所の橋梁研究室に勤務した．その間は土木学会誌を情報源として活用させていただいたが，地方に転勤になり，土木学会とは疎遠になっていった．

　何年か経過し本省の道路局勤務の時に上司の方から土木学会のフェローシップ会員になるように勧められ，深く考えもせずに登録した．

　1999年に建設省を退官したが，そのすぐ後の2001年に土木学会理事に推薦いただき，2年間理事を務めさせていただいた．また，その間広報委員長も仰せ付かり，当時評判があまり芳しくない土木をPRすべく，子供向けのDVDの作成や，小学校の社会科の教科書に土木の理解を深めるためのページを載せられないか検討した．

　理事会や委員会では始めてお付き合いさせていただく方々も多く，いろいろ触発されることも多かった．

　ちょうどそのころ土木学会に技術者認証制度が出来るので取得したらどうかとのお話があった．生来の物臭から普段ならその気にならなかったのではと思うが，そのときは機会だからそれまでの経験を振り返ってみようと思い立ち資格を取得することが出来た．

　土木学会誌は，そのころから，比較的良く目を通すようになった．関係者の努力によって随分読みやすくまた，興味を引くような記事が多くなったと思う．今，自分は日本道路協会会長の立場にあり，日本道路協会は月刊誌「道路」を発刊しているがその誌面の充実に土木学会誌の編集を見習いたいと思っているところである．

（フェロー会員，（公社）日本道路協会会長）

土木学会の先見性を思う

岩熊 まき
IWAKUMA Maki

　女性土木技術者の座談会（土木学会誌1982年9月号）の呼びかけで土木技術者女性の会ができた．私も加入し，この縁で土木学会70年の歴史で初めての学会誌女性編集委員になった．30代半ば，やっと仕事も何とかなってきたころである．年齢が上の男性ばかり，土木界には女性技術者はとても少なく，多少下駄をはいた抜擢であったと思う．

　それまで土木は国家百年の計を論じ，大きくて頑丈なものがよいとされていた．確かに国づくりの大きな基盤として重要な役割を担ってきた．ところが，そこに住む人や利用する人は，屈強な男性ばかりではない．日々暮らしている多くの人たち，女性や子ども，お年寄りにとって，今やっていることだけで十分なのだろうか？　当時三浦裕二先生が仰った「どぶ板土木」は尤もなことと思われた．「どぶ板」といっても今の時代は馴染がないと思うが，家庭脇の小さな側溝などの蓋のことである．私はこの意味を，生活圏の社会基盤の整備にも力をいれること，そのためには，女性の感性や視点が必要である，と理解した．土木学会には，30年も前に，女性の参画を促すという先見性があったのである．

　学会誌に「女性会員からの声」を企画した．第一回は寺本和子さんの「私の子育て奮戦記」である．お堅い学会誌に，保育園に通うかわいいお子さんの写真を掲載させていただいた．その後は，土木技術者女性の会会員を中心に執筆をつないでいった．緊張から失敗もあった一年が過ぎると，活発な女子学生が学生委員となり，とても嬉しかったことを鮮明に覚えている．

　次いで新しく発足した広報委員会に参画し，土木の日の創設に関わった．3Kといわれた業界の社会的なイメージを向上させ，将来は土木技術者になりたい，子供を土木技術者にしたい，と思ってもらうにはどうすればよいか．このような中，広く一般の方々に土木を知ってもらおうと創設されたものである．「土と木」を分解し「十一月十八日」を土木の日と定め，各地で同時期にイベントや施設見学，現場見学が行われ，見せる土木への足掛かりとなった．また，土木に親しんでもらうために「ドボククイズ」を作った．私が目隠しをして抽選をしている写真が掲載されている学会誌をみると，とても懐かしい．

　現在，多くの女性土木技術者が誕生し，仕事はもちろん，学会活動や後進の支援，社会への提言など様々な場で当たり前のように活躍している．昨今，いろいろなところで，女性の視点，女性活用が声高に言われているが，「土木学会100年」と聞き，私が初代を拝命した30年前のことを思うと，学会と業界が共に女性の参画を進めてきたことに，改めて先見性を感じるのである．

（正会員，（株）東京建設コンサルタント）

コンクリート標準示方書の重要性

魚本 健人
UOMOTO Taketo

　私が土木学会の会員になったのは大学生の時である．当時のコンクリート工学を教えられていた東京大学の國分正胤教授が土木工学科の学生は土木学会に入会することは当たり前であることをしばしば話された．自分もそういうものかと思い，さっそく土木学会に入会したことを覚えている．結果的に私の会員番号は 1969 からの番号である．卒業後，職場や勤務地は何度も変わったが，学生の時以来 40 年以上会員を継続している．

　土木学会の会員になった際にはあまりメリットを意識することはなかったが，会社勤務を行っている場合に土木学会の会員となった最大の利点は土木技術情報であった．今日のようにインターネットなどはない時代であったため，大都会の本屋に出かける暇もない地方勤務の際には，専門的な技術図書を入手するための情報は土木学会の会誌や冊子等が唯一の手段であったということができる．現場で作業を行う際には「コンクリート標準示方書」に記述されている事項をよく読むと，技術の内容を容易に把握することができた．特に解説やコンクリート・ライブラリーの改訂資料はありがたく，なぜこのような記述になったかなど設計から施工まで多くの面で勉強させてもらった．

　会社や大学に勤務している間に，土木学会や他の学協会の各種委員会に参加させてもらい著名な先生方，技術者等の意見を直に聞くことができたのはいろいろな意味でうれしかったことを覚えている．委員会の作業をいろいろ担当させてもらうことで今まで自分の知らないことを勉強でき，刺激を受けることができた．土木学会では重要な委員会の一つである「コンクリート委員会」のメンバーになった際には，感激もひとしおであった．改定小委員会のメンバーになったときは「コンクリート標準示方書」がどのように検討され，改訂版が作られていくかを目の前で見聞きでき，今までの大先輩方の考え方等を理解する上でも大変勉強になったということができよう．数年で発表されている「小改定」や 5 年以上の間隔で発表されている「大改定」の際の委員会での議論は聞いていてもおもしろいものであった．コンクリート・ライブラリーの示方書改定資料は，改定の理由や改定しなかった理由などが述べられており，技術者や研究者にとっては大変貴重な資料である．委員ばかりでなく幹事や委員長までもやらせてもらい私個人にとっても長年にわたり勉強させてもらったことに感謝する．

　現在，最新の「コンクリート標準示方書」は 2013 年に発刊され，維持管理までを視野に入れた示方書が発表されているが，多少気になる点がある．それは，標準示方書はより詳細に技術上の問題点とその対策について記述されているが，これを利用する技術者がこの示方書に頼りすぎてはいないかという点である．かつての示方書の本は，現在の示方書と比較するとはるかに薄い本で，その内容についても限定的であった．しかし，今日の示方書は詳細に種々のことが記述されており，技術に関して十分理解できていない技術者でも問題なく対処できるほどの内容が記述されている．その背景には JIS などの規格類の完備や，他の学・協会がサポートしている各種の基準が十分機能するようになったからである．

　このこと自体には問題はなく，我が国で構造物などを計画・設計・建設・維持管理する際には大変有効である．しかし，これらのサポートがない開発途上国等で作業を行う場合には，この「コンクリート標準示方書」のような規格・基準をそのまま利用することは難しい．国内の建設業務等が減少するであろう将来を見据えると，日本で使用されている示方書や各種の規格・基準は世界共通のものではなく，これからはもっと違った示方書を考えることが必要な時代になってきたのではないかと思うしだいである．即ち，現地の現場で容易に入手できる材料や機器を利用して，要求事項を満足させることのできる設計・施工・維持管理を行える土木技術者を大量に育成する必要があるものと思われる．そのためには，例えば断面寸法を決めた上で必要な強度を有する材料を設計するばかりでなく，材料の持つ特性を効果的に発揮させるための構造形式・断面寸法を決定するという逆転の発想が重要になってきたのではないだろうか．海外での勤務の際に日本の規格は参考にはなるものの，現地の現状を踏まえた適切な設計・施工・維持管理を行うための技術者の訓練とそれに必要なガイドラインの出版がこれからは重要になると考えている．

（フェロー会員，(独) 土木研究所 理事長，東京大学名誉教授）

土木の日・実行委員長の思い出

大石 久和
OHISHI Hisakazu

　大学卒業以来，建設省・国土交通省の土木の技術官僚として過ごしてきたが，土木学会へはそれほど貢献していない．最も継続的に関わったのは，技術審議官時代に3年間「土木の日・実行委員長」を務めたことだった．

　ちょうどこの時，土木の日運動が10周年を迎えていた．そこで「毎年，子供たちに絵や作文をかいてもらったり，現場に連れて行ったりしてきたが，10年間の成果は出ているのか．」と委員会で発言したことをよく覚えている．土木系学科への志望者の数が増えたり，彼らの偏差値は向上してきているのか，と質問したのである．

　この質問に対する回答は皆無で，この人は何を言っているのかという雰囲気だった．しかし，成果を検証しない運動でいいのかとの疑問がわだかまったままとなっていた．東日本大震災での土木部隊の活躍がキチンと報道されないことから始まった，学会での土木広報議論，つまり社会コミュニケーション委員会の土木広報アクションプラン小委員会の委員長を預かったときに，この問いと正対することとなったのである．

　商品の宣伝なら，売り上げが伸びたとか，単価を上げることができたなどという明確な指標がある．会社のイメージ戦略でも，アンケートなどでの評価向上で判断できる．しかし，土木広報が成功しているというのは，どのような状態が生まれたときなのかという問いには正解がないと考えるが，それはなぜなのか．

　土木を建築との比較で考えると，建築のスポンサーは，ほとんどの場合，個人ないしは特定の企業に集約されるが，土木では税や料金の形で費用負担している国民一般に必ず分散する．「なぜ，それを行うのか」の判断責任は，本質論では国民全体に拡散し，その集約機能としての代議制（首長，議員）が負う．

　この集約機能の働きはいわゆる世論動向に依存する．世論には，いつの時代にも「財政制約」というアゲンストの風が吹いているうえに，ここでは説明を省略するが，インフラ観の欠如というべき認識欠損がわが国では通奏低音としてあるから，土木に関する人々の認識を高める努力は，いつも力を込めて逆流を上流に漕がなければならない努力となる．

　こう考えると土木の日が功を奏したという客観的な評価指標は生まれ得ない．土木広報評価は，土木が人々の生活一般の，安全性，効率性，快適性の向上のためにのみあるとの認識が，それぞれに立場にある土木人に共有されたことでなし得るものであり，それが対外的な活動として具体の行動に反映されることでしかない．つまり，パブリック・リレーションがすべての土木人の恒久的・確信的マインドとなったときだと考えるのである．

（フェロー会員，（一財）国土技術研究センター　国土政策研究所長）

拡大から縮小の処方箋そして対話する環境工学

大垣 眞一郎
OOGAKI Shinichiro

　土木学会は，土木学会会長を委員長とする会長提言特別員会を設置し，それぞれの時代に求められる課題について，土木学会としての考えを社会に提言してきた．その会長提言の一つとして，2002年（平成14年）11月に，「人口減少下の社会資本整備－拡大から縮小への処方箋－」が土木学会から出版された．この提言書は，2001年度（平成13年度）の会長であった，丹保憲仁会長のリーダーシップによる成果である．わが国の総人口は，5年後（当時から見て）には，ピークに達しその後減少に転ずる．そのような文明史的転換期において，日本の社会的共通基盤の整備の在り方を提言したものである．構造的人口減少は世界でも初めての経験であり，人口減少が社会資本整備へ及ぼす影響を解明しようとする挑戦であった．事務局を含め15名のメンバーが審議に加わった．筆者は，会長からの指名により，委員兼幹事長を務めた．土木学会100年の歴史の中で，社会資本整備の転換点に関わる提言であり，筆者の土木学会での活動のなかで思い出深いものとなった．

　その提言内容は，「人口減少推計の捉え方」，「新たな社会設計の必要性」，「新たな空間設計の必要性」，「国際社会で人口問題の先導役を果たす」，の4つであった．2006年以降実際の人口減少が起きてから，世の中で，都市構造の変革，社会基盤の老朽化や更新の必要性など，拡大から縮小の時代の議論が盛んになった．その先駆けとなる提言であり，学会として誇るべき成果である．丹保会長の優れた先見の明であったと感じている．

　この会長提言書の成功に刺激を受け，環境工学委員会で委員長を務めた機会に，環境工学のこれからのあるべき姿の審議を環境工学委員会に提案した．委員会幹事を中心に，「自然・社会と対話する環境工学」という冊子にまとめ，土木学会より2007年（平成19年）3月に刊行した．環境工学の姿を学会会員ほかできる限り多くの方々に理解していただきたいと考え，環境工学分野の科学技術としての論点とあるべき方向性をまとめたものである．

　この冊子は5つの章で構成され，「国際地域（アジア）のよりよい環境の設計のために」，「日本の豊かな環境設計のために」，「災害時にも強い社会を環境工学が設計する」，「心地よい都市空間のために」，「社会に科学技術を実践する」，と題している．グローバル化の急進展，2011年の東日本大震災の経験，科学技術専門家と社会との対話の社会からの強い要請など現在の状況の中で，この冊子が次の100年へもつながる課題を先取りできていたと考えている．

　印象に残る2つの活動を紹介した．学術学会の一つの重要な機能は，会員が相互に論点を語り合い，学術と社会の課題を整理する場となることにある．ここに紹介した2つの活動はその典型例である．会員の一人として，また，提言活動に参加した一人として，多くのことを学ばせていただいた．土木学会に感謝している．

（フェロー会員，（公財）水道技術研究センター 理事長）

企画委員会 2000 年レポートの作成

大島 一哉
OOSHIMA Kazuya

　土木学会での活動の中では，1998（平成10）年から2000（平成12）年に企画委員会委員となって「企画委員会2000年レポート－土木界の課題と目指すべき方向－2000年4月17日（社）土木学会企画委員会」作成への参加が印象に残る．

　委員長は森地茂先生（当時東京大学），幹事長は三木千壽先生（当時東京工業大学）で，レポートの最終とりまとめの段階には，ほかに山崎隆司氏（当時JR東日本），喜多秀行先生（当時鳥取大学）が参加された．

　このレポートは新しい世紀を迎えるに当たり，社会資本整備の方向転換の下，土木界の課題であった人材，教育，研究開発の3つを分析し，改革の必要性とその方向，そしてその中での土木学会の役割を提言したものである．このレポートの特徴は次の3点に要約できる．

　1点目は，我が国における土木技術者の実態を初めて統計的に把握したことである．当時，高等専門学校以上の土木工学系卒業者が毎年何人位いるのか，官庁や建設業，建設コンサルタントにそれぞれどのくらい就職して，各業界にどのくらいの技術者がいるのか分からない状態であった．そこで学校，官庁，企業にアンケートを実施した結果，我が国にはおおよそ21万人（高専卒以上）の技術者が働いていることが判り，その業界分布，年令分布も概ね把握することができた．

　2点目は21世紀の社会資本整備の方向の転換のベースとして公共投資額が大きく減少することを予測したことである．経済成長の停滞，社会保障関係費の急激な上昇から，2015年には公共投資額は2000年レベルの6割になるだろうと予測した．実際にはその後の政権運営，政権交代から減少速度は大きく，2010年には概ね4割のレベルにまで落ち込んだ．予測と結果には多少の差異があったものの，大幅な減少を予測して，対策案を提示したことは，業界，企業，技術者のそれぞれに参考となったのではないかと思っている．

　3点目は人材の確保，活用に関係した改革案として，土木学会が認定する土木技術者資格制度の創設と，土木技術者の継続教育（CPD）制度の創設を提案したことである．継続教育制度は土木学会の技術推進機構の継続教育実施委員会の下でレポート提出の翌年2001（平成13）年4月からスタートした．また，資格制度については，同年12月に特別上級技術者資格試験（面接試験）が行われた．2002年度からは上級技術者，一級技術者，二級技術者の資格試験が実施された．技術者の能力レベルの第三者による認定と，この能力を維持・更新するシステムができたことは高い評価を得ている．

　当時，私は建設コンサルタントの実務から離れていたが，久し振りに夜遅くまで調査，統計，解析などレポートの基礎資料の作成に取り組んだ．そして上述の4名の先生方とともに，学会近くのホテルに週末2泊3日で，朝9時から夜12時まで缶詰状態でレポートをとりまとめた．読み合わせや修正の繰り返しで辛いことも多かったが，先生方の貴重な指摘，提言をまとめるという機会を得たことは，今では懐かしい思い出となっている．

（フェロー会員，（株）建設技術研究所 代表取締役会長）

技術の総合性を具現する土木学会

大西 博文
OHNISHI Hirofumi

　私たちの土木学会初代会長古市公威（1854～1934）は1915（大正4）年1月30日午後3時に京橋区築地精養軒に於て開かれた第1回総会での会長講演で，「余ハ極端ナル専門分業ニ反対スル者ナリ．・・・本会ノ会員ハ・・・指揮者ナリ．故ニ第一ニ指揮者タルノ素養ナカルベカラズ．・・・本会ノ研究ハ土木ヲ中心トシテ八方ニ発展スルヲ要ス．是余ガ本会ノ為ニ主張スル所ノ専門分業ノ方法及程度ナルモノナリ」とし，技術の総合性を重要視した．これは，彼がフランスのエコール・サントラルに1876（明治9）年から3年間留学したことから来るものであろう．彼はそこで諸芸学科に在籍し土木をはじめ機械，化学，冶金などを修め，工学の総合力を身につけたのである．諸芸とは今で言うマルチ・ディシプリンであり，エコール・サントラルは学生たちにまさしくマルチ・ディシプリンを勉強させ，総合技術力を修めさせることを目的として1829（文政12）年に創立された学校であった．

　一方，1877（明治10）年に発足した我が国の工部大学校初代校長大鳥圭介（1833～1911）は技術の進歩は専門分業にあるとし，専門性の深化・特化に磨きを掛けることを優先させた．これは，富国強兵・殖産興業政策の下，科学技術を欧米から学び，近代化を急ぐ明治日本がとるべき方法論であった．しかし，総合性を重要視した古市公威はその先を見ていたのであった．

　ところで，現代社会は高度な科学技術に支えられた巨大複雑システムとみることができる．このシステムはまた，各種の高度なサブシステムから構成されている．これらのシステム群が私たちに教育や医療，交通，通信，娯楽，買い物，エネルギー供給，廃棄物処理など様々なサービスを提供してくれる．これら高度なサービスの提供が可能になったのは，科学技術が各分野で専門分化し，研究・深化により発展したからに他ならない．

　しかし，各種システム群は平時には高度なサービスを提供し続けるが，例えば3年前の東日本大震災のような巨大な負荷がかかる災害等の非常時にはシステム内，システム間の脆弱な部分から不調をきたし，システム全体の機能不全，停止，場合によっては破壊に至る．さらには周辺地域に著しい影響を及ぼしてしまう．これは個別技術の高度化に対応するだけの個別技術間，システム間の調整・連携が不十分なことに起因する．すなわちシステム全体の総合化が十分でないということである．それでは，この総合化はどのように行うのか．専門分化が高度になった各分野を知悉し，それらを総合化するのは個人の力では無理なことがある．いや，もはや不可能ですらある．チームによってでしかできない．これが多分野連携等の必要とされるところである．このような現代の環境下でも，やはり土木は初代会長の言のごとくその中心的存在であるべきである．土木の原点，総合性への回帰が唱えられる所以である．土木は工学，技術の総合性を具現する申し子であり，そのための活動を行うのが数ある学協会の中でも土木学会，その会員の使命であると思う．

（フェロー会員，土木学会専務理事）

出会いに導かれて

岡村 美好
OKAMURA Miyoshi

　「年次講演会という研究発表の場」．私が入会当初に土木学会に抱いていたイメージである．地方国立大学の土木工学科に初の女子学生として入学した私は学部2年で土木学会に入会したが，学会誌はほとんど積読（つんどく）の状態であった．修士課程修了後に出身大学の助手となり，年次講演会で研究発表をするようになったが，委員会等の活動に参加することもなく，土木学会は特別な人たちの集まりのように感じていた．また，毎年発表される土木学会賞に憧れたが，縁のないものと思っていた．

　その後，調査研究部門での委員公募に応募して，いくつかの小委員会の活動に参加するようになった．そこで出会った多くの方々から頂戴したたくさんの刺激と助言のおかげで私は研究者として成長することができた．そして，2000年には憧れの土木学会賞（田中賞論文部門）受賞というこれまでにない大きな喜びと研究者としての自信の種を与えていただいた．

　2005，2006年度には学会誌編集委員会に委員として参加する機会を頂戴した．業種も専門分野も異なる委員の方々と交流できる毎月の編集委員会はとても楽しく，取材やインタビューでは日常ではとてもお会いする機会はない方々にお話を伺う機会に恵まれて，視野を大きく広げることができた．企画・編集という初めての経験は大変ではあったが，学会誌に自分が企画した特集記事が掲載されたときは感慨深いものがあった．

　2004年には，米国土木学会会長であったパトリシア・ギャロウェイ氏を囲んでの座談会に参加したことをきっかけに，ジェンダー問題検討特別小委員会の幹事長を務めることとなった．ジェンダー問題検討特別小委員会は，2006年には男女共同参画小委員会，2010年にはダイバーシティ推進小委員会と改称して活動を続けており，2008年からは委員の方々のご協力のもとで小委員会の委員長を務めさせていただいた．幹事長，委員長として満足な働きができたわけではないが，小委員会での活動は組織のマネジメントやリーダーについて学ぶ場となった．

　この10年間に，土木学会における女性会員の比率は，正会員では1.7%（2004年4月末）から2.7%（2013年3月末）となり，学生会員では10%を超えた．全国大会では子供連れで参加する会員のために保育サービスが実施されるようになった．2013年，ダイバーシティ推進小委員会では，地盤工学会と土木技術者女性の会のご協力を得て，書籍「継続は力なり～女性技術者のためのキャリアデザイン～」を土木学会創立100周年記念出版第1号として出版をすることができた．2013年に政府が女性の活躍推進を日本再興戦略の一つとしたことで，女性土木技術者を取り巻く環境は大きく変わろうとしている．

　土木学会は私にとって研究者として人として成長する機会を与えてくれた場であった．学会で出会った多くの方々が導き支えてくださったおかげで今の私がある．この場をお借りして心より感謝を申し上げる．

（正会員，山梨大学大学院 准教授）

感謝とともに

岡本 義喬
OKAMOTO Yoshitaka

　当時の多くの雑誌と同様，土木学会誌の復刊は昭和 25（1950）年からである．GHQ への届出は確か同年 3 月で，口頭申請であった．申請といっても，旧 NHK 会館内にあった連合国出版局の職員があらかじめ詳しい調査を終了しており，学会誌の性格上厳密な査定はなく，再刊許可と同時に用紙が割り当てられ，5 月号からの復刊となった．

　筆者は学会誌復刊とともに編集要員として事務局に採用された．以後，平成 6（1994）年の退任時まで，アルバイトを除き，追加人事にはなかなか至らず，就任中の編集専門職員は最大 3 人の増加にとどまった．その間，学会誌，論文集の一部，学会出版物の大半の製作に従事したが，多忙の思い出が残るばかりである．

　しかし，海外視察で痛感した「外」からの視点の必要，或いは先達の導き，同時代の卓越した研究者，技術者からの刺激によって工学史への関心が高まり，本邦の工学形成に至る道筋を辿り直してみたいという欲求が萌したのは，何よりの恩恵であった．現役を退いて後，三浦基弘氏とともに『日本土木史総合年表』を，さらには『技術立国の 400 年』を執筆しえたのも，学会在籍時に得た厚意に報いたいとの一心が後押ししてくれたからこその，ささやかな夢の実現であった．

　とりわけ文科系においては，歴史を動かした人物の表情まで見えてくる年表や，その詳細な業績をめぐる事典類の充実には計り知れないものがある．一方，理工系技術者をめぐる正確な基礎資料となると，未だ十分とは程遠い．PR 不足も手伝ってか，やりがいのある仕事に映らぬ点が，立ち遅れた原因の第一ではなかろうか．

　学会 100 年を節目に，近い将来，学協会関係が横の連携を強め，若い有志が基礎文献の充実に心を砕いてくれることを切望しつつ，改めて筆者を支えてくれたさまざまな人・物・事に深い感謝の念を捧げたい．

（土木学会 第 4 代事務局長）

　岡本義喬元事務局長は，2014 年 7 月 25 日に享年 84 歳で逝去された．ここに謹んでお悔やみを申し上げます．

学会の活動理念の再構築と学会改革策に関わって

落合 英俊
OCHIAI Hidetoshi

　21世紀に向け社会のあらゆる分野でパラダイムの転換が求められていた時期（1996年）に，松尾稔土木学会第84代会長に声をかけられ，理事会総務部門幹事として学会運営に関わることになりました．それまでも土木工学ハンドブック編集委員会や創立80周年記念事業実行委員会などに関わっていましたが，学会の企画運営業務への参画は始めてでした．

　松尾稔先生は，当時，日本学術会議会員として指導的立場から，工学や技術のあり方について積極的に発言されており，土木学会会長就任にあたり，工学のパラダイムが歴史的転換期の渦中にあることを強調され，その転換に対応するために工学系学会が有すべき役割と機能として，会員相互の交流・連携・協力（Society機能），学術・技術の進歩への貢献（評価機能），社会に対する直接的な貢献（社会との双方向の意思疎通機能）を明示されました．そして，これらの役割と機能を十分に発揮し，学会が直面している諸課題を解決するためには，理事会各部門を横断した学会全体の企画運営に関する実質的な審議の場が必要であるとの認識から，理事会の下に，副会長を座長，理事会各部門の主査理事を構成員とする企画運営連絡会議が設置されることになりました．また，その実効をあげるために幹事会を組織することになり，実務を担当する総務幹事に私が指名されました．

　この役回りに適任の方は多く居られたと思いますが，それまでに日本学術会議や専門分野の地盤工学会などにおいて，松尾稔先生の下で活動してきた経験がありましたので，その役を引き受けさせていただきました．そして，この役回りを契機に，定款改正委員会，学会規則等改正検討特別委員会，倫理規定制定委員会，表彰委員会，国際的資格に関する特別委員会，国際的技術者資格委員会，土木教育委員会，技術者教育プログラム審査委員会など，学会の企画管理運営に関する活動に多く関わることになりました．

　「JSCE2000」は，21世紀に向けて土木学会の新たな活動理念の構築を目指して，1996－1997年度の理事会企画運営連絡会議がとりまとめた1998年版の土木学会改革策であり，土木学会が集合体から組織体へと変革する契機となった改革案です．そのとりまとめとその後の展開において，前述のように様々な学会活動に参画することになり，いろいろな分野の方々とお会いする機会に恵まれ，大学での教育研究生活では得られない経験を数多くしました．組織の役割と機能を意識した日常活動の重要性を経験したことも貴重でした．これらの経験は現在の職務（九州大学理事・副学長）の遂行においてもたいへん役に立っています．土木学会は，私にとって，様々な分野の方との出会いの場であり，総合性・社会性が涵養される場でありました．

（名誉会員，工博，九州大学理事・副学長，九州大学名誉教授）

初の PRC 橋の設計の経験から

角田 與史雄
KAKUTA Yoshio

　鉄筋コンクリート（RC）とプレストレストコンクリート（PC）の中間領域の構造は総称してパーシャリイプレストレストコンクリート（PPC）と呼ばれるが，その中，ひび割れ間隔の制御に専ら異形鉄筋の付着特性を利用する構造は一般に PRC と呼ばれている．

　PRC は 1961 年に北大の横道英雄教授によって提唱されたもので，本格的な PRC 構造としては最初となる上姫川橋（北海道開発局，橋長 80m のラーメン橋）の設計は，修士課程 1 年生（1963 年）であった筆者が担当した．当時は専ら許容応力度設計法の時代であったが，PRC を合理的に設計するには終局強度理論（鉄筋と PC 鋼による累加曲げ耐力），ひび割れ幅の制御，疲労安全性の検討など，当時の設計基準には無い照査を行う必要があり，横道教授の指導の下で独自の設計法を採用した．

　上記の設計を終えた翌年にヨーロッパコンクリート委員会（CEB）が作成した RC のモデルコードを入手し，限界状態設計法に初めて接したが，その基本概念は，筆者らが PRC の設計に用いた考え方とほぼ同様であるとの印象を受けた．また，CEB は 1970 年に国際 PC 協会（FIP）と共同で，PC を含むモデルコードを作成し，第Ⅲ種 PC の名で PPC の規定を導入したが，例えば，緊張力に対するクリープ・収縮の影響（有効プレストレス）の算定法が与えられていないなど，筆者らの PRC の設計に比べて具体性に乏しく感じた．従って，わが国が限界状態設計法を採用する場合には，CEB・FIP のモデルコードの模倣ではなく，独自に世界最先端の設計基準を作成する必要があると考えた．

　実際その後，東大の岡村甫先生の強力なリーダーシップのもとで，産官学の研究者の総力を結集し，最先端を行く内容のコンクリート標準示方書設計編（昭和 61 年版）が制定された．そこでは極めて精度の高いせん断耐力式を採用し，許容ひび割れ幅をかぶりの関数とし，また，他に類を見ない充実した疲労設計の規定の採用など，独自性に溢れていた．

　同示方書はその後もほぼ 5 年毎に改訂が行われ，例えば阪神淡路大震災の教訓による耐震設計法の大幅な改定，性能照査型設計の導入と鋼材腐食などに対する時間（耐用年数）を考慮した耐久設計照査法の導入，また最近は非線形有限要素解析による照査の導入など，適切な改正や充実が図られており，施工編や維持管理編等と合わせて世界で最も充実した内容の示方書であると考えられ，過去に示方書の委員を務めた一人として大いに満足している．

（名誉会員，工博，北海道大学名誉教授）

13年余の学会事務局勤務を振り返る

片山 功三
KATAYAMA Kozo

　土木学会誌2006年9月号の「ミニ特集 土木学会入門」の中の「職員さん，コンニチハ」で「土木をコヨナク愛するいぶし銀」として紹介していただいた折に，職員となった経緯を少し紹介させていただいたが，この機会に補足するとともに，以後も含め13年余の学会事務局勤務を振り返ることにしたい．

　2001年2月に土木学会に転職する前はゼネコンの熊谷組に勤務していた．1989年に技術開発賞を受賞したことがきっかけで，1990年から2年ほど土木施工研究委員会第6施工小委員会に，同時期にコンクリート標準示方書改訂小委員会施工調査研究部会に，また，1991年から1995年頃に建設マネジメント委員会新技術推進分科会に委員として参画し，その活動を通じて土木学会とはご縁があった．その後は，会社の事情もあり，また地方勤務もあって，遠ざかっていた．しかし，1998年に本社に復帰し，翌年に会社の専務取締役が土木学会の理事に就任したこともあり，同年8月の土木教育委員会の改組に伴い設置された「継続教育小委員会」（委員長：池田駿介東京工業大学教授（当時））に幹事として参画することになった．そこで，学会の「継続教育制度」の基本事項の検討に携わったのが大きな縁になった．2001年度から「継続教育制度」を立ち上げることになって，「学会に来てやってくれないか」と当時の三好逸二専務理事，井畔瑞人機構長から話があった．後から分かったことだが，同年には「技術者資格制度」の立ち上げが予定されており，継続教育に関してWeb教材の制作を学会が受託する計画もあった．（科学技術振興事業団（現在の科学技術振興機構）の技術者継続的能力開発情報提供事業において社会資本整備に関するe-Learning教材5コースを受託した.）

　学会職員になって技術推進機構に配属されてからは，それこそ時間との戦いだった．2ヶ月間でまがりなりにも委員会での検討事項を基に，「継続教育（CPD）制度」の創設にこぎつけることができた．工程表を作り，進捗管理をした．学会に来て，工程表を作るとは思ってもみなかったが，現場勤務の頃より工程管理はきちんとできたと思っている．なお，この時期に現在も使われているCPDマーク（右図）を発案した．

　「技術者資格制度」の立ち上げも同様で，2001年の6月くらいから事務局を任されて，委員会関係者の発言や意向を解釈しながら，実施要領の中身を詰めていき，2001年度の受験案内書（初回は特別上級技術者のみ）を書き上げた．7月末の第1回技術者資格委員会の席上，委員長の岡村甫先生が開口一番「これでやれる」と発言されたときには苦労が報われた思いがした．10月からは，東京電力(株)からの出向者（吉田博之氏）の応援があって大いに助けられた．こちらも手探りの状態で仕事をしていたから，面食らったとは思うが，彼には大いに感謝している．

　学会に来てからは，事業を実際に動かすという仕事柄，失敗は許されないので，あれこれ考え過ぎて「苦しきことのみ多かりき」であった．とはいうものの，自分がやっただけのことは成果として現れるので，努力のし甲斐はあった．「継続教育制度」や「技術者資格制度」など，他の学協会にとっても比較的関心の高いテーマを担当したこともあって，講演を頼まれたりすることもあった（日本建築学会，日本学術振興会，日本工学会，日本技術士会，鳥取大学，早稲田大学など）．また，仕事のPRも兼ね，技術推進機構にいた間は，年次学術講演会に単独あるいは委員の方との共同執筆で論文を出すことを心掛けた．学会職員も発表するのかと訝しがられたこともあったが，自分は学会職員であると同時に土木学会員でもあるというと納得してもらえた．そういうことができた境遇は今では懐かしい．

2005年5月から実施された「会員証の磁気カード化」に際しては，カードをCPDの登録にも用いることから，カードの仕様決定に深く関わっていたこともあり，僭越とは思ったが，みずからデザインした（前頁図）．

さて，2006年5月に技術推進機構を離れ，研究事業課長兼国際室長を拝命し，2008年8月からは事務局次長，企画総務課長兼国際室長を仰せつかった．2009年4月には機構長に就任し，古巣の技術推進機構を担当することになった．機構では，「技術評価制度」の定着や，2005年7月に刊行した「土木技術者倫理問題－考え方と事例解説」に続き2010年6月に発行した同書の続編（パートⅡ）や，2011年4月にスタートした「土木技術検定試験」用のテキストとして土木技術者資格委員会の方々と編纂した「土木技術検定試験－問題で学ぶ体系的知識－」（(株)ぎょうせい発行）に深く関わった．倫理本も試験テキストも増刷されたと聞く．編集の苦労が報われた思いがする．

学会では，公益法人制度改革による新法人移行のために2007年3月に事務局にタスクフォースを設置して準備を開始した．その活動に参画し，情報収集やその内容の理解に努めた．この時に学会活動を客観的に見られたことは，その後の実務に大いに役立っている．

2011年4月に事務局長を拝命した．学会における事務局長の発令は1978年5月に遡る．30有余年で専務理事は6名交代したが，当職は初のゼネコン出身の11代目の事務局長となった．それはさておき，2011年3月に東日本大震災が発生し，4月1日に公益社団法人に移行した．定常的業務に加え，大震災への対応と公益社団法人としての活動に奔走した2年間であった．特に内部統治のあり方，規程類の整備や業務執行報告の定型化等，いわゆる外形的な側面を重視して業務にあたった．2013年3月に還暦で定年を迎えることになった．学会への転職が第二の人生の始まりとすれば，第三の人生も考えたが，諸般の事情も気になり，その年の4月から継続雇用制度（65歳までは希望すれば勤務可能）がスタートすることもあって嘱託として残ることを決めた．同月には，2014年11月の創立100周年に向けた記念事業等を推進するために設けられた，有期の「100周年事業推進室」の室長を仰せつかった．この『土木学会の100年』もその一つの成果である．

齢47歳での土木学会への転職から13年余，いろいろと経験させていただき，自分のアイディアも大いに忍ばせることができた．成長させていただいた学会に感謝を申し上げたい．

（正会員，第11代事務局長，100周年事業推進室長）

42年の技術者人生を振り返り，後輩に送るエール

金井　誠
KANAI Makoto

　学部では土木に対して漠としたイメージを持ち，大学院では土質基礎工学分野を専攻し模型実験ですら実挙動を理論で追うことの難しさを知った．履修科目を何のためにどう適用するかに関しては無知であった．情報や知識を得ることが主で，学会との繋がりは論文集や講演概要集を通してであった．

　入社後，現場に配属され，最前線で作業員に追い回されながらの施工経験から，工学の不完全さと，経験や人間力の重要性を実感した．同時に，技術開発が将来の要となることを予感した．また，土木工学・土木技術の知識を施工に適用することで智を学んだが，土木の本当の，或いは，全般にわたる目的を理解できないままに学会との繋がりが最も少ない3年間であった．

　入社4年目から2年間Stanford大学院で簿記・会計学・財務学・金融工学などを学んだ．特に，金融工学からは，歴史学・哲学に裏打ちされた思想に基づき国家的ビジョンを確立した上で定量的なキャッシュフロー分析を実施すれば，限りある資金の効率的投資で後世に誇れる社会資本整備ができることを知った．工学と歴史学・哲学や資金調達・金融との接点を見た2年間であった．

　帰国後4年間，技術部門で現場支援や技術開発に携わった後，洪水対策事業や道路整備事業の現場で約20年間勤務した．その間，設計・施工技術の開発・改善だけでなく設計思想確立・仕様決定といった業務に携わったことから，事業目的や投資妥当性など技術以外の分野を学んだ．考えながら学会誌を読むことが多くなり，もっと早く読むべきだったと反省した．学会誌は歴史観に基づいた哲学確立への導入書である．建設界で学会会員証は入場券，技術士は運転免許証だと当社職員に力説しており，平成25年度末の当社会員数は1,657名，技術士は875名である．理事及び論説委員も務め，学会を強く意識した20年であった．

　土木工学も土木技術も施工技術も，目的とする社会資本整備では手段でしかない．感情論で左右される近視眼的な世論を気にしては社会資本整備ができないことは明らかであるが，工学や技術だけでは子孫に誇れる社会資本整備はできない．土木が他の分野と大きく異なるのは，目的とする社会資本整備の次元が，国土という面的な規模の大きさだけでなく，供用期間100年以上という永い時間軸があるからだ．現在の繁栄を我々が謳歌できるのは，先哲の投資努力の結果だ．だからこそ，我々は，先哲の歴史観や投資思想に学びビジョンを確立し，理論や技術といった工学的手段を最大限に活用し，未来に向かって子孫に誇れる投資を行うのだ．

　後輩には学会誌を考えながら読んで欲しい．学校や実社会だけの経験では得られない歴史・哲学・思想が満載されている．学会には，大学生を含む若き技術者向けの学会誌にするだけでなく，国民と技術者予備軍である小中高生に対して，難しいことを易しく，易しいことを深く，深いことを面白く伝える副読本ともなる学会誌にすることを望みたい．

（フェロー会員，(株)大林組　代表取締役副社長執行役員）

関西支部に育てられ

嘉門 雅史
KAMON Masashi

　2013年9月7日にブエノスアイレスでのIOC総会で2020Tokyoの招致が決まった．1964年の東京オリンピック以来50年にして，2度目の夏の大会が日本で開催されることは大慶の次第である．少子高齢化社会状況下で，過去20年間余にわたって経済が停滞し，東日本大震災と福島第1原発災害による荒廃にさらされた我が国土の回復と，国民の士気の高揚を，特に交通インフラを中心とした社会基盤の飛躍的な充実を約束するものであろう．

　私は1964年に土木の道を志して大学に入学した．時代は間違いなく社会基盤整備を目指す技術者を欲していた．今日までの50年は，まさにわが国の発展を土木界が支えてきたことを如実に表出しており，100周年記念を迎える土木学会が斯界の代表機関として先導的な役割を果たしてきたものである．私個人としては，土木学会100周年の後半50年に参加させて頂いた幸せを実感している．最初に土木学会を意識したのは，1969年に関西支部年次学術講演会で研究発表をしたことであった．当時は支部の研究発表会であっても各大学の重鎮の先生方が会場の最前列を占め，厳しいご意見を賜ることが多く，大変な緊張を強いられた．大学職員として教育者・研究者の道へ入り，研究発表等の機会も増えて，緊張感は薄れてしまったが，関西支部には生き字引のような事務局長がおられ，研究委員会活動や支部活動のいろいろな局面で直接厳しい指導を受けることが多かった．支部活動は本来ボランティアであるが，それだけに個人の資質が明瞭に出ることから，事務局長の人物評価は的確かつ誠にシビアであり，特に学会本部の活動に負けないような独自色，高いポテンシャルを示すことを求められた．幹事会活動で土木界の活動のPRとして，フォーラム・シビル・コスモス（FCC）を1991年に立ち上げたことは，私にとって一つのエポックであった．FCCのメンバーには関西地区の多様な産官の土木系機関の長や，NHK報道部長や電通部長，理解ある作家の方にお願いし，大所高所から土木界PR戦略を議論頂き，若手の実働部隊として提供いただいた方々とのFCCW活動を行った．シビル・コスモスという言葉は，京都大学の河田助教授（当時）が提案していた「土木学」を借用したが，FCCという名称の認知はなかなか難しく，FCC活動主体の継続は中断せざるを得なかった．しかしながら，様々な考え方，個性，才能などの多様性が織りなす世界を垣間見たものであった．

　土木界は社会基盤整備に責任を持ち，安全で安心し得る社会を構築して，多様性を尊重した社会，他者との共生や異文化と共存し得る社会に貢献することが肝要であるから，土木学会が今後とも理論と実学のバランスを図るとともに，着実な実践の遂行にリーダーシップを発揮していかねばならないであろう．これまで学会に育てられたことを肝に銘じ，今後は少しでも若手人材育成に貢献することが出来れば幸いである．

（名誉会員，元関西支部長）

学術的バックボーンであった土木学会

川島 一彦
KAWASHIMA Kazuhiko

　高度成長期まっただ中の1972年に社会人になってから，現在まで，私にとって土木学会という土木技術者のソサエティーの存在はきわめて大きなものであった．職務柄，構造物の耐震設計を専門とすることになり，長い間耐震技術基準作りに従事してきたことから，土木学会では地震工学委員会を中心として活動してきた．多数の先輩，同僚のメンバーから，多くのことを教えていただき，そこから学んだことが活動の源泉となってきた．地震時保有耐力法研究小委員会は，1923年関東大震災を契機として導入され，「耐震設計と言えば震度法」と言われて主役を務めてきた震度法から，地震時保有耐力法に脱皮するために重要な活動の場となった．中国四川地震（2008年），イタリア・ラクイア地震（2009年），チリ・マウリ地震（2010年），ニュージーランド・クライストチャーチ地震（2011年），東日本大震災（2011年）と土木学会や日本地震工学会等の関連学会との合同調査団として現地調査に参加した．土木学会や地盤工学会会長も出席してクライストチャーチ地震の被害報告会を都内で実施している最中に東日本大震災が起こった．強い揺れで報告会が中止となり，当日は帰宅難民となったことが忘れがたい．

　このほかに，国際委員会の時代にはサマーシンポジウムを始めた．日本に来てくれた留学生が日本語中心の研究発表会で肩身の狭い思いをして発表しているのはおかしい，留学生は日本の国際交流のための宝であるとの認識に基づいて，留学生を主体とした英語による研究発表会をスタートさせた．この研究発表会は，その後十数回にわたって続けられている．また，教育企画・人材育成委員会ではキャリアパスを明示し，技術者が育つ過程ごとに努力すべき目標を明らかにしたり，継続教育（CPD）の実施方策に関する活動を行った．その後，建設系11学協会が協力しながら継続教育を推進するための協議会を設けることになり，初代の建設系CPD協議会を設置したりした．

　また，教育企画・人材育成委員会の下に設けられた倫理教育小委員会では，土木技術者がプロフェッショナルとして誇りを持って社会と向き合うことの重要性を示すことを目的に，教科書作りを行った．青山士氏の言葉から，「技術は人なり－プロフェッショナルと技術者倫理」と名付けられたこの教科書は，現在までに7000部近くが販売されたと聞く．土木学会の出版物の中で，はじめて本格的に談合にも触れた本であった．こんなことを土木学会の出版物に書いてよいのかと委員会で議論しながらとりまとめた．当時，談合が土木に対する社会の心証を悪くしていた時代であった．

　時代は巡って，高度成長期に建設されたインフラの更新時期にさしかかり，また，次の首都圏直下型地震が懸念される時代となってきた．この40年余の技術と社会の進展にはめざましいものがある．今後の技術の展開と社会の発展に土木学会がさらに大きく貢献していくことを祈念したい．

（フェロー会員，東京工業大学名誉教授）

私の学会活動の総括

河田 惠昭
KAWATA Yoshiaki

　京都大学の3回生のときに学生会員になった私の土木学会における活動は，つぎのように，大きく3つに分けて捉えることができる．一つは，主として海岸工学委員会を活動拠点に研究展開したことである．ほかの一つは，地元の関西支部で8年間にわたって幹事として，各種活動を企画・運営したことである．そして，残る一つは，阪神・淡路大震災後に土木学会本部に特別委員会が設けられ，活動したことである．

　それぞれに忘れられない思い出がある．まず，海岸工学委員会の時代は，最初に海岸工学講演論文集編集委員として，論文集の編集に携わり，海岸工学の研究業績に対する広い知見を蓄積できたことである．その後，編集委員長，海岸工学委員長を務め，また執筆した漂砂に関する単名研究論文に対し，土木学会論文賞を受賞し，最近，出版文化賞もいただくことができた．この間，土木工学ハンドブック，海岸施設設計便覧や土木用語大辞典の編集や執筆を担当して，学会全体への貢献も果たした．

　一方，関西支部においては，企画や総務委員会での活動，「土木の日」の行事企画・運営，そして忘れることができないのは1991年に関西大学において全国大会を準備し運営したことである．このとき公募採用されたメインテーマ「シビルコスモス」は，その後の，土木学会関西支部に留まらず，学会全体の活動の思想的基盤として，当時の竹内良夫会長に高く評価されて採択され，一世を風靡した感があった．この精神は，現在の私の減災哲学の中核を構成しており，阪神・淡路大震災を経て復興事業で具現化し，東日本大震災後の復興への取り組みでも生かされてきている．

　3つ目の特別委員会活動はこの土木学・シビルコスモスと大いに関係している．阪神・淡路大震災後，松尾 稔土木学会会長の特命により設けられた「国土防災の適正水準に関する検討特別小委員会」では，委員長を務めた．17名の委員として，学識経験者やライフライン企業幹部のほかに，大蔵，建設，運輸各省の現職審議官，課長が7名も参加して熱心な討議を重ねた．その時の成果であり，歴史に残る中間報告書に書かれた公共事業の「選択的集中投資」の考え方は，2001年に発足した第1次小泉内閣の施政方針演説にも取り上げられ，2013年12月に策定された「国土強靭化基本計画」につながる思想的基盤を形成できたことは，今も誇りに思っている．

　私自身の研究・実践活動は，30歳代の初めから，土木工学から土木学・シビルコスモスの領域に拡大し，リベラルアーツを構成する広くて深い知見を得るように努力してきた．それが私の現在の国内外での防災・減災研究・実践活動と中央防災会議などを通した政府・自治体の政策に反映されてきている．とくに，いま起こることが心配な首都直下地震や南海トラフ巨大地震などの「国難」対策に生かされようとしている．40年間に及ぶ土木学会での活動が現在の私の思想と行動を支えている．

（フェロー会員，工博，関西大学教授，阪神・淡路大震災記念　人と防災未来センター長，京都大学名誉教授）

「KUROKO」失格のはみ出し事務局員の記

河村 忠男
KAWAMURA Tadao

　末森猛雄（初代）専務理事と岡本義喬編集課長の面接を受け編集要員として採用され，私が四ッ谷は外濠公園のなかにあるバラック建てであった土木学会本部事務局を職場とした時の記憶は定かではなく，ただ編集ナンバー2の石塚健さんが新婚旅行中であったことのみ鮮明なのはたぶん次のことによるからかも知れません．

　「電報をうって原稿のあるところを教えてもらえ！」「分からないー，すぐ帰ってきて捜せと言え！」，えらいところに来てしまったようだ，華の初旅にも安心して行けないのか．

　少し職場の空気にもなれた数日後に岡本さんから申し渡されたことは「論文集の仕事をしてくれ」のひとこと，「はぁー」とは答えたものの何をどうしたら良いのかの説明もなく様子見を決め込んでいるうちに，論文集より学会誌のほうが格段に面白そうだと判ったのでそろりそろりと勝手にー，気がついたら学会誌編集担当になっていた，今考えてもなんとも不思議というかおおらかな職場でした．

　黒四ダムの完成を目前としていたこの時期は，その後の我が国公共財の骨格形成への号砲が打ち鳴らされた時でもあり，東京オリンピックの開催が目前，爾来，東海道新幹線，名神・東名・首都・阪神高速道路から本四架橋，東京湾横断トンネル工事の完成あたりまでのおおよそ40年，面白くないわけがない優れて愉しいこの世界に，職場の威光を活用して充分に遊ばせてもらえた我が身の幸運に感謝あるのみです．

　それにしても凄かったですね，我が職場は．入局当初は連日のように終電が出た後の帰宅は盛り場経由のタクシー相乗り，土日出勤は当たり前，週末に休めるようになったのは四ッ谷駅前の食堂街で昼食がとれなくなってから，とは言え居残り組は編集課と委員会対応の事業課の一部男子職員であってそのほかは至極のんびりしたところ，公務員に準ずる賃金体系とそれなりの身分保障が与えられており，都心ながら緑溢れる外濠公園の中という優れた立地ともども上を見ない限り良い職場だったと思います．

　たぶん，夕飯を21時前にとった記憶は限りなく薄く，週末と正月休みのほとんどは爆睡に過ごした我が青春・壮年期であったものの，シンドイ職場とか過酷な日々との想いはなく，優れて愉しく日々は新鮮かつ知的刺激に溢れかえる仕事場でした．

　いずれを専門とするにせよ学会というところは国を代表する頭脳が蝟集して知恵を編み出すところ，その中にあって基幹たる学会誌の編集に20年余，土木計画学，景観工学，情報施工等の新規専門分野の創出，英米土木学会等との交流，対社会広報（青函ウォーク，土木の日，NHKスペシャル「テクノパワー」等．マスコミ人との人脈創出），本田宗一郎・司馬遼太郎・曾野綾子さんらとのおつきあい，阪神大震災対応等に携わりました．共通しているのはいずれの場にあっても前例無し（あるいは前例無視），皆さんに歓ばれる新しいカタチの創出であり，産みの楽しみに努めたことによる誹謗はけっして少なくはありませんでした．

　日本工学会100周年時の皇太子殿下同妃殿下（現今上天皇皇后両陛下）ご来臨，北大から鹿児島大に至る20余の大学・大学校に招かれの講義等，平凡社と小学館そして講談社『百科事典』の編集委員，外部の委員会等に招請されたことも全てこの職場に身を置いてのこと，嬉しい限りです．

　これらはひとえに鈴木雅次，小川博三，石原藤次郎，八十島義之助，鈴木忠義，石川六郎，竹内良夫，高橋裕，中村英夫，三浦裕二，朴慶智，定道成美，松田芳夫，栢原英郎さまをはじめとする数多くの方々の公私を超えての厚誼によるものであって，来世，父母への佳き土産話と心得おります．

（元土木学会事務局 企画広報室長，次長．法政大学工学部兼任講師）

長く関わった2つの仕事

木村 亮
KIMURA Makoto

1982年、年次学術講演会で卒論研究を発表するために、私は土木学会の学生会員になった。以来32年を経たが、長く関わった2つの学会活動を紹介したい。

ひとつは1995年から関わった土木学会誌編集委員会の仕事である。幹事3年のあと委員1年、幹事のいない幹事長を2年、最後は2008年より委員長を2年間勤めた。15年間の間、半分以上の8年間、毎月最低1度は四ツ谷に京都から通った。初めての幹事会に出席したとき、幹事の人たちが関西人の私にとってはどうしても冷たく聞こえる標準語で、理路整然と自論を展開されるのを聞いて、とんでもないところに来てしまったと後悔した。ただ、回を重ねると、理屈はすごいが新しい発想や少し突拍子もない面白い意見は意外と少ない、ということに気づいた。

2年目からは自分の意見を会議の場で述べるようになり、「そんなこと言うのならあなたがやりなさい」と言われ、とにかく恥ずかしくないように頑張った。その努力の集大成が1997年12月号のミニ特集「土木と国際協力」である。すべての記事を企画し、一貫してチェックし、編集し、紙面のデザインまで考えた。今も大切に残している、私の土木学会誌記念号である。「つくり手が楽しんで作らないと受け手は楽しめない」が私の編集スタイルで、委員会をも含め明るい雰囲気で前向きに企画・編集した。「人の顔と人の意見が見える誌面つくり」も終始こだわったポイントであった。

「土木界の将来を担う学生の学会離れをいかにくい止めるか、学会活動を学生会員にとって魅力のあるものにするためには、何が必要なのか」という未だに解決されていない問題が、関西支部創立60周年記念事業の企画段階で議論され、その結果1987年度に生まれたのが「学生会員海外派遣研修制度」である。基本的に一人で研修し、世界の47ヶ国に派遣した。関西支部のユニークな事業として定着したが、2005年度を持って基金がなくなり終了した。

19年間で応募者総数384名、派遣者総数94名（うち女性20名）であった。制度の後半には高専生が多数応募し、ほとんど初めての海外一人旅であった。帰国後の変化は顕著で、自信が生まれ自分の意見を生き生きと発言できるようになっており、若年学生には本当に有意義な制度であった。私は学生時代から世界を自転車で遊学していたことから、事業発足当時の関西支部幹事長であった土岐憲三先生に「君は永久幹事だ」と言われ、私の天職と思い、事業の広報活動、面接や書類審査、採択後の研修生へのアドバイス、帰国後の報告会の準備・引率を行った。「後々まで継続させる事業」で「学会本部が口惜しがるようなこと」をまず関西支部で実行するのだという勢いがあった。私が19年も付き合った、爽やかで労力が苦にならない仕事であった。

（正会員、京都大学大学院工学研究科教授）

ACECC 誕生への 3 年半

日下部　治
KUSAKABE Osamu

　ことは松尾稔第 84 代会長の大改革に始まる．学会創立 75 周年を機に特別委員会として設立した国際委員会は，1996 年 4 月に常設委員会に改組され，委員長に小野和日児会員，幹事長に筆者が任命され，学会の国際化の議論を開始した．1998 年度版 JSCE2000 に残る，その議論の骨子には「土木学会の国際連合組織の提案・構築」の文言が残る．

　当時，ASCE は世界各国に支部を形成し国際戦略を進め，アジアでの国際会議開催を模索していた．フィリピンと日本の支部が応じ，結果フィリピン土木学会（PICE），JSCE が会議誘致に名乗りを上げた．1997 年 ASCE 年次大会時に ASCE 国際委員会が開催され，松尾会長，富永 ASCE 日本支部代表とともに筆者が出席した．ラモス大統領の任期中に開催との強い政治的な要請によって，フィリピンの次に日本で開催ということで折り合いがついた．

　3 学会の協力によって第一回アジア土木技術国際会議（CECAR）が 1998 年 2 月にマニラで開催，成功裏に終わった．この会議を継続的に運営するための連合組織が必要との話が持ち上がり「国際連合組織の構築」が現実味を帯びてきた．次期国際委員会が 1998 年 10 月に連合組織のコンセプトを両学会に提案し，Task Force（TF）で検討することとなった．JSCE では，併行して第 2 回 CECAR 運営のために，アジア土木技術国際会議担当委員会と CECAR 実行委員会が組織された．

　筆者が TF のメンバとなり，定款等の素案作成を行った．その時参考にしたのが 1999 年 1 月に協定締結をした European Council of Civil Engineers の定款等であった．1999 年 3 月東京での TF の会合で各種 draft を作成し，5 月開催するマニラでの Steering Committee 会議までに各学会が draft を検討する運びとなった．

　その会議に，JSCE からは石井弓夫国際委員長，住吉幸彦第二回 CECAR 委員長，寺師昌明同幹事長，奥村文直アジア土木技術国際会議担当委員会幹事長と筆者が出席した．会議初日，筆者が TF の原案を説明したのに対して，ASCE 代表 Ang 教授がコンセプトは受け入れないと反対論を述べ連合組織の議論は物別れに終わり，場の雰囲気は最悪であった．夕方の懇親会で，ASCE の国際会議責任者 Schirmer 氏が名称変更の提案を持っているとの情報が耳に入ってきた．Asian Council of Civil Engineers の原案に対して Coordinating という文言を入れ，Asian Civil Engineering Coordinating Council（ACECC）とするものである．その時，これを落としどころとして議論をまとめようという気持ちになった．

　PICE 国際委員長の Cruz 氏が，翌朝 JSCE の面々をゴルフに誘った．この時間が頭に血が上った ASCE と JSCE お互いの頭を冷やすことになり，2 日目夕方，会議が再会された．PICE のナネット女史の車で会議場に向かっていた私は車中，ASCE の態度に大変不満であること，ASCE なしでも連合組織を発足させる意志があることなどを話した．彼女は，議論の最初にその disappointment の気持ちから切り出すのがよいとの忠告をくれた．仕切り直しの会議冒頭，私はその通り ASCE の対応には大変失望したと述べた．すると Ang 教授は「Don't blame me!」と叫んで喧嘩を売ってきた．私も「ASCE は約束を履行していない．ASCE なしでもアジアの学会だけで連合組織は出来るし JSCE はつくるつもりだ」と大声でまくし立てた．二人の間で興奮した議論が続いたが PICE の取りなしで，今までの経緯を大切にして，連合組織を作る方向で議論を継続しようということになった．そこで ASCE は先の名称提案等修正を行うことで組織設立の譲歩をしてきた．設立することが最優先課題であった JSCE が承諾し合意が達成された．その結果，1999 年 9 月 27 日に ACECC 設立調印式が土木学会で行われ，第一回理事会で会長に岡田宏会員，事務総長に筆者の体制が発足したのである．設立までの 3 年半は国際組織の構想実現と国際交渉の貴重な経験の連続であった．

（フェロー会員，茨城工業高等専門学校 校長）

土木学会に生きる技術者の精神

草柳 俊二
KUSAYANAGI Shunji

　大学を卒業し，建設企業で働き出したのは1967年（昭和42）．入社と同時に関西地方勤務となった．配属先は東海道新幹線のターミナル，新大阪駅の操車場拡張工事現場．関西地方は，山陽新幹線，中国縦貫高速道路，大阪湾の港湾整備，大阪万国博覧会，地下鉄，阪神高道路網，上下水道整備と云った産業発展基盤のためのインフラ整備がものすごい勢いで進められていた．関西での現場勤務は7年続いた．この間，様ざまなプロジェクトに携わった．しかし，学生時代はろくに勉強せず，働き出してからも現場勤務，土木学会とは無縁の人生を送っていた．

　1974年，第一次オイルショックの発生によって建設投資は一気に冷え込んだ．この年，突然，海外勤務を命じられた．行く先はシンガポールの前のある島，インドネシア領のバタム島．2歳と生まれたばかりの子供，家内を連れての勤務．バタム島は淡路島の2/3程度の大きさ，人口1,500人弱，電気や水道もなく，道路もほとんどない全くの未開の地だった．インドネシア政府はこの島をシンガポールに対抗する経済特区を建設する計画を進めていた．

　開発の基本計画は米国のベクテルが作成．港湾施設と周辺開発，生活用水確保のダム等の基本インフラ建設を調査，概念設計，基本設計，詳細設計，施工，技術移転まで一貫して行う，これが我々の契約であった．日本国内では建設会社が決して経験することのない範囲の仕事であった．文化，自然条件，社会条件の大きく異なる地での経験を超えた範囲の仕事．苦闘の連続であったが，やりがいはあった．苦しいときに思い出したのは，学生時代，講義で聞いた，田邊朔郎，青山士，八田与一といった技術者たちのことであった．彼らの境地に至れば出来ると考え，踏ん張った．

　40年近い月日がながれ，今年，2013年の5月，バタム島を妻と共に訪れた．バタム島は人口100万を超え，軽工業中心の経済特区として発展していた．道路網，国際飛行場等のインフラ整備が進んでいたが，我々が手掛けた港湾もダムもしっかりと機能を果していた．

　土木学会には営々と引き継がれた技術者精神がある．それは，世の中に役に立つ仕事をするということである．
　　（名誉会員，高知工科大学 社会システムマネジメント研究所長，大学院社会システムマネジメントコース 特任教授）

土木学会における環境分野の展開

楠田 哲也
KUSUDA Tetsuya

　近年の土木工学は「モノ造り」「ひと」「環境」の3極構造をとり，これらはそれぞれの「要素」と「体系」の2層からなるが，創設時の土木工学は「モノ造り」「要素」の1極1層であった．

　わが国の環境問題は，水道普及，汚水・し尿処理，塵芥処理が主の時代を経て1970年代の下水道建設・公害対策，1980年代の環境創造，1990年代の資源循環型社会，持続型社会構築から地球規模問題対応へと拡大してきた．

　土木工学において，学問としての環境技術（要素）を環境システム（体系）から見る重要性が認識され始めたのは1960年代末のことであった．その当時，学会内にこの認識を具現化するために既設の衛生工学委員会とディシプリンが異なる「環境問題にかかわる委員会」を設置しようとする動きがあったが土木学会理事会はこの委員会の設置を認めなかった．が，土木工学をめぐる社会の変化から1972年に衛生工学委員会付置の「環境問題小委員会」が認められた．環境と経済の関係を相克とする時代故の遅れと付置であった．そして，小生がこの小委員会の幹事長に就任したのは1985年で，衛生工学委員会に委員として参画したのは遡る1977年である．この小委員会が環境システム委員会として独立したのは1987年であった．一方，衛生工学委員会が環境工学委員会となったのは1994年である．まさに，デカルト流の要素還元主義だけでなく，ヘーゲル流の非還元主義をも学問として認める時代が土木学会にも到来し，3極2層の考え方が容認された瞬間の喜びは一入であった．環境システム委員会の初代委員長は大阪大学の末石冨太郎教授で，小生は小委員会委員長に続き，初代，第2代委員長に幹事長として仕えた．末石教授は環境をシステムの眼鏡で見ることのできる碩学であり，短い言葉で示唆してくださる末石先生には畏敬の念以外に何もない．なお，地球環境委員会が発足したのは1992年のリオサミットの年である．

　時代とともに対象領域を拡大してきた衛生工学委員会が環境工学委員会として，「モノ造り」だけでなく「環境」を統合するパラダイムに内発的に転換し，さらに，環境システム委員会も「ひと」も含めてこれらを統合化し，究極目標に向かっていくことを元委員長として願っている．小生が感じた外圧はもはや存在しなくなったが，逆に，劣悪な生活環境の改善，生物群集の保全，地球環境の劣化抑制，これらのための社会の変革に対し，両委員会の責任は大きくなっている．「環境工学」や「環境システム」における究極目標の達成には，世界中いたるところで環境に対する認識を形而上学として語れるようにし，受動的な「ひと」ではなく能動的な「ひと」として環境の本質に関わっていけるようになることを願っている．

（名誉会員，九州大学東アジア環境研究機構特別顧問・名誉教授）

津 波

河野 宏
KONO Hiroshi

　学会にお世話になったのは，1993～97年の約4年半．大学を卒業して以来，建設省（今の国土交通省）に勤め，道路分野の仕事をしていました．学会は，土木工学関係という点だけが共通の別世界，見るもの聞くものみな珍しくという感じがし，戸惑うことも多かったのですが，興味と好奇心を活力に仕事をしていたように思います．学会ならではと思い，喜んでしていたのが，多種多様な方々との会話，特に耳学問でした．そして，その中で最も印象に残っているのは，津波に関するものです．

　1993年に奥尻島地震が発生しました．報告会で，津波の高さについて，「16.8m，遡上高は20m以上，30mを超えるかもしれない．」と聞き，数値の大きさに驚いて，波高予測値はどのくらいだったのか，隣席の専門家の方に尋ねました．答は数mくらいだろうとのこと．「予測値と実際値の違いが倍・半分を超えるのは異常，そんなに違っているとまともな防災対策などできないのではないか？」河川の洪水と海の津波との比較で，予測の難しさを説明されました．「第1に，津波の水は遡上するが，洪水の水は遡上しない．第2に，水の供給は，津波の場合，海が供給源だから津波が陸地より高い限り無限だが，洪水は供給源が降雨だから有限．そして，津波の水の挙動は，地震，海底地形，陸地地形によるので，予測が大変難しい．」津波と洪水との違いは理解できましたが，そうなると，津波に遭遇したら，命あっての「ものだね」，なくなれば「それまで」か？という気がして，割切れない思いが残りました．

　その思いが払拭されたのは，十数年後，東日本大震災の津波災害を映したテレビ番組を見たとき．海水が粛々と侵入し，建物，自動車，電柱，街路樹など地上のあらゆるものを破壊し，流れの中に飲み込んでいきます．陸の世界が海の世界に取り込まれていく様を見ていると，陸が海より高いのが自然，しかし眼前の世界は，限られた時間限られた地域ではあるけれど，海が陸よりも上，この超自然世界を出現させたのは津波．津波は超自然世界を出現させる自然現象？！　混乱した思考の中でしたが，十数年前土木学会の会議室で聞いた「予測は難しい」の声を思い出し，説明者の言いたかったことはこのことだと感じました．同時に，「倍半分が予測の許容範囲」などと言っていた私の無知・頑迷を痛感しましたし，たいへん恥ずかしく思いました．

　この耳学問，「更なる理解の到達」に十数年（1993年→2011年）を要したもの．得た結論は，津波は自然による超自然現象，遭遇したら命あっての「ものだね」命なくなれば「それまで」，人も自然の申し子，自己保存本能は授かっているはず，日々これを磨き，万一遭遇したときは死に物狂いで生存に務める．超自然には超人的努力で対抗するしかない，となるのですが，この結論，語呂合わせに過ぎないでしょうか？

（元土木学会専務理事）

土木学会の地震被害調査

小長井 一男
KONAGAI Kazuo

　長岡技術科学大学から東京大学生産技術研究所に異動した1987年から，2013年の退職までの26年間に，数えてみれば国内外の43地震153回の地震被害調査に関わった．当初は何をしてよいのか皆目わからず，初めての海外の地震調査であるロマプリータ地震では，アポもとらず直接サンフランシスコ港湾局に押しかけ門前払いを食った苦い記憶が残る．自分に調査への適性があるのか悩みもした．しかし結果的に土木学会からの派遣で7回の団長，4回の副団長に任じていただいたことは，調査そのものの在り方や意味，学会，社会にどう貢献すべきかを考える契機にもなった．2011年のニュージーランド・クライストチャーチ地震では土木学会，日本建築学会，地盤工学会などの日本の調査団とともに，アメリカ土木学会の調査団も現地入りしている．アメリカ土木学会ライフライン地震工学評議会の調査メンバーによれば，アメリカ土木学会とニュージーランド土木学会は災害調査に対する協定があり，これによってアメリカ土木学会のPE（Professional Engineer）の有資格者はわれわれが立ち入れなかった地域へも無条件で立ち入ることができたとのことである．学会間で調査活動に関する事前の枠組み構築も重要であることを認識した事例である．海外の調査が外務省退避勧告相当の危険度IVを超える地域に及ぶ場合，通常の旅行保険が適用されない．したがって学会の派遣とはいえ，実際は，団員の職場上長の命令による職務出張とし，労災保険の適用対象としなければならないのである．日本では普及してきたボランティア保険も海外では適用されない．

　様々な問題や限界を感じながらも "土木学会" の看板を掲げ地震被害調査が行えたこと，また実質的にロジスティックスの面で学会から大きな支援を受けたことは大きかったし，なによりも教訓を後世に伝える大きな責任を自覚することになったのである．多くの被災地震の記憶は直後では鮮烈であるが，時とともに忘れ去られていく．2005年のパキスタンカシミール地震の被災地ではJICAの支援で口を開けた地すべりの亀裂部分に伸縮計と雨量計が設置されたが，しばらくすると伸縮計のワイヤーに洗濯物がかかり，雨量計は消失し，最後には亀裂部分を跨ぐように家が建てられていた．時の都合が優先され，災害の教訓が風化していく風景は，時を経て被災地を訪れたときに少なからず目にすることであり，愕然とするのである．忘却という人間の本性に抗いながら，被災の事実を科学的な記録として残し伝えていく使命を土木学会員の一人として帯びていることを痛切に感じるのである．

（フェロー会員　地震工学委員会　委員長）

土木学会のこれからの100年をみつめて

小林 潔司
KOBAYASHI Kiyoshi

　土木学会が100周年を迎える．土木学会のこれまでの100年間を振り返ることは簡単なことではない．これからの100年間を考えることはさらに困難なことである．

　社会資本はわれわれ世代だけでなく，これから生まれてくる子供たちの世代にも役に立つ．社会資本の整備には，いまの消費を切り詰めるという自己犠牲が必ず伴う．誰もが自分の消費ばかりを優先させる社会には社会資本は蓄積されない．われわれは，人類がこれまでに綿々と努力を重ねて蓄積した社会資本から多くの恩恵を受けている．過去の人々が社会資本を残した背景には，為政者であれ市民であれ，社会資本を後世に残すことを「よし」とする社会的モラリティがあった．

　戦争で焦土と化した日本には，敗者の卑屈や憎悪に堕するのではなく，敗北を抱きしめながらも民主主義の実現と社会資本の発展に対する力強い国民の合意があった．その結果が奇跡的な経済発展をもたらした．現在，このような意味での社会資本づくりが，ようやく終わりを遂げたのかもしれない．「よい社会とは何なのか」，この途方もない大問題に対する答えが求められている．新しい時代の国づくりにおいて何を理想として抱きしめるべきか，それに対する国民的合意の可能性を求め続けるのが土木技術者の，さらに土木学会の使命だろう．

　公共事業に対してさまざまな批判がなげかけられている．不幸なことに，公共事業の決め方に対する批判と社会資本そのものに対する批判が，時として同一視されているところに悲劇がある．かつて，キケロはローマの元老院で「市民は政治的決定に必要な知識を持っていない．したがって，意思決定は十分な知識をもっている専門家に委ねなければならない．」と主張した．キケロ主義ともよぶべきこの考え方は，一つの政治的ドグマとしてローマ帝政の時代から今日まで生き続けてきた．しかし，キケロ主義はいま歴史的な解体の時期を迎えつつある．キケロ主義は論理的にも誤っていた．仮に，「市民は政策判断に必要な知識をもっていない」という前提を認めたとしても，そこから「専門家が市民に代わって意思決定すべきである」という結論を導く論理は飛躍している．「市民が必要な知識を専門家から学び意思決定に関与する」という論理も同時にありうる．国づくり，まちづくりに関わる喜びは専門家だけの特権ではない．

　アリストテレスは政治的決定の問題は，最終的には「人々は誰の言うことを信じるのか」という問題であると言った．アリストテレスは政治の基盤を徳という政治家個人の資質に求めた．しかし，都市国家アテネと異なり，現代社会では人々は意思決定者の個人的資質を詳しく知りえない．現代社会では，他人のことをよく知らないという状況の中で，さまざまな人々が政治的決定の問題に対して自由に発言し，人々は「誰の言うことを信じるのか」を決定している．結局のところ，人々は「その人の言うこと」を信じるに足るかどうかを，「なぜ，その人がそのようなことを言うのか」という簡単な，しかし重要な糸口を用いて判断している．

　合意形成－それは政治哲学の永遠のテーマである．社会契約論で有名なルソーは，合意形成に対して懐疑的であり，「人類が合意に成功したことがあるならば，それは多数決を民主主義の意思決定手段とすることに合意したとき以外にないだろう．」と言った．ルソーがいうように，無知のベールという誰が損をし，誰が得をするかが明らかでない状況では，「ものごとの決め方」について合意が形成されるかもしれない．「よい社会」とは何か？この問題に対して，合意形成を形成するのは簡単なことではない．しかし，よい社会に関する社会像を提示し，国民的議論を引き起こしていくこと－それは土木学会が果たすべき大きな役割である．

　災害ユートピアという言葉がある．災害時には，善意や助け合いの精神に支えられた多くの活動が生まれる．災害時における日本人の行儀のよさや秩序の良さに対する海外メディアの賞賛に対して，多少の面映ゆさを感じつつも，誇りに思った日本人は少なくない．東日本大震災という不条理に直面し，悲嘆のなかにも自分の不幸をしっか

りと抱きしめ，無気力や暴力とは無縁に折り目正しく，なすべきことを着実にこなし，復興に向かって一歩ずつ歩を進める．このような被災者のありようは，世界の中で際立って特別なことかもしれない．

　人びとの強さとしなやかさ，人と人とのつながりを大事にし，知恵や知識に支えられて，たくましく着実に生きていく．それは，伝統的な日本社会のありようであり，よい社会に関する一つの形でもある．禅語は「松柏千年の青，時の人の意に入らず．牡丹一日の紅，満城の公子酔う」と説く．牡丹の一時の艶やかな花に，満都の貴公子達は酔いしれる．松柏の青が人の目をひくことは少ない．寒風吹きすさぶ候となれば，今まで目立たなかった松柏の不易の美しさが改めて見直される．この国の不易の美しさ，それは「よい社会」の一つの姿を示唆しているように思う．

(フェロー会員，京都大学経営管理大学院教授)

デジタルメディアと「土木」

小松　淳
KOMATSU Atsushi

　「土木」という言葉の使われ方の歴史を調べるために，2014年のゴールデンウィークに自宅のデスクトップPCからインターネットで近代辞書における「土木」とその関連用語の語義と用例，出典等を採集，整理していたところ，国語辞典で「土と木」という語義の初出らしきを見つけた．その後，確認のために漢和辞典も調べていくと，さらに遡る「つちときと」という語義の初出と同時に，これまで謎とされていた「築土構木」の初出と推察できる辞典が見つかった．1903年（明治36年）に三省堂が発行した「漢和大字典」である．

　「土木」という熟語は，親字【木】の項に"〔土木〕（い）つちときと。○〔後漢〕――形體、不自藻飾。（ろ）建築。○〔淮〕「築－構－」"とあって，第二義が「建築」，出典は「淮南子」の「築土構木」となっている．

　インターネット上には，2002年公開の国立国会図書館近代デジタルライブラリーをはじめとするデジタルアーカイブスが多数あり，近代書籍や近世文書の書誌情報が検索できて，ページごとのデジタル画像を容易に閲覧できるようになっている．ぜひ自分の目で確かめてほしい．

　1980年に大学の土木工学科を卒業後，筆者が土木学会で活動を再開したのはインターネットが普及しつつあった1996年，ちょうど土木学会がホームページを開設した頃である．調査研究部門の土木情報システム委員会（現土木情報学委員会）人工知能小委員会（現情報共有技術小委員会）で情報を共有するための仕組みを検討するワーキンググループに参加した．それ以降，ICT（情報通信技術）を土木分野に利活用するための調査研究に加え，JSCE2005で提案された「土木総合情報プラットフォーム」の双方向機能の一つ「情報交流サイト」の構築・更新（2003年～）を皮切りに，社会コミュニケーション委員会活動に携わるようになった．委員会サイトの構築（2009年～），土木の日記念行事シンポジウムのライブ中継（2011年～），土木学会Facebookページの運用（2011年～），100周年記念サイトの運用支援（2013年～）など，単なる仕組みの構築から運用を通じて内容に踏み込まざるを得ない状況が増えてきた．

　もともと，河川工学分野を専攻して建設コンサルタントに就職，水理模型実験5年間，水路トンネル非破壊調査2年間の経験から計測制御に用いるコンピュータに魅力を感じて情報システム分野に転向した筆者が，今となって「土木」という言葉について歴史を調べることになろうとは．ただ，ここで強力な道具を手に入れていたことを思い知らされたのである．インターネットとデジタルアーカイブスによって，自宅に居ながらにして世界中の文献が検索，閲覧できるのだ．実際の図書館で分類・索引と閲覧によって一つ一つ文献をあたる手法では100年前の文献を網羅的に探ることは難しかっただろう．土木学会100周年のこの時期に「故きを温ねて新しきを知る」ことがデジタルメディアを通じてできる時代の進歩に感謝するとともに，これからの土木学会の活動を記録して残していくことの責務を強く感じている．

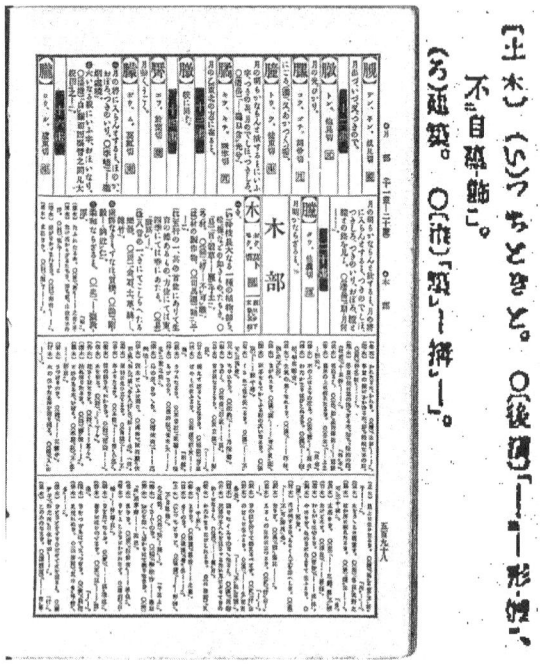

（出典：国立国会図書館近代デジタルライブラリー
重野安繹ほか：漢和大字典，三省堂，1903年
http://kindai.ndl.go.jp/info:ndljp/pid/862746/364）

（社会コミュニケーション委員会幹事長，日本工営（株））

女性会員 50%の時代へ

小松 登志子
KOMATSU Toshiko

　理学部出身なので学生の時は日本化学会会員だった．工学部土木工学科の助手になってから土木学会員になって以来，支部大会，全国大会での研究発表を欠かさず続けてきたこと（最近はサボっているが）と，土木学会論文報告集に多少論文を投稿したくらいで特筆するほどのこともなく，せいぜいこれまで「女性会員」の一人であったことがわずかな貢献といえるのかもしれない．それでも思い起こしてみると，土木学会誌のプロジェクト・リポートで奥出雲おろちループ（1993）や淀川流水保全整備事業（1995）の取材をさせていただいたこともあった．学会誌編集委員会や環境工学研究論文集委員会などの委員を依頼された時はいろいろな事情でお断りさせていただいた（申し訳ありませんでした）．男女共同参画小委員会の委員長を務めさせていただいたこともあった．2004年に来日中のアメリカ土木学会初の女性会長（ギャロウェー氏）を囲んで座談会をしたことがきっかけで，土木学会の中にもジェンダー問題を検討する委員会を作るべきではないかということになり，教育企画・人材育成委員会のもとにジェンダー問題検討特別小委員会が立ち上がることになった．その際，委員長をお引き受けしたのだが，実際の仕事はほとんど幹事長の岡村美好先生（山梨大学）にしていただいた．その後，男女共同参画小委員会へ名称変更して2期目の委員長も務めさせていただいたが，岡村幹事長がアイデア豊富で企画力のある方で，全国大会での研究討論会や地盤工学会との共催フォーラム開催，アンケート調査などいろいろな活動を行った．現在はダイバーシティ推進小委員会委員長として活躍されている様子で，「継続は力なり－女性土木技術者のためのキャリアガイド」という本も出版されている．大変意欲的に活動されていることに頭の下がる思いである．当時（2006年3月現在），土木学会女性会員比率は全会員数約3万人に対して約1.4％（女子学生会員を加えても約2.6％），最近のデータ（2013年6月末現在）では女性会員比率は約2.9％（女子学生会員を加えて約4.5％）と倍増している．「ドボジョ！」というコミックも評判になっているらしく，今後大いに女性の進出が期待できそうである．なぜ女性会員を増やさなければならないのかという意見もあるが，人口の半分は女性だから土木分野でも半分が女性でいいのではないかというのが個人的意見である．女性会員比率が50％となり，女性の会長も誕生し，ダイバーシティ推進小委員会も必要なくなる日が来ることを期待したい．

（正会員，工博，埼玉大学大学院理工学研究科教授）

私と土木学会

佐々木　葉
SASAKI Yoh

　私の土木学会会員番号は，1989ではじまる．これは多分入会年であると思う．平成元年である．ということは，修士を終えて一旦就職し，縁あって東京大学の土木工学科の助手になった年である．思い出した．そのとき，「土木かぁ，」と思ったことを．

　大学の学部は建築学科であった．修士は社会開発工学専攻であった．中村良夫先生のもとで景観を学んだ訳だから，「土木の」景観の世界に身をおいていた訳である．しかし，いよいよ自分が「土木」と名のつく組織の一員となる事になったとき，新たな門をくぐるように肩に若干の力が入ったのである．もう四半世紀も前のことだが，その感覚はありありと思い出せる．すでに建築学会と都市計画学会には入会しており，自分の最初の学会発表も都市計画学会であった．

　肝心の土木学会デビューは，東大で助手をしていたときに学生さんが全国大会で発表するのについていった時であったと思うが，記憶がはっきりしない．土木計画学研究発表会も一聴衆として参加しながらも，会場の席を暖める間もなく周囲のまちや風景を見に行っていた．周囲は知らない人ばかり．一方今よりずっと女性が少なかった時代，しかもめっぽう生意気で大柄な女子は多くの人に覚えられてしまったかもしれない．

　このように不真面目な土木学会とのおつきあいをしてきた私であるが，まずは土木史研究委員会で，ついで景観・デザイン委員会で少しずつ委員会活動のお手伝いをするようになっていった．特に2003年に早稲田大学に来てからは，やはり地の利ということもあろう，景観・デザイン委員会の会議によく顔を出し，新しく立ち上げる活動のために兄弟子格の先生方に相談しつつ，若い人たちと一緒に議論をすることが増えてきた．気がつけば，学会活動の軸足は土木学会になっていた．そして，当初自ら口にしたことのなかった「国土」という言葉も，いとも自然なマイボキャブラリーになっていた．

　そして2013年は，手帳をみると四谷の土木学会に33回行っていたようだ．ほとんどは学会誌のお仕事である．ディープな学会員である．

　その一方で，三つ子の魂百までともいうように，最初に受けた教育が建築であったことは，やはり根っからの土木人とはどこかちがう，と感じることも多い．何れにしてもこのようなはぐれものをも受け入れてくれる土木学会の懐の深さに感謝し，100周年という節目の年の形に残る仕事をしっかりと仕上げていきたいと思う．

（正会員，早稲田大学創造理工学部社会環境工学科教授）

私にとってのこれまでの土木学会とこれからの土木学会

佐藤 厚子
SATO Atsuko

　私が土木学会員となったのは今から 25 年前のことです．入会のきっかけは，研究職なので，入らなければならないということでしたが，そのまま現在に至っています．この中で最も印象に残っていることは，2005 年度から 2006 年度までの 2 年間，土木学会誌編集委員会に入れてもらったことです．それまでは，土木学会はとっても大きな会なので，発表の場以外にはなかなか関わりがあるということはありませんでした．縁があって土木学会誌の編集に携わることができました．ちょうど横書きから縦書きに変わったころです．

　編集委員として，自分から企画を出すということはなかなか難しいことでしたが，私は，タイミングが良く，2 年間の間に 2 人の委員長と出会い，委員長に助けていただき 2 回の取材をしました．1 人めの委員長の時は，北海道稚内の当時日本一の風力発電について取材し，委員長に冬の北海道を体験していただいたことが思い出に残っています．行く先々で，暴風雪のために道路が見えなくなり，北海道の矢羽根の必要性について身をもって体験していただいたことが北海道民としてとても良かったと思います．

　2 人めの委員長の時には，サハリンプロジェクトの取材でユジノサハリンスクに行きました．初めての社会主義の国での取材ということで大変緊張しました．なんて日本は良いところなのだろうというのも身をもって感じたところです．

　また，私は，数年前から，土木学会の北海道支部と全国の発表会にはではなるべく発表しようと思い，できる限り文章を発信しているつもりです．その甲斐あって今年の土木学会の全国大会では，数人の先生にいつも参加していただきありがとうといっていただきました．著名な先生に声をかけていただきまたやる気が起きています．

　あと数年は研究の仕事をしたいと思っていますが，何とか，土木学会論文集の論文に 1 編論文を出すことを目標としています．

(正会員，(独)土木研究所 寒地土木研究所)

頼れるパートナー，土木学会

佐藤 恒夫
SATO Tsuneo

　表題の「頼れるパートナー，土木学会」は，平成21年からの「財務強化3か年計画」において事務局として提案させて頂いたキャッチフレーズです．

　大学卒業後一貫して港湾社会を歩いてきた私に，栢原英郎元会長から頂いた「技術推進機構長の仕事をする気はないか」とのお電話がきっかけで，平成17年10月から平成23年3月まで，技術推進機構長として3年半，事務局長として2年間，日本港湾協会からの出向で土木学会の事務局職員として関わることとなりました．理事や技術者資格委員会の方々との議論をはじめ，資格制度の創設に大きく関わられた松尾稔元会長，岡村甫元会長のもとに「原点」を求めてお話を伺いにも参りました．国が認定する資格のみを重視する傾向にある我が国にあって，「権威ある民間組織が認定する資格が評価される」という議論は目からうろこでした．国土交通省との議論を経て，業務系の技術者要件に加えて頂くことになった時には，土木学会が技術者の頼れるパートナーとなれることに，一つ息をつくことが出来ました．

　私が事務局に入って改めて強く感じたことは，ご自身の仕事はもとより多くの公職で忙しい会長をはじめ理事の方々が，あるいは委員会活動等を支える会員の皆さんが，如何に精力的に活動しているかということでした．最初にお仕えした三谷会長とのエピソードですが，会長特別委員会のお手伝いをさせて頂いた際，先にご紹介した通り日本港湾協会との隔日勤務であったこともあり，会議開催日のうちに議論を整理して深夜に会長にメール送信すれば，会長は翌日以降ご覧になってその後にご意見が頂けると思っていたことが見事に裏切られ，翌早朝には修正のご指示をメールで頂くこととなり，愕然としました．

　私の在職中のエポックとして，公益社団法人への移行があります．国が公益法人改革を掲げる中，いくつかの旧公益法人にとっては並々ならぬ逆風を受けながら想定よりやや長めの時間を要しつつも無事公益社団法人への移行が成し遂げられました．これには，学会内外の多くの方々のお力添えがありますが，本州四国連絡高速道路(株)から事務局に2年間出向で来られ，申請資料の準備等に黙々と携わられた中尾俊哉さんの貢献を事務局の代表として挙げさせて頂きたいと思います．

　私の任期末ぎりぎりに起こった東日本大震災．あの地震と津波が起こった時，東京大学生産研究所の講堂で，ニュージーランド地震の報告会が開催されていました．その後の土木学会の活動は多くのレポートで報告され，また取りまとめがなされようとしていますので省略しますが，土木学会が土木技術者の頼れるパートナーであり続けるとともに，社会のパートナーであることを，今後も期待したいと思います．

（フェロー会員，土木学会第10代事務局長，特別上級土木技術者，(株)日本港湾コンサルタント取締役）

土木の飛躍に向けて

佐藤 直良
SATO Naoyoshi

　恥ずかしながら学会活動の重要性を再認識したのは平成 19 年理事に就任し，各種委員会の委員長・委員も引き受けた頃でした．若い頃は傍観者的立場で距離を置く発言を多々発していたのでその反省も込め，理事就任を期に学会活動に力を入れた次第である．

　理事に就任し役員会に出席すると，当初その議事の進め方に正直驚いた記憶がある．事務的な議案がほとんどで各委員会活動，あるいは時々大きな社会問題となった事象に対する土木界としての対応等の議論がほとんど無く，経営会議としての理事会のガバナンスのあり方に疑問を持たざるを得なかった．特に財政問題が重要なウェートを占めている事は重々理解できたが，学会予算編成に相当の労力を費やす姿を目の当たりにし，理事会で場違いと思われる発言をしたことも多々あった．

　2 度目に理事に就任した際東日本大震災が発生した．この時筆者は国土交通省技監在職中であり，発災後しばらくは国交省として当面の復旧に全力を傾注せざるを得なかった．その時土木学会の活動は目ざましいものがありました．当時の阪田会長の力強いリーダーシップの下，速やかに現地調査団の派遣，驚いたことに会長が自ら先頭に立ち，国交省との意見交換を実施した上で現地に多くの学会員に入っていただいた．特に役所側が前述の如く復旧に追われている中で大学の先生，民間の方々が中心となり，現地調査をまさに精力的に実施され，その後の復旧・復興の大きな方向付けを行っていただいた．また他学会とも連携し，多くの貴重な提言を頂いた事は，学会 100 年の歴史の中でも特筆されるべき活動であり，土木学会の存在なしには復旧・復興の初期が乗り切れたかどうかと思う次第である．今思い返しても，学会活動の重要性を筆者も含めた学会員のみならず，社会全体が評価した事は間違いないと確信している．

　ギリギリしたガバナンスではなく緩やかな秩序の下，学会員が共通の使命感を常に持ちつづける限り，この組織は社会で重きをなす存在であるとの感に至った所存である．経済社会が如何に変わろうとも，国民に奉任する気概まさに Civil Engineer の魂をこれからの 100 年も絶やすことなく，今後特に，大学をはじめとする土木教育関係を学会員が力強くサポートする体制，戦略構築をなしとげるべきと痛感し，今後も学会員として全力を尽くす所存である．

　終わりに，筆者がこの様に学会活動に力を注げたのは第 1 回土木学会著作賞を受賞された，故 田村喜子氏のおかげである．土木屋の応援団長を自認しておられた氏の熱い想いに度々ふれ，土木屋の本質をその度に自分自身の心と魂に刻みこんできた．100 周年を迎えるにあたり，田村喜子氏の心を引き継ぐのが，筆者のこれからの土木屋としての最大の役割と改めて心に誓ったところである．

（フェロー会員，元国土交通省 事務次官）

学会ですか協会ですか

篠原 修
SHINOHARA Osamu

　学会に入ったのは卒論を発表する為であった．1971年の名古屋全国大会が学会に出た最初だった．学会に出てみると全国の大学から新進気鋭の若者が集まっていた．話では聴いていたが京大や北大から来た学生と話すのは初めてだった．すぐに何人かの連中と親しくなり，また一緒に出た先輩達とも楽しく酒を飲んだ．ぼくにとっての学会とは，そういう楽しみの場であり，研究を志す友達，仲間，同志が集う場であった．やがて研究発表会の場は分割されて，集う場は，僕の場合，計画学研究発表会や土木史研究発表会にシフトしていく．次第にコンクリートや河川，構造の人間とは疎遠になっていった．僕が専門とする景観の分野が常設の委員会として認められると集まる仲間の輪はより小さな景観・デザイン研究発表会となった（所帯の大きい土木学会がほんの少人数の景観という分野を認めてくれた事に今でも感謝している）．集まる人間の専門性は高まり，対話はより緊密になったが些か閉じ過ぎではという感は拭い切れない．これは他の専門分野でも同じ現象が起きているのではないかと思う．

　学会が研究者の集まりの場であるなら，研究の成果を発表し討議して切磋琢磨すればそれで目的は達成される．ただし僕のようにそれは楽しみの場であり，現場の役人やゼネコンの人間を含めての人を知る場であり，仲間を作る場であると考える人間にとってはそれでは物足りない．

　1995年の阪神淡路大震災後の学会の対応は見事だったと思う．すぐに調査団を組織，派遣し，後にシンポジウムを開いて見解を示した行為は迅速であり，責任感に満ちていた．ただし社会的に大きな問題が起こった時の学会の対応には不満だと感じる事も多かった．景観・デザイン委員会の場合には景観法成立の際に要望書を学会の名前で出してもらったのだが，そういう対応はむしろ稀で何故何も社会に対して言わないのかと切歯扼腕する事もあった（それぞれの専門でお分かりの事と思う）．何故そうなるのかを一時期考えた．それは学会が「産」「官」「学」のメンバーで構成されている為に，「こう言ったら役所の迷惑になるだろう」「こう言ったらゼネコン批判になってしまう」といった土木の人間らしい謙虚な姿勢に起因しているのだと．

　ご承知のように土木のお隣の建築では，学会は研究者の集まり，建築士会は設計者の集まり，施工のゼネコン人はまた別の集まりと明快に分かれていてスッキリしている．だから学会の会長には他の分野の人がなる事はない．学会もそういう体制をとれば社会的にもっと発言出来るだろう，そうすべきだと人には言わなかったが，そう考えた時期もある．ただでさえ，土木は談合の世界だといつもマスコミに叩かれているではないか．今の体制では「学問の学会」ではなく「同業者の協会」ではないか．

　ただし歳をとったせいだろうか，学会が狭い研究者のみで構成されるのもまた問題が大きいと考える．世間知らずの大学人，現場の苦労を知らぬ研究者のみが集まる会．「学会」か「協会」か，どっちで行くのが良いかはそう簡単には回答が出ない．ちなみに本家のイギリスは学会ではなく「協会」である．

（フェロー会員，元景観・デザイン委員会委員長）

土木技術者の集う学会に 乾杯

鈴木 幹啓
SUZUKI Motohiro

　100周年に因んだ記念誌への掲載文ですが，諸先輩方のような崇高な文章は無理なので，私が奉職した5年間の思い出と期待を述べさせていただきます．

　平成14年3月初旬，東京大学本郷キャンパスの山上会館で開催された講演会で，「鈴木さん 4月から土木学会に出向だって！」とF先生から声をかけられました．全くの寝耳に水の私は，「ええーッ」とビックリしたことが，思い出されます．

　平成14年4月，土木学会に奉職し，これまで無かった「調査役」という職名を拝命し，企画広報室長，国際室長，技術推進部長の3役を務めることになりました．出社して直ぐ，古木専務理事から「これからは事務局で『受託業務の管理技術者を務める時代』が来る，今年，技術士資格をとるように」との指示があり，新しい三つの仕事と受験勉強とでキツイ時代でしたが，スタッフの支援や試験の合格もあり「記憶に残る年」となりました．そんな1年を過ぎた平成15年5月には，「事務局次長」を拝命し，企画広報室長と技術推進部長を継続するとともに「新たに 研究事業課長」の3役を務めることになり，昨年の余勢を借りて「技術士（総合）に挑戦・合格」しました．その1年余後の平成16年9月には「事務局長」を拝命するとともに，兼ねて企画広報室長の役も務めることになり，以後 平成18年5月に定年退職するまでの事務局の5年間は，今でも走馬燈のように思い出されます．

　第一番目は，古木専務理事です．私の在任期間5年間の上司は古木専務であり，「土木学会事務局の運営方法を「会員（土木技術者）のための事務局」に改革するために，本四公団にいた私は学会事務局に来て「土木技術者の感覚」で専務の手助けをしてきました．私なりには，「老若男女の土木技術者が居心地よく活動できる学会」に改善が図られてきたと自負していますが，あれから5年経ち，現会員の「評価は如何に？」と気になります．

　第二番目に，「事務局職員の穏やかさ」です．土木の現業で育った私は，「まさに男社会の申し子」で，「男女職員が対等に，協力して男女共同参画で仕事を進める様」にビックリし，感心もしました．確かに，土木会館に出入りする会員は，品位も分別もつく方々なので，早い時期から差別が無かったと知りました．今でも「男女共同参画の事務局運営」であることを念じております．

　第三番目に，土木界の和の象徴「土木学会」です．学生時代から同類の隣人としての建築界を見てきましたが，「業界紙の年頭挨拶」では，ビックリしました．土木界では「年頭挨拶は土木学会会長一人」です．「学・産・官を代表」しての挨拶です．片や建築界では，建築学会会長，建築士会会長，デザイン協会会長の3名の挨拶が掲載されているのです．分派してるのでしょうか．

　今後も「学・産・官の土木技術者が集い・語らう土木学会」として発展されんことを祈念します．

（正会員，土木学会第8代事務局長，（一財）橋梁調査会 企画部）

ACECCとともに

住吉 幸彦
SUMIYOSHI Yukihiko

　アジア土木学協会連合協議会（ACECC）は1999年9月東京における設立総会で日，比，米，韓，台湾の5学会の会長の署名をもって設立された．前年2月のマニラ土木技術国際会議の成功を受け，共催した日，比，米の3学会がアジアに土木学会の連合組織を設立すべく提案した成果であった．

　ACECCの規約でアジア土木技術国際会議（CECAR）は3年に一回開催する，同会議主催の学会がACECC会長を出すと共に事務局を担当することが決められた．2001年に第2回CECARの東京開催（マニラ国際会議を第1回としたので東京が第2回）が決まったので，ACECC初代会長は岡田宏氏（元土木学会会長），事務局長に日下部治氏（当時東工大教授，現茨城高専校長）が就任し，またCECAR東京大会の組織委員会委員長に筆者（当時は新日鐵（株）参与）が指名された．

　CECARはその後3年毎に，第3回ソウル，第4回台北，第5回シドニーと続き2013年第6回ジャカルタと開催された．

　筆者は日，比，米3学会の準備会議に初めて参加し，組織委員長として東京大会を成功させて以降，土木学会ACECC担当委員会顧問また2005年以降はJSCE代表としてほぼすべての理事会,会員総会,CECARに出席した．

　理事会でACECCのFounder（創立者）は誰かが議論になった事がある．ASCE代表のA教授は米，比，日の3学会だと主張したのに対し，筆者は3学会は発起人であり創立者としてはACECC設立文書に署名をした日，比，米，韓，台湾の5学会であるとした．この議論は長く続き2008年のシドニーの理事会でも解決せず，その後はA教授，筆者に当時の会長，豪土木学会のミッチェル氏の3人委員会でメールによる議論を重ね，結局次のハノイ理事会で筆者の立場が認められ，決着を見たのである．この問題は簡単な議論のように見えるが根は深い．もし，ASCEの主張が通っていればACECCに対するASCEの影響力は拡大し，韓国や台湾の疎外感を生みACECCに対する熱意を削ぐことにもつながりかねず，何よりもまず，アジアの会員学会のJSCEに対する信頼感の欠如につながったであろうことは想像に難くない．

　シドニーCECARの準備にかかる頃から理事会の運営の拙劣，会員拡大活動の停滞等事務局が3年毎に替る弊害が目立ちだし，常設事務局を望む空気が生まれだした．2010年シドニーでの会員総会で常設事務局設置が決議され，歴代事務局長を主メンバーとする検討委員会（日下部治氏が委員長）が発足した．委員会は会員学会が推薦する事務局長候補を選挙で選び，当選した候補の出身学会に事務局を置く案を考え，この案で規約，細則の改訂を図り2012年の東京の理事会で承認が得られた，

　『堀越氏5票，パチェコ教授3票』堀越研一氏（大成建設（株）技術センター）がPICE推薦のパチェコ教授（フィリピン大学副学長）を破り，次期事務局長に当選した瞬間である．2012年マニラ理事会で行われた事務局長選挙は，1回目は両者4票ずつで引き分け，再投票の結果である．投票時は会員学会は前述の5学会に豪州，モンゴル，ベトナム，インドネシア，インドを加えた10学会で，JSCEが頼りにしていたモンゴルとベトナムは欠席であった．比には米，豪の票が入るのはほぼ判っていたので，残りのどの学会が2回目にJSCE候補に入れてくれたのかは今でも不明だが薄氷の勝利であった．堀越氏は東京大会時には組織委員会の幹事を務め，台北CECAR以降は担当委員会の委員長を務めているACECCに経験の深い有能な人物である．堀越氏は2013年8月から2期6年（延長が認められれば3期9年まで）事務局長を務めることが出来るので，土木学会の支援の下3年毎に替る会長を補佐しつつACECCの運営を長期的な視点に立ち計画的に改善，強化されることを期待している．

　筆者はACECC事務局が土木学会内に常置化されたのを機に，JSCE代表を退くことにし，後任はACECCでの経験が豊富な,日下部治氏が快く引受けてくれた．土木学会はACECCの設立には深く関わっただけでなく，ACECCの運営にも会員として主要かつ重要な位置を占めている．ACECCの発展，土木学会の国際協力の一層の進展を祈ってやまない．　　　　　　　（フェロー会員，（一社）日本支承協会会長，前セントラルコンサルタント（株）代表取締役会長）

土木学会に感謝をこめて。

高橋　薫
TAKAHASHI Kaoru

　私にとって，土木学会社会コミュニケーション委員会との出会いは，新たな起点になったと感じています．学会というのだから文字通り大学関係者の皆さんの研鑽の場だと思いこんでおりました．でも，もっと広い活動をしていることを社会コミュニケーション委員会の場で教えていただきました．委員会には，吉越洋委員長，林康雄副委員長，藤井聡幹事長，緒方英樹委員，香月智委員，鈴木誠委員，安田登委員，産と呼ばれるゼネコンやインフラ関連の会社の委員，国土交通省，県など官と呼ばれる団体の委員，大学の先生方が委員として委員会に参加していましたが，所属を離れて一個人としてフラットに自分の意見を述べ議論に参加するという委員会は，経験値で言えば学校の生徒会を彷彿とさせる，なんだか「私も土木の一員」になれたような気がしてとても楽しいものでした．とはいえ，委員会という場で発言する訓練をされていなかった私の意見は拙く，必死に伝えようとすればするほどもつれる，委員の皆さんの困った，でもなんとか理解してやりたいという表情に見え隠れする強い優しい気持ちのおかげで相互理解が進みました．そして委員会後の懇親会で土木を熱く，ときにロマンチックに語る皆との"化学反応"を重ねて，すくすくと成長させていただきました．

　こうして四ツ谷の土木学会に，女性の変わり種？がちょろちょろしているため，他の委員会の方からもお声かけをいただきました．2008年100周年TF立ち上げのメンバーになったこと，同時期に，土木の日実行委員会の島谷幸宏幹事長と手書きの図面との出会いでした．白手袋をして丸まった設計図を広げ，初めての手書きの図面との対面はその場の空気が震えました．この図面を多くの人に見せたい，見せて土木を伝えなければ，と強い使命を感じました．島谷委員長のもと土木コレクション小委員会を立ち上げ，通常は学の役割である幹事長として，2014年100周年に全国の事例を全国巡回することを目標に展示会場と図面探しを始めた．展示会場は社会コミュニケーション委員会にも協力を依頼，林委員長のご紹介で監事であった東京都村尾道路監に行幸地下ギャラリー，新宿西口イベントコーナーを無償提供いただき，仲間を募り，図面は樋口明彦副委員長はじめ全国の多くの委員の尽力で100周年記念事業として全国巡回展のみならず100周年記念出版として図録も刊行できたことは，小委員会の大きな成果となりました．

　大成建設入社，初めて配属された土木の作業所から，労務，広報など各部署での経験，社外活動として異業種の勉強会活動，その時は特定の目的はなく教養の足りない自分への投資として楽しんでいましたが，無駄だったことは一つもなかったと実感しています．そして，異物のような私を温かく受けいれて楽しみながら育ててくださった委員会の皆さん，一会員としての啓発，成長，人と人の繋がり，ネットワークを形成させてくれた「土木学会」，全国の学会活動を支える事務局職員の皆様に，心からありがとうございます．

　人生で出会った愛する土木やさんに報いるべく，会員としてずっと応援してゆきたいと思います．

（正会員，土木学会調査役・100周年事業推進室長補佐，大成建設(株)から出向）

土木学会の100年

編集委員会などとの付き合い

高橋　裕
TAKAHASI Yutaka

永代橋・大手町時代

　隅田川に架かる永代橋の袂に土木学会事務局が在った永代橋時代（1945～48年），大学学部生であった時代に2～3回事務局を訪ねた．目的は学会誌を少しでも早く直接受け取りたかったからである．当時の出版物郵送状況は，現在とは全く異なっており，学会誌も予定通りには配送されなかったことが多かった．ところが折角約束の日に学会を訪ねても，空振りがしばしばであった．その度に事務局の親切な小母さんが鄭重に謝るので，却って気の毒に感じた．

　東京駅から神田駅方面へのJRのガードを眺める度に，そのガード下の学会へ，井口昌平先生の代理でしばしば訪ねたことを思い出す．いわゆる大手町時代（1949～56年）である．1950年代後半には初めて正式の抄録委員会（のちの文献調査委員会）委員としてガード下へ通った．

会誌編集委員との付き合い

　やがて，すでに学会の顔であった八十島義之助教授が海外活動委員会など新設の委員会設立の度に幹事に任命された．その延長上に学会誌編集委員会との長い付き合いがある．八十島，樋口芳朗，増岡康治，3代の委員長に幹事としてお手伝いした．八十島委員長時代から学会誌は面目を一新した．樋口委員長時代には岡部会長の強い原稿掲載のご要望を断わり，会誌編集権の独立を主張して委員長を補佐した．増岡委員長とはしばしば2人だけで会誌の方向を議論し，委員長退任に際しては異例の鄭重な謝辞を会誌上に執筆されたのは光栄であった．

　私自身は1974～77年，編集委員長として時代を先取りする会誌，読み易く興味深い会誌を目ざし，多くの特集を編集，思い出深いのは特集"土木事業と住民参加"（1977年6月号）であった．編集委員会では，主として公務員の保守系委員はこのテーマは時期尚早として異を唱えた．賛成後は執筆者選びで手間取り，原稿が集まった後は加藤三郎（環境庁官房国際課）の原稿に部分訂正，または削除の要望が強かった．これらに対し委員長権限で私の思い通りに押し通した．これより約10年前，樋口委員長時代，幹事としての提案で特集"開発は社会と自然を変える"（1966年1月号）は思い出深い．座談会，執筆者の過半を会員外にお願いし，新鮮かつ刺戟的な風を土木界に吹き込んだと自負している．土木界への助言，警告に満ちた内容だったからである．一方，読書を刺戟する特集（誌上図書館，1976年10月など），土木人物史の特集なども力を入れ，それら特集は後任委員長時代に引き継がれ，その際私は巻頭論文などで協力した．

　また毎号1ページ"土木界へ望む"欄を設け，土木外の識者から率直な注文を頂いた．編集長としては，とかく閉鎖的もしくは村意識が強いと噂されていた状況を打破し，土木の高揚に資するとの意図であった．しかし，編集委員とその周辺にはその必要性を認めない気風が強かった．

　学会の出版活動を刺戟し，会員の読書の質を高めるため，編集委員会内に書評小委員会を設け，その活動は出版文化賞候補選出にも貢献したが，残念ながらその後この小委員会は廃止された．

　学会60周年記念号（1975年1月号）では，土木界のこの60年を顧み，学界（福田武雄），官界（山本三郎），民間（飯吉精一），土木外の技術史（星野芳郎）の大家に執筆頂き，60年の記念号を牽引した．一方，記念碑的事業を回顧評価した．（関門トンネル，佐久間ダム，隅田川橋梁群など）対談として私と司馬遼太郎および村松貞次郎が行われ，それは編集課の河村忠男の企画であった．司馬との"土木と文明"はその後，長く好評であった．

　70周年記念出版には，同じく創立70年を迎えたオーム社と協力し主としてイラスト写真を織りまぜた一般向け"グラフィックス・くらしと土木"全8巻を企画，事務局の五老海正和の献身的努力のおかげで，土木の広報に効

果大であったと自負している．

以後十周年ごとの出版には何等かの形でお手伝いすることとなった．

新委員会提案

学会のより有意義な活動を願っていくつかの提案例を紹介する．

土木史委員会誕生は少々手間取った．理事会に提案理由を説明しても，民間理事からは，学会の財政を苦しめるだけ，大学側の理事は，土木史は学問かと反発された．個々の理事に説明し，最終的には1973年，水越達雄（東電），市田洋（清水建設）両理事の強力な支援によって土木史研究委員会は設立された．

広報委員会設立を主張したが，1986年，久保慶三郎会長から委員長に任命された．11月18日を土木の日とし，それから1週間を土木の週間と定めた．軌道を敷く前日の"空白の1日"を選び青函トンネルウォークを企画，三浦雄一郎，松田芳夫一家はじめ，多数参加のため抽選によって選ばれた人々に，土木学会のゼッケンを背負って歩いて頂いた．すべてのテレビ局が実況放映したので土木PR効果は十分であった．青森側龍飛での出発前に激励のあいさつ，テロ対策に警察と協議したのは思い出に残る．

1983年著作賞（現在の出版文化賞）を提案し，初代選考委員長を務めた．学術書のみならず，土木の技術と事業を一般社会に知らせて下さった文学作品なども対象とした．

その第1回受賞は田村喜子の"京都インクライン物語"であった．この受賞を契機として，彼女が自称土木応援団長として，多数のノンフィクション土木文学を世に出し，或いは全国各地で講演され，さまざまな行事で強力に"土木"を支援されたことは周知の通りである．その後，曾野綾子，井上ひさしなど，文学界の大家にも同賞を受けて頂いた．

1999年には新たに学会の倫理規定を定める委員会委員長に任命されたのは光栄であった．1937年青山士委員長による"土木技術者の信条及び実践要綱"は他の学会に例はなく学会の誇りであったが，それを引き継ぐ形となっている．

実現していない提案

以上は筆者の提案が採用された成果であるが，いくたの提案は種々の理由で陽の目を浴びていない．たとえば，理事に女性，土木以外の識者，外国人を，そして会誌編集委員長，広報委員長を理事待遇として，理事会において，両委員長の発言を求め学会に活を入れること，理事会において土木に関わる紛争，裁判，余りに土木寄りとされる災害報告などを積極的に議事にして適宜，世にその内容を公表する．会長公選案などは，慎重派理事，事務局幹部からの勧めもあり，正式提案は諦めた．しかし，時代も変わり百周年を迎える現在では女性理事などは可能ではなかろうか．筆者提案の趣旨は，学会を可能な限り開放的にし自由の気風を奨励したいからである．

このように私の学会活動は，新風を吹き込み旧来の惰性を打破ろうとしたが，つねに学会職員の強力な支援，協力があったことに感謝したい．熱烈なボクシングファン岡本義喬の約40年にわたる地道な努力．また黙々と図書館で30年，土木界の人物資料や顔写真を集め，ついに出版文化賞の栄に輝いた藤井肇男など挙げれば切りが無い．筆者が学会を世に評価されることに役立ったとすれば，多くの支持者，特に学会エリート職員の見識，情報に裏付けされた協力の賜である．

（名誉会員，元土木学会 副会長）

出版委員会奮戦記

高松 正伸
TAKAMATSU Masanobu

　大学を卒業して国鉄に就職した直後，当時，学会誌編集委員会の幹事長をしておられた中村英夫先生から1冊の学会誌を渡されて，「君も社会人になったのだから土木学会に入りなさい」と言われたことが入会のきっかけである．それ以来，40年以上律儀に会費を払い続けていたが，学会活動に参加することもほとんどなかった．

　ところが，鉄道の先輩である土居則夫氏が学会副会長となられ出版委員会委員長に就任された際に，事務局の河村氏から「そろそろお礼奉公の時機では」と声をかけられて1990年に出版委員会に参加することになった．

　当初は，右往左往しながら五里霧中で委員を務めていたが，しばらく経つと当時の学会の出版会計が大きな問題を抱えていることが分かってきた．即ち，1980年代の後半からコンクリートとトンネルの示方書の刊行年は黒字になるがその他の年は赤字の状態で，累積ベースでも1994年度には赤字に転落していた．要因としては，一般的に書籍離れが進む中，学会出版物は専門分化が進んだため特に販売部数の減少を招いたことが挙げられる．さらに，売上増加を目論んで刊行物の販売単価を下げるために印刷部数を水増ししたことにより売れ残りの在庫書籍が急増して，1994年度末には在庫は2億円に達する事態となって，監査報告に是正を促す指摘が行われた．

　公益法人改革が叫ばれていた当時，このような経理上の問題を看過するわけにはいかず，廣田委員長の下，出版会計の立て直しを図るため，藤井義文氏（竹中土木），岩熊哲夫先生（東北大学）を中心とする多くの幹事の方と一緒に，さらには経理の専門家の白浜憲治氏（間組）に加わっていただき，2003年度まで幹事長として予決算管理の強化，製作コストの低減，在庫調整勘定の導入による在庫管理の強化，著作権の帰属，編集費用の負担や翻訳出版に関する契約に関するルールの確立を行った．しかし，出版会計の立て直しにあたって，著者自身による版下作成や販売促進策への協力，出版部数の大幅な削減等，研究委員会や論文集編集委員会に対して出版の採算性を強く求めてずいぶんと嫌われていたようではあるが･･･．それとともに，会員への情報発信のために学会誌への投稿や異例の全国大会での研究討論会の開催を行った．こうした努力もあって，学会出版物の取り巻く状況は会員に周知されるようになり，出版会計も立て直しが実現した．

　また，電子媒体やインターネットがメディアとして主要な地位を占めるようになっていく時代背景の中，出版形態のあり方，著作権の帰属や英文論文集の位置付け等の問題提起は方向性として間違っていなかったと思う．

　出版会計は示方書の売上が縮小する中で決して状況は明るくないようであるが，100年を経てこれからの100年に向けて「土木の古典」とも言うべき先達の名著を復刻出版する道が拓かれることを望むものである．

（フェロー会員，(株)富士ピー・エス）

近世から近代，そしてポスト近代へ －低炭素の流域社会の構築－

竹村 公太郎
TAKEMURA Kotaro

江戸の流域社会

400年前，極東の島国日本で，世界史でも特筆される確固たる封建社会が誕生した．徳川家康は日本列島の地形を利用して，各大名を流域に封じたのだ．

大名たちは与えられた流域内で開発が許された．洪水を防ぎ，干拓をして，水を引込み，農地を開発した．人々は流域の開発と整備に向った．250年という平和の中で日本国土の骨格が形成された．確固たる流域主義の封建社会が極東の島国で誕生した．

流域社会の崩壊

19世紀，世界は大航海時代から帝国時代となった．列国に囲まれた日本は，開国して，帝国になる道を選んだ．欧米列国に早く追いつかなければならない．そのためには，権力と富が地方に分散している社会から，中央に権限と富を集中させた国民国家へ脱皮しなければならなかった．

流域に即した封建社会は根深く，覆すのは容易ではなかった．これをあるインフラが実現させた．明治5年，新橋，横浜間を蒸気機関車が走った．蒸気機関車は多摩川をあっけなく越えた．鉄道は流域を簡単に超えてしまった．

明治政府は鉄道インフラ整備を惜しまなかった．江戸社会を支えていた流域は，鉄道によって横串に刺された．流域に封じられていた人々は蒸気機関車に飛び乗った．全国の人材と富が東京へ，東京へと集中していった．

日本人は流域内での物質循環文明に別れを告げ，化石エネルギーで限りなく膨張する近代文明に突入していった．

近代の限界

第二次世界大戦後，日本は中近東の豊富な石油を利用して世界最先端の工業国家に躍り出た．ところが，20世紀末になると，地球が悲鳴のような軋みを上げ出した．地球規模の気候変動，環境悪化，資源逼迫であった．

世界各地の自然災害は激しくなり，水陸の環境悪化が進行していった．肥料原料のリン鉱石はピークを過ぎ，石油，石炭も異様な上昇を続けている．

20世紀文明は，持続可能でないことは誰の目にも明らかになった．

ポスト近代

近代文明の特徴は，人口爆発と大量エネルギー消費社会であり，都市への人口集中と地方の過疎化であった．しかし，21世紀初頭，人口はピークから減少に入った．近代の膨張圧力から解放されることとなった．さらに，2011年3月11日の福島第一原発事故によって，否が応でも低炭素文明を模索せざるを得なくなった．

ポスト近代文明は，20世紀の近代文明の反語となっていく．

画一的な都市集中ではなく，多様な流域の分散社会である．人々は自然豊かな流域の中で生活し，都市は人々が交流する場となる．都市は地方に手を差し伸べ，暗い山林を再生し，荒廃した田畑を再生し，川や海の環境を再生させる．

さらに，新技術エネルギーと水力・バイオマスの国産エネルギーによって，日本列島はエネルギー列島となる．

過去の文明を構築してきたのは土木だった．未来の日本の文明を構築していくのも土木なのだ．

（日本水フォーラム事務局長）

2000年仙台宣言

田﨑 忠行
TAZAKI Tadayuki

　2000年という記念すべき年に第55回全国大会が仙台で開催されることになり，それまで談合問題などで社会から指弾されることが多かった土木社会を心機一転しよう，という声が東北支部内で議論された．その過程で「仙台宣言」なるものを出してはどうか，という提案があった．この提案に対する支部内の意見は概ね肯定的だったと思う．土木技術者の存在意義を広く世の中の人に知ってほしい，という切実な思いが共有されていたのではないかと記憶する．議論の中では，土木技術者はこれまでの行動を反省することからスタートすべきだとするものと，基本的には公共のためによいことをしてきたというのが前提だ，という議論があった．

　当時東北支部長であった私は個人的には，全国大会で特別討論会を開催し，その総括として宣言を発表すればよいのではないか，と簡単に考えていた．ところがある先輩会員にこの構想を相談したところ，土木学会という会員組織が宣言を発出するとすれば，その決定過程は慎重でなければならない，という助言をいただいた．以降は「宣言（案）」の学会誌特集企画，全国大会での特別討論会，ホームページでの意見公募，理事会による最終決定というプロセスを踏んで公表された．詳細は森地茂先生の企画委員会報告に詳しい．

　http://www.jsce.or.jp/committee/kikaku/sengen/why_sengen.shtml

　議論の過程で痛感したのは，土木学会という会員組織の意志決定の難しさである．行政や会社経営であれば，最後は多数決やトップの決断で意志決定が可能である．学会も学会運営については同様であろう．しかし，こと主義主張に関わることになると，結論自体が重要であると同時に，そこにいたるプロセスがいかに重要であるかを再認識させられた作業であった．そういう意味では，仙台宣言をはじめ，土木技術者の倫理規定（1999）なども不磨の大典とせず，それぞれの置かれた立場に立った解釈，適用，場合によっては見直しも必要である．

　今この時点でも，倫理規定第4項「自己の属する組織にとらわれることなく，専門的知識，技術，経験を踏まえ，総合的見地から土木事業を遂行する」を真に実行することの難しさを感じている．

（フェロー会員，元土木学会 副会長）

土木学会の活動を通して想うこと

谷口 博昭
TANIGUCHI Hiroaki

　1991 年から 3 年間，企画と編集の両委員会に参加したのが私の土木学会での最初の活動であった．当時は，建設事業も拡大傾向にあり，積極的，創造的で活気があった．

　土木学会の健全運営に資するフェロー制度を導入するにあたって，正会員との差別化は問題ではないかとの指摘を受けての議論と岡村委員長（当時）の説得に当たる真摯な姿が印象に残っている．

　建設マネジメント委員会海外視察で，米加土木学会の交流を含め，両国の産学官との情報交換・意見交換に参加する機会を得た．完工高よりも利益を重視するベクテル社の経営理念，連携を超え産学一体化する米大学の研究推進体制等に刺激を受けた．

　80 周年事業の一環で，NHK が，「テクノパワー～知られざる建設技術の世界～」と題して 5 回シリーズのドキュメンタリー番組を特集企画，談合問題の関係で放送中止が懸念されたが，宮ヶ瀬ダム，明石海峡大橋，関空，アクアライン，首都高速老朽化等が分かりやすく紹介された．テレビの威力に感銘，注文の多いディレクターとの調整に裏方として汗をかいたことは得難い経験であった．

　次には 2007 年から 2 年間副会長を務めたが，会長や理事の選出方法や役割・運営等ガバナンスを含めた学会の在り方の真摯な議論が印象に残る．栢原会長「誰がこれを作ったのか～社会への責任，そして次世代へのメッセージ」，近藤会長「これからの社会を担う土木技術者に向けて」の提言は，若い人たちへの貴重なメッセージになったのではないかと想っている．若者の土木学会への参加と活動は今後とも重要な課題である．

　三回目は 2011 年から 2 年間論説委員を務めた．委員会への出席は果たせなかったが，「未来を切り拓く骨太ビジョン策定を」，「産学官パートナーシップで新世紀のインフラ整備・管理を」の論説を寄稿した．東日本大震災の復旧・復興における人財や資機材の不足は，15 年以上に亘る土木事業費の減少が背景にある．今後とも，中長期的な見通し（ビッグ・ピクチャーという表現を最近多用している）の策定が必要不可欠であることを繰り返し訴えていきたい．

　時代のニーズに応じて，イノベーションを遂げながら土木＝普請を実施してきた．21 世紀は，グローバル化の進展，少子高齢化・人口減少等大きな変化の時代である．ダーウィンの教えに従って，これまでの延長上でなく，変化に適切に対応していくことが肝要である．産学官が参加する土木学会の果たす役割は極めて大きい．「土木」の語源の由来「築土構木」の意味するところは，住環境・生活環境の改善にある．このことを忘れずに，しっかりとしたインフラを残していきたいものである．200 年目の土木学会のためにも．

（フェロー会員，（一財）国土技術研究センター 理事長）

土木学会の100年

切手デザイン雑感 ～ 国造りに触れて ～

玉木　明
TAMAKI Akira

　土木には，たくさんの"難事業"があったと思います．というより，「土木には難事業がつきもの」と言ったほうが良いのかもしれません．ダムにも鉄道にも，橋にもトンネルにも，数知れずの人々が数知れずのドラマを生み出して来たことでしょう．そんな土木の難事業と同じにしてはみなさまのお叱りが聞こえてきそうですが，土木学会の記念切手の制作も，わたしのキャリアの中では相当な難事業でした．

　切手デザインの仕事をしていると，実に様々なものに出会います．色々な制度，色々な行事，色々な動植物などなど…，これまでの不勉強が仇となって，担当となって初めて"ググる"ものも少なくありません．さすがに土木は知っていましたが，それは上辺の文字面だけ，いざ土木の具体を考えてみると何一つ確かなことが言えない自分がいました．「なるほど，語源は「築土構木」かぁ，なかなかいい言葉だなぁ」などと思いつつ，まずは手始めに事務局のみなさまからご提供いただいた資料から，切手の題材になりそうなものを探し始めました．

　そのひとつ，土木遺産を見渡すと，堤防，港湾，道路，橋，鉄道，水道，発電所などなど，どれも渋くてカッコいいものばかり，「長い年月に耐え抜く無言の覚悟」のような強い意志を感じずにはいられません．あるいは，様々な古い土木の図面．今のようにコンピュータのない時代，計算も製図も全部人の頭と手で行われています．人々のくらしを支えるために奉じられた色褪せたそれらは，芸術作品でないにもかかわらず，ある種の崇高さに満ちあふれているのでした．

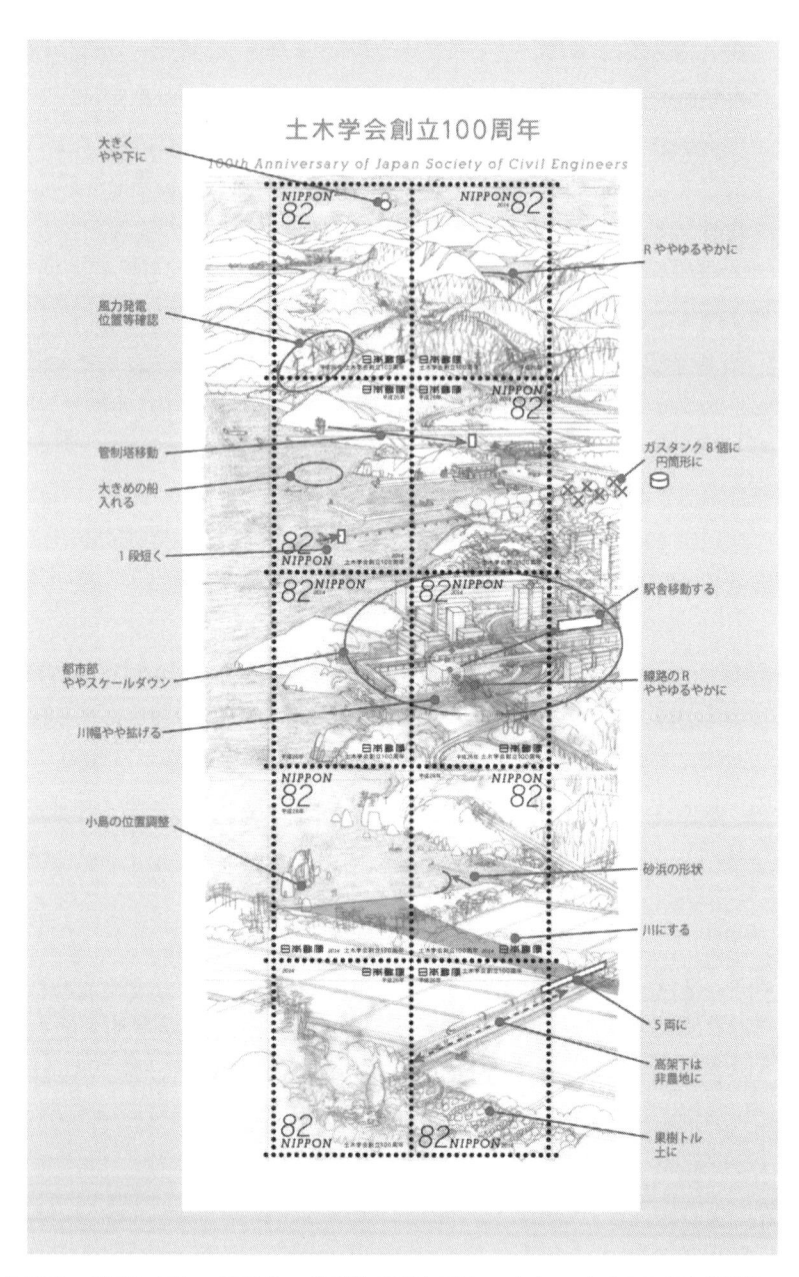

松﨑氏の線画に対し，福井氏の学術的考証と玉木の文字レイアウト等を勘案したデザイン的指示が入ったラフ．幾度となく，このやりとりが繰り返された．

　そうやってあれやこれやとにわか仕立ての勉強をひととおり終えると，「土木って素晴らしい」と思える自分がいました．デザインの仕事で大切なことは，まずその対象を好きになること，第一段階クリアです．

　さてと第二段階，今度はアウトプット．と思いきや，いきなり暗礁に乗り上げます．切手はわずか数センチ四方の面積しかありません．この小さなお皿に，黒部ダムや瀬戸大橋が載るでしょうか？載ったとしても，その凄みは伝わらないでしょう．白水ダムのたまらなく美しい三次元の造形が表現できるでしょうか？無理ですよね．青函トンネルなんて"外観なし"です．古い精緻な図面たちも，どの事業のどの部分を切り出せば良いのでしょう？おそ

第1部 総論 土木学会と私

らくは，その良さの何分の一も出せないで終わるのは目に見えています．

　正直言って参りました．土木の大切さも分かり，事業の大きさ・関わる人たちの多さも知り，「なんとかせねば」と思い始めた矢先のこと，切手という小さな舟の船頭であるわたしは大きすぎる荷物を目の前にして，「荷主さん，そりゃ無理だよ…」とぽかん立ちすくんでしまいました．

　そんなことで出来上がったのがこの切手です．まあ，このアイデアで行くこと，施工業者をどうするか，スケッチ段階から設計・施工，－あれ，言葉が土木の世界に影響されてますね－，フィニッシュに至るまでも幾多の難所があったわけですけれど，いまは「ホントに楽しかった」と自信を持って言える自分がいます．これも，超人的なデッサン力をお持ちの原画作者の松﨑さん，そのバランス力と調査力で八面六臂の福井先生がいてくださったからです．"土木の熱"を伝えてくれた藤野先生を始めとする100周年実行委員会の方々，後方から支えていただいた事務局のみなさまも欠かせません．あるいは，直接はお目にかかってなくとも，多くの方々のご尽力を頂戴したと福井先生から教えていただきました．そういった意味においては，切手という小さな事業ですがアノニマスの集積という意味で，非常に"土木的"なプロセスを経ていたのかもしれません．みなさまに深謝です．

　蛇足ではありますが，最後にわたしの（自己？）満足を列記させていただき，この稿をくくりたいと思います．

・土木とは「国造り」の事業であるということがわかったこと．
・その「国造り」の感じを，デザインに反映させることができたこと．
・土木に携わっている多くのみなさまが，「自分はこれ作ってる」と指差せるデザインになったこと．
・土木の実際を知らない多くのみなさまに，「へぇ，土木ってくらしそのものなんだ」とわかってもらえるデザインになったこと．
・なんとなくですが，結果的に東日本大震災で被災した東北地方沿岸の，復興したイメージのようなものになったこと．

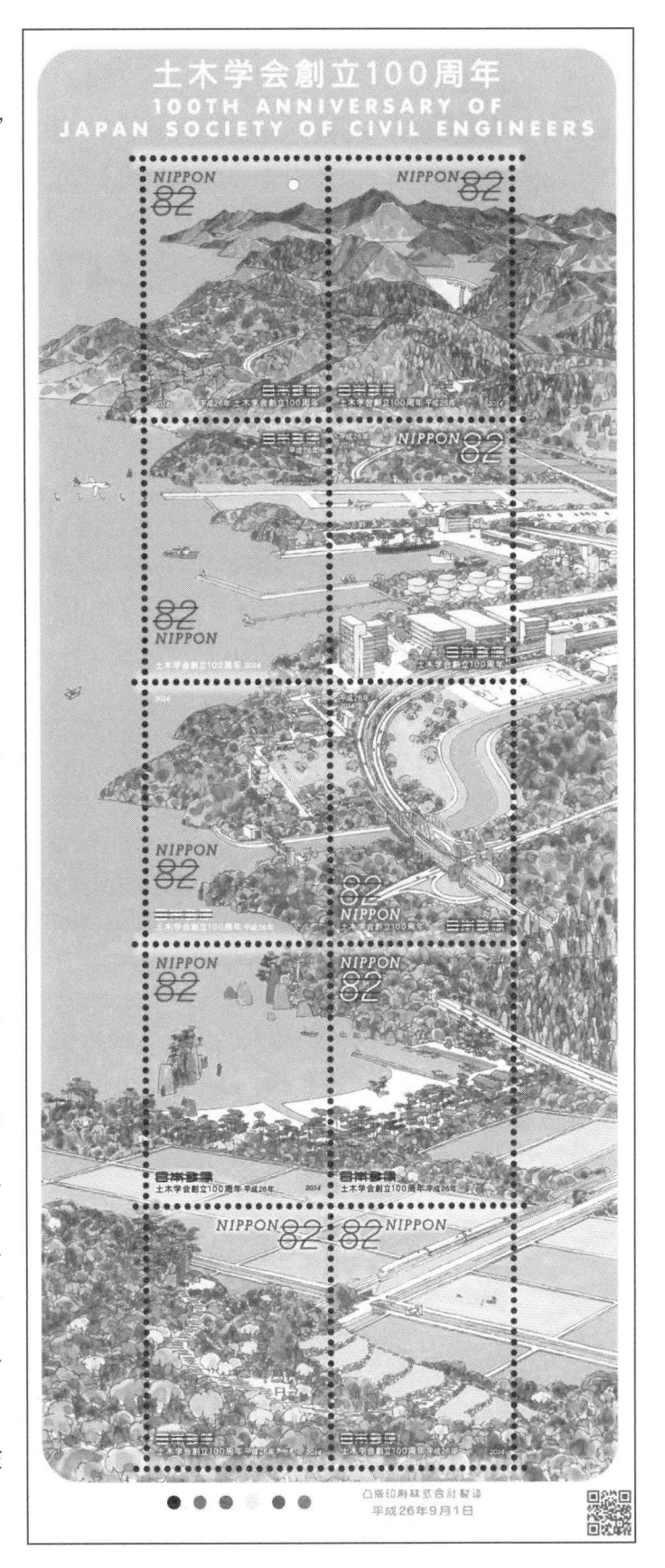

（日本郵便（株）切手デザイナー）

※2014年9月1日に発行された特殊切手「土木学会創立100周年」のデザインを担当された玉木氏に執筆していただいた．

土木学会の広報活動と［土木の日］の制定

冨岡 征一郎
TOMIOKA Seiichiro

　土建国家日本，3Kの代表・土木建設業，などと一部メディアに揶揄され，教育界でも土木への進学学生の減少が懸念されるようになるなど，土木に対する社会の理解や評価が厳しさを増していた昭和末期，土木を復権させようとの気運が高まりを見せ，その一環として土木学会においても土木改名論議が盛んに行われていた．そうした折，土木学会にも広報活動は必要という雰囲気が醸成され，1986（昭和61）年に広報委員会が設立されるところとなった．広報委員では他の分野の専門家を加え，土木の果たしている社会的な役割や社会資本整備の状況等を一般社会の人々に理解と認識をしてもらうためにいかなる行動を学会として展開していけば良いのかが真剣に議論されるようになった．試行錯誤を重ねながら，社会との接点をいかに広げていくかを探求することが最大の焦点であった．1987（昭和62）年7月には，青函トンネルの先進導坑が貫通したのを機会に，広報委員会主催で津軽海峡を歩いて渡る「青函ウォーク」が企画され，関係者の絶大な支援のもと実施された．青森側から入り函館側の坑口まで無事完歩してきた参加者達の笑顔の姿（かの三浦雄一郎氏もご子息と参加）を出迎えた時の光景は今なお鮮明に蘇ってくる．参加者の公募には，定員のほぼ三倍に近い市民の申し込みがあり，その後の方向性を設定するのに大きなヒントとなった．一般社会との接点を生み出すには，自らイベントを企画し，見て，聞いてもらうことの重要性を再認識したと言うことができよう．こうした流れの中，土木の世界でも「土木の日」を創始したらとの意見が出され，広報委員会のもと具体的な議論が交わされた．特にいつに設定するかが最大の論点となり，議論百出の状況であったが，某民間委員からの提案を基に，土木の2文字を分解すると十一と十八になることと，学会の前身である「工学会」の創立が明治12（1879）年11月18日であるところから，11月18日を「土木の日」とすることに意見がまとまり，1987年11月，上程を受けた理事会の審議を経て正式に決定・制定された．さらに，その日から土木学会の創立記念日である11月24日までの一週間を「くらしと土木の週間」として，学会本部・8支部が関係各団体と協働して，一般市民を対象にした各種イベントや諸活動を展開していくこととなった．

　昨今多くの市民の参加を得て活発に行われている現場見学会，講演会，物造り体験会などの始まりはこのような歴史があったことを思い出し，ITが発達した現在においてはさらに斬新な広報企画が創出され，それらを通じて土木の意義と魅力が一層認識されていくものと期待している．そして，何よりも当時の広報委員の一人として土木学会の新しい歩みの火付け役を担えたことを幸甚かつ誇りに思っている．

（名誉会員，鹿島建設(株)顧問）

ISO と土木学会

長瀧 重義
NAGATAKI Shigeyoshi

　自分自身の土木学会とのお付き合いを振り返ると，専門であるコンクリート関係の委員会を始め，論文集関連や105巻からなる新体系土木工学双書の編集等，色々仕事をさせて頂き，いわゆる学会員としての学会に対するサービスは人一倍努力した積りである．しかし，これらの中で私自身の発想と提言からの学会へのサービスと言えば"ISO対応特別委員会"の設立とその後の運営が挙げられるのでこのことについて述べたい．

　私は平成の初め，日本標準部会の土木部会長を務めていたのであるが，経産省の方から平成7～9年の3年間で我が国のJISをすべてISOにすり合わせて欲しい．しかもこれは国の施策であるからこの方針は変えられないとの一方的な通達であった．風土も違う，極端に言えば我が国の独自に定めてきた規格をある時点で根本から変えることを要請されたのである．そんな馬鹿なことがと思いつつ，いきさつを調べると我が国がTBT協定に加入した，そうするとこれに加入した国は国際的な物品およびサービスの輸出入において障壁をなくするために，その国の規格基準を国際基準であるISOに合わせるべきだとするのがその主旨であった．しかしながら，その時点でISOと言えば9000番シリーズと言われるぐらいで，早くても14000シリーズが会話に上がるぐらいであった．特に我が国の土木関係の規格にはASTMをベースに定めた多くものが多く，欧州規格に源を発するISO規格とはかなり異質なものが多かった．

　土木構造物の建設時にその入札価格が3億円を超えると所謂国際入札の実施を行うことが既に約束されており，規格の国際整合性は将にこれにかかわる重大事項であった．その結果建設事業の発注者の関与するところが大きいとして，当時の建設省，運輸省，農林省からの委託として土木学会にISO対応特別委員会を設け，対処すべきであると提唱し，平成8年度のISO対応特別調査委員会報告をもとに理事会の承認を頂き，平成9年からISO対応特別委員会が設立され今日に至っている．初代の委員長は私が務めた．委員の選出は，①学会のISOに関連する分野の常置委員会から，②土木分野に関係するISOの対応委員会を設置している関連の11の学協会（日本規格協会，建材試験センター，日本鉄鋼連盟，日本紛体工業技術協会，日本溶接協会，日本コンクリート工学協会，セメント協会，建築・住宅国際機構，日本建設機械化協会，日本鋼構造協会，地盤工学会，いずれも当時の名称）から，③委託者からの代表者とした．活動はISOに関する情報入手活動，それに対する横断的な議論と対応策の検討，学会員を始めとする有識者へのISOのPRその他であるが，翻訳助成，派遣及び招聘助成も積極的に行った．成果物としては，ISO対応速報，ISOへの対応に関するシンポジウム，土木ISOジャーナルの刊行としてすべて土木学会より発刊している．

　今，当時を振り返ると直ぐにでもISOが日本のすべての規格に置き換わるのではないかと危惧していたが，幸いにしてそのようにはならなかった．ISOによる国際裁判騒ぎも無かった．しかしながら，むしろこれからの方が国際入札や海外工事でじわじわとその影響が現われてくるのでその時の対応策を検討しておいて頂きたい．

(名誉会員，ISO対応特別委員会 委員会顧問)

国の研究職員と土木学会

西川 和廣
NISHIKAWA Kazuhiro

　土木学会の会員になったのは修士1年の1976年だから，かれこれ38年のおつきあいになる．その年の年次学術講演会が私の土木学会デビューということになるが，現在では大きな勢力となっている「疲労」のセッションは，まだ破壊力学と抱き合わせの小さな分野であったことが懐かしく思い出される．

　修士課程を修了し，職を得たのが当時の建設省土木研究所橋梁研究室．数多い構造分野の研究委員会に対して国の研究者は少なく，余り関心の無い研究委員会からも国の研究者をぜひ一人ということで参加を求められ，忙しさとともに，それなりに責任ある発言を求められることに閉口していた時期がある．それでもしばらく続けているうちに，国の政策の方向と，それに伴う技術的な研究ニーズの紹介こそが自分に求められている使命だと気付き，学会での自分の立場，諸活動に参加する意義が見えてきた．

　その後，鋼構造委員会を中心に関わってきたが，同委員会での話題提供や主催する全国大会での研究討論会などで，国の政策と関連技術の関わりを解説する役割も果たさせていただいた．具体的に挙げると，1990年代には国際的な競争力の観点から鋼橋の省人化構造の提案や性能規定化・性能発注の必要性について，また維持管理時代の到来を見据えたライフサイクルコストを考慮した設計の提唱や維持管理に関する研究と体制整備への提言などである．また，鋼橋構造の自由度を高める可能性を秘めた部材であり，その耐久性に関する研究の裾野を広げる必要があるということで，鉄筋コンクリート床版に関する研究小委員会を立ち上げた．鋼構造委員会になぜコンクリートを扱う小委員会なのかということで，大議論になったことを思い出すが，今では一大勢力になっている．

　2007年～2009年の鋼構造委員会委員長に就任，マンネリ化していた研究小委員会の設定に一石を投じようと，鋼・合成構造標準示方書のステイタス向上を目標に，改定プロセスの規定化や，標準示方書の充実を中心においた小委員会構成を提案，なんとか動きを作ることはできたが，1期2年はあっという間で中途半端な対応しかできずに申し訳なく思っている．

　現在，全国大会の軒先を借り，橋梁に関連する数多くの分野の壁を越えた「新設および大規模改修における橋梁計画」という共通セッションを主催，戦後，急速な経済成長期を支えた標準設計的な橋づくりでは味わうことのできなかった，基本コンセプトから始まる橋梁計画の楽しさを若い世代に伝えたいという思いで，今年も続けている．

(正会員　一般財団法人橋梁調査会　専務理事)

新しいニーズに対応して

西脇 芳文
NISHIWAKI Yoshifumi

　岩盤力学委員会は，1963年に関西電力・黒部第四発電所の工事と時を同じくして設立された．ダム，発電所，トンネル，橋梁基礎といった大規模岩盤構造物の建設とともに歩んできた．委員会の成果は，技術図書，指針，シンポジウムなどの形で公知されてきた．現場の課題を取り上げ，実質的に解決していくことを重点において委員会の運営がなされてきた．

　1990年代初期のバブルが崩壊して以降，人口減少，資源枯渇，財政悪化などの課題が顕在化した．経済成長が鈍化して，社会資本整備に関する社会からの要請の内容が変化してきた．岩盤力学委員会の副委員長さらに委員長として委員会のあり方の抜本的な見直しを行った．社会に耳を傾け，社会からの新しい要請に対応していくこととした．社会基盤整備に関する国際貢献，長大斜面の安定性，エネルギー資源岩盤地下備蓄など岩盤工学に関わりの深い課題がクローズアップされた．

　2003年に高エネルギー加速器研究機構長の故戸塚洋二先生から，大規模な実験装置である国際リニアコライダーの国内誘致を考えている，長大トンネルと大空洞が必要であり，計画，調査，設計などについて共同研究しようという提案があった．ビッグバンに近い状態を再現し宇宙創成の謎を解明しようというものである．地点選定，環境影響評価，施工計画など土木技術に関する課題が多い．トンネル工学委員会と共同で小委員会を立ち上げ土木技術に関する支援活動をしてきた．

　2007年に岩盤工学による国際支援研究小委員会を立ち上げた．国際化の進展に伴い，海外で活動する機会が増加している．発展途上国からは社会基盤整備に関する要請が多い．経済産業省，経団連，JICA，建設会社，商社などから現状と課題をうかがった．2008年にJICAとJBICが統合され新JICAができた．効率的および効果的に国際貢献活動を行う体制が整った．発展途上国の社会資本整備はこれから本格化する．現地で活動する土木技術者に対する岩盤工学による支援方策を立案した．

　国内のエネルギー資源は貧弱である．エネルギー自給率は5%程度しかない．2度のオイルショックを経験してLNG火力および原子力の時代を迎えた．国を挙げた努力によってエネルギーを確保してきた．土木技術の進歩が大きな支えとなった．世界では人口増もありエネルギーの奪い合いになっている．多くの原子力の稼働停止により膨大な国富が失われている．日本の将来を見据えたエネルギー基本計画が必要である．エネルギー安定供給に関わる様々な課題に取り組んでいく．

（フェロー会員，博士（工学），首都大学東京・客員教授）

広報活動の大切さ

橋口 誠之
HASHIGUCHI Nobuyuki

　土木学会とのお付き合いは長く，企画委員会，学会誌編集委員会，用語編集委員会，出版委員会などの活動に参加させていただき，ちょうど広報委員会がコミュニケーション委員会に名を改め，新たなる方向に踏み出した2004年度に委員長を務めました．

　昨年亡くなられた田村喜子さんが，「京都インクライン物語」で第一回の土木学会著作賞を受賞されたことをきっかけに，自称「土木屋の応援団長」になられ，ついで「北海道浪漫鉄道」を書かれましたが，私が学会誌編集員会の幹事をしていた1985年頃，これを捉えて，当時の学会長の高橋浩二さんとの対談を企画し，それに立ち会いました．それがご縁で，後に鉄道・運輸機構理事長になられた小森博さんはじめ，数人の鉄道土木屋による「弟たちの会」が生まれ，年何回か田村さんとの情報交換・ノミュニケーションを続けてきました．田村さんは，本当に，土木の本質，土木の良さを外部から広報いただいたと思います．改めて，感謝の念とともに，ご冥福をお祈りいたします．

　2011年の東日本大震災のとき，「想定外」と発言して批判を受けたケースが多数ありました．「想定外」を言い訳に使うのは論外ですが，全てを「想定内」にして，ゼロリスクを目指すべきだというのも，自然に対する畏敬の念の欠如した思い上がりだと思います．経験に学び，悩みながら，一つ一つレベルを上げていく地道な努力以外，自然と向き合う方法はないと思います．

　私がJR東日本の鉄道事業本部長をしていた2004年10月に新潟県中越地震が発生し，200km/hで走行中の新幹線が脱線しました．構造物の損壊がなかったために，幸いにしてお客様のお怪我がなく，約1.6km走った所で無事停車することが出来ました．神様に守って頂いた心境です．翌2005年12月には，羽越線で，竜巻と思われる突風により特急列車が脱線転覆し，5名のお客様が亡くなりました．痛恨の極みです．前者では，東工大の大町達夫先生から，学会にも広く情報を公開すべきだとアドバイスされ，後者では，京都大の松本勝先生をはじめ，多くの部外の方々にアドバイスを戴き，それぞれの原因究明と再発防止策の立案を図りました．その検討過程では，既に想定内に置いて対策中のこともありましたし，全く想定外で，その後の対策や設計に生かすこととしたことも沢山ありました．

　私は，ちょうどこの頃，学会の広報委員長をしていました．土木学会は，建築等の学会と異なり，産学官に跨る組織です．一事業体からの発信では客観的と見なされず，正論が取り上げられないケースが多い中で，土木学会は，この特長を生かして，産学官の情報を糾合し，知恵を出し，世の中に対して，勇気を持って積極的に情報発信していくことが求められていると思います．

（正会員，鉄建建設(株)会長，元東日本旅客鉄道(株)副社長）

託　す

葉山　莞児
HAYAMA Kanji

　国民の生命・生活を守り，国の経済発展の基盤造りを司ると自負している建設業への世間の目は厳しい．このままで後世に引き継ぐ訳にいかない．何を変えれば建設業を支える若い建設人が胸を張って前進できるのか，心ある者は一様に悩んでいた．

　正にその時 2005 年末，日本建設業団体連合会会長より大手 5 社の社長に招集がかかった．

　建設業改革一点の論議．結果は旧来のしきたりからの決別．すなわち，談合決別．「公共工事の品質確保の促進に関する法律（品確法）」成立，独禁法強化，頃は良し，今やらねば何時出来るか．

　何度か会議を重ね，衆議一決．具体化は日本土木工業協会（土工協）にて実行．2006 年の正月，賀詞交歓会の乾杯の挨拶冒頭に談合決別宣言．

　旧来のしきたりからの決別宣言書作成は，土工協の役員，事務局，及び民間からも有識者に参加願い，侃侃諤諤，行きつ戻りつやっと完成．途中何度投げ出そうと迷ったことか．同業者，関係者の支援を背に，多くの反対にも臆せず，堂々と中央突破．宣言書を携えて全国行脚．周知徹底．業界の将来を思う我々の熱意には，誰も抗せずということか．

　但し，渦中にあった私は，長く経営の場に留まるべきではないと心に決めた．

　そんな矢先，海外工事に於いて大きな事故発生．度々現地に入る．

　原因は不可抗力と判断されたが，不可抗力の範囲をいかに狭めるかが技術者の大きな使命だと心に誓う者には大きな責任を感じる事故であった．また，卓越せる技術を以って海外に進出せんとする他社にも大きな迷惑を掛けた．

　決別の件と海外での問題が一段落した時点で，現職を退いた．

　心残りは建設業の将来．

　今はオリンピック，リニア新幹線，国土強靭化等で仕事は多いが，こういう時こそ建設業の将来に関する議論を，土木学会の中に於いても活発にやって欲しい．

　現状に甘んじることなく，後に続く建設人に少しでも良い業態で引き継ぐために何をなすべきかとの議論を．曾てほどの議論がなされない現状を憂う．

　業界再編，産業競争力強化法適用，海外の積極的進出等，若い皆さんの力に託したい．

（名誉会員，大成建設(株)特別顧問）

コンサルタント委員会での活動

廣瀬 典昭
HIROSE Noriaki

　私の土木学会での活動は、水工学委員会とコンサルタント委員会に参画したのが主なものである．このうちコンサルタント委員会の活動について述べてみる．土木学会の委員会の中で、コンサルタント委員会はやや異質である．他の委員会は特定の研究・技術分野や学会運営を活動領域としているのに対し、コンサルタント委員会は土木技術者のうち特にコンサルタント技術者の資質の向上を図ることを目的としている．この委員会が設立された時期は（1970年）、ちょうど建設コンサルタントが職業として認知され、建設コンサルタント協会ができ（1963年）土木学会の中でも建設コンサルタントの活動が期待されてきた頃に当たる．コンサルタントが、活動の足場を学会内に築いて（日本においては）新しい職業としてのコンサルタントの役割を研究しようとするものであった．このため、設立当初からコンサルタント委員会はコンサルタントに限定した身内の会のような雰囲気であったが、2000年代になって、土木逆風時代に、むしろ土木技術者の使命や活動という方向に活動の幅を広げていくべきであるということから、東工大の日下部治先生に委員長をおねがいして活動の一新を図った．委員会参加者もコンサルタント、大学関係者、ゼネコン、国や自治体職員、学生とかなり多様化した．小生は日下部先生のあとの委員長（2007～2009）を拝命した．副委員長には京都大学の藤井聡先生にお願いした．この時期の活動は、エンジニアリングデザイン教育、国際競争力強化、実践論文集の創刊、合意形成、女性主導型の市民交流企画などであった．その中で特に記憶に残るものは、学生委員が自主的に企画した海外プロジェクト視察や現地大学との交流などを本にしてまとめ、コンサルタント委員会として初めての出版物となった『国づくり人づくりのコンシェルジュ』の発刊（2008）や、実践現場における土木技術者の実践プロセスの独創的創意工夫の発信を意図した、査読付き土木論文集『土木技術者の実践（F5）』編集委員会の立ち上げ（2010）、子供や一般市民を対象に女性視線で企画・主催し、今や参加動員数500名以上のイベントとして成長し、土木学会100周年事業にも選ばれた『土木ふれあいフェスタ』（2009から継続）などがあり、活動の範囲を土木学会内に限定しない具体的アクションを伴った委員会活動である．

　これからの100年では、日本の土木技術者の活動範囲は、これまで以上にボーダレス、グローバル化の方向に向かうだろう．そこで活躍する土木技術者には、ステークホルダーと共に地球の持続的発展に貢献するという使命感が必要であり、そのような素養を持った土木技術者を育てるべく、土木学会がリーダーシップを発揮していくことを期待している．

（フェロー会員，日本工営(株)代表取締役社長）

家族が集える学会活動とは

廣谷 彰彦
HIROTANI Akihiko

　土木学会がこれまでに果たしてきた，土木全般に係る発展における大きな貢献に付いて，異論を言う者は居ない．しかし，ことが土木の社会的認知度に及ぶとき，未だに学会内において，様々な議論となって，収まらないことも，事実ではなかろうか．いわく，「土木って，なに？」，「それって，学問？職業？何か創るの？おいしいの？・・・・」，「いつから有るの？」，などなど．自分の家族に対しても，いちいち，説明が必要になる．いわんや，市井の無関係の方々に，どれだけの興味を持って，土木学会のことを捉えて頂いているのか？あるいは，逆に，関心が無いからこそ，様々なネガティブキャンペーンが張られた際に，非常に無邪気にそれらを信じてしまっているのではないか？自分の子供から，「お父さんは自然を破壊するような，職業に就いているのでしょう」などと，突然糾弾された経験を話される仲間も，多々散見される．

　他方，他国の兄弟団体の活動に，例えば総会の場などに，家族も含めて参加し，楽しい野外（あるいは屋内）イヴェントに興じている様子は，珍しくない．そのような場で，この一年間の土木学会の活動の総括を分かりやすく報告したり，ヴィデオで見せたり，表彰等によって，お父さん／お母さんが演壇に上がるのを，家族全員が祝福するような機会を，全員で楽しんでいる．年に1回のイヴェントに加えて，家族招待の別段の集い，例えば，支部大会やスポーツとか，創作大会とか，ダンスであるとか，大人も子供も一緒になって楽しめるようなイヴェントなど．常日頃からそのような場に家族を含めて参加してもらうことによって，家族の中に自然に土木学会に係る話題が出る機会が出来るのではないか．

　土木学会100年の記念とは，次の100年に向けたスタートであることは論を俟たない．そのような次世代に向けた土木学会の活動を考えるとき，「家族が集う土木学会活動」を企画し，その実現に向けた行動を始めることは，大きな意義があるように考えられる．そもそも，我々日本民族は，お祭りが大好きであり，はやり廃れがあったにしても，そのようなイヴェントは，地方ごとに特徴を持ちながら連綿として続いている．あるいは小さなお子様が居る家庭においては，学校の運動会などに家族総出で，応援に嬉々として出向いている．学会だから出来ないのではなく，本当の意味で土木学会の社会的な認知に努力するのであれば，まずは自分の家族をどの様にして巻き込むかに，悩んでみては，如何？

（フェロー会員，(株)オリエンタルコンサルタンツ代表取締役会長，元土木学会副会長）

人を育てる場

藤野 陽三
FUJINO Yozo

　私の会員番号は197000289であり，この番号から入会したのが1970年であることがわかる．正確には覚えていないが，大学2年後期に土木工学科へ進学が決まり，高橋裕先生（現東大名誉教授）の土木工学概論の講義の中で土木学会の存在を知り，当時，東大紛争の後遺症がまだまだ残っている政治的な香りが強い時代の中で，「学会」というピュアーな場に憧れて加入したという微かな記憶がある．初めての学会活動は，学部を卒業した1972年の秋の九州大学での年次学術講演発表会での論文発表であった．卒業してから30年ほどして，ある大手建設会社の，京都大学ご卒業の同じ年の重役の方と挨拶を交わしたとき，「藤野さんとは同年ですね．九大での藤野さんの発表をおぼえていますよ」と言われて驚いたことがある．

　留学から帰ってきた1977年には，初めて学会の研究委員会の委員にしていただいた．今のように専門性の高い小さな学会は昔にはなく，私のあらゆる研究活動の発表の場は土木学会であった．年一回開かれる年次学術講演会で皆さんの興味と関心を惹くような研究成果を発表できるようにすることを常に考えていた．土木学会論文集への論文投稿にも全力を挙げた．お陰様で学会から私を含め研究室メンバーがいろいろな賞もいただき，私だけでなく研究室の励みになった．委員としては若いときに論文集委員会の幹事に指名され，構造分野の諸先輩の方々と知り合いになり，以来ヒューマンネットワークが大きく拡がった．以後，学会を通じて，本当に多くの人と交流する機会と情報をいただいた．土木学会は私の研究活動のまさしく基盤であり，学会に育てていただいたとの気持ちで一杯である．

　年を重ね，会員のための様々な活動に参加する機会が増えた．土木学会創立100周年事業実行委員会もその一つである．大変名誉なことであり，ご恩返しができることを嬉しく思いつつ，多くの会員と楽しく活動してきている．

　私は「学」の中で生きているので，学会に育てられたことを皆さんは自然と思うかもしれないが，土木学会の英文表記はJapan Society of Civil Engineersである．本来，学会は決して学の集まりではない．土木技術者の集まりなのである．すべての土木技術者が土木を学び，人的ネットワークを拡げ，成長していく場を提供するのが「土木学会」であって欲しいと私は強く思っている[1]．

　明治時代の初めに，化学，物理，工学などの同志同好の集まりが生まれたが，東京帝大の卒業生が中心になったこともあって「学会」という用語を作り，その名称を与えてしまった[2]．多くの方が学会だから学が中心と思わせてしまうところのある「学会」という名称は今となっては好ましくないと私は思っている．

　学会という名称に拘らず，地方の会員を含め，様々な職種の会員が，広い意味で学べる機会を作って行くのが，土木学会が100周年を機に，今後の方向だと思っている．私自身も学を卒業する年齢であり，この方向に向けて努力，貢献していきたいと思っている．

参考文献
1) 藤野陽三：将来に向けての学会活動のあり方－ひとつの提案－，土木学会誌，2014年9月号，p.80
2) 藤野陽三：学会とは何か，土木学会誌，2014年1月号，p.3

（フェロー会員，横浜国立大学上席特別教授，土木学会創立100周年事業実行委員会委員長）

「土木工学科」への再統一による「土木」の復権と土木学会の役割

藤本 貴也
FUJIMOTO Takaya

　最近の15年間で20代の建設コンサルタント技術者は3割未満にまで減少するとともに、入社した技術者も戦力として期待できる30歳代になると転職するケースが多く、建設コンサルタント業界にとって『人材の確保』と『人材の流出』は深刻な問題となっている．主な転職先は地方公務員，同業他社，他業種が各々3分の1ずつであるが，地方公共団体の技術職員不足が顕著なことから，経営者は特に地方公共団体への人材の流出に強い危機感を持っている．このため過剰な価格競争を排除し技術（＝品質）による競争を重視する入札契約制度への改善を通じ，建設コンサルタントを発注者のパートナーとして然るべく社会的評価と待遇をもつ魅力ある職業にすることが喫緊の課題であるが，建設業界や広域的な転勤が多い国家公務員においても同様な課題を抱えていることを考えると，社会資本整備を担う土木技術者全体の人材確保の問題としての対応も考える必要がある．

　「国づくりと研修」（2009年11月号）によると，全国で土木を教えている国公立大学・私立大学103校のうち，『土木工学科』があるのは，信州大，鳥取大，芝浦工大，東海大，東京理科大，日大の6校のみ（内鳥取大学については平成27年4月『土木工学科』から『社会システム土木系学科』に改組の予定）であり，『土木環境工学科』等学科名の中に土木の言葉を残しているのも11校存在（内3校はその後名称変更し土木を削除している）するにすぎない．即ち大学で土木を教える側からみると学生の人数は従来とほとんど変わらないが，学科名を見て入学した学生の側からみると土木を志向している学生の数は思った以上に少なく，人材供給の入口部分における土木技術者の需要と供給のミスマッチがあるといえる．

　社会資本の先進国である欧米諸国と較べてその整備水準も低く，自然条件もより厳しい我が国は，少なくとも現在の欧米と同程度の投資水準（GDPの約3％）は将来的にも確保する必要があることから，その担い手である土木技術者の安定的確保は必須である．

　土木学会論説2013.5月版で九州大学落合英俊副学長も大学の学科名称を『「土木工学科」に再統一』する活動をはじめることを提案されている．氏も言及されているが日本学術会議では学術分野の30の領域の1つを「土木工学・建築学」とし，科学技術・学術審議会による学術研究の分類（系・分野・分科・細目表）においても理工系－工学分野の中の7つの分科の1つを土木工学としているなど，アカデミズムの分野においては依然として『土木工学』の名称が公式に使用されている．

　土木分野に優秀な人材を確保するためには，強靱な国土の形成や社会資本の維持管理の重要性を国民と共有できつつある今日こそ，20年近く続いた公共事業バッシングを克服しその信頼回復に全土木人で取り組む必要があるが，その象徴的な活動として土木学会を中心に大学の学科名称をもう一度「土木工学科」に改める運動を興こしては如何だろうか．

　　（フェロー会員，（公財）日本道路交通情報センター副理事長，（一社）建設コンサルタンツ協会インフラストラクチャー研究所顧問）

土木学会と私

古木 守靖
FURUKI Moriyasu

　私は2001年5月の総会から2011年5月の総会までの10年間専務理事で，そのあとの1年間を顧問として計11年間土木学会にお世話になりました．

　専務理事は，土木学会の理事の中でただ一人給料をいただいていた理事です．会長を支えるのが副会長であり専務理事，そして理事会の段取りも専務の仕事であり，かつ事務局の総務事務までも責任を負っております．以下記憶に残る仕事を私なりに総括して見たいと思います．

（会長選挙）

　少し荒っぽいまとめになりますが，最初の数年間は会長選挙，正副会長会議の運営，支部運営など土木学会の組織整備を何代かの会長のご指導のもとで進めてまいりました．まず正副会長会議ですが，会長中心とするいわば戦略会議として位置付けることとなりました．最終的な決定機関ではなくむしろ生のアイディア出しの場となったように思います．したがって正式議事録はとらないこととしました．また支部運営に関しては，本部との連携の強化，支援の充実などが図られたと思います．

　次に会長候補者選出方法の課題です．背景としては会員からの透明性の確保の声や歴代会長のご意見等があったと思います．従来の，「大学」，「建設」，「鉄道・運輸」，「民間」の各分野からの推薦に基づく慣習的な手続きに替えて，広く推薦を得て選挙による手続きによることが提案され理事会の承認を得ました．選挙に関しては学会の経営に携わった方が会長（正確には会長候補者）を選ぶのにふさわしいとなりました．これは会員全員による直接選挙を実施している他の学会での経験などもふまえ，間接選挙が好ましいとなったわけです．この結果会長候補者の選挙そのものは正副会長会議経験者によることとなりましたが，より開かれた制度が必要との判断でその候補者の推薦は会員誰でもが，支部長を通じてできる仕組みとなっています．また副会長の選任は従来どおり各支部で行うこととなっています．なおこの過程で，従来の「旧建設省」と「旧運輸省」の分野は合わせて「官庁」分野となり，JRは民間分野に統合されました．

　会長任期の1年は短いという声があります．もっともなご意見ですが，次の点で現行制度は，単純な2年任期制より効果的と考えられます．第一に現在会長は事実上3カ年の活動期間を与えられています．1年目は「次期会長」として，理事であるとともに次年度予算案作成の責任を負っています．2年目でその予算のもとで会長を務められ，3年目は顧問として，理事会への出席を含む幅広い活動の機会が確保されています．このように大きな仕事ができる体制が整っていて，事実会長の影響力は極めて大きなものがあるといえます．また土木学会の会長は民間，官庁，大学の3分野から順次選出されているので，上記のような3年間の活動期間が確保されていることにより，次期会長，会長，顧問の3名が土木の広い分野をカバーしつつ力をあわせて運営を進めることができるのです．参考までに，アメリカASCEや英国ICEにおいても会長任期は1年です．

（財政健全化）

　次なる難題は，財政問題でした．第一に会員，特に法人会員の減少は顕著で，約2億円近くあった法人会員からの会費が，半減しつつあったし，個人会員も団塊の世代が60代になれば退会が目に見えていました．このまま行くと，約1億円の赤字になりかねないことから危機感を募らせて，まず委員会他あらゆる支出の低減を図りました．事務局長とともにすべての予算項目に目を通して丹念に見てゆきました．初期のころには，ほとんど不要な支出が疑問も持たれずに企業に支払われている事例も見つかったりしました．また各会議室に毎日コーヒーを置いておくサービスも廃止しましたが，コーヒー代だけでも200万円，その人件費まで考慮するとずいぶん削減したことになりました．土木学会賞の見直しもこの時行われました．各委員会等にはご不便をおかけしたこと忸怩たるものもあ

りますが，このような小さな積み上げのお陰で筋肉質な学会になり，現在，従来以上に広報や会員サービス，あるいは国際化事業等に資源配分することができるようになっていると考えています．

（新土木会館・図書館）

いま一つは，学会事務局のことです．土木学会は日本の建設産業の成長に合わせて活動も活発になり，高度成長期は活動も大いに拡大しました．あわせて，職員も拡充されてきました．また庁舎も入り口側の半分は近代的な建物になっていましたが，奥の図書室側は冷暖房など古く，また近代的なITシステムの導入には適さないものでした．学会80周年事業の一環として集められた，土木会館建設の寄付金は紆余曲折を経て四谷の現土木会館・図書館の改築に投入されることになり，私の就任した2001年5月新会館の起工式が行われて，翌年10月には完成し記念の行事が行われました．私の着任時には当然既に多くの段取りが完了していたので，私の仕事は実際に庁舎を使う視点，つまり会員と職員の視点から最後の注文をつけさせて頂きました．最も大きな変更点は専務理事室を事務局に隣接させたこと，廊下と事務局執務室の間を半透明のガラスで緩やかに仕切ったことなどです．またテレビモニターを使った会議案内システムは職員手作りの通信システムでささやかながら新庁舎の使い勝手を象徴していると思っています．なお，この土木学会の敷地はJRから購入しましたが，この地域一帯が都の公園区域に入っているだけでなく，2036年を目標とする江戸城外堀復元計画の範囲になっているため，建築認可は30年の期限付きとなっています．

（公益社団法人移行）

2008年12月に公益法人法が施行され，5年以内に土木学会等の法人は新たに登録しなおす必要がありました．土木学会は各団体の先頭を切って，その法案の勉強と対応する新たな組織や運営に関して改定の準備を進め，2010年に許可，2011年4月に新公益法人への移行が完了しました．この改革は，新法人法によるメリットの享受だけでなく，理事会の統治概念の明確化がなされ，支部の組織規程類の整備が進んで，組織運営の明確化が行われたことも大きな成果であったといえます．また関係者のご協力によるご寄付を頂きやすくなったことも画期的です．

この公益社団移行に伴い，様々な手続きの変更がありましたが，理事会議事に関してその運用が厳密になり，事前に理事に配信する必要が生じたり，総会の委任状が白紙委任ではなくなったり，事務的には会員や事務局のお手を煩わせることになっています．

（東日本大震災）

2011年3月11日，私たちは未曾有の自然災害ならびに原発事故に遭遇しました．

発災が金曜日の午後であったので，偶然東京におられた阪田会長にもただちに連絡をお取りし，災害対策本部の設置に入って，週明けの14日には第1回の対策検討会合を開催しました．ともかく未知の経験であり，土木学会としても全力をあげて，調査や対策への貢献に努めること，予算は例外的支出としてそれなりに対応することとし，断続的に対策本部組織の詳細，第1次調査団の派遣などが議論されました．

連日のテレビに次々に映し出される惨状にショックを受けながら考えたことは，今私たち技術者に対して，工学はどうすれば良かったのか，これからどうすれば良いのかといった根源的な問いを突き付けられているのだとの認識でした．この意識は今も変わらない，いやむしろ確信となってきていると思います．

一方学会としては，会員の活動に対して，経費の支弁など土木学会の調査団支援体制はどうすべきかなど，さまざまなルール作りが必要で，事務局長以下事務職員もいわば臨戦態勢で対応しました．調査結果の発表会，今回の調査事項と常設の委員会活動のすり合わせ，福島第一原発の計画津波高に関する推定経緯整理，他学会との協働調整など多忙でした．

数ヵ月後歴史学者の御厨貴東大名誉教授が「戦後」が終わって「災後」が始まるとの主張を発表されました．学会の社会安全研究会の議論でも，想定外という言葉や，安全に関する工学的な方法論，技術者と社会の関係に関して発災前と後では明らかな意識の断層があるように感じました．たとえば，現在多くの技術者は技術や科学の効用のみならず限界に関しても一般市民と最大限の認識の共有をすべきであると考えていますが，以前は技術の限界についての公表に慎重であったと思います．具体的事例をあげれば，津波の防潮堤を整備してもそれを超える津波の

存在を想定して避難訓練はしてくださいというようになりました．工学分野は確かに「災後」の時代に入っているようです．

（土木学会の今後）

最後に，100周年を迎える土木学会や土木界のことについて私の思いを付け加えさせていただきます．

我々が100周年を考えるとき最も重要なことは，初代会長古市公威の主張した「土木技術は工学全般をも対象とすべき」，「土木技術者は兵卒ではなく将校である」いった土木の原点への回帰でしょう．

しかし現代は複雑にネットワークされた高度な社会となっています．おまけに様々な意思決定は民主的な手続きによっています．一方専門家は極めて専門分化の仕組みの中にあり，ますます全体が見えなくなっています．そのような中，総合化を主張する古市の思想への回帰は極めて健全であり重要です．その意味では，工学会時代も含めて土木学会は135周年であることを自覚すべきでしょう．

合わせて考慮すべきは，上記社会の複雑化の一側面としてのニーズの複雑化・多様化，そして対するインフラの機能の高度化です．旧来の土木とITとの融合インフラともいうべきITS（高度交通システム）なども一例です．最近の事例では，アメリカでは原発事故の際の避難計画を土木技術者がシミュレーションし，それぞれの原発稼働の要件として活用しています．ことほどさように，貪欲に新たなニーズをとらえ，様々な要素技術を組み合わせて活用し社会に貢献してゆくのは土木技術者の責務であり，これこそが最も重要な技術者倫理です．

土木学会がこのような高度化する社会インフラのあり方をリードし，それを実現できるとしたらそれは会員の多様性によるものであり，これは土木学会の最大の財産といってもよいでしょう．

かつて八田與一が烏山頭ダムを作るとき，地域の農業の在り方まで研究して地域農業とワンセットで作ったように，現在の土木学会も柔軟な思考の持ち主の土木技術者が，広い分野の技術者のチーム力で複雑な社会に対する有効なシステムを創造する環境にあり，社会の問題に適切に対処し続けることができると信じています．

（フェロー会員，元土木学会専務理事）

土木学会と私の関わり

堀　正幸
HORI Masayuki

　1969年（昭和44年）京都大学土木工学科を卒業し，大学院に進学したころ故京都大学名誉教授赤井浩一先生から，土木学会論文集共著論文の原稿を提出してこいとのご下命を受け，学会本部に初めて訪れた．東海道新幹線に初乗車そして不慣れな東京，ようやく辿り着いた四谷の学会本部に，新米技術屋としてやや緊張と興奮の面持ちで入館したことを思い出す．学生時代からその後の大学での研究・教育に従事していた期間は，私にとって学会は，研究論文発表や研究業績成果報告をすべき神聖かつ厳しい職業の場であった．私の学会との関わりの最初の側面である．

　1978年（昭和53年），電源開発株式会社に入社してからは，電気事業分野に属する一人の土木技術者として学会に活動参加することとなった．岩の力学連合会の専門幹事を長らく勤めていた頃は，事務局が置かれていたこともあり土木学会には頻繁に通った．1995年のISRM第8回国際会議の開催を我が国に誘致すべく関係者で必死に活動していた頃を懐かしく思い出す．海外関連の業務や経験の機会が比較的多かった私は，平成15－16年度の土木学会理事の期間を含め，国際貢献賞選考委員会や学術交流基金管理委員会等土木技術者の国際化と発展途上国の経済的支援の活動に関わった．この間，各方面の土木技術者と知り合いとなり幅広い情報に触れることが多く，学会運営活動は人的交流と情報交流の貴重な機会であった．これが二つ目の側面である．

　三つ目の側面は土木学会から授かったものである．土木学会は土木工学の技術的権威の象徴でもある．学会からいただく技術的評価や各種表彰受賞の喜びは技術者冥利に尽きる名誉なことである．J-POWER電源開発は各種電源の開発プロジェクトにおいてこれまで13回の技術賞と1回の環境賞を受賞している．このうち4回の技術賞と1回の環境賞のプロジェクトに私自身直接参画することができた．土木技術者としての大切な誇りとなっている．

　土木学会会員になって以来，今日まで大よそ半世紀になる．この間の土木工学の発展と偉大な成果，それに付随する世の中の高い評価と他方で批判や不人気，土木を取り巻く時代の変遷をあらためて感じる．学術的内容の記事を多く掲載していた当時の硬派な土木学会誌から，今では装いも新たに土木界にまつわる最近の幅広い話題を含む情報誌に変貌している．私にとって月一度の学会誌閲覧が土木にまつわる貴重な情報源の一つとなっている．土木学会との永い大きな関わりである．

（フェロー会員，工博，元(株)開発設計コンサルタント　会長）

土木学会女性会員として

正木 啓子
MASAKI Keiko

　1971年東北工業大学で開催された全国大会での論文発表が，土木学会入会のきっかけであった．女子学生による論文発表が珍しかったからか，教室は満員で立っている方も大勢いた．発表後の質疑応答，張り詰めた教室の熱気，何より緑豊かで穏やかな仙台の街並みを，私は忘れない．

　その後，全国に女性土木技術者が増えてきたこともあり，1982年9月号の学会誌で「座談会・女性土木技術者おおいに語る」が企画された．司会は京都大学大西助教授で参加者は官・学・民の業態が異なる5人．この座談会で，私は自分以外の女性土木技術者を初めて知った．話は盛り上がり，全国で孤軍奮闘する女性土木技術者のネットワークを作ることになり，土木学会の支援も受け，翌年約30名で「土木技術者女性の会」を設立した．この会は，今も女性土木技術者の知識向上や励ましあいの場として堅実な活動を続けており，2006年には，女性の坑内労働の規制緩和という労働基準法改正に大きな役割を果たした．

　会の設立後しばしば，新聞・雑誌などに「土木に女性が！」と取り上げられる機会が増えた．しかし，土木職場はヘルメット姿と3Kという先入観と固定観念に囚われた取材が多かったような気がする．

　土木学会が「土木の日」を制定した1987年に，関西支部では創立60周年記念事業として，女性だけで「女性のための土木施設見学会」を実施した．それまでこうした催しは無かったのか，当日は終日地元TVの密着取材を受けたり新聞に取り上げられたりした．その準備段階の共同作業を通じて，少数の女性土木技術者とそれを支えてくれた女性たちとの縦型ならぬ横型異業種交流ができたことが，私にとっての最大の事業効果だった．

　私の学会活動は，関西支部中心であったが，2005年に土木学会理事（情報資料コミュニケーション担当）を拝命した．担当業務では未消化な部分もあるが，日常業務では経験できないような勉強をさせていただいた．HPの情報収集と発信力，資料管理と保存，情報の利活用など．土木図書館の坂本さんを始め委員会のメンバーの方々には感謝の言葉もない

　ところでその後相当な時間が経つが，学会役員に女性が就任したという話は聞かない．女性が土木界に本格的に進出し始めてから日も浅く，大多数が公私に多忙な年代にある．こうした状況を超えて，いつか実力と実績を備えた女性会員が土木学会をけん引する役割を果たす日が来ることを期待する．なぜなら，社会生活の安全・安心・安寧と人の暮らしを支える土木学会には，思考と経験のバランスが大切だと考えるから．

（フェロー会員，大阪ガス(株) 近畿圏部顧問）

図書館からの発信

松浦 茂樹
MATSUURA Shigeki

　私が，土木学会図書館委員会委員長に就任したのは 2001 年である．その 1 年前に委員となっていたが，当時，土木学会本部の建替えが問題となっていた．新たな建物で図書館をどう考えるのか，一部からは学会に図書館は必要ないとして撤去が要求された．会議室などの確保のため図書館用のスペースがないから，というのがその理由であった．そして蔵書を処分してくれ，という．

　委員会では，図書館のない学会なんて有り得ないとして，その必要性さらにその広さについての根拠をまとめ要求していった．紆余曲折があり結局，現状のような広さでの図書館となったが，何とか最低限のスペースは確保できたと考えている．その後，土木学会が公益社団法人と認められるにあたり，学会に図書館があることが公益性を主張する一つの重要な根拠になったと聞いている．ご同慶の至りである．

　学会図書館の役割として，社会に広く発信することが重要だと考えている．学会員に役立つよう書籍・資料等を揃えることは当然，大事な任務だが，社会を力強く支えている土木技術の役割を理解してもらうよう積極的に働きかけることも必要である．図書館委員会が中心となって，「初代会長古市公威」研究を行おうと有志が集まり開始したのは，生誕 150 周年を 3 年後に迎える 2001 年であった．古市は，周知のように工科大学学長，内務省土木技監，鉄道作業局長官など社会基盤整備に幅広く関わっていた．彼を研究することで，社会発展と土木技術の関わりが具体的に分かり，社会から理解を得られると考えたからである．4 年間の研究をもとに『古市公威とその時代』が土木学会創立 90 周年事業として刊行された．

　私は，その後，図書館委員会「近代資料収集小委員会」委員長となったが，「二代会長沖野忠雄」についての研究を有志と共に始めた．沖野は古市と同年生まれで，土木学会の創立は古市と沖野の還暦祝いと同時に進められた．古市研究は行ったのに沖野研究を行なわないのは不公平と考えたからである．『沖野忠雄と明治改修』として，土木学会から刊行されたのは 2010 年である．

　さて，当然のことながら土木技術は社会と深く関わっている．社会発展の貢献のために土木技術は活用される．社会が高度化・成熟化するとともに求められる技術も異なり，社会基盤の評価も異なってくるのは必然である．長良川河口堰，吉野川第十堰，そして近年の八ツ場ダムなどが広く社会から注目されたが，建設を進めることについて，いろいろな意見を持つ会員がいるのは当然だと思う．社会が多様化していく中で，何の異論もない一枚岩であるのがおかしく，それだけで外部から奇異な目で見られる．外部とも活発な意見の交換を行いながら議論し，意見を集約していく，そのような学会でありたい．

　決して「土木屋の，土木屋による，土木屋のための事業」を行っているのではないことを，肝に銘じておくべきと考える．

（フェロー会員，工博，建設産業史研究会代表）

縁の下の力持ちとして

松本 香澄
MATSUMOTO Kasumi

　私は，同じ東京都職員の紹介をきっかけに，土木学会誌の編集委員会にご縁をいただいたのが，学会活動の出発点です．学会自体の全体の様子もまったくわからないままだったにもかかわらず，学会誌編集委員会の非常に活発な，そして実のある議論に参加することができ，貴重な経験となったことを記憶しています．その後，ダイバーシティ推進委員会に，またその延長線でH部門論文委員会等に所属する機会を頂きました．

　土木学会に所属し，学会の活動に参加することは，自分のためになることはもちろんのこと，所属する組織にとっても有意義なことだから，学会活動に積極的に取り組みなさい，取り組み続けなさいと，思いがけないタイミングで，大先輩からいただいたアドバイスを糧に，忙しい業務とやりくりしながら，折々に四谷の本部にお邪魔している状況です．

　そもそも土木学科出身ではない自分は，土木の分野で活躍する（したい）方々の縁の下の力持ちになること，を自分の使命と受け止めています．

- 土木の仕事がどれだけ社会に有用な学問であり，不可欠な業界であるかを，老若男女に対して広めていくこと（土木のPR活動）
- 土木業界に従事する方の業務環境を整えること（男女共同参画をはじめとするダイバーシティへの取り組み）
- 働き手の知識拡充の機会を可能な限り提供し，社会人としての成長を促進すること（土木人材の育成）・・・

　これらのアクションは，個人や単発の組織では全く効果がなく，すべて土木学会を通じてでなければ実現できないことではないか，と思い至り，学会の活動に参加させていただいている重みを改めてかみしめた次第です．

　自分が担おうとしている側面的支援の分野は，どの業界でも必要なものだと考えています．100年の歴史を持つ土木学会だからこそ，普遍的な部分における，それぞれの時代のニーズに対するアップデートは，不可欠な行為となるでしょう．

　そして，日本建築学会や日本機械学会，電気学会等の他の学会とも横の連携を図って，工学全体において，専門的な知識を有した技術者・研究者が，その能力を存分に社会に還元していくことができる世の中になることを願ってやみません．

　その想いを胸に，これからも精一杯活動を充実させていきたいと考えています．

（正会員，ダイバーシティ推進委員会委員，東京都都市整備局）

学会での調査研究活動を通して得たもの

丸山 久一
MARUYAMA Kyuichi

　土木学会に学生会員として入会したのは，修士課程に進学した1972年4月であった．その後，博士課程の途中で米国に留学した際学会歴が一旦途切れたが，1978年に正会員として再度入会した．コンクリート工学が専門で，コンクリート委員会や吉田賞委員会には大変お世話になり，育てて頂いたと感謝している．

　学会に多少とも貢献できるようになったのは，80周年記念事業において土木用語辞典の編集に係わった時からである．1995年1月に発生した兵庫県南部地震に際しては，学会の「阪神・淡路大地震調査報告」に編集幹事として参画し，第4巻「土木構造物の被害要因の分析」を編集責任者としてとりまとめた．

　コンクリート標準示方書の改訂作業には，1986年発刊のものから係わらせて頂くようになった．当初は，諸先輩の侃々諤々たる議論を拝聴するのみであったが，1996年発刊の「耐震設計編」からは，責任ある立場で作業を分担するようになり，2002年発刊の「耐震性能照査編」では，編集の主査を務めさせて頂いた．

　コンクリート構造物の耐震設計法，耐震補強法は，兵庫県南部地震を契機に，大きく発展した．大学の研究者のみならず，官民の研究機関でも幅広い分野で精力的に研究が行われた．大型の実験設備が導入されるとともに，コンピュータの高性能化とも相俟って非線形解析が大きく進展し，陸上構造物のみならず，地中構造物の耐震性能が大変形領域まで精度よく評価できるようになった．そのような状況の中で「耐震性能照査編」の制定に係わり，技術の発展がどのようになされるかを体験できたことは，私にとって大きな財産となった．コンクリート標準示方書の改訂作業を通じて感じたことは，長い年月にわたる多くの先輩諸兄の叡智と努力を引き継ぎ，新たな一歩を追加するという責任の重さであった．

　2011年3月に発生した東北地方太平洋沖地震では，調査研究部門主査理事として調査活動に係わることとなった．阪田憲次学会長を中心とした特別委員会の調査団に加わり，一次，二次の調査活動を行い，その後も関係する活動に参加できたことは，私個人としても大きな転機となった．分野を超えた専門家との交流は，これまでの委員会活動では難しいと想定されるテーマにも積極的に取り組むことを可能とした．特に，津波による橋桁の流失に関わる調査研究活動では，コンクリート工学の他，橋梁工学，構造工学，海岸工学の分野からの委員が参画し，必要な資料の収集，被害の分析，流失メカニズムの解析，津波による橋桁への作用力の評価等，多面的な検討が可能となり，新たな成果を生みつつある．

　学会活動は，構成員の自由意志に基づく活動であるが，それ故，利害関係がなく自由な議論ができ，世代を超えたネットワークも構築できる．若い研究者や技術者の学会離れが喧伝されているが，若い方々には学会活動の利点を生かし，稔り豊かな次の時代を築いて頂きたい．

（フェロー会員，長岡技術科学大学名誉教授）

土木学会誌

三木 千壽
MIKI Chitoshi

　「届いたらすぐに開きたくなる学会誌」が，合言葉でした．編集委員長を引き受けた当時の学会誌は，様々な学会情報と，論文や評論などの硬い内容とが混在したものでした．当時，論文集が分冊化され，第6部門が発足するなど，学会誌を取り巻く状況は変わりつつありました．歴史的には研究発表の場でもあった学会誌を，どのようにしていくのかは大変重たい課題でした．学会誌編集委員会や多くの関係者との広い議論の結果は「学会の情報の中心になるべき」でした．

　新しい形の学会誌の第1号に，「学会誌をFF化するのではありません」と書きましたが，まさにモデルとしたのは当時一世を風靡していたフォーカス，フライデイの写真週刊誌でした．通勤の電車で読めるような，隣の席の人が覗き込むようなマガジンが目指すところでした．記事の長さは原則見開き2ページ，写真や図を使う，カラー化する，など，タイムリーな記事を，読みやすく，です．土木学会誌の伝統をつなげるために，表紙の字体には発刊当時のそれを使いました．また，若い感覚を取り入れるために，学生に編集委員を委嘱しました．彼らによる，時の人や大先輩会員へのインタビュー記事は人気でした．

　その後も，縦書きとなるなど，学会誌はどんどんと変貌していきます．学会誌を開いていると，多分野の人から「それはどこの雑誌ですか」と聞かれます．「土木学会誌ですよ」と答えると，大変びっくりされます．これは大変うれしいことです．学科や専攻の名称から土木がほぼ消滅した今，土木学会誌の存在は重要です．

（フェロー会員，工博，東京都市大学副学長）

土木学会から賜った様々な初体験

道奥 康治
MICHIOKU Koji

　土木工学科 3 年次に土木学会へ入会してすでに 40 年近くが経過した．複数の学協会に所属しているが，土木学会は言うまでもなく私の母体である．感受性はかなり低い方なのに，土木学会での様々な「初体験」は未だに際立った想い出として，それぞれが目の前に鮮明に浮かぶ．土木学会関西支部学術講演会での初めての研究発表は，緊張感のあまり悶絶しそうであった．今なお，講演・講義の際には緊張を創出できる特技？があり，それが話を聞く人達への礼儀であると信じている．初めて土木学会の委員として学会本部へ寄せて頂いたのは，まだ学位も取得していない助手時代の 1985 年で，当時，筑波大学の椎貝博美教授が主催されていた土木工学用語委員会であった．これを皮切りに，支部・本部からも様々な学会活動の機会を頂くようになり，今日まで多くの人達のご支援を賜ってきた．初受賞であった論文奨励賞（1987 年）は，現在の職業を続ける上での大きな糧となり，いつも誇りに思う．挫けそうな時の心の支えとして，まさに私を生涯にわたり奨励し続けてくれている．振り返れば，私の土木学会における初体験のほとんどは，母校・職場などの近隣よりも，むしろ土木学会のご縁でご厚情を頂いた遠方の方々のご支援の元で実現した．これらは，私のささやかなキャリアの節目を彩ってくれる財産である．本文の執筆依頼を頂く程度に土木学会歴は長い方ではあるが，この年齢になっても学会活動の全てが未体験ゾーンの連続で，同じことの繰り返しはない．その都度，適度の緊張感をもって新たな経験を重ね，非力ながらミッションの幾ばくかを果たすことにより私なりの成就感を得ることができる．土木学会ほど計りきれず多くのことを学び，多くの範たる人々と知り合うことができるソサイアティはなく，会員の一人であることを誇りに思う．未だにお世話になった方々に御恩返しをしていないのに，土木学会は，今なお私に初体験を提供し続けてくれており，もうしばらくはこれを甘受しようと思う．逆に，私自身の役割は次世代の会員達に初体験をプレゼントすることなので，若い人達に初心と緊張感を提供するための学会活動を続けたい．会員担当理事の時代に「学会に入会するメリットは？」などの疑問を耳にすることがしばしばあった．そもそも学会は，同窓会と同様，持ちつ持たれつの互助組織であり，学会員であることのメリットを会費と同次元で計測できるはずはなく，B/C の経済原理もほどほどにして頂きたいと思う．職場でしばしば味わう退屈なルーチンワークを思えば，持続的に初体験を味わえる土木学会は，私にとって貨幣換算不能のありがたい存在である．

(フェロー会員，法政大学デザイン工学部 教授)

学園紛争の後遺症と技術者

宮川 豊章
MIYAGAWA Toyoaki

　私が土木学会に入会申込をしたのは昭和49年，1974年のことである．学生としては入会するつもりはなかったのであるが，大学に助手として残るにあたって礼儀として入っておくべきだろうと考えたからであった．学会というものに入ろうとはそれまで全く思ってもみなかった．これには，私自身が入会にふさわしいような人間ではないと思っていたことが先ず根本にはあったが，加えて時代的な背景もあった．

　我々の高校大学時代は疾風怒濤のごとき学園紛争の季節であったので，先ずは権威というものに対して妙な反感を持っていた．何しろ京都大学に入学してから1回生の冬まで講義はなかったに等しい．30歳以上の人間は信ずるに値しない，既成の権威は腐敗している，というのが風潮であった．したがって学会というものに信を置かなかったのである．

　京都大学は"自由の学風"をうたっており，これはまた具体的な指導をしないことにつながりかねない．しかも学園紛争である．岡田清先生からは土木学会に入るような具体的指導はなかった．これも紛争がなかったら違っていたのかもしれない．しかし，土木学会に参加しコンクリート関係の委員会や行事に参加するにつれ土木学会の役割，使命，意義に目覚めていった．

　委員会活動で最も意義深かったのは，支部活動とコンクリート委員会の活動，中でもコンクリート構造にかかわる示方書，指針，試験方法などの規準類，各種報告書関連作成の活動であろう．工学と理学の発生時期を考えると，現実社会に根差しているため工学は理学よりも歴史は古いと言われている．その現実に根差すという最も重要な部分において示方書類は極めて重要な位置付けを持つ．

　土木学会の英文名称JSCE（Japan Society of Civil Engineers）のEは技術ではなく技術者であるのできわめて多くの分野の方々との交流が可能であった．大学人は本物の技術者ではないと今でも思っている．本物の技術者との交流ができた．しかも学会活動の初期ではメールあるいはウェブサイトなどは存在しなかったため，そのような本物の技術者と膝を交えて議論することができた．地に足を付けた議論が可能だったのである．このような学会はあまりないと言ってよい．この事実が種々の指針，示方書ひいては工学というものの真髄を表していると思っている．そのため，現在のように直接対面せずに種々の行為を行うことができることには一抹の不安を感じていなくもない．新しいシステムでの議論の成果を期待するばかりである．

　したがって，私の学生時代にもかかわらず，学生諸君には，土木学会に入ることは義務であり権利であると推奨している．

（フェロー会員，工博，京都大学教授）

土木学会の改革策（JSCE2000）

三好 逸二
MIYOSHI Itsuji

　1998年（平成10年）5月，21世紀を迎えるにあたり，土木学会の改革策（JSCE2000）が中間報告としてまとめられました．

　私は，その前年から4年間土木学会の専務理事として，会員の皆様とともにこの改革策の実現に取り組みました．その主な内容は以下のとおりであり，これによりその後の土木学会の方向が決められたものと考えています．

1，定款の改定および諸規定の改定
2，倫理規定の制定
3，土木技術者人材育成制度の創設
　(1) 土木学会継続教育制度
　(2) 土木学会認定技術者資格制度
　(3) 土木学会技術者登録制度
　(4) 土木学会技術評価制度
　(5) 日本技術者教育認定機構（JABEE）への参画
4，新土木会館および土木図書館の改築

　これらの改革策に合わせ，国際化への対応として，アジア土木学協会連合協議（ACECC）を設立し，第2回アジア土木技術国際会議を東京で開催いたしました．また，国際的に通用する土木学会（JSCE）のマークやバッジを制定したのもこの頃です．

　土木学会の定款の改定に当たっては，学会の目的や事業について様々な議論がありました．学会内の審議段階では，土木学会は英文名「Japan Society of Civil Engineers」にあるように，土木技術者の会であることから，学会の目的に「土木技術者の地位の向上を図る」という文言を加えるべきであるとの意見がありました．しかし，文部省の指導では，これは学術団体の目的にそぐわないと認められませんでした．そこで，土木技術者の資質が向上すると，より良質な社会資本が整備され，これを国民に評価されることにより，結果として土木技術者の地位の向上に結びつくと考え，最終的に「土木技術者の資質の向上を図り，もって社会に寄与する」といたしました．

　土木学会では，これを受けて，土木技術者の資質の向上のため，先に挙げた土木学会の4つの人材育成制度を創設するとともに，JABEEの設立とその後の運営に積極的に参画することにより，大学などの高等教育から生涯教育まで一貫した土木技術者の人材育成に取り組むこととなりました．

　これらの成果は，当時，各検討委員会を担当いただいた会員の皆様の献身的な努力によるものであり，私にとって誠にありがたく充実した4年間でした．

（フェロー会員，元土木学会専務理事）

土木コレクション更なる発展を祈念して

村尾 公一
MURAO Koichi

　土木学会との関係は遡れば，学生会員に成って以来であるが，それから大した活動や貢献も無く，無為に時を過ごしてしまった．それが急に濃厚な関係を持つようになったのは，平成21年度に本部の監事として顔を出す様になってからだ．学会も丁度公益社団法人化を進めていた時期で，財務内容や会計処理について移行に向けた準備を行って居た．総会に向けて，監事の立場で決算や公認会計士の意見について助言をさせて頂いたのを懐かしく覚えている．

　一方，平成20年より土木の日実行委員会の本部事業として土木コレクション（以下ドボコレ）が始まった．翌年の21年の展示会場が東京駅丸の内広場に繋がる都道の行幸通りの地下通路であったこともあり，前年7月より東京都建設局道路監に就任していた為，道路占用等に関する相談を実行委員会の方々から受け，その趣旨に感激，是非とも全面的な協力をしたいとの御話をさせて頂いた．都の建設局には関東大震災後の帝都復興で架けられ，国の重要文化財に指定された勝鬨橋を始めとする多数の橋梁の図面や写真等掘出し物が有り，これらを加えて頂くのは，技術者として名誉なことと考えた．結果的に勝鬨橋，聖橋の資料を提供させて頂いた．また，行幸通りは，建設局挙げて景観や環境に配慮した作り方を進め，夏の水撒きや冬の光のイベント等地域と一体となった街路の使い方の先駆けを実現していた．その地下でドボコレが行われたのは意義深いことと認識している．

　都道の占用許可や図面の提供等色々相談は，当時事務局で熱心に黒子役をやっていた髙橋薫さんから受けていた．行幸通り地下通路での実施が成功し，更なる広がりのある展開を，多くの人の流れがある場所でもとの話になり，新宿駅西口地下広場の一角に格好の場所があると提案させて頂いた．早速諸般の調整を行い，22年は，新宿西口地下広場での開催を阪田憲次会長の出席のもと盛大に行った．私も東京都建設局道路監としてテープカットに参加させて頂いたのが昨日のことの様である．

　以来，新宿西口会場は，4日程度の短期間の展示にも拘らず，1万人を超える方の来場を得るイベントに成長している．また新たに今年は弊社東京メトロとのコラボとして地下鉄銀座駅で「東京メトロコレクション×土木コレクション」が実現した．平成20年に土木学会の会館で3日間約100人の来場者から始まったドボコレは，学会100周年を迎えるに当たって大きく成長し，全国展開に至るまでに成った．偏にこれに携わった多くの方々の御努力御尽力の賜物と思う．それと共に，先人が心血を注いだ手書きの設計図等が持つ，本物の凄味が，土木と縁の薄い一般の方々を感動させるのだと思う．この素晴らしいイベント，寧ろムーブメントと呼ぶに相応しい事業の成長の一助に，街路の多様な使い方として関与できたことを衷心より感謝申し上げるとともに更なる御発展を祈念する．

（正会員，元土木学会監事，元東京都技監）

土木学会と市民参加

村田　進
MURATA Susumu

　土木学会で思い出すのは，平成16年度の全国大会が一番である．この大会は，2005年日本国際博覧会（愛・地球博）が翌年3月に開幕するという絶好のタイミングで，愛知工業大学を主会場にして開かれたが，博覧会のプレイベントとしても大きな役割を果たし，地域からも随分と歓迎された．

　というのも，博覧会開催を目指して，日本館の建設を始め，博覧会会場へのアクセスになる，中部国際空港，東部丘陵線（磁気浮上式鉄道としてわが国初の本格的な営業路線），東海環状自動車道路，名古屋港中枢国際港湾ターミナル等，国家事業的なインフラ整備を並行して推進していたからである．

　基調講演・全体討論会・交流会の会場は，普段はサッカー競技場等として利用されている「豊田スタジアム」を利用した．これは，大会テーマである「土木事業への市民参加」とも深い関連がある．スタジアムは，子供から大人まで幅広く利用する都市インフラであり，しかも道路・鉄道などのアクセスがあって初めて機能を発揮する，土木事業の大きな成果物である．一般の人々が普段慣れ親しんでいるこうした土木事業の成果物を会場にして，市民の方々にたくさん参加していただき，「土木事業への市民参加」を公開討論しようと考えたのである．何しろ4万5千席あるのだから，何人来てくださっても大丈夫である．

　私が全国大会実行委員長をつとめたあの日から十年の歳月が流れたが，土木事業（公共事業）への市民参加や理解を得ることの重要性は益々高まるばかりである．「無駄がある」「コストが高すぎる」「止める仕組みがない」などの公共事業をめぐる批判に対して，その後，様々な施策が実施され改善されてきたのも事実であるが，この十年間における事業量の大幅な減少の背景には，こうした公共事業への不信感が根強くあるというのも否めない．

　今，国土強靭化のための整備，2020年東京オリンピックに向けた整備，メンテナンスやライフサイクル・エンジニアリング，リニア中央新幹線のルート決定など，土木事業にかつてない新しい光が差し込んできている．こうした時にこそ，専門性をもって分りやすく説明し市民の理解を得ることや，更に，構想・計画段階から市民の積極的参加を得ることなど，国民の理解を深めて行く工夫と地道な努力を忘れてはならないだろう．産学官の知恵と見識を結集することのできる土木学会に，「土木事業への市民参加」を今日的視点でもう一度検討し，取り組みの方向を再構築していただけるなら，国民に喜ばれ信頼される土木事業に向けて，大いに役立つのではないかと思うのである．

（フェロー会員，パシフィックコンサルタンツ(株)　特別顧問）

建設マネジメントから国際センターへ

山川 朝生
YAMAKAWA Asao

　役所に勤務していた関係から，若い頃の研究所時代は別として土木学会とのおつきあいはアドホックなものにとどまっていた．委員会活動に本格的に関わったのは1991年頃参画した建設マネジメント委員会からである．これは大学・官公庁関係者はもちろん，それを上回る多くの民間技術者が結集した学会としてはユニークかつ大きな委員会で活発に活動を展開していた．建設分野のマネジメント技術を体系化するという当初からの目的に加え，入札契約制度の抜本的変革，建設産業が直面する国際化の流れといった時代の新しい要請に学会としても応えることが求められていた．私自身も役所の中で建設生産システム，発注制度，日米建設協議やGATT（今のWTO）政府調達協議等の国際交渉業務に携わっていたころで，学会活動を通じて多くの方と公私にわたりおつき合いが出来たのは良い経験であり仕事にも直結していた．

　数年して土木研究所に次長として赴任した時は，新たに設置された建設マネジメントセンターの長を兼務することになった．ここでは東京大学の小澤先生を始めとして自治体・ゼネコン・コンサルの精鋭の方々に任期付き研究員等の肩書で参加していただき，実務に即した研究でいわば土木学会建マネ委の前線部隊のような趣であった．一方，土木学会関東支部でも國島教授の肝いりでアジア諸国を中心とした若いエンジニアを集めた国際交流も継続的に実施された．社会の発展段階や歴史的背景の異なる国の人々と，社会資本の整備と運営の仕組み，建設産業の発展，土木技術者の役割などについて率直な議論をすることは新鮮かつ刺激的であった．

　最近では，土木学会の幅広い国際関係業務をより戦略的かつ統合的に進めるために，2012年度から会長直属の国際センターが発足することになり，準備段階から歴代会長の意を受けてお手伝いをしている．グローバルな競争時代に入り，これまで学術交流を中心に積み重ねてきた学会の国際活動をベースとしつつ産官学の連携と内外の幅広いネットワークを活用して新興国を中心とする国づくり・人づくりに積極的に関与することにより，わが国としての総合的なインフラ産業競争力を発揮しようというものである．個別プロジェクト対応にとどまることなく，文化的社会的な広がりと継続性のある国際関係を構築するのに土木学会の貢献は重要であると思っている．

（フェロー会員，日本工営(株)取締役副社長執行役員）

日々研鑽あるのみ

山田 郁夫
YAMADA Ikuo

　土木学会への入会は，大学院に進学した昭和56（1981）年である．大学院修了後，昭和58年に本州四国連絡橋公団に就職し，橋梁技術者の道を選択した．瀬戸大橋，多々羅大橋，明石海峡大橋関連の建設工事に従事するとともに，3ルート完成後も長大橋や道路の維持管理に従事した．これまで約30年，本四架橋プロジェクトの一員として，長大橋等の設計・施工・維持管理に従事できたことは，幸運であった．

　この間，土木学会の全国大会や支部大会において，長大橋等に関する論文発表の機会を数多く頂いた．また，土木技術者の自己研鑽として，各種の資格取得に努めてきたが，技術士や博士学位だけでなく，土木学会の上級技術者も取得した．今後，特別上級技術者も取得したいと考えている．残念ながら，土木学会の各種委員会での活動経験はないが，平成23（2011）年度にJABEE審査講習会を受け，実地検査にオブザーバーとして参加し，貴重な経験をさせて頂いた．

　さて，平成24年度より本州四国連絡高速道路(株)から土木学会事務局に出向中である．当初は調査役として，100周年戦略会議や東日本大震災関連委員会を担当した．さらに，平成25年度に若輩かつ浅才な身ながら，事務局長を拝命した．新しい経験の連続であり，判断に迷うことも多い．しかし，学会員の皆様のご理解と事務局職員のご協力を得て，元より微力ではあるが，学会事業の推進に専心努力している．

　平成26年，土木学会創立100周年という節目の年を事務局の一員として迎えることは，大変光栄である．100周年事業を成功させるために，100周年事業実行委員会と学会本部・支部事務局が連携を強化する必要がある．また，学会員の皆様には一層のご支援・ご協力をお願いする次第である．これからも土木学会が社会貢献・国際貢献の責務を果たすため，他学会と連携を図るとともに，来し方行く末を思慮しながら，日々研鑽を積み重ねて行きたい．

（正会員，工博，土木学会事務局長）

土木学会事務局と私

山田　正
YAMADA Tadashi

　私は水理学・水文学・河川工学を中心に教育活動を行っています．今から30数年前，土木学会の委員会で「日本の土木をつくった100人」を出版するという企画があったことを思い出します．この時どういう風の吹き回しなのか，私に加藤清正の土木屋としての事歴を書いてくれという話が舞い込んできました．その頃私は30才ぐらいだったと思いますが，その当時の私は土木史には全く疎い水理学の"新進気鋭"の研究者（？）であり，加藤清正のことなど何の知識の持ち合わせていない状態でした．後で知ったことですが，当時学会事務局におられた河村さんや五老海さんの推挙で，土木学会員の中で若手にも歴史の中での土木屋の偉大な業績とその人となりをこの機会に勉強させてやろうという親心（当時の学会事務局のすごさ）があったと聞いています．いやいやさと多少の好奇心の入り混じった気持ちで引き受けましたが，さあ大変．なにしろ何の知識も情報もないまま，司馬遼太郎さんの小説やら「街道をゆく」を数か月読みあさり，加藤清正と土木の係りを探し回りました．それでもなかなかぴんときません．当時私は防衛大学校の土木工学教室で講師だったか，助教授だったかをしていましたが，仲間の先生方に私の困窮状態を話したところ，何と肥後熊本の加藤清正の隣の佐賀藩で，清正とともに今日まで称賛されている幾多の治水事業を指揮した成富兵庫助茂安（なりどみひょうごのすけしげやす）の御子孫の一人の成富正規先生がおられたのです．成富先生はさっそく家系に伝わる貴重な資料をいくつも見せて下さり，加藤清正や成富兵庫助茂安の治水に係る思想と技術を私自身が数多く学ぶことができ，「日本の土木をつくった100人」の中の加藤清正と往時の土木技術に関する拙文を出すことができました．人の世のつながりの真に不可思議なことに改めて感じ入ったことを思い出すとともに，当時の土木学会事務局の若手を育てようという厚意と懇意，意気込みに感謝する次第です．

　なお，その後，成富兵庫助その人と加藤清正や武田信玄の治水思想や治水技術の比較評価を行った「特定非営利活動法人風土工学デザイン研究所」の素晴らしい調書報告文が「疎導要書にみる成富兵庫助の治水評価に関する調査」と題して，公益財団法人河川財団から公開されています．若手河川技術者のみならず，全ての土木に係る人は読むべき報告であろうと思います．

（フェロー会員，中央大学都市環境学科 教授）

編集を終えて

　こうした年史の編纂はできるだけ早く着手した方がよいのは確かである．しかし，年史が対象とする期間を考えるとまだ時間はあると考えるのは世の常である．ご多分に漏れず，本書編纂の始動もお世辞にも早かったとは言えないと思っている．

　聞くところによると，2011年11月下旬に大西博文専務理事と片山功三事務局長（当時）が『土木学会略史1994-2004』（『90年略史』と呼称）の編集委員長であった篠原　修（東京大学名誉教授・GSデザイン会議代表）を訪問し「土木学会の100年史」の委員長人事を相談したのが始まりのようである．その年の暮れまでに，依田照彦（早稲田大学）が委員長を，私，大内雅博（高知工科大学）が幹事長をお引き受けすることになった．そして事務局とも相談し，2012年1月末に委員長と幹事長との初会合を開いた．『90年略史』編集委員会からの引継ぎ事項も踏まえ，編集方針，委員選出の考え方，編集工程について検討した．以後，4月までに月1回のペースで会合を開き，その成果をもとに「「土木学会の100年」編集特別委員会」の設置を2012年6月理事会に諮った．委員会の委員，幹事の人選を進め，同年11月に第1回幹事会を開催した．以後，約2年の間に幹事会を7回，委員会を2回開催し編集作業を進めた．

　『土木学会の100年』の編集方針やこれまでの略史と本書の位置づけは本書冒頭の「刊行にあたって」に記されているとおりである．過去の正史や略史を最大限活用することが基本的な考え方である．しかし，とかくこうした年史は学会活動の歩みを網羅的にとらえることから資料的な性格を帯びてこざるを得ない．そこで，「資料編ではない，なるべく多くの会員に読んでほしい版」をつくりたいとの思いを強く抱き，幹事会などで提案して承認された．その結果が「第1部　総論」であり，「土木学会の役割の変遷」や「主題の変遷」，「学会の構成の変遷」といった視点から学会活動を捉えなおし100年間の通史として記述することになった．

　本書第1部総論の目次をご覧になればおわかりいただけるように，「第3章　土木学会の役割」および「第4章　学会の運営方針・組織の変遷」には，土木学会のテーマや学会運営の基本方針，役員選任方法，会費・会員構成，事業規模などを，学会活動100年を俯瞰して整理した．これらは片山前事務局長が中心となって取りまとめた．

　調査研究部門をはじめとする70を超える各委員会および各支部の関係の方々にもご協力いただいた．執筆依頼が2013年6月にずれ込んだこともあり，半年弱の短い期間での執筆をお願いすることになった．校正も含めご協力いただいたことに感謝申し上げる．編集特別委員会の委員，幹事の方々にも感謝申し上げたい．とりわけ顧問の古木守靖前専務理事には「土木」の由来について精査いただき，幹事の齋藤　貢（東日本旅客鉄道(株)），末武義崇（足利工業大学），田中宏幸（鹿島建設(株)），三浦基弘（東京都立田無工業高等学校），吉田陽一（(株)大林組）の各氏には本書の原稿を子細に確認いただいた．特に，片山前事務局長の「土木学会の100年」に対する熱意と努力には深甚なる謝意を表したい．

　この『土木学会の100年』には，まさに「土木学会の100年」が記されており，先人をはじめ現在に至る多くの会員や関係者の営々たる努力を思い起こすと身の引き締まる思いがする．本書がそれらの足跡を後世に伝えることに貢献でき，これからの土木学会の発展に寄与することを祈念する次第である．

2014年11月
「土木学会の100年」編集特別委員会
幹事長　大内　雅博

本書は、土木学会が 2014 年に迎える創立 100 周年を記念して出版するものです。

土木学会の 100 年
（創立 100 周年記念出版）

平成 26 年 11 月 21 日　第 1 版・第 1 刷発行

編集者……公益社団法人　土木学会
　　　　　「土木学会の 100 年」編集特別委員会
　　　　　委員長　依田　照彦
発行者……公益社団法人　土木学会　専務理事　大西　博文

発行所……公益社団法人　土木学会
　　　　　〒160-0004　東京都新宿区四谷 1 丁目（外濠公園内）
　　　　　TEL　03-3355-3444　FAX　03-5379-2769
　　　　　http://www.jsce.or.jp/
発売所……丸善出版株式会社
　　　　　〒101-0051　東京都千代田区神田神保町 2-17　神田神保町ビル
　　　　　TEL　03-3512-3256　FAX　03-3512-3270

©JSCE2014／"JSCE One Hundred Years" Editorial Committee
ISBN978-4-8106-0798-7
装幀：中島かほる
印刷・製本・用紙：シンソー印刷（株）

・本書の内容を複写または転載する場合には、必ず土木学会の許可を得てください。
・本書の内容に関するご質問は、E-mail（pub@jsce.or.jp）にてご連絡ください。